湖北美术学院学术著作出版资助项目成果
湖北省社会科学基金一般项目（后期资助项目）成果

湖北美术学院环境艺术学院新思维系列丛书

# 艺术设计与人文环境
## 多维思考构建新场景

Artistic Design and Human Environment:
Multidimensional Thinking in
Constructing New Scenarios

吴珏　著

上海社会科学院出版社
SHANGHAI ACADEMY OF SOCIAL SCIENCES PRESS

# 目　录

引言 …………………………………………………………… 1
第一章　艺术设计与人文环境的共融关系 ………………… 5
　　第一节　理解艺术设计 ………………………………… 7
　　第二节　人文环境 ……………………………………… 16
　　第三节　人文环境与艺术设计的关系 ………………… 47
第二章　人文环境与艺术设计的价值 ……………………… 73
　　第一节　艺术设计凝聚社会价值 ……………………… 76
　　第二节　艺术设计促进经济价值 ……………………… 91
　　第三节　艺术设计活化文化价值 ……………………… 99
　　第四节　艺术设计激发艺术价值 ……………………… 116
　　第五节　艺术设计创造生态价值 ……………………… 125
第三章　多维度思考人文环境 ……………………………… 141
　　第一节　人文环境的直觉感知 ………………………… 143
　　第二节　人文环境的理性认知 ………………………… 171
　　第三节　人文环境的实践体验 ………………………… 214
第四章　多维思考构建人文环境新场景 …………………… 245
　　第一节　人文新场景的特性 …………………………… 247
　　第二节　新场景的思考维度和层级构建路径 ………… 262

第三节　新场景构建的类型······················· *304*
第五章　人文环境新场景的设计策略与方法················ *359*
　　第一节　人文环境新场景的设计策略················· *362*
　　第二节　人文环境新场景的构建手法················· *378*
后记······························· *435*
参考文献···························· *437*

# 引　言

随着社会经济的快速发展,人们对生活环境的审美和文化内涵要求日益提高,艺术设计作为提升生活质量的重要手段,在人文环境中的角色愈发重要。然而,快速城市化进程中也出现了艺术设计同质化、片面化问题,设计过程中艺术与人文环境之间存在的矛盾等问题,亟须解决。艺术设计与人文环境紧密相连,两者相互融合。艺术设计为人文环境增添了美感与文化内涵,人文环境则为艺术设计提供了灵感源泉和价值导向。在快速城市化的进程中,我们应重视艺术设计与人文环境的融合,充分利用新兴技术,以多维思考方式来构建新场景,满足人们不断增长的精神文化需求。

艺术设计与人文环境的研究是探寻美学与社会的关系。在设计过程中,艺术与人文环境之间存在着紧密的联系,艺术设计与人文环境相互依存、相互促进,共同构建着丰富多彩的人类生活空间。艺术设计追求创新和个性化,而人文环境则强调历史传承和文化积淀,两者之间如何取得平衡是一个需要深入探讨的问题。构建两者融合的新场景成为必然趋势,新场景将承载更为丰富的功能与价值。

艺术设计与人文环境的研究从不同的角度探讨了艺术设计在人文环境中的作用,包括美学、社会功能、经济价值、文化传承等多个方面。本书旨在突破单一性思维,采用多维思考的方式,全面探讨艺术设计与人文环境的融合。书中将重点关注理论与实践的结合，探讨艺术设计在人文环境中的应用策略和方法。本书尝试构建一套科学的思考方式，为艺术设计与人文环境融合的实践应用提供指导。

全书从艺术设计与人文环境的共融关系出发，逐步深入到价值的探讨、多维思考的重要性、艺术设计策划、新场景的构建，落脚于艺术设计策略与方法。每一章节都针对特定的问题进行深入讨论，并通过多维思考的内在联系，构建起一个完整的研究框架。

第一章分析艺术设计与人文环境的相互作用，通过艺术设计提升人文环境品质和使用价值，展现艺术设计在人文环境中的角色和功能。

第二章剖析艺术设计与人文环境在社会、经济、文化、艺术和生态方面的价值，展示艺术设计在人文环境层面上产生的积极影响，为理解艺术设计的重要性提供了多角度的视野。

第三章引入多维度思考的概念，讨论空间形态、尺度关系和空间变化等要素，强调多维度思考在理解人文环境和推动多学科应用中的重要性。

第四章明确新场景的具体概念，探讨新场景的特性、思考维度和层级构建路径，强调新场景不仅是物理空间的重塑，更是生活方式集合体的构建。

第五章提出新场景设计的具体策略和方法，强调从艺术介入、经济可持续性和社会发展潜力等方面，通过多维度的思考方式，实现新场景特性的打造和构建层级的达成。将理论与实践相结合，展示了在多维思考的指导下如何构建新场景。

全书的核心观点在于，以人文环境观解读艺术设计，以艺术设计感渲染人文环境，艺术设计与人文环境的融合需要多维思考的指导，这种思考方式能够促进两者的有机结合,并在新场景的构建中发挥关键作用。章节之间相互关联,形成了一个由理论到实践、由概念到应用的完整论述体系。

在论述方法上,本书采用了逻辑推导、案例研究和层级法等多种方法,以确保研究的严谨性和实用性。从艺术设计与人文环境的基本定义出发,通过逻辑推导的方式,逐步构建起两者融合的理论框架。从概念到命题,再到与艺术设计的相关性,最终用案例来佐证理论的实用性和有效性。其中,案例研究在总体框架下进行,选取了大量具有代表性的案例进行深入分析。这些案例覆盖了不同的文化背景和设计实践,用以展示设计思想在实践中的应用,并提供具体的操作模式和经验教训。层级法是通过层级递进和层级内并列的方式,逐步深入探讨艺术设计与人文环境的融合。从宏观的社会文化背景到微观的设计元素,从理论的探讨到实践的策略,层层递进,相互支撑,形成了一个立体的论述结构。书中丰富的案例研究,尤其是对大量实践项目的深入分析,为理论的应用提供了坚实的基础,确保了研究成果的现实意义和应用价值。

本书的研究价值在于对艺术设计与人文环境融合的全面解读和深刻洞察,为理解艺术设计在现代社会中的重要性提供了一个全新的视角,为人文环境的优化和创新提供了理论依据和实践指导。通过深入分析艺术设计在社会、经济、文化、艺术和生态方面的多重价值,强调了艺术设计与人文环境融合对于促进城市与社会发展、满足人们对美好生活追求、推动社会进步与文明的重要作用。

此外,本书的研究还具有重要的社会意义,探讨了艺术设计在塑造社会身份认同和集体意识、激发社会问题关注和思考、引发社会共识和行动中的作用,这为社会变革和进步提供了新的动力。通过对艺术设计与人文环境融合价值的系统研究，本书为城市规划、建筑设计、公共艺术等领域的专业人士提供了宝贵的参考和启示，有助于他们在实践中更好地平衡艺术性与实用性，创造出更具人文关怀和艺术价值的空间。

书中的多维融合视角是对传统研究的重要扩展，不再将艺术设计和人文环境视为孤立的领域，而是将它们视为一个相互依存、相互影响的整体。这种视角的提出，使得我们可以从更宏观的角度审视艺术设计在塑造人文环境中的作用，以及人文环境对艺术设计实践的深刻影响。

书中提出的以多维思考的方式来构建新场景的概念强调了在设计过程中考虑历史、文化、社会、经济和技术等多个层面的重要性，为设计师在面对复杂设计问题时提供了更为系统的思考框架。在新场景的设计模式、策略和方法上的创新，为艺术设计与人文环境融合的实践提供了具体的操作指南。通过结合具体案例，本书展示了如何在设计中实现艺术介入、经济可持续性和社会发展潜力等方面的平衡。这些策略和方法的提出具有实践创新性和运用推广价值。

本书对艺术设计与人文环境关系进行了深入探讨，提供了一个多角度、多层次的分析框架，为艺术设计领域的研究者和实践者提供了新的理论见解和实践指导，同时为社会文化的发展和环境的可持续性贡献了创新的思路和方法；揭示了艺术设计在塑造人文环境中的多维价值和实践路径，提供了一个多角度、多层次的分析框架。各章节之间的关系体现在对艺术设计与人文环境相互作用的逐步深入分析中。从对共融关系的探讨到价值维度的扩展，再到多维度思考和实践体验的深化，最后进行总结和提炼，全书构建了一个系统性的框架，用以理解和应用艺术设计在人文环境中的综合作用。

# 第一章
# 艺术设计与人文环境的共融关系

　　艺术与人文环境相互共融,相互促进发展。本章通过两者之间的联系来探寻人文环境和艺术设计的内在关系,从多个角度解释艺术设计的意义。人文环境具有物理特征、社会功能、经济功能、生态功能、美学功能,本部分从概念、要点、案例等几个方面的研究来阐述人文环境。对艺术设计的理解和人文环境的剖析能更好地了解人文环境与艺术设计的关系。运用艺术设计与环境融合的隐性、显性表达,可以深化艺术设计与环境的联系,创造多样的功能环境。对人文环境解读的艺术设计能够理解不同环境下艺术设计的不同类型变化,将艺术性和人文关怀充分融入环境设计,提升环境的整体品质和使用价值,为人们创造一个美好、和谐的生活空间。本部分还将研究人文环境与艺术设计之间的相互联系,以探寻设计价值在人文环境中的体现以及人文温暖在设计中的可能性。

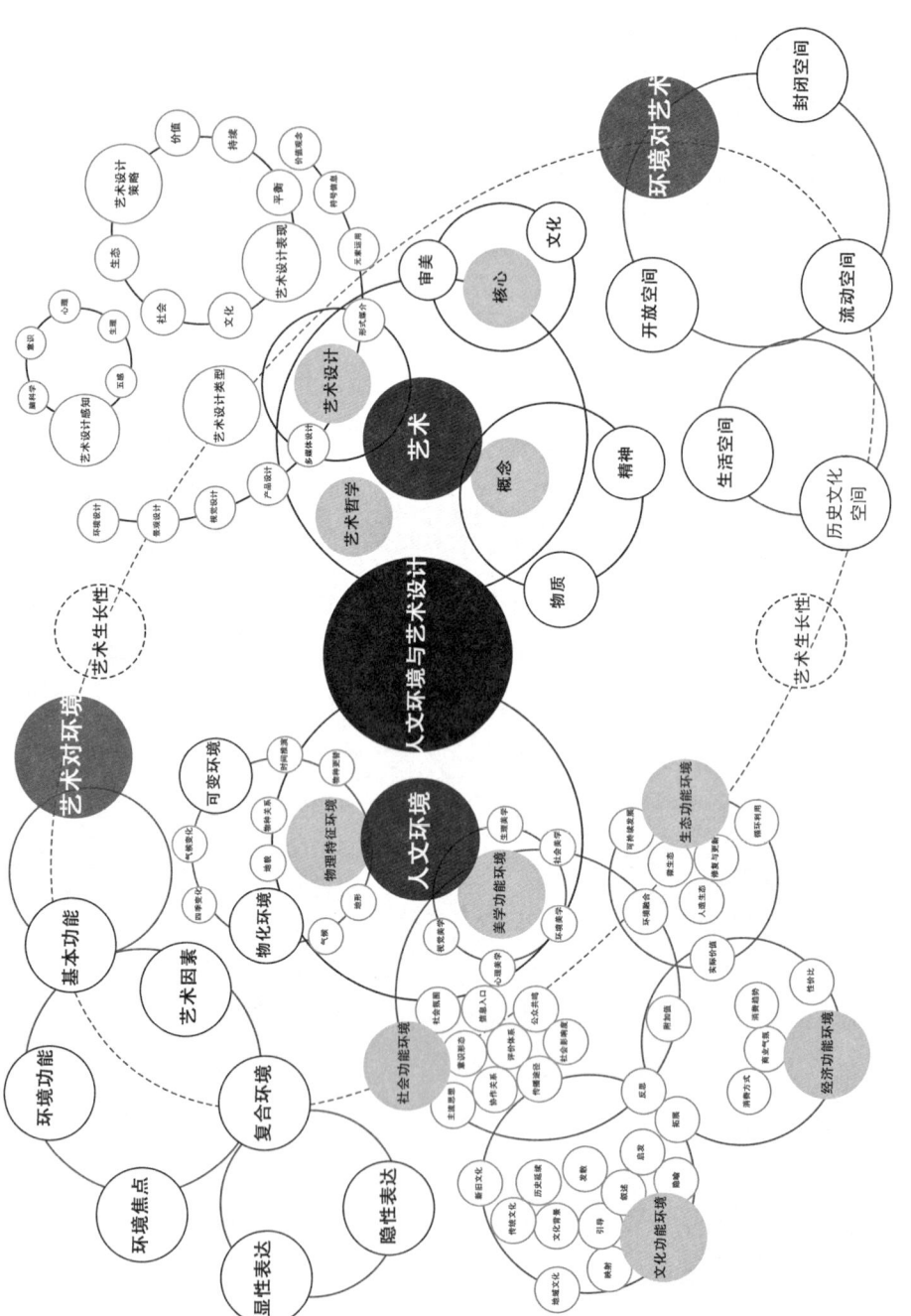

图 1-1 艺术设计与人文环境的共融关系

## 第一节　理解艺术设计

### 一、艺术

艺术是一种基于创造和表达的活动,致力于创造视觉、听觉或表演的艺术,以此来表达作者的想象力或技术技能,并通过美丽或情感力量而被欣赏。艺术旨在产生审美或情感体验,可以是绘画、雕塑、音乐、文学、建筑、舞蹈等形式。艺术是文化和审美的内核,艺术家以不同的材料、技巧和风格来传达其想法和情感,对艺术的共同认知形成了人与人之间的情感联系,共同习得的艺术背景可以达到无界限沟通。艺术家会以某种思维方式启发观赏者——引起共鸣、宗教信仰、吸引力、兴趣、对群体的认同、对环境的感知、对自我想法的改变或创造力。对于艺术来说,往往不是为了满足观赏者,而是要唤起观赏者的感知、反应、疑问或交流。艺术的意义会体现在特定的社会团体之间,并根植于其文化背景之中。

艺术具备物质与精神的双重属性,而这一双重性正是世俗美学与超越美学得以存在的根基。站在这个视角,艺术作为符号化思维与行为的产物,把现实生活给予的感性印象塑造为一个完整的统一体,极大地拓展了人的记忆,让空间持续转化为时间,还能够通过想象这一极具创造力的思维活动达成超越现实的具体表象,加速感知能力与心理结构的双向良好循环。艺术作为一类特殊的社会意识,其意识形态隐匿于审美特征之内。它更偏向于形象性的思考、感性化的认知,并在整个行动中展现出过程的阶段性。

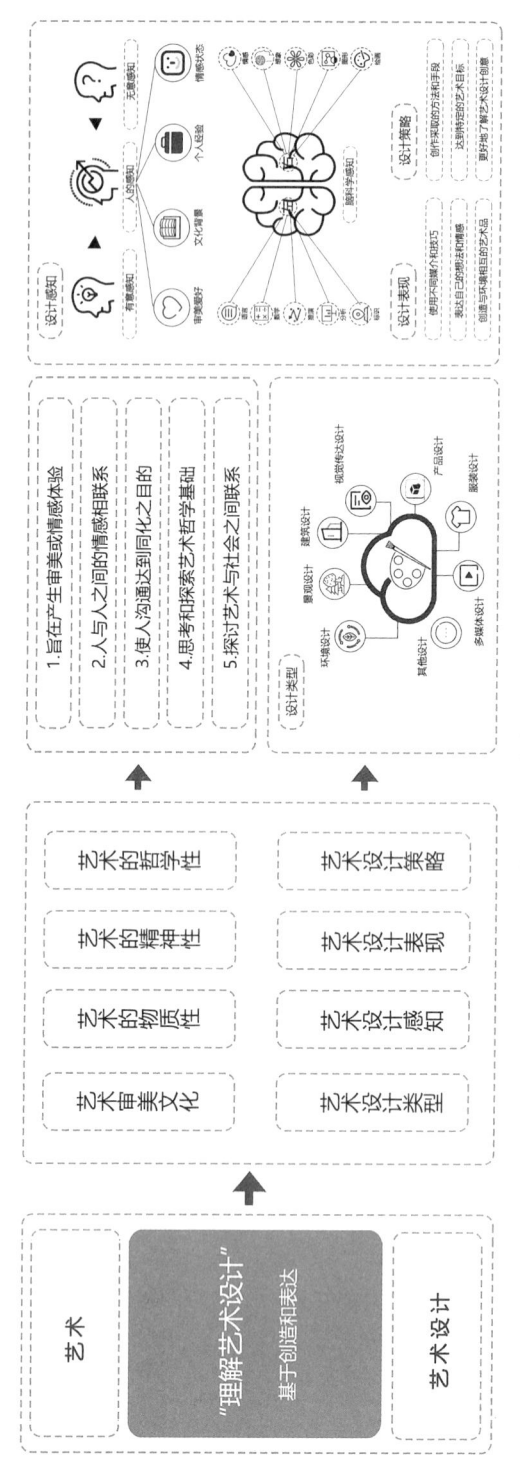

图 1-2 艺术设计结构图

**艺术哲学**

"艺术哲学"（Philosophie der kundt）作为学科交叉的理论形态与研究范式，可以用于直面对艺术本质问题的阐释，进而形成艺术学理论学科与当代艺术多元发展关系网上的一个个纽结，广泛植入人类精神生活，成为艺术学理论研究及学科建构的重要参照系。[①] 艺术哲学作为美学的一个分支，包括伦理、美学和形而上学等多个层面，实则是艺术理想的一种哲学观的映现，探讨的是艺术的本质、价值和意义等问题。在艺术与人文环境共融的前提下，艺术哲学可以成为理解和欣赏艺术作品的重要参考标准。

艺术哲学帮助观赏者更好地理解和欣赏艺术设计作品，探索艺术设计与环境之间的关系，以及艺术设计对环境的影响，进而使环境艺术设计更加具有生态、社会和文化意义。通过对艺术哲学的研究，深入思考和探索艺术的哲学基础，我们将艺术作品与生态、社会和文化议题相结合，赋予其更加丰富和深远的意义。这将打破传统的界限和范式，探索新的表现方式和媒介，选用不同的艺术形式、技术和材料等手段来强调环境保护的重要性，创造出更加综合和多样化的环境艺术设计。在艺术哲学导向下创作出的人文环境艺术设计作品，将帮助人们更加深入地理解和感受人文环境，引导人们思考艺术反映和回应环境的问题，并通过艺术来塑造和改变环境，传递生态、社会和文化的信息和价值观。

## 二、艺术设计

艺术设计的目标是通过创造性地表达和设计概念，传达特定的

---

[①] 夏燕靖.艺术哲学的理论形态与研究范式[J].艺术百家，2023(02)：27.

情感、思想或信息，并为观众或用户提供丰富的视觉和感官体验。艺术设计注重形式美学、色彩运用、材料选择、构图和比例等方面的考量，以创造出独特而有吸引力的作品。

（一）艺术设计的呈现形式

艺术设计是一个广泛的领域，涵盖了多种类型和形式的艺术表达，如平面设计、视觉传达设计、产品设计、环境艺术设计、表演艺术设计等。不同类型的艺术设计都有自己独特的创作方法、技术和表达方式，满足不同领域和需求的艺术创作。

环境设计方面能够以其创新的设计和对空间、形式、意义的独特理解，引发情感共鸣。设计的力量可以通过形式、材料、空间布局等方式传达情感和体验。设计经常融合抽象的元素和解构的方式，以表达特定的情感和意义；强调建筑和环境之间的互动关系；充分考虑建筑与周围环境的融合，创造出与周围景观相互关联的空间；倡导保护自然和环境，同时创造与之和谐共存的建筑。环境设计应该能够反映历史和文化的价值，使用象征性的设计元素，以纪念重要的历史事件或文化传统，有助于传承和弘扬文化遗产。

建筑师丹尼尔·利伯斯金（Daniel Libeskind）的设计作品柏林犹太人博物馆，展示了社会、政治和文化历史，并在第二次世界大战后的德国首次明确地整理并展示了大屠杀的影响。该设计将犹太文化中的大卫之星予以抽象处理，以此作为建筑的形体依据，于场地中展开，并向环境延伸，构建出"之"字形的建筑样式。整体游览存在三条轴线线路，每条轴线都在叙述别样的故事。其一通往一处死胡同——大屠杀塔；其二通向建筑之外，进入流放与移民花园，用以缅怀那些被迫离开柏林之人；其三是最长的，顺着一条路抵达连续的楼梯，接着到达博物馆展览空间，突出历史的连贯性。利用空间情境使人能感受到历史的痕迹,通过环境氛围理解设计表达出来的情绪价值,并与之达到共鸣的程度。

(二)艺术设计感知

感知乃是感觉和知觉的统称,艺术设计感知是人们对艺术作品或设计元素的感知和体验,它涉及人们的视觉、听觉、触觉等感官的反应,以及对作品所传达的情感、意义和美学价值的理解和感受。感知属于包括艺术审美在内的全部实践活动的开端阶段。人凭借知觉对感官所接收的内容加以整合,从而实现大脑对于事物属性的认知与判断。

人的感知方式能够划分成有意感知和无意感知:有意感知指的是感知与有意注意相结合所产生的一种心理流程;无意感知则是指感知和无意注意相结合的一种心理流程,这两者均为对客观事物进行认识判断时不可或缺的感知形式。

艺术设计感知是一种主观和客观相互融合交织的体验,它受到个人的审美偏好、文化背景、经验和情感状态的影响,因为每个人对艺术作品的感知和理解可能有所不同,借助五官把个体的情感要素融入审美感知的对象里,通过知觉对所感受的情感体验以及联想进行整合,将自然感性转变为审美感性,呈现出形式感性和象征感性这两种形态。艺术设计感知是人构建对客观世界认识的关键流程,特别是对于艺术家而言,作品当中所包含的美感均源自艺术家对于客观世界的感性认识。

艺术设计感知的独特之处在于其对于主观情感和经验积累的依赖程度远超其他感知活动。换句话讲,艺术设计感知更多地体现为主观性的感受,而其他感知更倾向于理性的判别。艺术感知属于主体针对客观世界的非认知性、带有主体情感色彩的能动反映,是艺术创作者对现实客体独有的把握方式。艺术感知是艺术家经由经验对象所形成的对于艺术审美或者艺术形态的感性认识，在对创作对象持续进行感知之后，感性认识就上升成为艺术家创作的心理动机和创作倾向。

在进行欣赏时，人们的思维活动与情感活动通常都是从对艺术形象的具体感受起步，达成由感性阶段至理性阶段的认识跨越。这既受到艺术作品的形象、内容的限制，又依照自身的思想感情、生活经验、艺术观点以及艺术兴趣，对形象予以补充和丰富，从而成为欣赏者对于艺术品独有的艺术感受。倘若没有对客观形象的真切感受，就绝不可能有对艺术形象诸多方面的深入体验。

艺术感受的形成尽管构建于感知等基础心理活动之上，并以一定的生活经验作为来源，然而其最终指向却是人类生存意义的丰富化和诗化，是充满丰富精神意蕴的审美体验。艺术感受呈现出了和一般日常感受相异的特性，并且在立足现实与审美超越的张力当中持续深化和演进。

根据相关研究，脑部发展分为"理性学术性"的左脑和"感性创造性"的右脑。左半脑在发展方向上更加富有优势的是语言、数学、逻辑、分析、推演、标识等理性思维；右半脑在发展方向上更加富有优势的是情感、想象、色彩、图形、曲调、绘画等感性思维，通过嗅觉、视觉、听觉、触觉、味觉来感知周围的一切，为进行艺术设计感知提供信息，使得设计有理性和感性的双重思考。艺术设计过程实际是极大地调动了人脑的诸多感知系统，艺术的学习和创造过程会促进人脑的感知发展，长期的艺术感知过程更能让人脑产生结构与功能上的可塑性。美的艺术能够引起人脑的共鸣并激发共同的人脑机制表现，也说明了艺术感知是建立在人脑的神经基础之上，由此才产生了审美体验。

艺术设计感知涉及观众对艺术对象的感性认识和理解。艺术感知帮助我们更好地欣赏和理解艺术作品，它包括了审美体验、情感共鸣和文化背景等因素。观众通过欣赏环境艺术品来获得一种独特的审美体验和情感共鸣。

### (三)艺术设计表现

艺术表现主要是艺术家使用不同的媒介和技巧来表达自己的想法和情感。在环境设计中，艺术设计旨在提高环境的美感和品质，并通过表达主题和概念，传递环境、社会和文化的信息，使环境更具创造性、表达力和感染力，为人们创造出丰富而有意义的体验。在形式上，艺术设计运用色彩、形状、纹理、光影等元素，创造具有美学价值和视觉吸引力的环境装饰和艺术品，创造出令人愉悦、引人注目的环境氛围，传递环境保护、可持续发展和社会意识等信息，借助符号、符号主义、隐喻和象征等手法，引发观众的思考和共鸣，激发对环境问题的关注和行动。

日本建筑师安藤忠雄(Tadao Ando)强调空间的平衡和流动性。其作品设计注重空间的开放性和连贯性，以创造出舒适和谐的环境。其设计常常将自然与建筑融为一体，创造出与周围环境相融合的建筑。还利用自然光线和景观，通过窗户、天窗等设计元素，将自然引入室内，为居住者带来独特的体验。他重视光线在环境设计中的作用，因为光线可以影响人们的情感和感知，通过设计建筑的开窗和照明，可以在不同时间和天气下创造出不同的光影效果，为空间增添变化和美感。他注重选用合适的材料来表现设计的意图，认为材料可以传达情感和意义，仔细选择材料，考虑其纹理、颜色和质感，以创造出独特的视觉和触觉体验。安藤忠雄的设计风格以简约、清晰为主，不需要过多的装饰和烦琐的设计来表现美感，追求通过精心的布局、材料和光线的运用,以及对细节的关注,创造出具有深度和内涵的环境。为第 10 届 MPavilion 设计的临时展馆——MPavilion 10 位于墨尔本市维多利亚女王花园中,该馆采用了安藤忠雄标志性的几何形状,与自然景观相协调,并精确地使用了裸露的混凝土。安藤忠雄为其设计了一个大型顶篷,由一个 14.4 米高的铝合金圆盘和一根中央支柱支撑。中央结构周围是长短不一的混凝土墙,形成了一个半封闭的空间,让人联想到传统的日本花园。内部空间的一半是一个倒影池,与亭子的顶棚和上方的天空相映成趣,南墙和北墙的开口提供了一个将墨尔本和周围公园的美景尽收眼底的视角。一系列设计旨在激励游客参与城市文化活动,通过艺术活动为展馆的宁静环境增色添彩。

### (四)艺术设计策略

艺术设计策略是艺术家在创作过程中所采取的方法和手段,以达到特定的艺术目标。在人文环境设计中,艺术设计策略用来探讨许多重要的问题,有效地利用和保护自然资源,提高能源效率,创造宜人的环境。艺术设计策略帮助艺术家考虑不同的设计方案,并从中选择最符合特定条件的设计方案。在城市设计中,艺术设计策略可以用来确定城市绿地的分布,以及利用这些绿地来改善城市环境。在建筑设计领域,艺术设计策略可以用来确定建筑物的外观和内部布局,以及利用这些设计来提高建筑物的能源效率,确定建筑物的材料和颜色,以及增强建筑物的美观性和舒适性。

武汉地铁二号线街道口站 1 号出入口风亭方案的设计理念取自"树木"的抽象表现。"森林之歌"以树的剪影方式制作风亭表皮,采用几何抽象的构图勾勒树形轮廓,树枝的穿插、叠加看起来丰富而多变。树的主形以银色镁铝合金材质,负形以金灰色彩铝格栅为背景,既满足通风率达到 80% 的功能需要,又造型美观。以装置的表现方式表现出对自然的认知与尊重,使受众从中感悟人与自然的关系;"森林之歌"艺术创作过程中,一直在思考要如何针对城市主要交通干道路口较大体量的构筑物,向公众传递共同参与感和引导性的启发,树干的剪影和十种树叶的疏密有致的搭配是以装置的表现方式,隐喻在城市"生长"的同时,也要关注自然的同步"生长"。①

图 1-3　武汉地铁二号线街道口站 1 号出入口的风亭

在人文环境设计的实践中,通过探索艺术哲学、艺术感知、艺术表现和艺术策略,我们可以更好地理解和欣赏环境艺术作品,推动环境保护和文化传承的发展。同时,可以使环境艺术设计不再是一种单纯的艺术形式,而成为一个更加全面且具有深层次意义的文化和社会实践。艺术哲学在环境艺术设计中,提供了在设计过程中思考和反思的基础,帮助理解艺术的价值和意义,从而在作品中展现出对

---

① 吴珏.地铁艺术风亭形态设计策略——以武汉地铁为例[J].装饰,2015(02):79.

哲学思想的独特理解和表达。艺术感知捕捉到周围环境中的美学元素和情感表达，设计者以敏锐的感知能力将自然、人文和社会等各种元素融合到设计中，增添丰富和深刻的内涵。艺术表现运用各种材料和技术手段，将感知和理解到的环境元素以独特的方式展现出来，增添鲜明的个性和风格。艺术策略要求具备战略性的思维方式和决策能力，以便在复杂的环境中制订出有效的设计方案，强调对文化传承和社会责任的关注，使环境艺术设计成为推动社会进步和发展的重要力量。艺术哲学、艺术感知、艺术表现和艺术策略在环境艺术设计中相互交织、相互影响，共同构建起一个全面且具有深层次意义的文化和社会实践。

## 第二节 人 文 环 境

人文环境是人类生活的社会所包括的文化、历史、习俗、社会价值观和社会结构等方面的组合，是人类生活和行动发生的基础前提和背景。人文环境在艺术设计之中是设计作品所处的社会、文化和人文背景，强调艺术作品与周围环境和社会的内在联系和相互影响，涉及特定文化的传承和表达。艺术作品通常会受到创作者所在社会、历史和文化背景的影响，其中包含着对传统价值观、信仰、历史故事以及社会问题的理解和表达。艺术设计作品往往会反映当时的社会风貌和时代特征，设计者表现出对社会现象、政治事件或文化变迁的关注和思考，使作品成为对当时时代的一种记录和思考。

艺术设计中的元素、符号和主题与特定文化或社会群体的身份认同紧密相关，这会引起共鸣并加强对作品的理解和接受程度。人

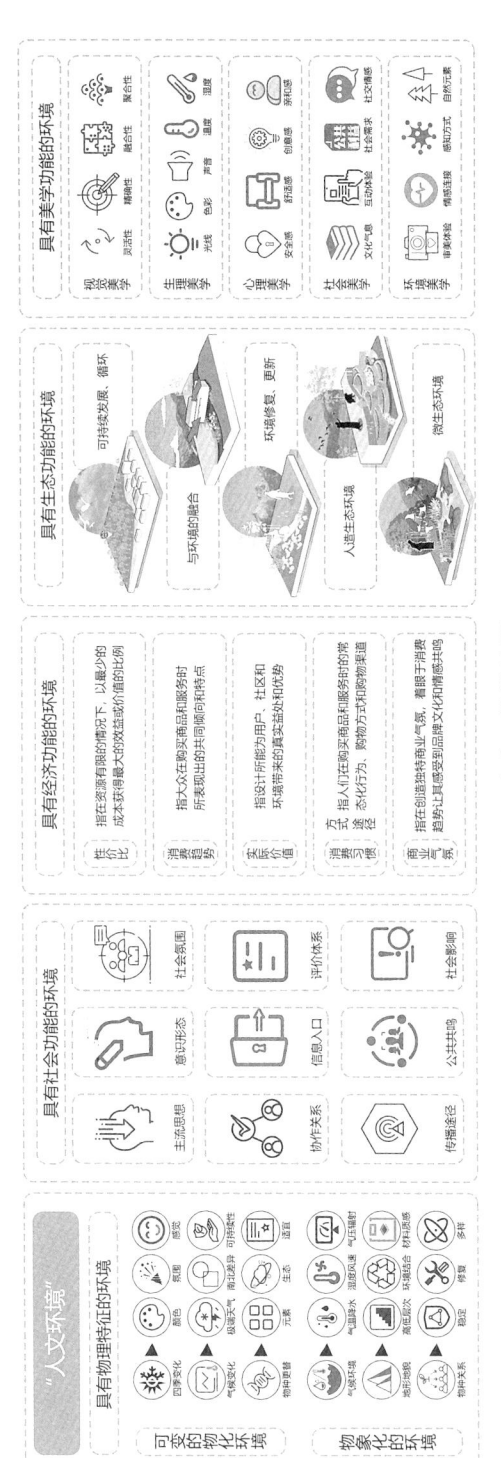

图 1-4 人文环境结构图

文环境也会影响艺术作品的传播和影响范围。不同文化背景的观众可能对作品产生不同的理解和感受，因此人文环境在传播过程中需要被充分考虑。人文环境强调艺术设计作品在全球化时代应该更加包容多元，不局限于特定地域和文化，而是追求与各种文化和社会背景进行对话和交流。

在设计过程中，对人文环境的深入考虑能更好地理解目标受众和社会背景，从而创造出更具意义和共鸣的艺术作品。人文环境的设计不仅要关注物理特征，还要充分考虑其对社会功能、经济功能、生态功能以及美学功能的影响。

物理特征的环境将环境的物理特征融入作品中，使其与周围环境形成一个和谐的整体。具有社会功能的环境需紧跟社会主流趋势和氛围，创作出能引发社会共鸣、具有影响力的作品。经济功能环境需在创意与成本之间找到平衡，以实现经济效益与美学价值的统一。在确保作品质量的前提下，合理控制成本，使作品具有市场竞争力，从而实现设计的价值。生态功能环境需充分考虑作品的生态友好性，遵循绿色环保原则，实现可持续发展。美学功能环境须具备较高的审美素养，以独特的视角和创意展现作品的审美价值，注重作品与周围环境的和谐共生，实现人与自然、个体与社会的和谐共处。

在艺术设计过程中，从人文环境的多个维度出发，全面考虑物理、社会、经济、生态和美学等功能，只有在充分理解并巧妙运用这些环境因素的基础上，设计才能真正实现其价值，成为连接设计师与受众的纽带。

## 一、具有物理特征的环境

物理特征的环境是指有具体物质形态的物体、现象和事件所构成的环境。这些物体和现象会被人的感官直接感知到。物理特征的环境包括自然环境和人工环境,自然环境是自然界中存在的各种物理特征,而人工环境则是人类通过改造自然环境而创造出来的人工制品和建筑等。

在人文环境设计中,具有物理特征的环境是空间和地点具有实际可见、可触及、可感知的特征和属性。这些物理特征包括各种可见的结构、元素、材料、颜色、形状、纹理等,它们直接影响和塑造着环境的外观和感觉。通过对环境的物理特征,了解自然环境,如地形、地貌、自然物种关系包括植物、动物和地形等元素,进行规划、布局,以创造出特定的氛围、风格和体验,以及它们之间的相互作用,使地区功能多样化,以及由此促成使用者及其日程多样化。[①] 将这些元素进行巧妙安排,营造出一种特定的氛围,例如宁静、活跃、浪漫等。

(一)可变的物化环境

可变的物化环境是指那些由时间、气候和生态系统等因素影响的环境。这种环境通常是动态的,并且随着时间的推移而发生变化。在艺术设计与人文环境共融关系中,可变的物化环境是创作的一个重要元素,通过创作反映四季变化、气候变化、时间推演和物种更替等环境元素的作品来诠释自然和人类之间的关系。可变的物理环境是一个物理空间或地点,其元素或组成部分有可以根据需要或特定条件进行调整或改变的能力。这种环境设计的目标是适应不同的用途、活动或用户需求,创造出更加灵活和适应性强的空间。

---

① 简·雅各布斯.美国大城市的死与生[M].金衡山,译.南京:译林出版社,2020:30.

1. 气候变化

气候变化和时间推演也是可变的物化环境元素。通过创作反映气候变化和时间推演等元素的作品，既能够表达对于环境保护的重要性，同时也可以引发观众对于自然环境的关注和思考。

气候变化是环境设计的基础部分，环境设计需要考虑未来气候变化的趋势，以便为建筑、景观和城市规划创造更加可持续和适应性强的环境。考虑气候变化趋势后，环境设计师需要确保建筑和基础设施能够适应未来可能的极端气候事件，如更频繁的极端高温、暴雨、风暴等。这意味着建筑需要采用更强大的结构、防水和防风设计，以及更高效的冷却和供暖系统，以保证在不同的气候条件下都能提供舒适的室内环境。并且，环境设计中越来越多地注重使用绿色基础设施和景观设计来应对气候变化。这包括建设雨水收集系统、增加绿色屋顶和垂直绿化、创建湿地和水体来缓解洪水等。环境设计需要更加注重节能和碳减排。建筑的能源效率、使用可再生能源和推广低碳技术将成为重要的设计考虑因素。

诺曼·福斯特(Norman Foster)设计的"法兰克福的商业银行大楼"，拥有"生态之塔""带有空中花园能量搅拌器"的美誉。这座49层高的塔楼采用由弧线围成的三角形平面，三个由电梯间和卫生间组成的核构成的三个巨型柱被布置在三个角上，巨型柱之间架设有空腹拱梁，从而形成三条无柱的办公空间，它们之间围合出的三角形中庭，恰似一个大烟囱。为了让其烟囱效应得以发挥，将办公空间的自然通风组织好，经过风洞试验，在三条办公空间里分别设置了诸多空中花园。这些空中花园分布于三个方向、不同的标高上，成为"烟囱"的进、出风口，有力地组织了办公空间的自然通风。通过采用不同的外墙开口，结合架空地板，再加上风扇、吸音材料、过滤材料等简单的材料与设施举措，形成了能够满足多种功能的"可吸收外墙"，进而让室内外的空气、水分通过墙体上的穿孔实现交换，在平衡和调节温湿度的同时，以及过滤灰尘的同时减少噪声。

2. 物种更替

物种更替是指在一个生态系统中，随着时间的推移，不同物种之间的相对丰度和组成发生变化的过程，这种变化是由生态系统内部和外部的因素共同作用引起的。物种更替也是一个可变的物化环境元素，随着不同物种的出现和消失，环境也会发生相应的变化。

生态系统的演替是生物群落在时间上的发展和变化。通过研究这个过程，了解不同植物和生物群体在生态系统中的作用，从而选择出适合当前生态环境的植物和生物群体。这种方法有助于提高生态系统的自我修复能力，使其更加稳定和健康。保护和恢复生态系统需要采取切实有效的措施，包括加强生物多样性保护、治理水土流失、改善水质、减少污染等方面。在这些措施中，植物和生物群体的选择和配置至关重要。合理布局可以使生态系统更加稳定，提高其应对自然灾害和人类活动干扰的能力。引导社区居民参与生态环境保护可以增强环保意识，培养关爱生态环境的习惯。同时，借由开展生态环境教育可以让更多人知晓生态系统的价值与重要性，进而积极投身到生态环境保护之中，造就全社会共同参与、共同保护的优良态势。在设计过程中，要充分考虑到人类活动对生态环境的影响，力求实现人与自然的和谐共生。

（二）物象化的环境

物象化的环境是具有一定地貌、地形、物种关系等物理特征的环境。这种环境通常比较稳定，艺术家的创作是将人或自然环境简化成物体或符号，以特定的审美传达特定信息或表达主题。

1. 地形和地貌

地形和地貌是地球表面的物理基本特征和自然形态,包括山脉、平原、河流、湖泊、海洋、沙漠等,是由地质、气候和水文等因素相互关联的整体。地形和地貌对人类社会活动生产和自然生态系统循环有极大的联系和影响,能够影响气候、水循环、土壤形成等自然过程,同时能影响人类社会的居住场地,农业、交通和自然资源开发等经济性活动。地貌和地形也是物象化的环境元素。不同的地貌和地形会产生不同的视觉效果,并且会对环境产生影响。

环境设计强调通过重新塑造地形来创造独特的空间体验。常常将地势的变化、起伏、高低差等因素纳入设计中,创造出具有层次感和动态性的景观。注重通过地形设计来创造戏剧性的效果,使人们在环境中产生情感共鸣。采用起伏的地势、水体的流动、植被的种植等方式,创造出引人入胜的场所。强调将地形和地貌设计与生态恢复和保护结合起来。在设计中融入湿地、雨水收集系统、自然植被等,以促进生态系统的恢复和保护。地形设计应与使用功能紧密融合,通过地形的变化来划分不同功能区域,例如创造出儿童游乐区、休闲区、社交聚集区等。此类设计通常偏爱使用自然材料,如天然石材、木材等,来强调地形的质感和自然美感。

2. 物种关系

物种关系在生物学中是描述不同物种相互关联的关系。这种关系有竞争、共生、捕食、寄生等多种方式。物种关系对于维护生态系统的稳定性和功能具有重要的影响。

环境设计中要考虑到不同物种之间的相互作用,以及它们在生态系统中的地位和作用。通过合理的植物选择、生态系统的复原等方式,促进生态平衡的维持。通过采用不同种类的植物和栖息地,创

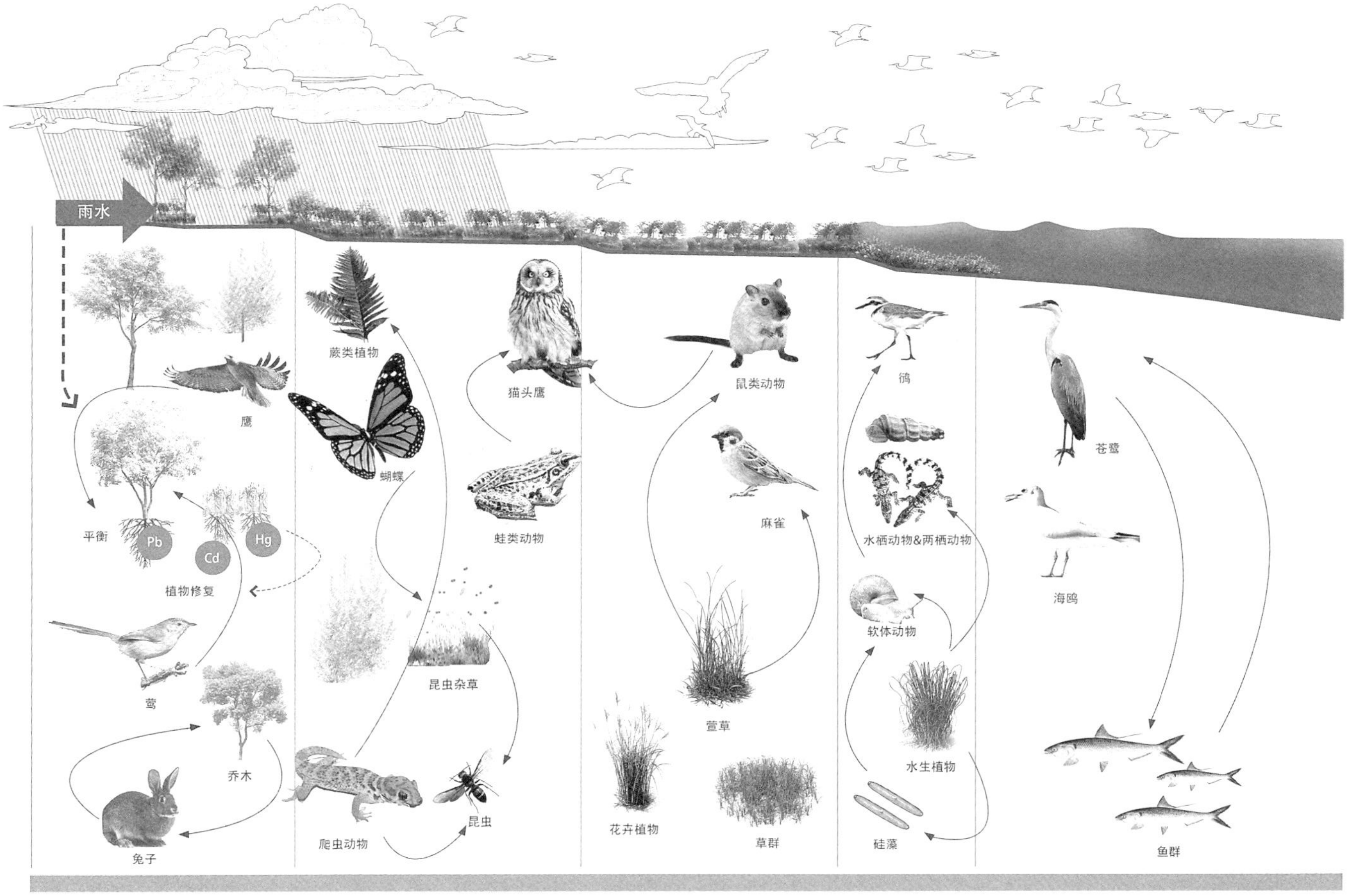

图 1-5 物种生态循环图

造出适合多种物种栖息和繁衍的环境,促进物种多样性的保护。环境设计师在规划和塑造景观时,需要考虑不同物种之间的相互作用,以创造一个更加生态平衡和可持续的环境。在选择植物时,要考虑它们与其他物种的关系。某些植物可能具有拮抗作用,抑制其他植物的生长,因此需要避免过度使用。相反,一些植物可能有益于土壤改良、吸引有益昆虫或提供食物和栖息地,因此要有针对性地加以利用,借助物种之间的相互关系来实现生物控制。合理的景观规划为城市居民与自然互动提供了机会,并促进了城市中的生物多样性,从而改善了居住环境。

## 二、具有社会功能的环境

社会环境是指一个人或群体所处的社会背景和社会文化环境,它对个体的行为、态度和价值观等方面具有深远影响。从社会伦理学来看,社会环境塑造了人们的道德观念和行为准则,影响着人与人之间的关系和整体社会的发展。在人文环境设计中,通过艺术的表达和介入来影响和改善社会环境。罗伯特·文丘里认为,特意设计出来的不定形式是以生活不定为基础在建筑要求中反映出来的。这就促使意义的丰富超过了意义的简明。[①] 社会环境与艺术设计相互影响,有许多优秀的环境艺术设计方案改善了社会环境、提升了人们的生活质量并促进了社会交流。创作内容是关于意识形态、历史文化、主流思想或者是纯粹的艺术作品,能够激发人们的创造力和表达力,开展社区艺术项目,促进社区凝聚力和社交互动。

在公园中设置雕塑、创作社区壁画、举办街头表演等活动,都能

---

① 罗伯特·文丘里.建筑的复杂性与矛盾性[M].周卜颐,译.南京:江苏凤凰科学技术出版社,2017:20.

使社区成为一个更加活跃和融洽的空间。在公共空间中安装艺术装置,不仅会增加城市景观,还能激发人们对环境的关注。使用回收材料创作的装置提倡环保理念,鼓励人们对可持续发展问题进行思考。善于利用科技手段,丰富城市文化生活,在公共广场设置互动装置,让行人参与其中,创造出有趣的互动体验。将艺术融入城市公共家具的设计中,如公园长椅、栏杆、垃圾箱等,使城市的日常生活更富有美感,让人们在公共空间中感受到艺术的氛围。推动开展社会艺术教育项目,鼓励年轻一代参与艺术创作,培养他们的艺术审美和创造力,同时提高他们对社会和环境的公共共鸣。

### (一)主流思想和意识形态

主流思想和意识形态是在特定时期占据主导地位的普遍思想和价值观。它们对社会和个体的观念、行为和决策具有深远影响,并在一定程度上塑造了社会的发展方向和文化氛围。

在创建环境时,主流思想和意识形态不仅作用于设计理念和审美观念,还对设计的功能、形式和内容产生深远影响。不同的主流思想和意识形态对美学观念有不同的要求和偏好。例如,自由主义强调个体自由与多样性,可能在设计中倾向于追求开放、自由的空间设计;保守主义注重传统和秩序,可能在设计中体现出稳重、经典的风格;进步主义追求创新和现代化,可能在设计中呈现出前卫、现代的风格等。

近年来,环保主义的兴起使得环境设计越来越注重可持续性和环保性。在建筑设计中,绿色建筑理念逐渐得到重视,包括利用可再生能源、节能减排、自然通风采光等。在城市规划中,推动可持续城市发展,鼓励步行、自行车出行,建设城市绿地等也成为主流思想的体现。同时一些主流思想和意识形态强调社会公平和包容,这在环境设计中表现为注重无障碍设计,为弱势群体提供更好的使用体验,包括残疾人、老年人等。同时,还会考虑如何创造一个包容性的空间,让不同背景的人们感到受欢迎和融入其中。主流思想和意识形态在环境设计中反映出社会价值观念和文化背景。随着社会观念的变化和发展,人文环境设计也会不断地适应和演进,以满足社会的需求和期望。

(二)社会氛围

社会氛围是一个社会中普遍存在的、具有特定特征和影响的情感、态度和价值观。它是由社会成员的行为、文化、政治、经济等多种因素综合而成的,是整个社会的精神氛围和文化氛围。社会氛围可以是积极的,也可以是消极的。它对社会中的个体和群体具有广泛影响,包括对社会行为、社交关系、价值观念和决策等方面的影响。

弗兰克·劳埃德·赖特(Frank Lloyd Wright)认为,一个好的环境设计应该与周围的社会气氛相协调。他强调,设计师应该了解当地的文化、历史和社会价值观,并将其融入设计中。只有这样,才能创造出真正符合人们需求的环境。赖特的设计哲学不仅仅体现在他的建筑作品中,也贯穿了他的整个职业生涯。他始终坚持认为,一个好的设计师应该具备社会意识和社会责任感。他应该关注社会问题,了解社会需求,并以此为出发点,创造出真正有价值的作品。

社会气氛对环境设计的影响是一个复杂而有趣的话题。它涉及文化、历史、价值观和社会心理等多个方面。对于设计师来说,理解社会氛围的重要性并将其融入设计中是至关重要的。只有这样,才能创造出真正有价值的作品。

(三)协作关系

协作关系是在特定的环境中,不同个体、组织或团体之间建立的一种合作与互助的关系。这种关系旨在共同实现特定的目标、任务或利益，通过各方之间的协同合作来实现更大的成效或价值。协作关系通常基于信任、共享资源和责任的原则，涉及信息交流、资源共享、决策制定等方面的合作。人文环境设计在创造具有社会功能的环境时，需要考虑到建筑师、工程师、景观设计师等各种专业人员之间的协作，通常涉及多个学科领域，如建筑、景观、城市规划、环境工程等。建立有效的沟通渠道和协作机制，可以确保项目能够按照计划顺利完成。通过协作关系，不同专业背景的艺术家汇聚各自的专业知识和技能，实现综合性的设计，从而创造出更加综合和全面的环境解决方案。协作关系会促进创意的交流和启发。不同设计师之间的合作和讨论能够激发新的创意和思路，打破思维的局限，促进资源的整合和优化利用。不同艺术家和机构可以共享资源，降低项目成本。协作关系需要良好的组织和项目管理能力。在大型环境设计项目中，多个艺术家和团队的协作需要统一管理和协调，以确保项目进展顺利。这能够带来多元化的设计视角。在日益复杂和多元化的环境设计项目中，协作关系变得尤为重要，它能够推动环境设计领域的进步与发展。

（四）信息入口和评价体系

人文环境设计需要思考信息入口和评价体系。信息入口是获取信息的途径或渠道，信息入口通常包括教育、艺术和新闻媒体等渠道。通过这些渠道，人们可以获取与环境相关的信息并对其进行反馈。艺术家利用这些信息入口来传达设计概念，并获得反馈。而评价体系则是对信息进行评估和判断的方法或标准。评价体系则是用于评估环境设计质量的标准和流程。它包括声誉、奖项、客户满意度和用户反馈等多个方面。建立有效的评价体系，可以提高环境设计

图 1-6 信息入口和评价体系关系图

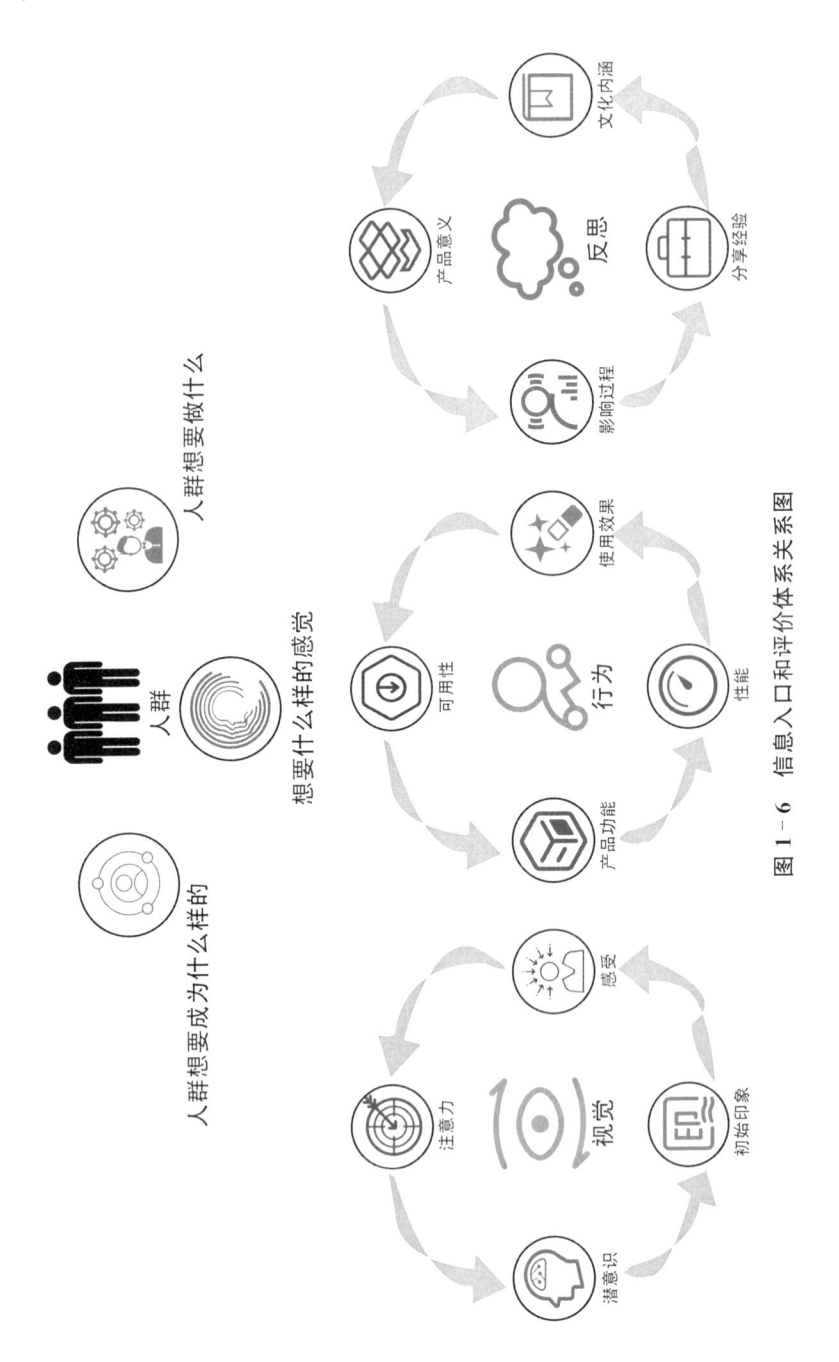

的质量,增加设计作品的声誉和影响力。在现代社会中,信息入口和评价体系在信息获取和处理过程中起着重要的作用,了解和利用可靠的信息入口,运用科学和客观的评价体系,有助于人们做出明智的决策、形成合理的观点,提供必要的信息支持和评价依据,促进环境设计的质量提升和适应性增强。

设计思想家和人机交互专家唐·诺曼(Don Norman)强调设计应该具有可理解性,用户能够轻松理解信息入口和评价体系的用途和功能。信息入口和评价体系应该设计得直观明了,让人们一目了然地了解它们的用途和如何使用。他认为设计应该具有可感知性,用户能够通过感官感知获得有关信息入口和评价体系的反馈。通过颜色、形状、材料等设计元素来强调信息入口和评价体系的存在和特性。唐·诺曼强调设计需要提供及时的反馈,让用户知道他们的操作产生了什么效果。信息入口和评价体系应该具有明确的反馈机制,让人们知道他们的行为是否成功以及下一步应该如何操作。他提倡设计应该具有可操作性,用户能够轻松使用信息入口和评价体系,不会感到困惑或迷失。在人文环境设计中,通过符号、标识、指示等方式,使信息入口和评价体系的操作变得简单易懂。他强调设计应该以用户为中心,满足用户的需求和期望,考虑人们在使用信息入口和评价体系时的实际需求,确保设计能够为用户提供有益的信息和体验。

(五)传播途径、公众共鸣和社会影响度

创造具有社会功能的环境需要考虑到它们的传播途径、公众共鸣和社会影响度。在环境设计中,适当选择和巧妙运用传播途径,可以有效地将设计理念和成果传达给公众。例如,通过社交媒体平台宣传环境设计的绿色理念和可持续性特点,吸引了更多人的关注和参与，增加了环境设计的社会影响力。公众共鸣是指公众对环境设计的认同和认可程度。当环境设计与公众需求和价值观相契合时，容易引起公众的共鸣，增加公众对设计方案的认同感。如果环境设计能够满足公众的期望和需求，并得到公众的积极反馈和支持，将有助于推动设计的实施和社会认可。社会影响度是环境设计对社会产生的影响程度。如果环境设计涉及重要的社会问题，如城市更新、社区发展、文化保护等，其社会影响度可能较高。在这种情况下，环境设计需要更加谨慎地考虑社会的多样性和复杂性，确保设计方案在社会层面产生积极的影响。

光和空间艺术家詹姆斯·特瑞尔（James Turrell）强调艺术作品与观众之间的互动体验，传播途径应当注重创造与人互动的空间，使人们能够与环境产生深入联系。他的作品常常利用光线和空间的变化来引导观众的注意力，这种创新的传播途径可以激发人们对环境设计的兴趣和好奇心。他强调作品要引发观众的情感共鸣，让人们产生深刻的情感体验。在环境设计中，公众共鸣至关重要，设计应该创造出引人入胜、令人流连忘返的空间，使人们能够产生积极的情感体验，从而增强公众与设计之间的联系。詹姆斯·提利（James Tilly）通过他的艺术作品创造了广泛的社会影响，吸引了大量观众和媒体的关注。创造社会影响可以通过创新的设计理念、引人注目的元素以及与社会议题的关联来实现。他致力于挑战传统的艺术和空间观念，追求创新和突破。他挑战传统的设计思维，创造出独特而引人注目的设计方案，从而引发了公众的兴趣和讨论。

创造具有社会功能的环境需要考虑到多个方面的因素。传播途径、公众共鸣和社会影响度在环境设计中相互关联，共同影响着设计方案的传播效果和社会影响力。选择合适的传播途径，增强与公众的互动，吸引公众共鸣，同时注重环境设计的社会影响度，实现环境设计在社会中的最大效益。通过理解和应对主流思想和意识形态、社会氛围、协作关系、信息入口、评价体系、传播途径、公众共鸣和社会影响度等因素，通过有效的传播和社会认可，环境设计有可能在社会中产生积极的变革作用并推动可持续发展的实现。

## 三、具有经济功能的环境

经济环境是构成企业生存与发展的社会经济状况以及国家经济政策，属于影响消费者购买能力和支出模式的要素，涵盖收入的变化、消费者支出模式的变化等方面。社会经济状况包含经济要素的性质、水平、结构、变动趋向等诸多内容，牵涉国家、社会、市场以及自然等多个范畴。具有经济功能的环境在经济活动中能发挥重要作用，能为社会创造经济价值的环境，会为企业、个人和社会提供经济上的收益和利益。

人文环境艺术设计的核心是将自然环境和人工环境与美学原则、文化内涵相融合，创造出一个具有独特意义和功能的空间。具有经济功能的环境在环境设计中，实现经济效益的最大化和经济发展的可持续性。在运用具有经济功能的环境进行设计时，需要平衡经济效益与环境保护的关系，注重可持续发展，避免过度开发和资源浪费。合理的环境设计使经济功能与环境保护相融合，可以实现经济繁荣和环境可持续性的有机结合。

### （一）艺术设计的性价比

性价比（cost-effectiveness），简称 C/E，是指在资源有限的情况下，以最小的成本获得最大的效益或价值的比例。在经济学和管理学等领域，性价比是评估资源利用效率的重要指标，常用于比较不同方案或项目的经济效果。

设计师和规划者需要在有限的资源下,尽可能实现更大的环境效益。考虑性价比有助于优化设计方案,确保资源的合理配置,同时最大限度地满足设计目标和社会需求。环境艺术设计师对不同设计的材料和未来设计预期进行规划,注重成本控制和材料选择,确立最佳的设计方案费用,并满足最大限度地设计目标和需求,选择高性价比的设计方案,可以减少资源浪费、环境污染,并相应地延长设计的使用寿命周期。设计的艺术和美学价值与设计成本相符合,让群众能够更好地领略到设计的意义和价值,提高社会成员的满意度以引发相应的社会公众共鸣,产生社会影响。

建筑师沃尔特·格罗皮乌斯(Walter Gropius)强调设计应该融合功能性、美学性和经济性。他认为设计首先应该满足功能需求,而不是仅仅追求外在的美观。性价比的核心是确保设计方案能够满足使用者的功能需求,不过度追求华丽而忽略实用性。他主张设计应该考虑经济性和可持续性,充分利用材料和资源,降低成本,同时减少对环境的负担。选择经济实用的材料和技术,从而在满足功能的同时降低成本。他倡导设计的简洁和精练,避免过多的装饰和浪费。沃尔特·格罗皮乌斯强调可持续性的重要性,包括在设计中考虑能源效率、环保材料等因素。例如使用可再生能源、推广绿色建筑材料等,这样可以提高性价比并降低长期运营成本。他主张将使用者的意见纳入设计过程,确保设计能满足他们的需求。

(二)公众的消费趋向

公众的消费趋向是大众在购买商品和服务时所表现出的共同倾向和特点。这些趋向可能受到多种因素的影响,包括经济状况、社会文化、科技发展、环境意识等。这些消费趋向既影响着产品和服务的供求关系,也对商家和企业的经营策略具有重要影响。了解公众的消费趋向有助于企业和市场更好地满足消费者的需求和提高竞争力。同时,随着社会变革和科技发展的不断推进,消费趋向也会不断发展和变化。

消费趋向也随着社会的发展和人们生活水平的提高,公众的消费趋向也在不断变化。环境设计的目标之一是满足公众的需求和期望,提供符合消费者价值观和生活方式的环境。随着环保意识的提升和公众对环境友好性的关注,绿色消费已成为一种趋势。设计师需要考虑如何最大限度地保护自然资源、减少碳排放、使用环保材料等,以满足公众对环保的期待。消费者对于个性化和定制化的需求增加也影响到了环境设计。在环境设计中,设计师需要注重创造具有吸引力和独特性的环境,以吸引更多消费者的关注和传播。并且随着数字化消费和科技的普及,公众对于数字化环境和科技应用的需求不断增加,因此,设计师应考虑如何融合数字技术和科技元素,为消费者提供更智能、便捷的环境体验。

设计师菲利普·斯塔克(Philippe Starck)强调设计要与用户产生情感共鸣,并满足个性化的需求。他还认为要考虑公众的消费趋向,这一点突出的特征就是其设计具有幽默感,会吸引公众的兴趣和消费。他认为设计应该创造情感体验和故事性,使人们与设计产生情感联系。通过创造引人入胜的环境,人们可以在其中体验和创造属于自己的故事,从而激发他们的消费愿望。斯塔克的设计并不仅仅局限于幽默的层面,它还蕴含着更为深远的寓意:考虑公众的消费趋向,创造出既满足功能需求又具有创新性的设计方案,引导他们对设计的消费。

(三) 创造的实际价值

创造的实际价值是设计所能为用户、社区和环境带来的真实益处和优势。环境设计着重于提供优质的用户体验,创造舒适、安全、美观的空间环境。通过细致的规划和布局,满足用户的需求和期望,为用户提供令人愉悦的使用体验和使用价值。在城市规划和社区设计中,环境设计师会借助创意的设计手法来解决社区面临的问题。改善交通流线、提供便民设施、提升社区公共空间的活跃性,可以提高社区居民的生活品质。增加绿色空间、改善景观、创造友好的社交环境等,有助于提高居民的幸福感和生活满意度。采用绿色建筑、节能措施、合理的水资源利用等,能减少对环境的负面影响,实现资源的有效利用,为环境保护做出贡献。为社区创造共享空间、社交活动区域,能帮助居民建立更紧密的社会联系,增进社区的和谐与稳定。环境设计的实际价值是多维度的,它不仅要满足用户的需求和提升用户体验,还要解决社区问题、关注环保与可持续性、促进社会互动等。通过创造实际价值,环境设计为用户、社区和环境带来积极的影响,推动了社会的可持续发展和进步。

### (四)消费习惯、方式、途径

消费习惯、方式和途径是人们在购买商品和服务时的常态化行为、购物方式和购物渠道。这些习惯、方式和途径在不同地区和不同人群之间可能有差异,受到多种因素的影响,包括文化、经济水平、科技发展等。因此,在环境设计中,创造出更加适应消费者需求的空间。环境设计在于创造满足用户需求的舒适和宜居的空间,并促进商业和社交活动的发展。了解消费者的习惯和行为方式对环境设计的空间规划和布局至关重要。不同消费习惯和方式可能导致人流的集中分布或在空间中的流动路径不同,设计师需要根据这些特点合理规划和布局空间,确保流线顺畅和用户体验良好。消费方式的变化和消费者对购物环境的需求不断演进,对商业环境设计提出了新的要求。设计师考虑到线下实体店铺和线上电商平台的融合，为消费者创造愉悦的购物体验，可以提升商家的吸引力和竞争力。社交媒体对消费者的购物行为产生越来越大的影响，艺术家通过在环境中融入有趣的互动元素和拍照打卡点，可以吸引消费者积极参与和分享，提升环境的社交媒体影响力。公众整体评价在可持续消费和绿色环保上的关注，使越来越多的消费者对可持续消费和绿色环保极其重视。艺术家提供个性化的空间设置、定制化的服务和体验，可以增加用户参与度和忠诚度。

宜家家居的创始人英格瓦·坎普拉德(Ingvar Kamprad)曾经说过："我们不仅仅是在卖家具，我们是在创造一种生活方式。"宜家家居的设计理念是让消费者在购买家具的同时，也能够享受到一种舒适、温馨、实用的生活方式。体验式消费不仅仅是在销售产品，更是在为消费者提供一种全新的生活方式。这种消费方式注重消费者的感受和体验，让消费者在购买产品的同时，也能够享受到一种愉悦、舒适、有意义的消费过程。消费者可以更加直接地与品牌进行交流和互动，从而建立起更加紧密的联系和信任。这种联系和信任不仅可以促进消费者的购买决策，还可以为品牌带来更好的口碑和更大的影响力。体验式消费在现代社会中具有越来越重要的地位。

消费习惯、方式和途径在环境设计中对空间规划、商业环境设计、移动购物体验、社交媒体共鸣、可持续消费和个性化等方面具有重要影响。了解和把握这些消费行为的变化和趋势，有助于设计师为用户提供更符合需求的环境设计，提升用户体验和满意度，明晰设计的目标定位，促进商业发展和社会进步。设计师应思考消费者的需求和行为习惯，打造与之相匹配的艺术空间，提升用户体验，展现品牌形象，并促进可持续发展。

### (五)创造商业气氛

密切关注公众消费趋势和品牌形象,可以营造出一种能够让消费者深刻感受到品牌文化和情感共鸣的商业氛围。这种商业氛围的创造有助于提升品牌形象和知名度,更能够吸引更多的消费者前来消费,从而为商业环境创造实际的经济价值。

设计舒适宜人、令人愉悦的商业环境,能够吸引消费者的目光,更能使他们在购物或用餐的过程中感受到品牌的独特魅力和文化内涵。艺术家深入了解品牌的文化、理念和价值观,将这些元素有机地融入商业空间的氛围中,可以让消费者在空间中感受到品牌的独特魅力和情感共鸣。这种共鸣增强了消费者对品牌的认知度和忠诚度,促进了品牌的口碑传播和市场份额的提升。一个舒适宜人、令人愉悦的商业环境能够吸引更多的消费者前来消费,从而创造更多的经济价值。

环境艺术设计师在商业环境中关注公众消费趋势和品牌形象,创造出舒适宜人、令人愉悦的商业空间氛围,可以吸引更多的消费者前来消费并创造实际价值。这种商业空间的创造有助于提升品牌形象和知名度,促进品牌的口碑传播和市场份额的提升,为商业环境带来更多的经济价值。

北京侨福芳草地是一个融合了艺术、文化与商业的综合空间,它位于北京的心脏地带,以其独特的设计理念和艺术氛围而闻名,凭借其别具一格的商业理念与艺术氛围,成为备受瞩目的商业地标。这里不只是购物和用餐之处,更是能让消费者深切体会到品牌文化以及产生情感共鸣的空间。侨福芳草地借助精心打造的环境,营造出令人惬意的商业氛围,其浓郁的艺术氛围提升了品牌形象与知名度,吸引了众多消费者前来体验和消费。侨福芳草地的成功,源于其对品牌文化的深入理解与传递。艺术家们深度发掘品牌的文化、理念和价值观,并把这些元素精妙地融入商业空间的设计当中。消费者在此不但能够体会购物的愉悦,还能从每一个细微之处感受到品牌的独特魅力与文化内涵。这种情感共鸣增进了消费者对品牌的认知与忠诚,推动了品牌的口碑传播以及市场份额的提高。设计师们关注公众消费趋势和品牌形象,打造出既舒适又宜人的商业空间氛围。这样的环境不但给予了消费者优质的购物体验,还创造了切实的经济价值。

在人文环境设计中,设计者应注重性价比,考虑公众的消费趋向,创造实际价值,关注消费习惯、方式、途径以及创造商业气氛等方面,建设出一个既美观又经济实用的空间,创造出更多的就业机会,促进创新和创业,提高地区的竞争力和可持续发展能力。

## 四、具有生态功能的环境

生态环境是由自然因素和人类活动共同构成的一个生态系统。它包括自然资源、生物多样性、土壤、水资源等各种要素。随着人类社会的发展和经济活动的不断增长,生态环境也经历了演变的过程。环境问题的愈加突出,使生态环境设计作为一种新兴的设计模式逐渐受到广泛关注。麦克哈格(McHarg)认为适宜的环境指在这里环境满足使用者最大的需求,人为适应环境做功最少。[①] 生态环境设计的核心是将自然环境、人文环境和建筑空间相融合,通过科学的手段来保护、修复和更新环境,创造出一个美观、独特、实用的环境空间。合理的设计和规划,将生态环境融入建筑和城市的布局中,促进自然

---

① 伊恩·伦诺克斯·麦克哈格.设计结合自然[M].芮经纬,译.天津:天津大学出版社,2006:4.

生态系统的恢复和改善,提高人与自然的和谐,生态环境设计有助于减轻对自然资源的压力和物质资源的置换循环过程,提高生活质量和环境的可持续发展。

### (一)可持续发展

可持续发展是指满足当前世代的需求,而不损害后代满足其需求的能力。它强调在经济、社会和环境三个维度上实现平衡,以确保人类的生活质量提高,同时保护自然资源,维持生态平衡,并为未来的发展创造条件。可持续发展是全球社会共同面临的重要挑战,是实现人类未来可持续繁荣的必经之路。当前资源的消耗与部分资源的枯竭成为迫在眉睫的问题。如何处理好人与自然之间的合理置换利用越来越受到关注,将设计与环境结合更好地促进人造物与自然物之间的和谐将被摆在首要地位。生态环境设计师需要从节能、环保等方面考虑,采取科学的手段来保护和处理环境资源。

建筑师威廉·麦唐纳(William McDonough)倡导循环经济的概念,即设计和生产的过程应当在自然生态系统中发现优势,将不利因素变为资源,实现资源的循环利用。在人文环境设计中,运用循环经济的原则,选择可再生材料、推广闭环系统等,可以减少资源浪费,降低环境影响。他强调设计应该追求碳中和,即在设计和建造过程中减少碳排放,并通过设计在自然界中产生积极效益。他认为应采用绿色建筑技术、增加植被、减少能源消耗等手段,降低碳足迹,并为自然系统创造有益的影响。并鼓励选择环境友好的材料,减少对有害资源的使用。威廉·麦克唐纳认为设计师有责任推动可持续发展,并通过教育来传播可持续性的理念,促进社会和行业对可持续发展的关注和实践。设计美学与可持续性是可以融合的,美丽的设计不应当损害环境的可持续性,追求美观与功能的融合,才能创造出既吸引人又环保的设计。

可持续发展的原则被应用于创造与自然环境和社会相协调的艺术作品。在环境设计中融入可持续性理念，实现人类的生活质量提高，保护和维护自然环境的平衡和稳定。可持续发展的环境艺术设计成为社会的激励和范例，鼓励人们采取可持续行动，以实现人与自然的和谐共生。这种可持续性的环境设计不仅有助于改善人类的生活质量，也为未来的发展创造了更好的条件。

(二) 环境修复、更新

环境修复与更新是通过一系列措施和行动，对受到损害或破坏的自然环境进行改善或还原，同时对老旧、废弃或不适应现代需求的建筑和城市空间进行更新和改造，以适应现代社会的需求，并实现可持续发展的目标。这包括修复受到污染的土壤、水体和空气，恢复受到破坏的生态系统，以及更新老旧的城市空间和基础设施。由于自然环境的破坏已经为人类的生存带来了严重威胁，因此需要采取措施来保护和修复环境。在设计中，通过生态修复来还原受损的自然环境，如湿地恢复、森林复原等。同时，结合景观规划，将自然元素融入城市空间，打造绿色景观和生态走廊，提高生态系统功能，增加城市的自然氛围。优化城市基础设施，例如道路、桥梁和供水排水系统。通过城市更新将老旧和废弃区域进行改造和再利用。环境设计师将可持续发展理念融入城市更新方案，设计绿色空间、可持续建筑和社区设施，可以提高城市的宜居性和可持续性。选择使用环保材料、植物和照明，可以优化能源利用和节水措施，打造环保型景观，减少资源消耗和环境影响。鼓励社区居民参与环境修复和更新过程，开展环保教育活动，提高公众对可持续发展和环境保护的认识，增强大众对环境保护的支持和参与意识。

建筑师让·努维尔（Jean Nouvel）认为，城市生态环境对于城市的可持续发展至关重要。在环境修复与更新方面认为，应该更加关注城市生态环境的改善，通过设计手法来创造更加宜居、可持续的城市环境。运用自然元素和绿色建筑材料，营造出舒适、健康、和谐的生活空间。设计过程中要考虑自然光线、通风、温度等因素，使建筑与自然环境形成和谐共生的关系。设计作品要充分展示绿色建筑的优越性，如降低能耗、减少污染、提高生活质量等。自然元素的运用还有助于减少城市热岛效应，修复城市空间环境，提高空气质量，为城市可持续发展贡献力量。例如"一号中央花园"塔楼的屋顶花园拥有纵览悉尼城的宽阔视野，花架、藤蔓以及绿化墙面把建筑包裹于植被之内，且让周边的公园绿地向上延展，给每个住户带来自然的味道。绿植还有利于降低建筑的能源耗费，叶子能够吸收二氧化碳并释放氧气，和传统的固定遮阳板相较而言还能够减少反射至城市里的热量。

环境修复和更新是促进城市可持续发展和提升居民生活质量的重要手段。设计者应以有效的环境修复，还原自然生态系统的功能，保护生物多样性和生态平衡；以环境更新来改善城市空间和设施，提供更好的城市服务和环境质量。这些措施将共同推动城市向更可持续、宜居和美好的方向发展。

（三）人造生态环境

人造生态环境是通过技术手段和设计创造的一种模拟或仿真自然生态系统的人工环境。这些环境旨在提供生物多样性、生态平衡和可持续性，同时为人类提供休闲、娱乐、教育等功能。人造生态环境可以是室内或室外，如生态恢复实验室、生态展览馆、城市公园、人工湿地、植物园和生态景观园等。这些环境通常结合了生物和非生物因素,模拟自然生态系统的相互作用和循环。在设计和建设人造生态环境时,需要综合考虑生物学、生态学、景观学、环境科学等多学科知识。在环境设计中运用人造生态环境,创造更多与自然融合的空间,促进生态保护和可持续发展的实现,为城市居民提供更好的生活环境,也为环境保护和生态平衡做出积极的贡献。

巴克明斯特·富勒（Buckminster Fuller）强调地球是一个有限的生态系统,人类需要共同照顾和维护这个共同的家园。在人造生态环境设计中,运用这一思想,可以创造出具有可持续性和共生关系的设计方案,使人类与自然更加融合。他倡导使用最少的资源创造最大的效益,鼓励以设计来实现全球资源的最优分配。他运用资源节约和环保的设计原则,减少能源消耗、降低环境影响。他运用整体性思维,考虑各个环节的相互影响,创造出具有协调性和平衡性的设计。他主张设计应该为人类创造更多的生态效益,使人类在环境中能够实现更高的适应性和生存能力。

生态环境设计是一种新兴的设计模式,是将自然环境、人文环境和建筑空间进行有机融合,以创造出具有生态感、实用性和美观性的空间。人文环境设计应用微生态概念,提高了设计的创新性和环保性,促进了生态系统的复原和改善,实现了生态环境和人类活动的和谐发展。可持续发展、循环利用、与环境的融合、环境修复和更新、人造生态环境和微生态都是关键的设计要素。在实际设计中,设计者需要根据场所的不同特点和需求来选择合适的设计方案,并考虑到环保、节能、舒适等多个因素。

## 五、具有美学功能的环境

具有美学功能的环境是指不仅满足实用需求,还通过设计元素、布局、色彩、材料等方式创造出令人愉悦、具有艺术价值的环境。这种环境能够激发人们的情感、提升心情,在视觉上和情感上都会产生积极的影响。人类通过其唯一的存在性形成了一种空间图式,从仰卧时的平面到坐起时的直角的位置变化已经不仅是一种姿势的胜利,而且意味着一种拓宽的视野和一种新的社会方向。[1] 具有美学功能的环境在城市中创建精美的公共广场,利用绿植、雕塑、水景等元素创造出吸引人的环境。景观设计通过精心布局的植被、水景和景观元素,创造出人与自然和谐共生的环境,为人们提供一个休闲和放松的场所。保护和修复历史建筑和遗迹,可以展示出其独特的美学和历史价值,让人们在欣赏美景的同时了解历史。在不同的环境中,运用设计的手法和艺术的元素,能创造出具有美学功能的环境。通过创意和深度的思考,艺术家将美感与实用性相结合,为人们打造出令人愉悦的环境体验。

环境美学既关注环境的外观表现,更着眼于其内在的感受和意义,讲究视觉、心理、经验和社会性等多方面的美学效果。从视觉美学、心理美学、经验、心理美学、经历、社会性美学和环境美学这几个角度来看,在人文环境设计中要注重具有美学功能的空间设计。

(一) 基于生理感知的美学功能

生理美学关注的是人体感官对环境刺激的反应,讲究空间设计对人体生理功能的影响和调节。生理美学在环境设计中是指通过设计元素和布局来创造出对人体生理感觉舒适、健康的环境。这涉及色彩、光线、声音、温度等因素,以及如何将它们结合起来以满足人体的生理需求。

---

[1] Yi-fu Tuan. Space and Place[M]. Minnesota: University of Minnesota Press, 1979: 7.

首先是自然光线的引入，充足的自然光线有助于维持人体的生物钟和心理健康。可以使用柔和的照明，避免刺眼的光线，以及提供足够的照明强度来支持各种活动。不同的颜色会影响人体的情绪和心理状态。选择舒适和谐的色彩会帮助人们保持心情愉悦。环境中的声音也会影响人体的生理感受。考虑声音隔离、吸音材料等创造出宁静和舒适的声音环境，有利于人们的健康和放松。空气质量对人体健康至关重要。考虑空气流通、通风系统和植物等因素，可以保持空气的清新。适宜的温度和湿度能增强人体的舒适感。

视觉美学主要表现为四个方面，即审美方式灵活性、审美对象精确性、审美深度融合性、审美感知聚合性。视觉美学涉及如何通过色彩、形状、布局、比例等视觉元素，创造出令人愉悦、有意义的环境。不同的颜色会引发不同的情绪和联想。根据设计目标和受众，选择适合的色彩方案，可以营造出相应的氛围。温暖色调，如红、橙、黄可以带来热情和活力；冷色调，如蓝、绿、紫则营造出冷静和放松的感觉。不同的形状和线条可以创造出不同的动态和稳定感。圆形和曲线可以带来柔和的流动感，而直线和角形则更具有结构感和力量感。根据设计主题和情感要求，设计者应选择适合的形状和线条，以营造出独特的视觉效果。空间的布局和比例决定了环境的整体平衡和协调。合理的布局和比例使环境显得舒适和谐。运用黄金分割法、对称布局或不对称布局等原则，可以创造出吸引人的设计。材质和纹理赋予环境更丰富的触感和质感。不同的材质和纹理创造出多层次的视觉效果，增加环境的深度和丰富度。艺术装置和装饰品是营造视觉美学的重要手段，是环境的亮点，吸引人们的目光。运用雕塑、壁画、艺术品等元素，为环境增添艺术氛围。采用多种照明方式在环境设计中创造出独特的光影效果，可以增强空间的美感。合理的照明设计可以突出重点区域,营造出戏剧性的效果。通过精心的视觉美学设计,可以创造出令人愉悦、引人入胜的环境。运用不同的视觉元素,将功能性与美学融合,为人们提供一个视觉上和情感上都有意义的环境体验。

### (二) 基于心理感受的美学功能

心理美学关注的是人们在使用空间过程中所产生的情感和体验,讲究空间设计对人类心理健康的影响和调节。从安全、舒适、创意、亲和等角度来看,在环境设计中要注重具有心理美学功能的空间设计。认知心理学原理研究的是人们的认知过程和感知机制。设计师利用这些原理来优化信息传递和界面设计,使人们更容易理解和感知环境中的信息。设计中的故事性元素可以帮助人们更深入地理解和体验环境。将环境融入一个有意义的故事中,可以增加人们的参与感和情感投入。经验和心理美学在环境设计中可以创造出丰富、有意义的体验。通过理解人们的感知、情感和行为,艺术家创造出更具吸引力和有益的环境,提升人们的生活质量和满足感。

### (三) 基于社会交往的美学功能

社会交往的美学功能关注的是人们在特定环境中的体验、互动以及与社会和文化的关联。经历设计关注的是人们在环境中的感知和体验。艺术家创造出引人入胜、互动性强的元素,可以提供丰富的体验,从而增强人们的参与和情感投入。以情感连接来建立人们与环境之间的联系。情感连接使人们在环境中感到愉悦、满足,从而增加了他们对环境的喜爱和忠诚度。社会性美学关注环境与文化、历史的关系,将文化和历史元素融入设计中,增加人们对环境的认同感和情感联系,强调人们在环境中的社会互动。艺术设计创造出社交

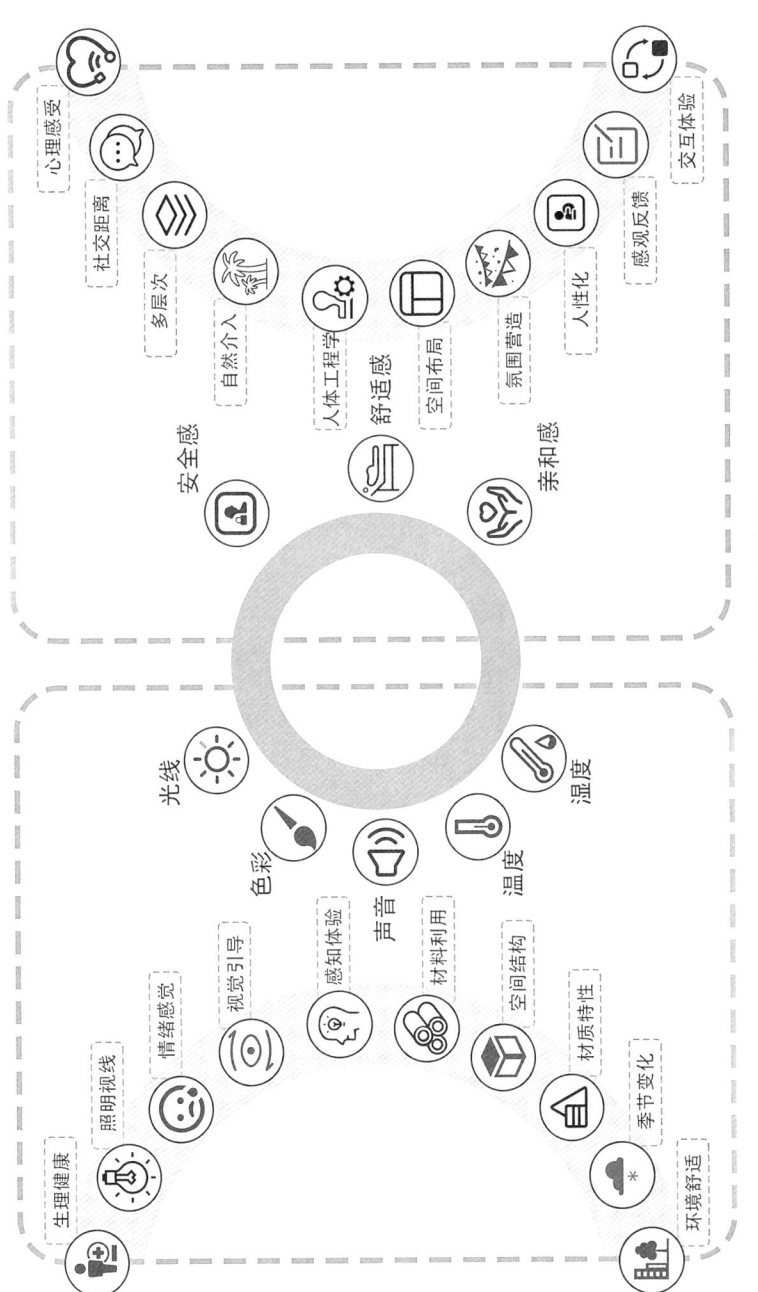

第一章 艺术设计与人文环境的共融关系 | 45

图 1-7 生理心美学结构图

空间、互动元素等,促进人们之间的互动和交流。社会性美学以环境适应社区的需求和活动,增加社区成员的参与感和责任感。社会性美学强调多样性和包容性。考虑不同人群的需求和背景,创造出一个包容性的环境,使所有人都感到受到尊重和欢迎。创造出宜人、活跃和安全的公共空间可以促进人们之间的交流和社交活动。社会性美学使环境与社会意义和目标相契合。与社会问题相关的元素、主题和活动可以传递特定的信息和价值观。社会性美学在环境设计中创造出有意义、参与性和社会联系的环境。情感连接、文化元素、社会互动等会建立起人们与环境之间的情感和社会联系。

### (四) 基于环境实践的美学功能

人类作为环境复合体的一部分,与环境形成紧密的联系。在这个联系中,人类不仅依赖于环境生存,还以审美的方式参与到环境中。在规划和创造空间时,设计者应注重场所与自然环境的协调,以营造出具有环境美学效果的空间。

环境美学是一门关注人们与环境之间的审美体验、情感连接以及对美的理解的学科。它强调人们对环境的视觉、听觉、触觉等感知方式的体验和认知的抽象感知。这种抽象不仅体现在对环境的感知上,还表现在人们对环境美的理解和评价上。在环境美学的实践中,艺术家需要充分考虑自然环境、场所历史、社会文化等多方面因素,使空间与自然环境达到和谐共生。这种和谐共生不仅仅是视觉上的协调,还包括听觉、触觉等感官体验的融合。人们只有在这些感官体验中找到共鸣,才能真正感受到环境美学所带来的愉悦。环境美学的目标是通过设计和规划,使人类与自然环境形成更为紧密的联系,提高人们的生活质量。设计者需要关注环境与场所的协调,强调人们对环境的感官体验,从而创造出具有环境美学效果的空间。环境美学是一种以人为本、注重人与环境和谐共生的美学理念。它强调人们对环境的审美体验,营造出具有美学价值的空间,提高人们的生活品质,使人类与自然环境实现和谐共生。

环境美学是一个综合性的概念,涵盖了审美体验、形式表现、情感共鸣等多个方面。通过将审美元素融入环境设计中,创造出引人注目、愉悦和富有意义的环境。环境美学的应用会提升人们的感知体验,创造出令人愉悦的生活和工作空间。从视觉美学、生理美学、心理美学、社会性美学和环境美学等维度来看,环境设计具有非常重要的美学功能。设计者应注重多方面的美学效果,善于挖掘用户的需求和情感,保护自然环境和文化遗产,并将其与现代科技相结合,打造出一个具有深刻内涵和现代感的城市空间。

## 第三节　人文环境与艺术设计的关系

人文环境与艺术设计之间相互影响、相互渗透,共同塑造出丰富多彩的艺术生活和文化体验。其核心是以人文环境观解读艺术设计和以艺术感渲染环境。以环境观解读艺术设计是通过艺术的视角去理解、解读和诠释环境。通过绘画、摄影、雕塑等艺术形式,捕捉环境中的独特情感、氛围和特征。设计作品不仅展示环境的美感,还传达人们对环境的情感和认知。这种情感传达可以使观众更深刻地体验和感受环境。设计作品会引发人们对环境的思考和反思。通过作品传达某种信息、价值观或意义,这会促使人们重新审视环境。以艺术感渲染环境是将艺术的元素和美学融入实际环境中,创造出具有艺

# 艺术设计渲染人文环境

## 体验
- 深化环境联系：柔和的音乐、自然声音
- 特性与环境需求不一：艺术元素与环境冲突
- 美学体验：表达历史内涵
- 利用灯光、投影等技术：多层次、多感官的体验
- 增加环境的文化多样性：增加或创造新的功能
- 布局、景观元素：灯光和照明效果

## 认知
- 深度和内涵：情感、历史、色彩等
- 意义发生冲突：艺术风格与环境不协调
- 艺术增添环境价值：传达信息、观点或价值观
- 不同领域的创意人才：元素、观点的焦点融合
- 超越了传统的功能性：增加更多的使用和价值
- 艺术元素的聚焦运用：雕塑、装置等

## 感知
- 情感共鸣体验：隐喻、象征或间接
- 引起人的不适：艺术产生负面影响
- 引导视线和流线：艺术传递文化价值
- 具有多种功能和用途：深度和多样性的环境
- 赋予新的层次和意义：提升环境美感和观赏价值
- 视觉、感知、情感：色彩形态和材质

## 艺术设计对环境空间的影响
- 艺术设计对人文环境融合的隐性表达
- 艺术设计对人文环境平衡的显性表达
- 艺术设计服务人文环境基本功能
- 艺术设计创造复合型人文环境
- 艺术设计新增人文环境功能
- 艺术设计创造人文环境焦点

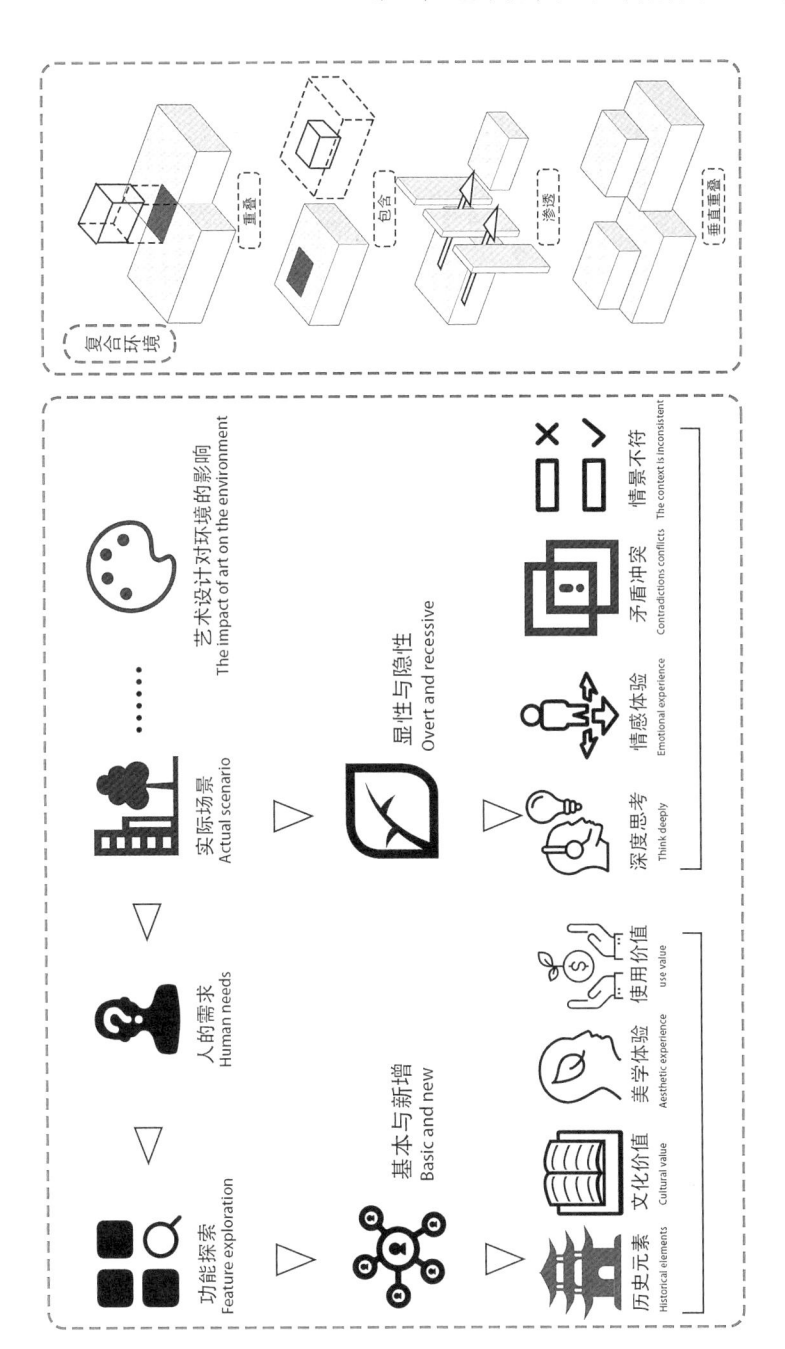

第一章　艺术设计与人文环境的共融关系 | 49

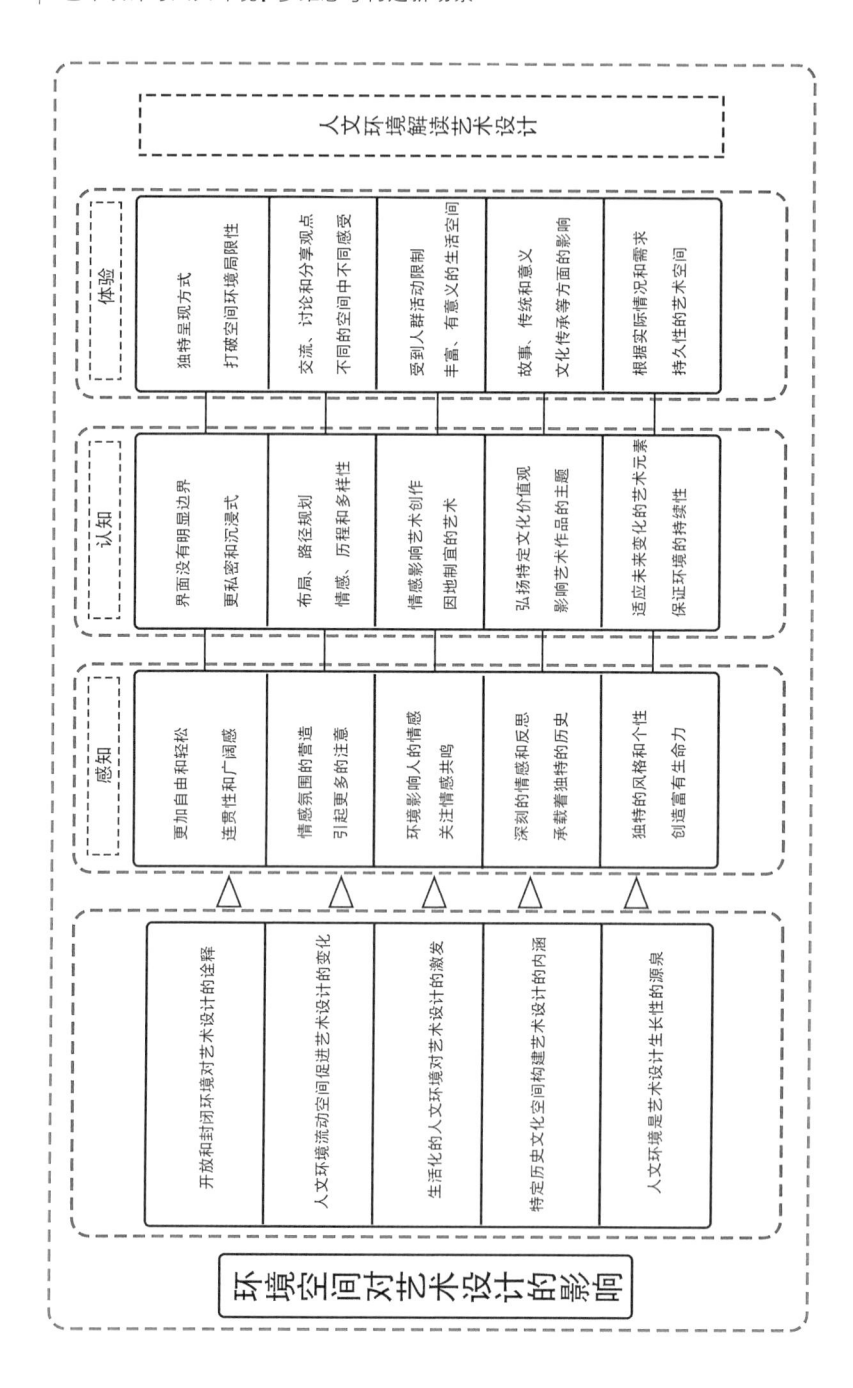

# 人文环境解读艺术设计

## 体验
- 独特呈现方式
- 打破空间环境局限性
- 交流、讨论和分享观点
- 不同的空间中不同感受
- 受到人群活动限制
- 丰富、有意义的生活空间
- 故事、传统和意义
- 文化传承等方面的影响
- 根据实际情况和需求
- 持久性的艺术空间

## 认知
- 界面没有明显边界
- 更私密和沉浸式
- 布局、路径规划
- 历程和多样性
- 情感影响艺术创作
- 因地制宜的艺术
- 弘扬特定文化价值观
- 影响艺术作品的主题
- 适应未变化的艺术元素
- 保证环境的持续性

## 感知
- 更加自由和轻松
- 连贯性和广阔感
- 情感氛围的营造
- 引起更多的注意
- 环境影响人的情感
- 关注情感共鸣
- 深刻的情感和反思
- 承载着独特的历史
- 独特的风格和个性
- 创造富有生命力

## 环境空间对艺术设计的影响
- 开放和封闭环境对艺术设计的诠释
- 人文环境流动空间促进艺术设计的变化
- 生活化的人文空间对艺术设计的激发
- 特定历史文化空间构建艺术设计的内涵
- 人文环境是艺术设计生长性的源泉

第一章 艺术设计与人文环境的共融关系 | 51

图1-8 人文环境与艺术设计的关系结构图

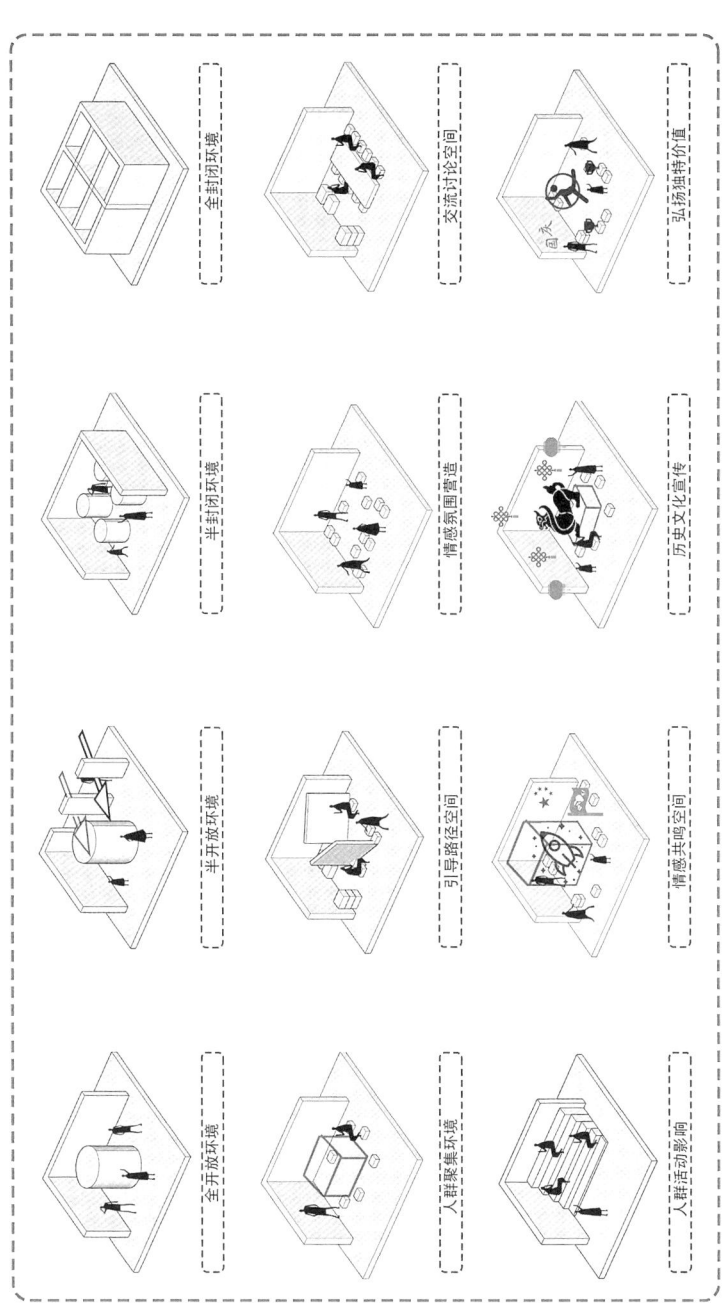

术氛围和美感的场所。这种环境设计为人们带来了独特的体验和情感共鸣。艺术元素如色彩、材质、形状等，可以增加环境的视觉吸引力。这些元素引导人们的视线，创造出美感的焦点。艺术的元素和氛围会引发人们的情感共鸣。舒适的色调、柔和的灯光等创造出愉悦和安心的情感氛围。将艺术性融入环境设计中，会为人们提供创意和独特的体验。艺术元素会传达特定文化和价值观。在环境中融入特定文化的艺术元素，可以丰富环境的内涵。

随着时代的变迁，互联网改变了我们的生活方式，环境观也在变化，艺术设计要与时代和所处的环境充分连接，并以艺术设计来解读环境艺术。运用艺术处理，重新构建和诠释新型城市赋予文化内涵的视觉美感。城市景观视觉是生活环境对人们在生理和心理方面产生的客观作用，是视觉感受的刺激从内心向外呈现出的情绪反应。

以环境观解读艺术和以艺术感渲染环境是两个相辅相成的方面，它们丰富了环境的美感、情感和文化内涵。通过艺术的眼光去感知和塑造环境，为人们创造出更具深度和吸引力的生活和体验。艺术被融入环境设计中，通过其独特的表达方式和视觉语言来营造出一个具有意义和价值的艺术环境，为人们的生活带来更多的美感和情感价值。

## 一、以艺术设计渲染人文环境

艺术设计不仅仅是创造美的空间或艺术品，更重要的是介入人们的生活方式，改变人们对于环境的认知和态度，创造新的社会价值。这首先需要处理好人与环境的关系，即具有正确的环境观，将艺术置于环境中去理解。艺术作为一种独特的表达方式和视觉语言，在环境设计中起到很好的渲染作用,通过视觉艺术可以凸显环境的美感和韵味。

(一) 艺术设计对人文环境融合的隐性表达

艺术与环境融合的隐性表达指的是将艺术元素融入环境中,不是直接显露出来,而是以隐喻、象征或间接的方式进行表达。这种方式可以增加环境的深度和内涵,引发人们的思考和情感共鸣。环境中的某些元素可能被设计成隐喻或象征特定的意义。例如,利用影子和反射在环境中创造出隐性的艺术效果;调整灯光的方向和强度,在墙壁或地面上投射出艺术性的影子图案,增加环境的神秘感和视觉层次;营造环境的整体氛围和布局,传达一种隐性的主题或情感;在环境中加入隐性的音乐或声音效果,为人们创造出特定的情感和氛围。柔和的音乐、自然声音等在不引人注意的情况下影响人们的情绪。艺术与环境融合的隐性表达以巧妙的手法创造出丰富的情感和意义。这种方式激发了观众的想象力和思考,使环境更加引人入胜、丰富多彩。隐性的艺术表达在不张扬的情况下可以深化人们与环境的情感联系。

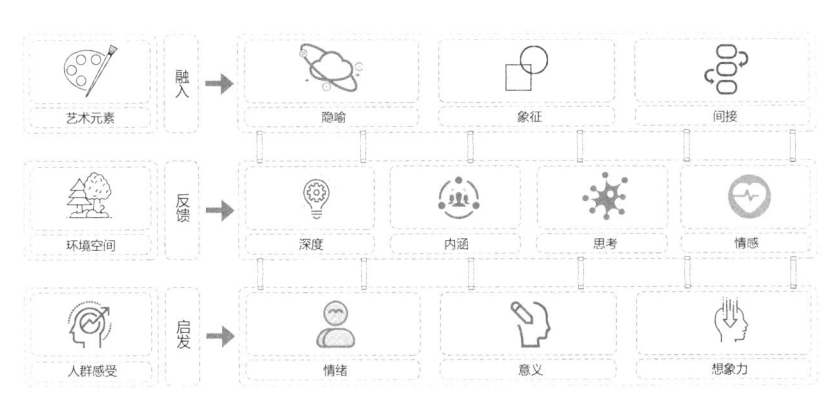

图1-9 艺术设计对人文环境融合的隐性表达结构图

建筑师张永和以独特的设计理念深度理解传统文化,对中国传统建筑元素进行创新性地运用。京兆尹餐厅充分展现了古都北京丰富的历史文脉,更是对传统与现代交融共生的完美诠释。该建筑巧妙地保留了原有建筑的风貌,使历史与现代相互交织,相互辉映,体现了对古都北京历史文脉的尊重和继承,让人们感受到传统文化的魅力。其发挥了艺术设计对人文环境的融合性,以一种隐性的方式为餐厅营造出独特的氛围,展现了古都北京的历史文脉,更实现了传统与现代的完美结合。

## (二)艺术设计对人文环境平衡的显性表达

艺术设计通过对比手法,对人文环境平衡进行显性表达,实现了和谐统一的设计理念。显性表达的主要特征是通过具有吸引力的客观物象,将人的视觉焦点会聚过来,再以艺术化的表现手法让人感受到艺术的氛围,以直接的方式表现环境空间中的艺术特征。在现代社会,艺术设计满足人们对美的追求,更注重维护人文环境平衡。形式对比、色彩对比、材质对比等手法,赋予设计作品层次感和丰富性,可以实现环境平衡。艺术设计强调和谐统一,促进人与自然、人与建筑、人与人之间的和谐关系。设计元素的搭配、功能布局和空间组织等方面,均体现出和谐理念。艺术设计巧妙运用各种元素,满足人们的审美需求并提升生活品质。艺术设计对传统元素进行提炼和创新,为环境注入时代感。创新不仅体现在形式上,还包括功能和理念的突破上。重新诠释传统元素,赋予环境特色和个性。艺术设计关注人文环境平衡,有助于社会和谐发展,也会优化环境、保护自然生态环境、实现可持续发展,同时传承和发扬传统文化,丰富人们的精神文化生活。这既可以提升国家的人文素质,也有利于相关产业的发展,提高国家的经济效益。

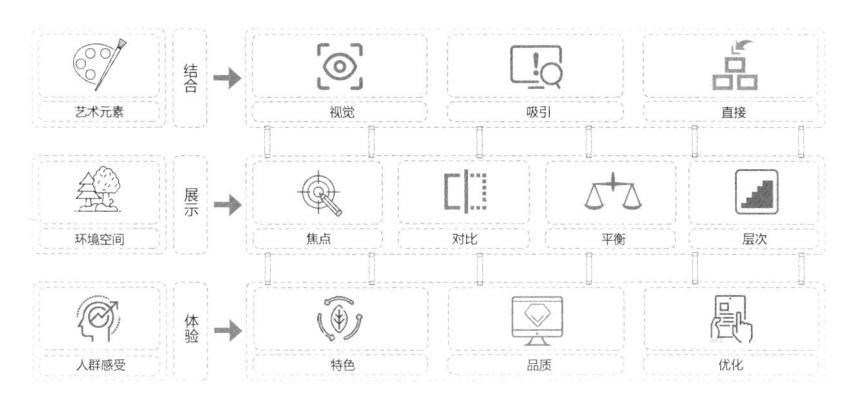

图 1-10　艺术设计对人文环境平衡的显性表达结构图

建筑师贝聿铭设计的卢浮宫金字塔，展示了艺术设计对人文环境平衡的显性表达，在空间布局上实现了艺术设计与人文环境的平衡。该建筑利用了金字塔的独特造型，将建筑与周围的环境相融合。既保留了原有建筑的历史与文化底蕴，又为整个空间注入了现代艺术元素。这种平衡体现在新旧建筑之间的对话与共生，使卢浮宫成了一个充满活力和创意的场所。金字塔的玻璃立面反射出天空和周边的景色，使建筑仿佛消失在环境中，形成一种视觉上的平衡。通过巧妙地融合新旧建筑、关注自然与环境、融合东西方文化等手法，卢浮宫金字塔展示了贝聿铭对人文环境平衡的深刻理解和高度尊重。

（三）艺术设计服务人文环境的基本功能

艺术设计为人文环境提供了各种基本功能，使环境更具吸引力、深度和情感共鸣。虽然艺术设计的主要目的是创造美感和表达情感的作品，但它也为环境增添了额外的价值和意义。艺术设计为环境带来美学体验，使其更加引人注目和令人愉悦。艺术设计可以引发人们的情感共鸣，使环境与观众之间建立起更深层次的连接。选取特定的设计作品,可以在环境中创造出令人感动、愉悦或思考的情感。艺术设计传递出的文化价值和历史意义,帮助环境传承特定的文化背景和故事。在公共空间中融入地方文化的艺术元素,可以增加环境的文化内涵。艺术设计作为导向元素,引导人们的视线和流线,帮助人们更好地理解环境布局和方向。在社交空间中融入艺术,会为人们提供话题和互动的焦点,促进社交交流。艺术设计可以用作媒介,来传达特定的信息、观点或价值观。在环境设计中,艺术元素被用来增强环境的基本功能和实用性。艺术元素的加入,会提升空间的功能性和美学价值,并且让人们更愿意在这样的环境中停留和使用。

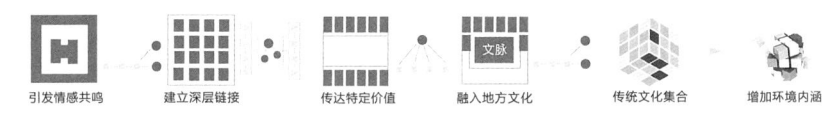

图 1-11 艺术设计服务人文环境基本功能结构图

景观设计师俞孔坚设计的"周口淮阳伏羲文化公园"依托本地资源,将场地修复为"会呼吸"的海绵城市公园,同时统筹兼顾文化旅游功能及公共服务功能,将伏羲文化公园建设成为集生态科教、休闲观光、文化展示于一体的综合城市公园。其巧妙地将自然元素和人文元素融合在一起,创造出既符合人们的审美需求,又满足人们生活需要的公共空间。不仅美化了城市人文环境,更重要的是通过设计改善了人们的生活质量。这为人们提供了一个更加健康、愉悦的生活场所,使人们能够更好地享受生活。由此体现了他对人与自然和谐相处的追求,以及对人们生活质量提升的关注。艺术设计在人文环境中会为环境赋予多样化的意义和功能。艺术设计赋能人文环境,使其变得更加生动、丰富和引人入胜,为人们创造出与众不同的感知

### (四) 艺术设计增添人文环境功能

艺术设计增添人文环境功能是指在环境设计中，艺术元素被用来增加或创造新的环境功能。这超出了传统的实用性和装饰性，创造出更丰富的体验和价值。艺术设计的创新应用，使整个环境的实用价值增加，提升了环境的美感和观赏价值。艺术设计创造出特定的情感氛围，如平静、愉悦、激动等，帮助人们在不同环境中调节情感状态。艺术设计作品激发出观众的创意和想象力，为人们提供思考和创造的空间。在公共空间中融入艺术设计元素成为人们交流和互动的媒介，创造出社交氛围，促进社交互动。传递知识、启发思考，可以为环境赋予教育意义。在博物馆、展览空间中，艺术设计作品为观众提供了知识和学习的机会。色彩、形状、音乐等元素会对人们的身心健康产生积极影响，引发人们对社会议题的关注和思考，激发社会责任感。展示不同文化的价值观和传统，可以增加环境的文化多样性，促进文化交流和理解。保留历史记忆，即将过去的故事传递给后代，可以为环境增添历史价值。通过将艺术设计引入环境中，可以为环境赋予新的层次和意义，这超越了传统的功能性，为人们创造出更有深度、丰富和有意义的体验。这种创新性的应用可以激发人们的思考，引发情感共鸣，并使他们与环境产生更加深刻的联系。

| 促进社交互动 | 启发知识思考 | 常规环境功能 | 多元功能提升 | 艺术引入环境 | 赋予新的层次 |

图 1-12 艺术设计增添人文环境功能结构图

彼得·拉茨的设计作品"北杜伊斯堡风景公园"整合、重塑、发展和串联起由原有工业用地功能塑造的肌理，并为此寻找了一个新的景观文法。原有的工业肌理与新的设计相互交织，形成新的景观，根据当地发展的需求巧妙地改造并赋予了场地新的功能。其强调人类与自然的相互依存关系，倡导在设计中尊重自然、保护自然。他通过巧妙的设计手法，将自然元素和人文元素有机地结合起来，使人们在欣赏美景的同时，能感受到自然的魅力和人文的关怀。他注重从人文环境中人的需求出发，以人的感受和需求为出发点，设计出符合人们心理和生理需求的景观空间，为人们提供愉悦的视觉享受和精神寄托。

### （五）艺术设计创造复合型人文环境

艺术设计通过创造复合型环境，将多种艺术元素融合在一起，为人们带来丰富的体验和情感共鸣。复合型人文环境是将不同的艺术形式、元素和观点结合在一起，以创造出更具深度和多样性的环境。在环境中结合视觉艺术、音乐、声音效果和灯光设计等多种媒体，创造出多层次、多感官的体验。将特定的主题或故事线融入环境设计中，以不同的艺术设计元素来呈现，使环境更加有趣和引人入胜，引发人们对主题的兴趣和思考。艺术家、设计师、音乐家和文学家等不同领域的创意人才进行合作，将各自的创作融合在环境中，创造出更加综合和丰富的体验。引入互动性元素，让观众能够参与到环境中，创造出更加个性化和与众不同的体验。通过交互式装置、虚拟现实技术等实现。将能够引发情感共鸣的元素融入环境中，如特定的图像、音乐、诗歌等，使观众能够与环境建立更深层次的联系。利用灯光、投影等技术，改变环境的时空感，营造出不同的情绪和氛围。在不同的时间段或活动中实现。将不同的艺术元素融合在一起，可以创造复合型环境，为人们带来更加丰富、多样和令人难忘的体验。这种综合性的设计能够唤起人们的想象力、激发情感，并提供与艺术互动的机会。

在环境设计中创造复合型人文环境,代表艺术元素被用来创造出一个具有多种功能和用途的复合型空间。"复合"从字面上可拆解为"复"和"合","复"体现了不同属性的空间在形态上的交叠过程,"合"则是在这一过程中进行的空间功能的系统性整合,使不同功能的空间同构共生为一个功能统一体。在已有研究中,空间的复合通常有以下几种关系:重叠关系、包含关系、渗透关系、垂直重叠关系等。

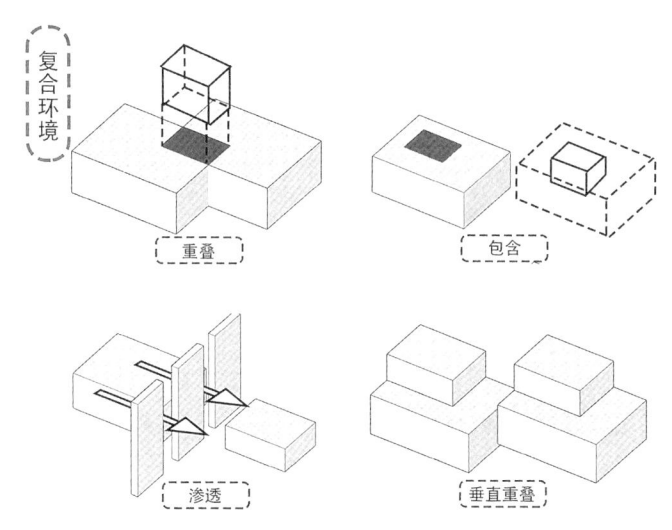

图1-13 复合型环境演示图

奥拉维尔·埃利亚松(Olafur Eliasson)的作品常常涉及自然元素、光线、水和反射等,他将这些元素融合在一起,创造出令人沉浸的艺术体验。他的作品强调参与性和互动性,使观众成为作品的一部分,从而创造出复合型的环境体验。他的作品"天气工程"(The Weather Project)是在伦敦泰特现代美术馆展出的一个巨大装置,模拟了日落和日出的光线效果。通过使用大型的镜面、光线和雾气,他创造出一个仿佛置身于日出的环境，观众可以在其中感受到光线的变化和氛围的转变。埃利亚松通过将不同的艺术元素融合在一起，既在视觉上，又在情感上创造出沉浸式环境，激发了观众的创造力和参与度，使他们能够与艺术互动并体验出独特的情感。这种创造性的环境设计可以激发人们的思考，并为他们带来与众不同的感知体验。

（六）艺术设计创造人文环境焦点

艺术设计所创造的人文环境焦点，是在环境设计中运用艺术元素来创建一个突出的视觉或感知中心。其强调艺术设计的聚焦作用，使整个环境更具吸引力和独特性，从而引发人们的兴趣和关注。这些焦点是视觉上的、感知上的，甚至情感上的，为环境增添了深度和吸引力。在人文环境设计中，设计者可以添加雕塑、装置或立体艺术品等元素来设置焦点。这些元素的独特形态和材质在环境中产生突出的视觉效果，会吸引人们的注意力。还可以利用鲜艳的色彩或与周围环境形成对比的色彩，吸引人们的视线。并以合理布局和利用景观元素，设计出视觉路径，引导人们的目光自然地流动，从而将注意力引导到特定的区域。此外，融入故事性的元素，如图像、文字等，引发人们的好奇心，使人们关注并深入了解这些元素。在环境中添加互动性元素，如触摸屏幕、交互装置等，鼓励人们与之互动，从而将焦点引导到这些元素上。利用音效和声音也可以创造出情感和感知上的焦点，将人们的注意力引导到声音的源头。这些方法为环境增添了活力和吸引力，使人们更加关注和欣赏所处的人文环境。

## 二、人文环境解读艺术设计

对于环境艺术，首先要有环境观，即处理好人与环境的关系、环境与环境的关系,将艺术置于环境中去理解。同时要具有艺术性,即在环境中体现艺术之美,以视觉艺术渲染环境。环境视觉艺术感受虽是人对客观事物最直观的、感性的瞬间反映,但其内在是一个复杂系统的综合体,其核心在于,如何把艺术与社会、自然、建筑景观的关系梳理清楚。

### (一) 人文环境转换的重要艺术设计因素

环境转换的重要艺术因素是指在人文环境中的艺术元素被用来调节和转换环境的氛围和感受。将艺术设计的巧妙运用,会改变人们对于环境的认知和情感体验,让整个空间更具有生命力和活力。环境与当地文化信息相连接,简化传统文化精神内涵,转化成为具有符号化意义的可识别特征的场景,建立人群对当地城市群体的整体印象,以实现文化内容上的价值输出。这类文化都有不同的表达方式,如色彩、声音、光效等,这些都是对于环境场景的一种构建。对于精神层面的文化则需要利用多种场景模式对五感进行摄入,通过"文化转换"的方式找到环境与文化之间的联系,以形成艺术表达方式。在文化转换过程中,简化的艺术符号代表着信息媒介,艺术家将文化与环境整合,转换成设计符号,再以故事的形式承载这些文化语言,最后带给人们感受,以此来唤醒人们的记忆,使人们拥有参与感、体验感,以达到艺术审美体验。

人文环境转换的艺术因素涵盖了多个方面。要注重考虑到不同的环境,使设计能与场景融合,利用隐喻等手法给予体验者隐性的表达体验,其中色彩和光线是创造环境氛围的关键因素。不同的色彩和光线可以引发不同的情感和体验,可以增加新的环境功能体验,例如,温暖的色调和柔和的光线可以营造出舒适和温馨的感觉,而明亮的色彩和充足的自然光可以增强活力和活跃感。使用不同的材料和纹理会影响环境的触感和视觉效果。粗糙的表面会增加质朴感,光滑的表面则营造出现代感。材料的选择和组合为环境赋予了独特的质感和风格。空间的布局和比例影响着人们在环境中的感知和导向。恰当的布局引导人们的注意力,创造出视觉上的环境焦点和层次感。声音是环境感知的重要部分,适当的音效会营造出特定的情感和氛围。音乐、自然声音等都影响着人们的情感和体验。将自然元素融入环境中,如植物、水景等,会创造出自然的氛围和连接性。植被可以净化空气、增加绿色感,为环境增添生命力。考虑时间因素,如白天和夜晚的变化,以及不同季节的变迁,可以为环境增加变化和情感层次。充分利用时间的变化可以创造出丰富的体验。将情感元素和意义融入环境设计中,会引发人们的情感共鸣和思考。创造与人们情感共鸣的环境可以更深刻地影响他们的体验。

丹麦设计师比约克·英格尔斯(Bjarke Ingels)一直秉持着可持续性和人性化的设计理念。他将环保材料和绿色技术融入自己的设计中,让建筑不仅看上去外观美观,而且能够实现生态平衡。他关注的是如何将当地的文化和历史融入设计中,使其成为一种独特的艺术元素。"哥本哈根发电厂滑雪场"原本是一个废弃的发电厂,而英格尔斯将它变成了一个集滑雪、休闲、娱乐于一体的公共空间。他通过巧妙的设计,将这个曾经的工业遗址变成了一个充满活力的社区中心,实现了人文环境的转化和自然环境的和谐共存。设计让这个曾经的工业遗址焕发出新的生命力,成为哥本哈根市的一处地标性建筑。他将环保、人性化、艺术性和文化传承完美地结合在一起,为人类创造了更加美好的未来。

(二)开放环境和封闭环境对艺术设计的诠释

开放空间和封闭空间作为人文环境中的两种基本布局方式,各自承载着不同的环境氛围和功能需求。开放空间具有通透、自由、灵活的特点，能够为艺术设计提供丰富的创意发挥空间。在开放空间中，艺术家和设计师充分利用空间的优势，创造出具有互动性、包容性和多样性的艺术作品。开放空间中的公共艺术装置，可以巧妙地利用环境元素，如空气、光线、水等，与观众产生视觉、听觉、触觉等多重感官互动，从而使艺术作品更具生动性和趣味性。封闭空间具有私密、专注、稳定的环境特点，使得艺术设计更加注重细节和内涵。在封闭空间中通过对空间线条、色彩、材质等方面的精细把控，可以创造出具有独特氛围和情感表达的艺术作品。封闭空间中的壁画、雕塑等艺术品，则可以以精湛的艺术技艺和独特的设计理念，呈现出丰富的故事性和寓意，引导观众产生共鸣和思考。

　　开放空间和封闭空间在艺术设计中各有优势，但两者并非孤立存在，而是相互融合、相互影响。在实际设计过程中，根据空间特点和功能需求，灵活运用开放和封闭空间的元素，可以实现艺术设计与空间环境的有机结合。在一些公共空间的设计中，合理布局开放和封闭空间，可以创造出兼具私密性和互动性的艺术环境，满足不同人群的需求。开放和封闭空间在艺术设计中的关系是相辅相成、相互促进的。只有充分理解和掌握这两种空间布局方式的优缺点，才能在设计中实现艺术价值与实用价值的完美统一。在环境设计和艺术创作中，探索开放和封闭空间的无限可能，可以为人们营造更加美好、舒适、富有艺术气息的生活空间。开放空间和封闭空间对艺术的影响取决于环境的目标和观众的体验需求。开放空间鼓励互动和自由性，而封闭空间则强调专注性和沉浸感。根据具体的展示内容和目标来选择适合的空间布局，可以以最佳方式展示艺术品并创造出令人难忘的观赏体验。

全开放环境　　　　　　　　　半开放环境

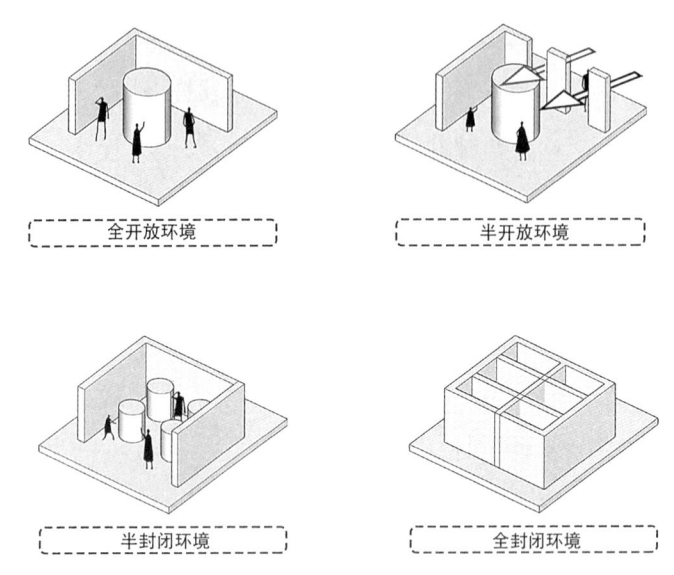

半封闭环境　　　　　　　　　全封闭环境

图 1-14　开放和封闭空间示意图

托马斯·海瑟维克(Thomas Heatherwick)的作品即 2010 年上海世博会"英国馆"(UK Pavilion)被描述为一个"种子巢穴",由一系列封闭的钢丝网构成,呈现出密闭、轻盈的外观。这个封闭式的结构创造了一个沉浸、体验的空间,游客不仅可以在其中穿行,还能与环境互动体验沉浸的思维感受。这种封闭性的设计使得游客在参观展览时能够更加深刻地体验空间外部的精巧设计和内部独特的结构展示,两者相辅相成。而在他的另一个作品"花园大桥"(Garden Bridge)中,开放空间的概念得到了体现。这座桥梁连接了伦敦南岸和柯文特花园,被设计成一个开放的花园走廊,上面种植了各种植物,创造出一片开放而通透式的环境。在这座桥梁上,人们在一个绿色空间中漫步,体验到与城市喧嚣的结合。通过这两个作品,托马斯·海瑟维克展示了开放和封闭空间对环境设计和艺术的不同影响。他的"英国馆"创造了沉浸、体验的环境,鼓励人们进行思考和冥想,而"花园大桥"则营造了开放、互动式的绿色空间,提供了与城市繁忙的对比。这种灵活的运用使他的作品兼具艺术性和独特的观赏体验。

### (三) 人文环境流动空间促进了艺术设计的变化

流动的空间在环境设计中对艺术设计而言,会影响人们的观赏体验,触动人们的情感共鸣,同时改变艺术设计的呈现方式。这种影响随着环境设计中人的流动而变化,促进了艺术设计的多样性。流动的空间通过影响人们的观赏体验来影响艺术设计。在环境设计中,空间的变化和流动性引导人们的视线,创造出不同的视觉层次和效果。例如,留园的设计巧妙地运用了空间流动,让游客在不同的视线角度下都能感受到园景的韵律和美感。这种流动的空间设计使得留园不仅在视觉上丰富多彩,更在观赏体验上独具魅力,能够引发人们的情感共鸣。

环境设计中的空间流动往往与人们的情感变化相呼应。蜿蜒的小路、潺潺的流水、错落有致的建筑等,都能引发人们内心的情感共鸣。这种情感共鸣使得艺术设计作品更加深入人心,增强了艺术作品的表现力和感染力。流动的空间还影响着艺术设计作品的呈现方式。环境中空间流动的方式和特点往往决定了艺术作品的布局和展示方式。在展览馆或博物馆的设计中,通过合理的空间布局和流动设计,可以更好地展示艺术作品,使其更加醒目、突出。这种呈现方式还能引导观众的参观路线,增强观众的观赏体验。

流动空间的氛围和情感氛围可以影响人们的情感体验。一个温馨、轻松的人群流动环境可能会使观众感到更加愉悦和舒适,从而更好地与艺术作品产生共鸣。节奏和节制可以影响人们对艺术品的观赏方式。一些设计可能会引导人们以特定的速度行走,使他们能够更仔细地欣赏每件作品。人群流动空间可以创造出不同尺度、高度和角度的视觉对比。这使观众在不同的空间中看到不同的艺术品，增强他们的观赏体验；还可以营造出特定的情景和背景，与艺术设计作品相呼应，创造出更深层次的情感体验。人群流动空间对艺术的影响在于它如何塑造观众的观赏体验、情感共鸣和与艺术作品的互动。合理的布局、路径规划和情感氛围的营造，可以创造出适合特定艺术作品的人群流动环境，从而为观众带来更丰富、更有意义的艺术体验。

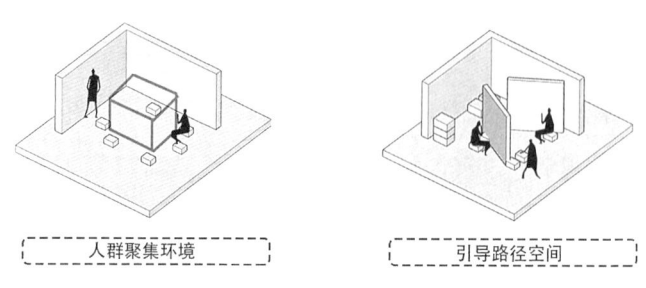

人群聚集环境　　　　　引导路径空间

图 1-15　流动空间对艺术设计的促进示意图

（四）生活化的人文环境对艺术设计的激发

人的生活空间影响了人们的情感、体验和创造力。生活空间通过人的行为方式等方面来营造特定的情感氛围。一个舒适、温馨的生活环境能够激发积极的情感，这些情感会影响人们对艺术的欣赏和创作。一个创意激发的生活空间会为个人提供灵感。在一个美观、有趣的环境中生活，可以激发创意和创造力，促使人们从生活中汲取灵感，用于艺术创作。生活空间是人们的个人品位和偏好的体现。一个设计精美、协调一致的生活空间本身就是一种美学体验。人们在生活中的美好环境可以让他们更敏感地体验艺术的美感。一个舒适、和谐的环境可以减轻焦虑、压力和负面情绪，从而创造出一个更有益于欣赏和创造艺术的状态。人的生活空间与艺术之间存在着紧密的相互关系。生活空间会影响人们的情感、思维和体验,从而影响他们对艺术的理解、欣赏和创作。艺术设计与生活环境的交互作用可以创造出丰富多样的体验和意义,促使人们更深入地与艺术设计作品互动。

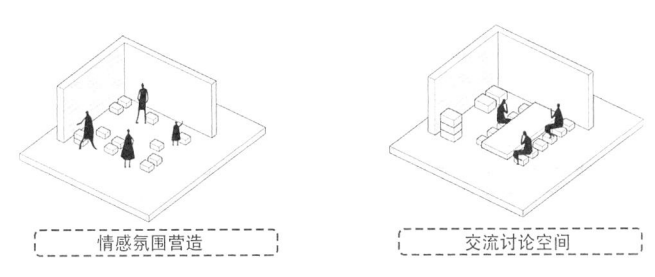

情感氛围营造　　　　交流讨论空间

图 1-16　生活化人文环境对艺术设计的激发

随着人口老龄化问题的加剧,高龄、伤残者及孕妇等的生活需求日益受到关注。为了让他们能够更好地享受到生活的美好,澳莆(altPlus)的中国团队"易合设计"推出了一款充满温情的创意产品——升降浴缸(elevated bathtub)。这款浴缸系统专为这些特殊群体设计,旨在为他们提供更加便捷、舒适的生活。在家庭环境中,升降浴缸能够满足高龄、伤残者及孕妇等人士独立洗澡的需求,减轻照顾者的负担。可升降的设计使得使用者能够轻松地调整浴缸高度,适应不同身高的需求。升降浴缸还采用了人性化的淋浴系统,让使用者在洗澡过程中能够享受到更加舒适的水流。升降浴缸的诞生将进一步激发设计师们从生活化的角度关注人文环境,为特殊群体创造更多温馨、舒适的生活空间。

(五) 特定历史文化空间构建艺术设计的内涵

特定历史文化空间承载着独特的历史、文化和情感内涵,可以激发创作灵感,影响艺术设计作品的主题、风格和意义。特定的历史文化空间往往有着丰富的故事、传统和意义。这些故事和意义会成为创作灵感,启发创作与这些空间相关的作品。历史古迹、宫殿、庙宇、教堂等具有浓厚历史文化色彩的空间,会激发出与之相关的艺术设计创作。历史文化空间的特点和故事往往会影响艺术设计作品的主题选择,设计者会受到这些空间的历史事件、文化传承等方面的影响,从而选择创作与之相关的主题,通过艺术设计作品来传达与这些空间相关的故事和情感。建筑风格、装饰元素等会影响设计师的创作风格。设计师会从这些空间的设计中汲取灵感,将其独特的审美特点融入自己的作品中,从而创造出与这些空间相呼应的艺术设计作品。特定历史文化空间承载着特定的文化传承和价值观。设计师会通过创作来表达对这些文化传承的理解和思考,以及对其影响的思考。历史文化空间往往有着丰富的情感内涵,设计者以创作来传达这些情感,这些情感可以与观众产生共鸣。特定历史文化空间对艺术的影响体现在灵感来源、主题选择、风格影响、文化传承和情感共鸣等方面。丰富的创作素材和情感内涵,会使艺术作品更加丰富多彩,同时设计者通过艺术作品传达了这些空间的历史、文化和情感价值。

弗兰克·盖里(Frank Gehry)的设计作品"华特·迪士尼音乐厅"(Walt Disney Concert Hall)位于洛杉矶市中心的历史文化地区,与周围的历史建筑和文化环境相互交融,同时创造出独特的视觉和情感体验。其建筑外观的曲线和不规则形状反映了当地的光线和景观,同时也尊重了周围历史建筑的尺度和风格。他的设计思想在其中得到了体现,既呈现了现代性,又与周围环境相互关联。这座音乐厅的内部空间同样体现了盖里的设计哲学。内部空间的设计融合了

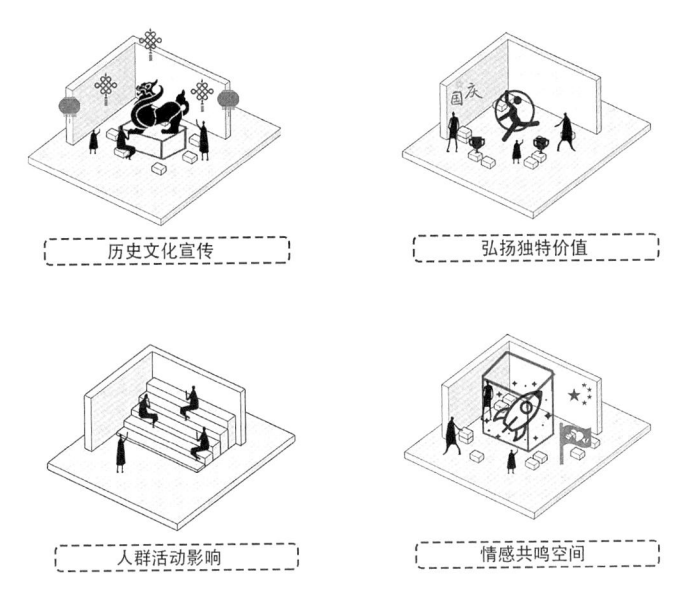

图 1-17　历史文化空间对艺术设计的构建

舒适性、视觉效果和音响要求，创造出一个与音乐、文化和历史相呼应的场所。

(六) 人文环境是艺术设计生长性的源泉

人文环境不仅是艺术设计的灵感来源，更是其生长性的源泉。一个充满活力和创意的艺术设计，必然离不开人文环境的熏陶和滋养。人文环境为艺术设计提供了丰富的素材和灵感。无论是建筑、绘画、雕塑还是其他艺术形式，其设计灵感往往来源于生活，而生活又与人文环境紧密相连。人文环境中的历史、文化、民俗、传统等元素，都是艺术设计取之不尽、用之不竭的资源。艺术家们通过观察、体验和感悟人文环境，从中汲取灵感，创作出具有地域特色和人文情怀的作品。人文环境对艺术设计的风格和内涵有着深刻的影响。不同的地域、民族和文化背景，会孕育出千姿百态的人文环境，也塑造了各具特色的艺术设计风格。例如,中国传统艺术讲究意境和气韵生动,而西方现代艺术则注重形式和色彩的表现。这些风格和内涵上的差异,正是人文环境对艺术设计影响的具体表现。人文环境的变化也为艺术设计的生长提供了多样性。随着时代的变迁和社会的进步,人文环境也在不断地演变和更新。这种变化不仅丰富了艺术设计的素材和灵感,还为其提供了更为广阔的发展空间。设计者应紧跟时代的步伐,敏锐地捕捉人文环境的变化,不断创新和突破,推动艺术设计向前发展。人文环境为艺术设计提供了丰富的素材、灵感、风格和内涵,并为其生长提供了多样性。在未来的艺术设计中,我们应该更加注重人文环境的保护与传承,深入挖掘其价值,让艺术设计在人文环境的滋养下绽放更加绚丽的色彩。

综上所述,艺术设计在我们的生活中无处不在,它与人文环境有着千丝万缕的联系。艺术性这个看似简单的词汇,实则蕴含了深厚的内涵。它不仅仅关乎视觉上的美感,更在于对人类情感和文化的深度挖掘。每件艺术作品,无论是宏大的雕塑还是细微的绘画,都或多或少地反映了创作者的情感体验和对社会文化的理解。

人文环境这个看似宽泛的概念,其实质是人类文明和价值观的载体。它如同一个巨大的磁场,吸引着各种文化、思想、价值观在此汇聚,形成了一个地区独特的文化特色和生活方式。人文环境的影响是深远的,它可以影响人们的思维方式、行为习惯,甚至塑造一个城市的形象和气质。

正是由于艺术性和人文环境的紧密关联,在环境设计中追求艺术设计与人文环境的共融就显得尤为重要。这不仅是一个设计理念,更是环境设计的终极目标。为了实现这一目标,艺术家需要在环境设计中充分考虑艺术元素和人文关怀的融合。这需要他们深入了解当地的文化背景、历史传统和社会价值观念,以及居民的生活方式和审美需求。在此基础上,设计者可以运用各种设计手段和技术手段,创造出既具有艺术美感又符合人文关怀的环境空间。通过对色彩、形态、材料等方面的巧妙运用,创造出富有生命力和美感的艺术环境。当然,环境设计不仅仅是追求美的视觉效果,更要满足人们的生活和工作需求,需要充分考虑环境的使用功能和空间布局,以满足不同人群的需求和特点。

艺术设计与人文环境的共融是环境设计的核心价值所在。只有将艺术性和人文关怀充分融入环境设计,才能真正地提升环境的整体品质和使用价值,为人们创造一个美好、和谐的生活空间。这样的环境设计满足人们的审美需求,更能够触动人们的内心,让人们在其中感受到生活的美好和人文的温暖。

# 第二章
# 人文环境与艺术设计的价值

　　人文环境与艺术设计紧密相连,共同构建了一个丰富、美好、有意义的生活空间。人文环境是人类在社会、文化、经济和自然环境中的生活和活动条件,它包含了人类的价值观、信仰体系、习俗、历史和身份认同等方面。而艺术设计则是以美学和创造性的手段,将这些人文环境的特点与审美需求相结合,创造出具有独特个性和艺术价值的设计空间。

　　人文环境与艺术设计的价值在于提供了人们对美的追求和体验。艺术设计以其独特的创意和表达方式,创造出美丽、有趣、感人、独特的作品,给人们带来审美的享受和心灵的满足。透过艺术设计,人们能够在日常生活中感受到美的存在,增强对美的敏感性和欣赏能力,提高生活质量和幸福感。

　　人文环境与艺术设计的价值在于传递和表达文化与人类的内涵。人文环境是不同文化的交汇点,会以艺术设计来传递文化的独特性和价值观。艺术设计用符号、图像和形式等多种方式,表达文化的特点和丰富性,让观众感受到文化的深度和内涵。艺术设计也是人类历史和传统的记录和传承者,在设计中融入历史的元素和故事,可以让人们感受到文化的延续和传统的力量。

人文环境与艺术设计的价值还在于塑造社会的身份认同和集体意识。艺术设计为社会群体塑造独特的标识和形象，通过艺术品、建筑、装置等载体，表达社会的特点和核心价值，增强社群的凝聚力和认同感。艺术设计也会激发人们对社会问题和价值观的关注和思考，引发社会的共识和行动，推动社会的变革和进步。

本章节将从社会价值、经济价值、文化价值、艺术价值、生态价值五个方面来探讨人文环境与艺术设计的多重价值。在社会价值方面，人文环境与艺术设计能够提供高品质的公共空间，营造和谐的社会氛围，增强社会凝聚力。在经济价值方面，人文环境与艺术设计产业可以创造就业机会，推动相关产业的发展，吸引游客和投资，促进经济增长。在文化价值方面，人文环境与艺术设计传承和弘扬传统文化，推动着文化多样性和发展。在艺术价值方面，人文环境与艺术设计创造出美学价值，提供艺术体验，丰富人们的审美享受。在生态价值方面，人文环境与艺术设计倡导绿色生态，减少环境消耗和污染，促进对自然资源的保护，推动生态系统的健康稳定。综上所述，人文环境与艺术设计在社会、经济、文化、艺术、生态等方面具有重要的价值，能够促进城市与社会的发展，满足人们对美好生活的追求，推动社会进步与文明。

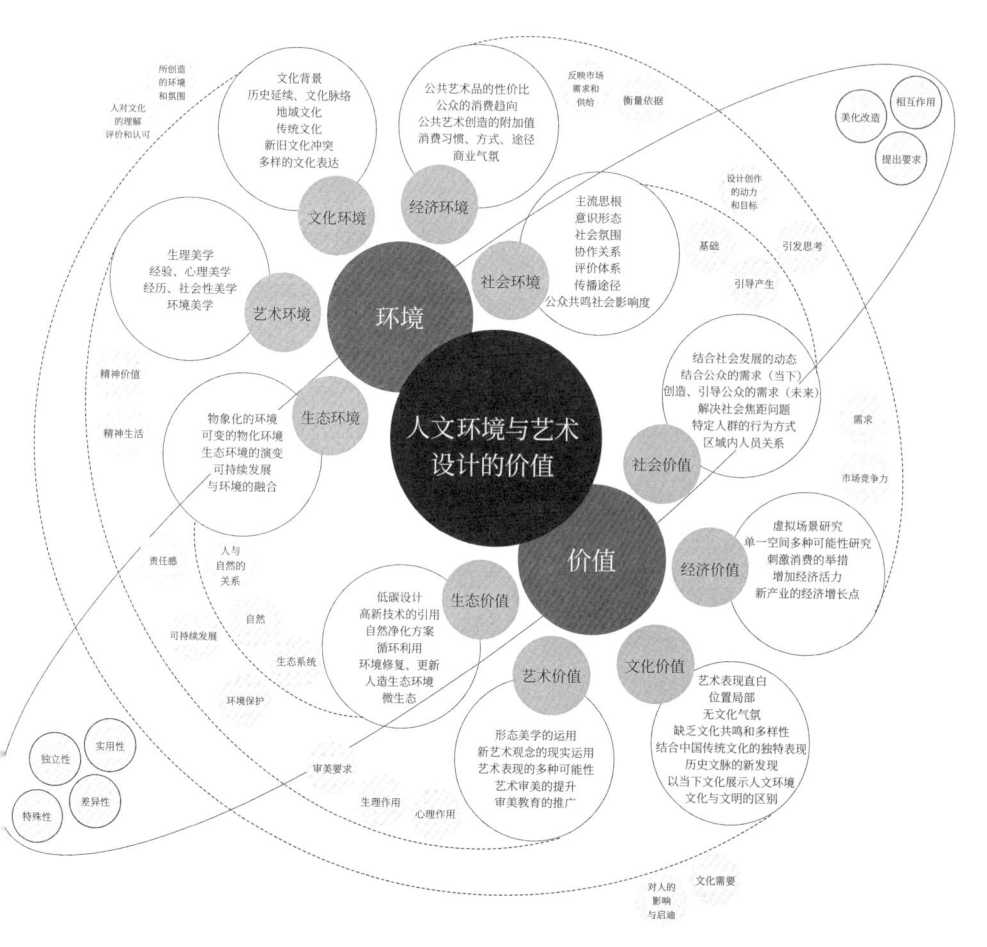

图 2-1　人文环境与艺术设计的价值结构图

## 第一节 艺术设计凝聚社会价值

社会价值是指对社会的贡献或利益,以及对社会公共利益的实现程度。它反映了一个行为、决策或事物对社会的影响和意义。社会价值可以从不同的角度来衡量和评估,社会价值的实现需要各方的共同努力和合作。

艺术设计作为一种创造性的表达方式,能够凝聚社会价值,并具有重要的社会影响力。艺术设计通过表达艺术家的思想、情感和观点,引起观众的共鸣和思考。艺术家通常用自己的作品传递一种特定的价值观。观众在欣赏艺术作品时,会被艺术家所传递的价值观所触动,从而引发社会意识和行动。

艺术设计能够反映社会现实和问题,促进社会变革和进步。艺术家能够用自己的作品揭示社会的不公正、不平等和不合理之处,引起人们对社会问题的关注和思考。这种批判性的艺术设计会激发社会的反思和改变,推动社会朝着更加公正和平等的方向发展。艺术设计会传承和弘扬社会的文化价值。艺术家用自己的作品表达对于传统文化的尊重和传承。艺术设计能将传统文化元素融入现代的创作当中,使得传统文化得到传承和发展。艺术设计会随着创新的方式,将传统文化与当代社会联系起来,使传统文化焕发新的活力。艺术设计凝聚社会价值的重要性在于它能够引起观众的共鸣和思考,反映社会现实和问题,促进社会变革和进步,传承和弘扬社会的文化价值。艺术设计不仅仅是一种美的表达,更是一种具有深远意义和社会影响力的创造性活动。

## 一、艺术设计的社会环境

社会环境是人类社会中各种社会关系、社会制度、社会结构、社会价值观和社会行为规范等因素所构成的整体。社会环境有狭义和广义之分,狭义是指组织生存和发展的具体环境,具体来说就是组织和各种公众的关系网络。广义的社会环境涵盖社会政治环境、经济环境、文化环境以及心理环境等较大的范畴,它们和组织的发展同样有着紧密的联系。它是人们在社会中相互交往、互动和共同生活的背景和基础,对个体和群体的行为、态度和发展有着深远的影响。

社会环境涵盖了各个层面的社会现象和要素,包括了政治、经济、文化、教育、法律等方面的内容。在社会环境中,人们相互交往,参与社会组织和机构,遵守社会规则和价值观,在其中形成各种社会关系和社会网络,这也塑造了人们的行为模式、思维方式和生活方式。

表 2-1 社会环境的多维思考

| 类 型 | 概 念 | 从人文环境设计角度出发 |
| --- | --- | --- |
| 主流思想 | 主流思想是在一个社会或文化中被广泛接受和认可的思想和价值观 | 主流思想通常是基于科学研究和实践经验的,旨在创造出更加舒适、健康、安全、可持续的环境,是当前流行的、被广泛接受的设计理念和方法 |
| 意识形态 | 意识形态是一套观念、信仰、价值观和思维方式的体系,它影响着个人和集体对世界的认知、行为和决策 | 艺术家本人的意识形态对环境设计的影响是多方面的,它既会促进设计的创新和多样性,也可能导致设计的局限和偏见 |

续　表

| 类　型 | 概　念 | 从人文环境设计角度出发 |
|---|---|---|
| 社会氛围 | 社会氛围是在一个社会中普遍存在的文化、价值观、态度和行为方式等方面的总体特征 | 社会氛围是设计的重要背景和条件,它会影响设计师的思考和创作,进而影响设计作品的形式、内容和意义 |
| 协作关系 | 协作关系是在一个团队或组织中,不同成员之间为了共同的目标而进行的合作和协调。协作关系强调团队成员之间的互补性、协同性和相互支持,经由共享知识、经验和资源,实现工作的高效并保证其质量 | 协作关系是最不可或缺的一种重要的工作模式,其工程体量决定了其从设计到施工都是一个复杂的过程,需要设计师与其他多个专业领域相关人员(如建筑师、工程师、室内设计师、景观设计师等)之间的协同合作,这样才能创作出符合需求的环境作品 |
| 评价体系 | 评价体系是对于某个领域或者某个事物进行评价的标准和方法,由有关评价的目标、原则、组织、人员、内容、方法、技术等要素相互关联而构成 | 评价体系能够帮助设计师和相关人员客观地分析和评价艺术设计的质量、效果和影响,提供参考和反馈,进一步改进和发展艺术设计实践。评价体系可以对艺术设计的各个要素和特征进行系统的评估,对艺术设计作品、项目或实践进行评估和评判,从而判断其优劣、优点和改进的空间 |
| 传播途径 | 传播途径是信息、思想、文化等内容在社会中传播的方式和渠道。传播途径是多种多样的,包括传统媒体、新媒体、口碑传播等多种方式 | 传播途径是作品的传播和推广方式。环境设计作品需要利用传播途径来向公众展示和宣传,以便获得更多的关注和认可 |
| 公众共鸣 | 公众共鸣是指公众对于某个事件、现象或者观点产生共同的认知和情感反应。公众共鸣意味着对于特定问题或议题,人们之间形成一种共同认知和共享价值观,达成一致的共识 | 公众共鸣指的是设计作品与公众之间产生的情感共鸣和认同感,通过创造与公众共同的情感和体验,使公众与作品建立起情感联系和共鸣,从而产生共同的价值观和意义 |

续　表

| 类　型 | 概　　念 | 从人文环境设计角度出发 |
|---|---|---|
| 社会影响度 | 社会影响度是某个人、组织或事物在社会中产生的影响力和影响范围。它描述了它们在社会中所引起的关注、认同、改变和影响的程度 | 社会影响度指的是设计作品对社会产生的影响和作用。环境设计作品不仅仅是为了满足功能需求，更重要的是要对社会产生积极的影响和作用，推动社会进步和发展 |

## 二、艺术设计的聚合力创造出社会价值

社会价值是对社会整体和公众利益产生积极影响的重要性和意义，在社会层面上，就是指某个事物、行为、政策或实践对于社会的福祉、公平、正义、可持续发展等方面的贡献和影响。社会价值的概念是基于社会共识和价值观的基础上形成的，不同的社会群体和文化背景可能对社会价值有不同的理解和强调。

艺术设计凝聚社会价值，是设计创作的动力和目标之一。卡尔·马克思认为，哲学家们只是以不同的方式解释世界，而问题在于改变世界。艺术家能够用作品传达社会的关切、挑战和希望，反映社会价值观和道德观念。通过呈现社会问题、批判社会现象和启发社会思考，促进社会的改变和进步。设计成为社会对话和参与的媒介，激发公众对社会价值和议题的关注和反思。透过艺术设计，社会价值在视觉、情感和审美的层面上得到表达和体验，从而影响和启发了观众的思考和行动。

人文环境设计的价值体现在美观的造型和创意的新颖上，更重要的是它能结合社会发展的动态和公众的需求，创造、引导公众的需求，并解决社会焦点问题。同时，艺术设计有助于协调社会关系和环

境关系,引导特定人群的行为方式并促进区域内人员关系的和谐稳定。

(一) 结合社会发展的动态

社会发展动态是社会在不同历史时期和背景下的变化和演进过程,包括社会经济发展、科技进步、文化变迁、政治制度变革等方面的动态变化。社会发展动态是社会的变化和发展的总体趋势,也是决定社会需求和价值观念的重要因素。

在艺术设计中,结合社会发展的动态意味着关注社会的变化和需求,以及时刻关注社会的新问题和挑战。艺术设计要紧跟社会的发展脉搏,既能表达社会的现实问题和矛盾,又能提供对社会问题的思考和解决方案,经由创作作品来反映社会的发展动态,以及对社会问题的关注和思考。艺术设计结合创新和探索,以适应社会的发展和变革,融入科技元素,探索新的艺术形式和媒介,以满足社会的需求和审美趋势;与社会各界进行合作和互动,通过共同的努力和创新推动社会的发展和进步。

艺术设计要关注社会的变化和需求,并时刻关注社会的新问题和挑战,通过创新和合作来推动社会的发展和进步。只有与社会发展相结合,艺术设计才能更好地发挥其聚合力,创造更多的社会价值。艺术设计应将社会的发展趋势和变化纳入考量,将艺术设计与社会互动和参与结合起来。社会是一个不断演变和发展的系统,其中包括了社会结构、价值观念、技术进步、文化变迁等方面的变化。

环境艺术设计应该透过社会发展的动态,关注当下的社会问题和挑战,艺术家应创造性地回应和表达社会中的关键议题,引起人们对这些问题的思考和讨论。社会的发展动态通常是基于一定的社会价值观和目标,艺术设计会传递这些社会价值观和目标,创造出具有共鸣和影响力的艺术品和设计作品,激发人们的共鸣和参与。结合社会发展的动态还意味着与社会互动和参与的重要性,需要通过各方合作来共同探讨和解决环境问题,传达社会的价值观和理念。这种综合性的设计方法能够更好地满足人们的需求、反映社会的变化、传达社会的价值观,并促进社会的参与和进步。

常熟绣衣厂作为常熟工业集聚中心的代表,成立于1979年,后来迁至海虞南路77号。随着社会快速发展,厂房功能由生产转向租赁。然而,因过度使用和老化,其建筑状况恶化,成为负面场所。常熟江南集团进行改造修复,并更名为江南绣衣厂,重新唤醒其活力和价值。设计团队在改造过程中保留并加固主要建筑,仅拆除严重损坏部分。改造重点是在保留历史建筑的基础上增加新功能和创新元素,使绣衣厂适应现代需求,成为充满活力的场所。这种改造不仅仅是用新建筑替代旧建筑,而是结合历史和现代展现城市发展的痕迹。旨在实现城市新功能与历史记忆的有机结合。中国的建筑改造经历了多个阶段,从完全重建到保留并更新,应根据不同的改造对象采取相应的方式。创新的旧改是使建筑焕发持续生命力的有效途径之一。常熟绣衣厂的改造是对历史建筑的创新利用,保留了原有结构,并融入了新元素,使其与现代需求相契合,焕发新活力。建筑的价值在于其使用,通过不同人的利用,建筑能与时代共存,成为时代发展的见证者。

(二)结合当下公众的需求

艺术设计创造出美学作品,提供艺术体验,满足公众对美的追求和审美需求。当下公众对美的需求越来越高,艺术设计可以提供具有艺术性的产品和服务,为公众提供美学享受;表达独特的创意和观点,引发公众的思考和讨论;作品传递信息和启发思考,引导公众关注和思考社会问题,从而推动社会进步和改变。艺术设计表达和传递文化和历史,满足公众对传统和文化的需求。当下社会对文化和历史的重视日益增加,艺术设计创作出具有文化和历史内涵的作品,传递传统的价值观和历史记忆,可以满足公众对文化认同和情感共鸣的需求。

艺术设计与公众需求的结合会促进社会文化的发展和进步,提升公众的生活质量和幸福感。艺术设计结合公众的需求是指在设计、规划和实施项目时,考虑到公众的期望、意见和利益,以满足他们对于特定环境、服务或产品的需求。结合公众的需求是一种重要的设计原则,它强调将最终用户的需求和利益置于设计过程的核心,以确保设计结果的实用性、可接受性和可持续性,并为公众提供有益的体验和参与机会。

人文环境设计结合公众的需求能够与公众建立起沟通和对话的渠道,艺术作品会成为公众与艺术家、社区和社会互动的媒介,激发公众的思考、参与和行动。公众作为设计的受众和参与者,了解公众的需求和期望对于设计师来说至关重要,这就需要设计师将公众的意见、期望和需求纳入设计过程中,并与公众进行互动和合作,以确保艺术作品会更符合公众的喜好和利益。设计师以调研、调查和参与公众讨论等方式获取公众的反馈和意见,让公众参与到设计和创作过程中,增强他们对环境的参与感,实现艺术与社会的有机结合。

在推动建设服务型政府的背景下,随着公众需求和政府角色的转变,市民中心、便民服务中心、行政文化中心等建筑类型纷纷出现。政务服务类建筑是政府开展相关业务的对外窗口,也是连接公共生活的空间纽带。这种建筑融合了服务、办公、展示和休闲等多种功能,同时也潜藏着激发城市内生命力的潜力。位于起伏山地中的磁器口服务中心,平静地矗立于繁华市井之中,展现了它对公共价值回归的探索。它注重对社会基层的人文关怀,融入了多元综合的服务功能,满足了各方主体的共享需求。设计者希望建筑能唤醒公共生活,成为多样市民活动展开的新篇章。相较于刻意布置的宏大广场,人们自发的行为和市井生活更具吸引力,会成为公共生活的催化剂,让各种各样的市民活动在这里发生。经过两年的设计和建设,磁器口服务中心已经投入使用,支持街道级别的日常办公和治理,同时积极推动公共生活的繁荣发展。该中心注重建筑与环境的和谐融合,还致力于提供多样化的服务,以满足公众的多样化需求。这里实现了公共空间与服务功能的融合,呈现出丰富多彩的画面。就如同现象学之父胡塞尔[1]所提倡的"回归事物本身"原则一样,该服务中心关注并践行着"服务"和"公共"这两大核心概念。

（三）创造、引导公众的需求

艺术设计创作出独特、有创意的作品,会传达情感和价值观;参与社会议题,会创造身临其境的体验;利用数字媒体和社交媒体等方式,会创造和引导公众的需求。艺术设计师通过展览、艺术品销售等方式与公众互动,吸引他们的注意力和兴趣,进而创造需求。艺术作品可以唤起公众对特定议题的关注和需求,引发共鸣。艺术家利用虚拟现实技术创造身临其境的体验,通过数字媒体和社交媒体来传播作品,扩大公众的触达范围,与公众建立更紧密的联系,激发公众对作品的需求。创造和引导公众的需求是一种面向未来设计的策略,用于激发公众对某种产品、服务或体验的兴趣和需求。这种策略以各种方式来塑造公众的偏好,引导购买决策,从而刺激市场需求的增长。

---

[1] 埃德蒙德·胡塞尔(Edmund Husserl,1859—1938),德国哲学家,现象学的奠基人。

环境艺术设计有效地创造和引导需求的策略应该建立在对公众需求和市场趋势的深入分析和了解的基础上，以提供真正有价值和有意义的产品或服务。未来科技的不断发展将提供更多的可能性，从而创造和引导公众需求。例如，虚拟现实（VR）技术提供沉浸式的艺术体验，让公众能够更深入地参与其中，引发他们对环境艺术的需求。艺术设计师可以以创新的创作风格和技术引发情感共鸣，利用新媒体和科技、与公众互动以及社交媒体传播等形式，创造新的需求并吸引公众的兴趣和需求。在环境设计方面，艺术设计师可以以合理的空间布局和色彩搭配、舒适的体验提供、音效和灯光设计，以及互动体验等方式，提供相应的应对方案，引发公众的兴趣和需求，从而推动艺术产业的发展。还可以设计具有互动性的艺术作品，鼓励公众参与其中，与作品进行积极的互动和合作，提升公众对环境艺术的兴趣和认同。用更多样化的艺术表达形式，创造出丰富多样的环境艺术作品，以吸引拥有不同背景和兴趣的公众，满足公众对于多样性和个性化的需求。

从设计者的视角来看待"VR之星·虚拟现实"主题乐园，会发现它是一个集VR室内娱乐与展览展示功能于一体的综合空间。在这个潮流无法逆转的时代，我们借助设计来诠释科技、艺术和文化，以独具一格的形式展现"科技·趋势·未来·生活"的主题。设计师重视空间节奏感的运用，通过空间尺度、光线以及材质的变化巧妙地营造出丰富的感官体验。整个空间以白蓝灰为主色调，简约纯净的材质选择细腻而多变，独特地诠释了科技、未来和设计的精髓。"VR之星·虚拟现实"主题乐园并非一般的游乐园，也不是纯粹的展示场所，更不是设备的综合展览。它需要不同领域、专业的融合，且目前在业界尚无成功案例可供参考。每个设备都有自己独特的主题，是独立存在的实体。设计师面临的挑战是整合这些风格和主题迥异的设备，以理性的空间逻辑和观众的情感节奏控制，实现空间与体验的完美融合。

(四) 解决社会焦点问题

解决社会焦点问题是采取措施和行动来解决社会上广泛关注和关切的问题。这些问题通常是与社会公正、平等、环境、教育、健康、经济、治理等领域相关的，对社会稳定和发展具有重要影响的问题。解决社会焦点问题的目标是改善社会各个层面的状况，增强社会的公正、包容和可持续性。这需要政府、组织和个人的共同努力，采取合适的政策、措施和行动来解决问题，并在解决过程中注重公众参与和合作。解决社会焦点问题的方法可以包括但不限于政策制定、法律法规的改革、资源的调配、教育宣传、社会创新等。这些方法都旨在推动社会变革和进步，促进社会的公平、和谐和可持续发展。在解决社会焦点问题的过程中，关注问题的根源、利益相关者的利益和需求、可持续的解决方案以及评估和监测等方面，确保解决措施的有效性和可持续性。

人文环境设计在解决社会焦虑问题上发挥着重要的作用。首先，环境艺术设计提醒公众社会焦点问题的存在和紧迫性。这些作品可以放置在公共场所，引起人们的注意并激发人们对环境问题的思考和行动。其次，环境艺术设计展示和传达了环境保护和可持续发展的理念，教育公众对环境的重要性和责任感。环境艺术设计可以创作具有教育性和启发性的艺术品，引导公众认识到自身对环境的影响，并鼓励他们采取积极的环境保护行动。此外，环境艺术设计以社区参与和合作的方式，让公众积极参与解决社会焦点问题。例如，组织社区艺术项目和工作坊，鼓励公众参与环境改善和保护的行动。最后，环境艺术设计以创造性的方式提出新的解决方案，以解决社会焦点问题。通过创作具有创新性和可持续性的环境艺术作品，它鼓励公众寻找和实施可行的解决方案，推动社会的变革和进步。环境艺术设计经由提醒意识、教育与启发、社会参与和创造新的解决方案等方法措施，能够激发公众对社会焦点问题的关注和行动，并为社会的可持续发展做出贡献。解决社会焦点问题是社会发展的重要任务，需要各方共同努力、跨部门合作和全社会的参与。解决这些问题可以促进社会的进步和发展，实现社会的公正与和谐。

1. 协调社会关系

协调社会关系是利用各种方式和方法来处理和解决社会中各种不同利益和意见之间的矛盾和冲突，达到平衡和谐的社会状态。协调社会关系是促进社会稳定和发展的重要任务，需要各方共同努力，用多样化的方法和手段来解决社会中的冲突和矛盾，实现社会的和谐与进步。

环境艺术设计创造出公共空间，为社区居民提供相互交流和互动的场所。公共空间设计要考虑到不同群体的需求，提供各种社交设施和活动，促进社会关系的协调与沟通。并且邀请社区居民参与其中，让他们对设计过程和结果有一定的参与感。组织工作坊、展览和社区活动等来吸引社区居民的参与和反馈，增加社会关系的互动性和凝聚力。同时探索和呈现社会问题，引发公众对这些问题的关注和思考。艺术设计作品以表现社会不公、环境危机等议题为主题，通过视觉、声音、互动等方式触动公众的情感和共鸣，引发社会关系的共同关注和行动。

2. 协调环境关系

协调环境关系是用各种方式和方法，促使人类与自然环境之间的相互作用和关系达到平衡和谐。环境关系是人类对自然环境的影响和依赖，包括资源利用、污染排放、生态保护等方面。协调环境关系的核心目标是实现可持续发展，既满足当前的需求，也不损害后世的生存和发展权益。协调环境关系是人类与自然相互作用的选择之一，实现人与自然和谐共生的重要途径，通过合理利用和保护自然资源、减少污染排放等措施，可以实现经济社会的可持续发展，维护人与自然的良好关系。

环境艺术设计通过塑造和改变环境来达到美化环境、提升人们心理和情感状态的目的，在设计中巧妙地融合自然元素和人造元素，以绿化、水景、景观等方式，营造出自然与人造环境相融合的空间。这种平衡的环境让人们感受到与自然的连接，营造宽敞的公共空间、社区共享设施等可以鼓励人们进行社交互动，增加社区凝聚力，帮助人们建立积极的社会支持网络，减轻社会焦虑感。环境艺术设计通过创造美感、引导视线、营造氛围、提供舒适体验、强调主题和考虑可持续性等方法和措施，协调环境关系，创造出美丽、和谐、自然的环境氛围，引导情绪与情感表达，鼓励社交互动与共享文化，重塑环境意识和行为习惯，帮助人们减轻社会焦虑，并促进人与环境之间的和谐发展。

MVRDV建筑事务所提出的"绿洲大厦"概念涵盖了两座高达150米的塔楼及它们之间郁郁葱葱的景观，为高密度城市居民打造了一个绿意盎然的理想居所。这一设计跨越了江北金融区规划边界的两个相邻街区。两座L型塔楼各40层高，分别坐落于不同街区的角落，南北相对，中央被三至四层高的裙楼环绕，形成一个内向的中心环境。裙楼连接了两个地块之间的人行通道和街道，强调了整个地块的连贯性，使得绿洲大厦在密集城市环境中独具特色。部分无法进入的屋顶空间参与了丰富的植被种植，提升了"绿洲"的生物多样性。此外，两个500平方米的芦苇湿地设置于屋顶，作为建筑的灰水循环系统的一部分，可以用于自然过滤和净化废水。MVRDV以自然融入设计为理念的方式不仅仅体现在田园风光下的绿色景观，同时在可持续发展策略上也起到了重要作用。

3. 特定人群的行为方式

特定人群的行为方式是指在特定环境条件下，某一群体或个体所具备的特定的行为模式和行为习惯。这些行为方式是由个体或群体的文化、社会习俗、心理认知、个人经历等因素决定的。理解和研究特定人群的行为方式有助于我们更好地适应和理解不同文化和社会群体，促进跨文化交流和相互理解。在设计时，考虑到特定人群的行为方式可以更好地满足他们的需求和期望。

环境艺术设计可以用合理的空间规划和布局来引导人们的行为方式。在公共场所增加合适的座位和休息区域，鼓励人们进行休憩和社交互动；设置清晰的导向标识和路径规划，引导人们按照特定路线行进。选择具有特定属性的材料和色彩，以创造特定的环境氛围，进而影响人们的行为方式。使用温暖色调的颜色和天然材料，能够营造出温馨和放松的氛围，鼓励人们停留和交流。在设计中增加互动性元素，可以鼓励人们参与到环境中，并改变他们的行为方式。设计具有创意的游戏或互动装置，可以鼓励人们进行社交互动。艺术家应该有意识地影响特定人群的行为方式，从而创造出更适合他们的环境，并促进符合预期的社会互动和行为模式。例如为行动不便的人群（如残障人士、老年人）提供无障碍通道、无障碍设施，以便他们更方便地进出建筑物或使用公共空间；为社交能力较低的人群（如孤独症患者）提供社交训练场所，设计创造出一个安全、舒适的环境，帮助他们提高社交能力；创造具有情感共鸣的环境，满足特殊人群的情感需求，如为抑郁症患者设计温馨、舒适的空间。

在加泰罗尼亚乡下地区，GCA Architects 设计了阿兹海默日间医疗中心，该中心已竣工。这座建筑处于绿色景观中，给人们带来宁静与疗愈之感，采用高品质木材和混凝土等材料打造，创造出简约清幽的氛围。医疗中心专为老年人设计，采用了创新的 CLT 低碳木结构建造技术，实现了高水平、高准确性、可持续性和高效率的建设。在此项目中，室外空间也被纳入医疗保健和治疗的范畴。室内流线设计简洁合理，充分利用了建筑内所有的公共空间，便于人们使用。花园和户外空间为患者提供了除传统治疗外的活动场所。根据建筑的形式和规模，这些户外空间被划分为六个相对独立又相互联系的区域，旨在借助美丽的自然景观疗愈心灵，改善患者的身心状态。建筑设计、景观规划以及室内家具元素的选择都致力于促进患者与自然的亲密接触，创造幸福感，进而提升人们的生活品质。这些方面共同努力，打造出一个舒适、温馨的环境，让人们能够与大自然紧密联系，感受到自然的美好与恩赐，从而促进身心健康，增强幸福感和生活满足度。城市的建筑和景观规划不仅是为了满足功能需求，更是为了建立一个与自然和谐相处的空间，为人们创造更加宜居的生活环境。

4. 区域内人员关系

区域内人员关系是指在某个固定区域内，熟悉的人群之间的情感连接。区域内是一个范围的界定。长期生活在某个区域内的人，会形成亲密的邻里关系和社会组织关系。区域特征对人的行为是有影响的。人的社会组织关系同样也会影响环境，环境艺术设计要充分了解区域内具有归属的人际关系，用艺术设计的方式创造更适于人们情感连接的环境，强化区域内人员的社会关系结构。

在一个熟悉的区域内，人们之间的情感连接是极为重要的。这个区域可以是一个小区、一个街区，甚至是一个城市。长期生活在这样的区域内，人们会逐渐与周围的人建立起亲密的邻里关系。这些人们之间的情感纽带会对社会组织关系产生影响，形成一个紧密的社区。区域特征也会对人们的行为产生影响，人们的社会组织关系同样会对环境产生影响。充分了解区域内具有归属感的人缘关系，艺术家才能创造出更适合人们情感连接的环境。

熟悉的人群之间的情感连接是建立在固定区域内的亲密邻里关系和社会组织关系之上的。环境艺术设计会创造出适合人们情感连接的环境，加强社区的凝聚力和人际关系，让人们更加融入和享受他们所属的区域。城市和社区的规划和设计、环保和可持续性的理念、社会责任和公益性的活动等方面可以改善和协调区域内人员关系，促进区域的和谐和稳定。艺术家需要不断地关注区域内人员关系的需求和变化，为区域内居民提供更加优质、多样、环保和有意义的艺术设计。同时，艺术家也需要注重区域内不同人群的需求和特点，为不同人群提供适合的设计，促进区域内人际关系的协调和谐。

"海边的四分之一"（Das Quartier Am Seebogen）位于维也纳阿斯本城市湖畔（Aspern Seestadt）城市新区，这是一个引人注目的、短距离多功能用地。在当下高度预制化的住宅环境中，居民不应仅是被动的消费者，而应能积极独立地参与塑造自己的生活和居住环境，无论年龄大小，都应能够在家庭、工作和休闲时充分参与其中。该项目与公园和集体租赁住宅区毗邻，具有提供积极可持续生活方式和社区贡献的巨大潜力。高比例的非住宅功能空间使该地区成为一个全天候充满活力的城市空间。该设计的目标是在城市边缘打造一个充满生机的高密度生活中心，以增进社区凝聚力，并与周边社会住宅区建立良好关系，共同构筑和谐共享的生活社区氛围。建筑外部在城市街道上勾勒出清晰的轮廓，内部通过凸起和凹陷的建筑形态将空间分割成服务性空间、私密空间及公共空间。逐渐增加的建筑高度创造出亲密的空间尺度，为公寓和自由空间提供了最佳的采光条件。大约80%的公寓朝向两个方向，基本上不朝北。底层空间的设置对于创造街道和内部街区的生动氛围至关重要。商业或活动空间位于吸引公众关注的街道位置，并与庭院内的自由空间相连。公共空间面向底层庭院，是邻里聚会的理想场所。

## 第二节　艺术设计促进经济价值

经济价值指的是任何事物对于人和社会在经济方面的意义，在经济学中所提到的"商品价值"及其规律是实现经济价值的现实必然形态。经济价值就是对经济行为体从产品和服务里获取利益的衡量。它反映了资源对经济活动的贡献程度，也是参与经济交换和决策的基础。经济价值在经济领域中具有重要的作用，它为经济活动的组织、资源配置和决策提供了依据。经过衡量各种资源和经济活动的经济价值，帮助决策者进行合理的资源分配和经济发展的规划。经济价值也是市场交换和经济增长的基础，它反映了市场需求、供给和竞争的关系，对市场经济的运行和发展具有重要的影响。

艺术设计可以以多种形式促进经济价值的增长。首先，艺术设计能增加产品的附加值，为产品注入独特的艺术元素，提升产品的品质和吸引力，从而提高销售额和利润。其次，艺术设计可以塑造企业或地区的品牌形象，营造独特的文化氛围，吸引更多的消费者和投资者,提高企业或地区的知名度和价值。而且,激发创意和创新会促进新产品和服务的开发,推动产业的创新升级,提高经济价值。最后,艺术设计还能促进旅游和文化产业的发展,创造具有吸引力的旅游景点和文化活动,会吸引更多的游客和文化消费者,带动经济增长。

环境艺术设计的介入为原有产业赋能创造了新的经济价值。这需要创新的方式,即将艺术设计的元素和理念注入原有产业中。这种创新表现为在产品设计中加入艺术元素,提升产品的附加值和吸引力;在企业或地区形象塑造中融入艺术元素,营造独特的文化氛围;激发创意和创新,推动新产品和服务的开发;促进旅游和文化产业的发展,创造具有吸引力的旅游景点和文化活动等。通过这样的创新方式,艺术设计为原有产业注入新的动力和竞争优势,创造出更多的经济价值。

## 一、艺术设计的经济环境

经济环境是影响经济活动和发展的各种因素和条件,包括市场结构、政府政策、法律法规、经济体制、资金和资源的供求关系、产业结构、技术创新以及国内外经济形势等方面。经济环境的稳定和良好发展对于社会的繁荣和个人的福祉至关重要,提供就业机会、提高生活水平、创造经济价值和财富,可以为社会提供公共服务和基础设施建设的资金来源。

经济环境的良好发展有助于提供资金支持、商业合作、经济效益和城市发展的机会,创造更好的条件和发展模式,与社会和环境的可持续发展相协调,避免资源浪费、环境破坏和社会不平等的问题。经济环境也需要环境艺术设计为形象和吸引力增添特色,提升人文环境的文化品位和美誉度,对于城市的经济发展和吸引人才、投资和旅游业具有积极的影响。

表 2-2　艺术设计价值在经济环境中的思考

| 类　型 | 概　念 | 从环境艺术角度出发 |
| --- | --- | --- |
| 公共艺术品的性价比 | 公共艺术品的性价比可以理解为在某个公共场所或社区中投入一定的资金和资源所获得的艺术品的效益与价值的比例 | 通过投入一定的资源和资金所获得的公共艺术品的效益与其所带来的价值之比。它是评估公共艺术品成功与否的重要指标之一。公共艺术品的性价比不仅要关注艺术品本身的品质,还需要考虑其与环境、观众和社区的关联 |
| 公众的消费趋向 | 公众的消费趋向是人们在消费行为中所显示出的偏好和倾向。这些趋向可能受到多种因素的影响,包括经济状况、社会文化环境、科技发展和个人需求等 | 公众的消费趋向与设计本身的属性和特点密切相关。公众越来越倾向于参与互动式的艺术体验,更喜欢能够与艺术品互动并产生情感共鸣的作品 |
| 公共艺术创造的附加值 | 公共艺术创造的附加值是指在设计中,艺术作品所带来的额外效益和影响。这些附加值可以是经济、社会和文化等方面的。公共艺术创造的附加值不仅体现在艺术作品的外观和表现形式上,还展现在它们与社会、经济、文化和环境等多个层面的关系上 | 公共艺术作品的设计可以提高周边地区的经济价值,促进社会凝聚力和社区认同感的建立。环境艺术设计中应充分考虑公共艺术作品所能创造的附加值,以便更好地满足公众需求和社会发展的要求 |
| 消费习惯、方式、途径 | 消费习惯是人们长期形成的、在购买和使用商品和服务中重复出现的行为模式和偏好。消费方式是购买商品和服务的具体方式和渠道。消费途径是个人在购买商品和服务时所选择的途径和渠道。消费习惯、方式和途径的变化会对经济产生重大影响 | 艺术设计创造出的独特和具有吸引力的环境会激发消费者的购买需求和兴趣,推动他们形成新的消费习惯,选择新的消费方式和途径 |

续　表

| 类　型 | 概　　念 | 从环境艺术角度出发 |
|---|---|---|
| 商业气氛 | 商业气氛是商业场所的环境和氛围,通过艺术设计与人文环境的手段来创造一个与商业活动相契合的氛围,以吸引顾客、促进购买并提升消费体验 | 提升商业场所的美感、舒适度和独特性,吸引消费者的注意力,增加他们的购买欲望和满意度,从而促使消费行为的积极发生 |

## 二、艺术设计激发经济活力

经济价值是在经济领域中具有的某种物质或非物质资源的重要性和可交换性。它反映了资源对经济活动的贡献程度,也是参与经济交换和决策的基础。

经济价值在环境艺术设计中体现在旅游业、文化产业、城市发展、房地产市场、创造就业机会和艺术品市场等方面。这些经济价值的实现可以为社会和经济系统带来积极的影响,并促进环境艺术设计的发展和可持续性。有效的环境艺术设计会提升场所的经济价值,并丰富人们的生活体验和文化内涵。艺术设计的经济价值体现在创造更好的商业环境和商业效益,提升企业的品牌形象和市场竞争力,促进旅游业的发展以及提升社会的文化品位和幸福感上。

### (一) 艺术设计赋能传统产业

经济活力的增加可以带来更多的就业机会、提高人们的生活水平、促进社会的发展和进步。在现代社会中,经济活力的增强已经成为各个国家和地区的共同目标。

艺术设计作为一种创造性的行业,为社会带来了美感和文化价值,创造了就业机会、促进了创新和创造力、提升了产品和服务的附加值、促进了旅游和文化产业发展、带动了相关产业链发展等。艺术设计推动经济的增长和繁荣，为社会创造了更多的就业机会和经济价值。

艺术设计的介入为城市更新项目带来独特的经济活力。以某个街道的改造为例，在过去，这条街道可能是一个普通的商业区，没有什么特色，人流稀少，经济发展相对缓慢。然而，随着艺术设计的介入，这个街道焕发出了新的生机。原本平淡无奇的建筑立面变得色彩斑斓，墙上的壁画展示了艺术家们的创意和才华。这些艺术品成为街道的标志性元素，吸引了大量的游客和居民前来欣赏和拍照。这些人群的到来为周边旅游景点，为商家带来了新的商机，他们会在这些游客中找到潜在的客户群体。艺术设计也为这条街道注入文化元素。艺术家们利用雕塑、装置艺术等形式展示当地的历史和文化，不仅增添了街道的文化氛围，也为游客提供了更多的旅游体验。游客在欣赏艺术作品的同时也能了解到当地的故事和传统，这种互动让人们更加喜欢来到这个街道，增加了他们在这里停留的时间和消费的意愿。艺术设计还推动了这个街道的创意产业发展。艺术家们的创作能够激发当地居民的创造力和创业热情。他们通过开设艺术工作室、艺术品销售等方式将自己的作品变现。这样的创意产业聚集了一批具有创新思维的人才，不仅为这个街道带来了新的经济增长点，还为整个城市的创意经济注入了新的活力。

艺术设计对于激发经济活力和为原有产业赋能起着重要的作用。从艺术设计的创新和发展来看，企业能够提供独特的产品和服务，从而在市场中脱颖而出，增加产品的附加值，并提升品牌形象和认知度。艺术设计会推动文化创意产业的发展，为城市和地区带来更多的文化和创意活力，创造更多的就业机会，提高就业率，并增加经济收入。

重庆光环购物中心将生态与商业融合，打造出一个以城市自然共同体为目标的购物中心，为市民提供了清新的空气，成为让人尽情呼吸的净土。在商业空间设计方面,虽然尝试将绿色生态与购物融为一体的理念早已存在,但却从未得到实现,主要原因是购物空间和生态植物所需的物理环境之间存在矛盾。经过深思熟虑和详尽研究,设计师在这个项目中进行了突破性的设计。他们建造了一座七层高的玻璃植物园空间,并将其置于重庆光环购物中心 L 形区域的拐角处,与主要商业通道平行,避免干扰,同时最大限度地与商业空间共享。通高的植物园与商业动线在水平及竖向等多个维度相互渗透,和商业空间实现无缝衔接,餐饮设置在顶部两层,其他开放式商铺分布于其余楼层。经由细致的视线规划以及空间设计,植物园的绿色在横向空间里能够最大限度地延伸和互动。两条连桥蜿蜒曲折地连接着不同楼层,让人们可以在树冠之间尽情沉浸于生态环境之中。植物园以热带雨林和海洋生命之源作为主题,并且栽种了丰富多样的植物。同时,瀑布和空中装饰吊树的布置,为园内营造了极为宏伟非凡的体验。该设计不但解决了商业空间和生态植物园所需物理环境的不同要求之间存在的矛盾,还突破了传统封闭式内街中庭商业空间的限制,塑造出了一种全新的产品形态。植物园空间的融入让消费者能够随时在购物和休憩之间转换,减轻了传统商业空间带来的封闭感和压迫感,提高了商业空间的质量和亲近程度。

### (二) 新兴产业的经济增长点

随着科技和社会的发展,新兴产业正在不断涌现,为经济增长提供新的动力和机遇。新兴产业的经济增长点涵盖了不同领域的创新和发展,积极推动新兴产业发展,注入强劲动力,也为就业增加和创业创新提供了更多机会,推动经济持续发展。

艺术设计在新兴产业中扮演着关键角色,它能够为新产品的外观、功能、用户体验等方面提供创新的设计理念和解决方案,良好的产品设计会吸引消费者的注意力,提升产品的附加值和市场竞争力。艺术设计还能为新兴产业提供用户体验优化的设计方案,提升用户与新产品或新服务的互动体验,增强用户的参与感和忠诚度,由此推动新兴产业的发展和增长。此外,艺术设计在品牌建设和营销推广中,可以创造独特的品牌形象,以区别于竞争对手,吸引目标用户。在产品推广和营销活动中,艺术设计会提供创意和互动性,吸引消费者的关注和参与。艺术设计作为文化创意产业,为新兴产业注入了新动能,创造了新的经济增长点。通过创新和推动,艺术设计能够培育出具有文化内涵和创意思维的产品和服务,为新兴产业注入活力和竞争力。

从环境艺术设计的角度来看,新兴产业的经济增长点体现在多个方面。首先,城市更新与景观设计成为新兴产业的重要组成部分。艺术设计以创新的设计理念、景观规划和公共艺术等手段,为城市创造出宜居的环境,提升了城市的形象和品质,吸引人才、创新产业和投资,带动经济增长。其次,绿色可持续发展设计也成为新兴产业的关键因素。艺术设计在绿色建筑、可再生能源和循环经济等方面,为新兴产业提供绿色、节能、环保的设计解决方案,推动产业的转型升级。此外,艺术设计创造出具有独特文化特色和艺术氛围的旅游目的地,吸引游客和文化创意产业的发展,从而带动当地经济的增长。最后,数字化与虚拟现实设计也是新兴产业的关键驱动力。艺术设计在数字经济、元宇宙和数字孪生[1]等领域的应用不断扩大,利用创新设计解决方案,提升用户体验和互动性,推动新兴产业的发展和增长。

---

[1] 数字孪生是充分利用物理模型、传感器更新、运行历史等数据,集成多学科、多物理量、多尺度、多概率的仿真过程,在虚拟空间中完成映射,从而反映相对应的实体装备的全生命周期过程。数字孪生是一种超越现实的概念,可以被视为一个或多个重要的、彼此依赖的装备系统的数字映射系统。

艺术设计在新兴产业中的应用是多方面的,通过城市更新与景观设计、绿色可持续发展设计、生态旅游与文化创意产业以及数字化与虚拟现实设计等方面的赋能,形成了新的经济增长点。

### (三) 多种产业与艺术设计融合

艺术设计作为一种创造性的活动,在多种产业中发挥着重要作用,为各个领域注入了美感和创新。多种产业与艺术设计融合,其中包括文化遗产保护、文旅产业、乡村振兴、城市更新、工业遗产保护、历史建筑保护、生态保护、能源开发、新兴农业、新兴制造业等各方面,艺术设计的介入可以产生积极影响。

文旅产业作为一个充满创造力和想象力的领域,需要借助艺术设计来提升游客的体验和感受。例如,在景区的规划和建设中,运用艺术设计将自然景观与人工景观相结合,创造出独特的艺术氛围,感受赋予内涵的艺术魅力。此外,艺术设计也在文旅产品的开发中发挥作用,设计出独特的商品包装和形象设计,吸引了更多游客的关注,促进了文旅产业的发展。

城市更新是改善城市环境和提升城市品质的重要手段,而艺术设计的介入为城市更新带来更多的创意和美感。例如,在城市中心的公共空间设计中,运用艺术设计的元素,创造出独特的城市景观,提升城市形象和吸引力。同时,艺术设计通过对建筑外观的设计和装饰,为城市增添艺术氛围,使城市更加具有辨识度和个性化。此外,艺术设计还在城市标识和导向系统的设计中发挥作用,使城市导航更加便于游客和居民。

人们对环境保护的意识日益增强,生态保护已经成为社会发展的重要议题。艺术设计利用创造性的手段来呈现自然和环境的美感,提高人们对生态环境的认知和重视。例如,在自然保护区的建设中,运用艺术设计的手法来设计游览路线和观景平台,使游客在欣赏美景的同时也能够了解和学习有关环境保护的知识。此外,艺术设计还用创造性的媒介和形式,传达环境保护的理念和价值观,引发公众对环境保护的思考和行动。

艺术设计介入多种产业,为这些产业注入美感和创新,提升其经济价值和社会影响力,推动美丽中国的建设。因此,我们应进一步加强对艺术设计的重视和支持,创造良好的环境和机制,促进艺术设计与各个产业的深度融合,实现经济与美的双赢。

## 第三节　艺术设计活化文化价值

文化价值是一种关系的形成,包含两个层面:其一,存在着可以满足某种文化需求的客体;其二,存在着具有文化需求的主体,当特定的主体发现能够满足自身文化需求的对象,并通过某种形式占有这一对象时,就产生了文化价值关系。

文化价值属于社会产物,不能单纯地将文化价值视作满足个体文化需求的事物属性。人既是文化价值的需求方,也是文化价值的承载者。文化价值还是由人所创造出来的。不论是人的文化需求,还是用以满足这种需求的文化产品,都只能在人的社会实践当中得以形成。人们创造文化需求和文化产品的能力,本身就属于文化价值。任何社会形态都具有该社会独有的文化需求,这种文化需求唯有通过人们的文化创造活动才能得到满足。在社会文化价值体系里,发展人的文化创造能力具有重大意义。

文化价值与环境艺术设计具有密切的关系。德国哲学家黑格尔认为,艺术是理念的感性显现。他强调艺术设计是文化理念通过感性形式表达的途径。环境艺术设计作为一种艺术表现形式,既受到文化价值观念的影响和塑造,又以呈现文化习俗、传统、社会观念等方式体现和传递着文化的价值观念和特点。它通过艺术形式的表达和创造,为观众提供了认知、体验和理解特定文化的机会。

## 一、艺术设计的文化环境

文化价值是艺术设计和人文环境所具有的在文化领域中的意义和重要性。它包括设计与环境本身的价值,还涵盖了它们对社会和个人的影响、教育和启迪作用。艺术设计与人文环境的文化价值不仅体现在艺术品本身,也体现在它们所创造的环境和氛围中。经过合理搭配和展示,艺术设计与人文环境可以给人以美的享受和情感上的满足,同时也在无形中传递和保护着人类文化的丰富多样性和独特性。

表 2-3 文化环境的多维思考

| 类 型 | 概 念 | 从环境艺术角度出发 |
| --- | --- | --- |
| 文化背景 | 文化背景是一个地区或一个社会的文化传统、历史、价值观念、艺术表现形式等方面的背景和基础,文化背景是一个地区或一个社会的文化特征和文化认同的重要组成部分 | 考虑到当地的文化背景和人文环境,帮助传达特定的情感和意义,以便更好地融入当地的文化和社会环境,创造出与特定文化背景相契合的环境体验 |
| 历史延续、文化脉络 | 历史延续和文化脉络是一个地区或一个社会的文化传统和价值观念的重要组成部分,它反映了一个地区或一个社会的历史、文化和社会发展的特点和趋势 | 通过对历史延革和文化脉络的研究,可以创造出一个与特定文化背景紧密相关的艺术体验和环境氛围。这丰富了艺术作品本身的意义,使观众能够更好地理解和欣赏特定文化的历史和传统 |

续　表

| 类　型 | 概　　念 | 从环境艺术角度出发 |
|---|---|---|
| 地域文化 | 地域文化是在特定地理区域内形成的一种独特的文化现象和特征。地域文化反映了一个地区的人们在长期的历史发展和地理环境影响下所形成的独特文化风貌。它与其他地区的文化存在差异，而这在一定程度上可以体现该地区的独立性和多样性 | 考虑到当地的地域文化，以便更好地融入当地的文化和社会环境，更好地表达当地的文化特征和文化认同。了解和应用地域文化对于创造出与当地特点和文化习俗相吻合的艺术作品和设计方案至关重要 |
| 传统文化 | 传统文化指的是通过文明演化汇集而成的能够反映民族特质与风貌的一种文化，是各民族在历史上各种思想文化、观念形态的总体展现。其涵盖的内容应为历代曾经存在的各种物质、制度以及精神方面的文化实体和文化意识 | 考虑到当地的传统文化，以便更好地保护和传承当地的文化传统和价值观念。丰富现代设计的多样性，保留和传承传统文化的价值，同时也为现代建筑和城市规划的可持续发展提供了新的思路和方法 |
| 新旧文化冲突 | 新旧文化冲突是随着社会的发展和变化，新的文化形式和价值观念不断涌现，而传统的文化形式和价值观念也在不断演变和变化。这种新旧文化冲突可能会导致文化认同和价值观念的分裂和冲突。新旧文化冲突并不一定是一种负面的现象。新旧文化冲突会促进文化的创新和发展。新的文化形式和价值观念能为传统文化带来新的思路和创新，而传统文化也可以为新的文化形式和价值观念提供历史和文化的支持和认同 | 新的城市发展模式和建筑风格可能会与传统的城市规划和建筑风格产生冲突。应该尊重和传承传统文化的价值，并与现代化的发展和社会需求相适应。综合考虑不同文化的需求和理念，实现城市和社区的发展和多元文化的共存 |

## 二、文化价值的内生力

文化价值涉及诸多方面，包括思想、艺术、道德、历史、宗教、教育等。它是指在文化领域内的特定文化或文化实践所具有的重要和有意义的特点、意义和贡献，包括促进文化传承与发展、塑造文化身份与认同、促进文化交流与理解，以及营造文化创意与创新等方面。

## （一）结合中国传统文化：中国的汉族文化独特表现

艺术设计应该结合中国传统文化，表现出中国的汉族文化的独特，例如文字、语言、家、家族、家国、三教融合、阴阳五行、天地中心。

中国传统文化中的诗词、书法和诗歌等文字语言，在不同的语言环境和历史阶段中有不同的意义和理解方式。为了结合中国传统文化中的文字和语言，需要平衡创新和传承，并保持艺术表达的独特性和现代感。考虑观众的接受和理解，使设计具有感染力和影响力。

艺术设计中融入中国传统文化中的家、家族、家国等概念，运用具有象征意义的家具、建筑结构或者家居摆设等元素，来传达家的概念。以中国传统文化中的家国情怀为主题，运用文字、图案和符号等艺术手法，来表达对家国的情感和热爱。这需要平衡传统与现代的结合，注重价值观念的传承和创新性的表达，以使设计具有感染力和影响力。

阴阳五行是中医学说中的重要概念，包括金、木、水、火、土五种元素。在艺术设计中，可以运用阴阳五行的理念来创造特定的氛围和意境。每个元素都有对应的颜色，可以利用这些颜色来营造环境。根据五行的特性选择相应的形状和材料来设计，以展现五行的属性。以巧妙地组合和连接不同的五行元素，创造出和谐而富有层次感的设计效果。将不同的元素放置在相互对应的位置，或者以线条和图案的组合来表达。在融入阴阳五行元素的设计中，需要对传统文化有一定的了解，并能将其与设计概念巧妙结合，以创造出独特而有意义的作品。

在中国古代的天地哲学中,天代表神仙和精神世界,地代表人类和物质世界。艺术设计中会运用天地哲学的概念,呈现天地融合的意境。利用天空和地面的元素来创造空间的层次感和连接性,使人们感受到天地相通的氛围。运用天空和地面的符号和图案来表达天地融合的概念,如太极图和阴阳图等。艺术设计中结合天地融合的概念,注重创意和表达的平衡,使设计兼具美感和内涵。考虑到人们对天地哲学的认知和理解,以确保设计能够传递出准确的意义和价值观。

**(二) 发现历史文脉**

1. 地域文化、本土文化传承

地域文化是在特定地域内形成的文化,包括语言、习俗、艺术、建筑等方面的特色。本土文化传承是指在传承地域文化的过程中,注重保护和弘扬本土文化特色,以达到传承和发展地域文化的目的。地域文化、本土文化传承都是一种强调特定地区独特文化传统的概念。它强调在环境艺术、设计和可持续发展等方面保护和传承当地的本土文化和传统,强调地域文化的独特性、传承的重要性和可持续发展的价值。保护和传承地域文化,弘扬地方特色,实现文化多样性和可持续发展的目标,同时为环境艺术和设计提供丰富的创作和表达方式。

2. 物象的方式营造环境

物象的方式营造环境是一种利用环境中的物体和形象来创造特定氛围和体验的概念。它强调选择和安排物体、图像、雕塑等来打造特定的环境,以引发人们的情感共鸣、创造意义和丰富体验。物象的方式营造环境强调在环境设计中,经过选择和布置物体和形象来创造特定的情感体验和意义。它关注个体与环境之间的互动,以及在环境中创造出独特和有意义的感知和体验。这种方式会为环境带来更多的人文关怀和美学价值，提升人们与环境的互动和共鸣。

为了创造历史文脉环境，有几种方法和途径可以采用。首先，保留和传承历史文化遗产是关键，因此可以参与文化遗产保护工作，如修复历史建筑、保存艺术品和文物等，推动相关政策和法规的制定和执行。其次，举办历史文化展览和活动也是重要的手段。利用策划和组织展览、讲座、工作坊和演出等，让人们更好地了解和体验历史文脉。最后，教育和培训在创造历史文脉环境中起着关键作用。开设相关的艺术史、文化史和设计史课程，提供培训和工作坊，培养人们对历史文脉的理解和欣赏，以及对相关的技能和专业知识的掌握。这些努力可以为艺术设计创造一个丰富的历史文脉环境。

3. 以隐喻方式表达设计内涵

以隐喻方式表达设计内涵是在设计过程中利用隐喻的手法将设计的含义和意义进行表达的概念。可以用形象、色彩、材质等多种方式来实现，以达到表达设计的内在含义和意义的目的。隐喻是一种以比喻、象征、暗示等方式来传递思想、情感和观念的修辞手法，它能够赋予设计更深层次的内涵和表达方式。

艺术设计会透过符号和图像的运用来表达历史文脉。符号和图像是隐喻表达的重要手段，它们用形状、颜色和组合等方式来传递特定的含义和信息。通过选择特定的主题和情感，艺术设计能唤起观众对历史的共鸣和思考。

隐喻的方式使作品更具有艺术性和深度，也为观众提供了与历史互动和思考的机会。艺术设计以隐喻方式来表现历史文脉，成了历史的记录者和传承者，为观众带来了全新的艺术体验和思考的空间。利用隐喻的艺术设计，观众可以更深入地理解历史文脉，感受历史的情感和价值。

蝙蝠庄(Bat Trang)陶瓷社区中心项目透过展示工匠们创作的陶瓷作品，重新讲述村庄的历史故事，向世人展示这里的陶瓷工艺所采用的各种材料和技术。作为"越南精品工艺村"项目的一部分，保护和传承拥有500多年历史的陶瓷传统。设计师精心考虑和设计建筑形式，控制建筑容积和高度，协调建筑与景观的比例。该项目的建设改善了运河沿岸的景观，重现了古老陶艺市场的繁华景象。蝙蝠庄陶瓷社区中心是一个五层的多功能综合体建筑，其设计灵感来源于陶瓷工匠在处理平滑黏土块时逐渐形成并扩展的重叠曲线，该建筑由7个相互连接的陶艺转盘状体量构成。设计师将混凝土框架折叠成阶梯状的陶瓷展示架，这种设计不仅提升了建筑的功能性，同时给人留下了深刻的印象。

4. 以当下文化展示人文环境

（1）特定空间的文化视觉处理

特定空间的文化视觉处理是在特定的空间中，以视觉元素的处理来表达和传达特定的文化信息和意义。其强调以视觉设计的手段来创造和呈现与特定空间所属文化相关的意义和情感。这种处理方式以空间内多种视觉元素的相互搭配来实现，以达到强化文化氛围、提升空间品质的目的。经过视觉处理，为特定空间创造出与其文化背景相契合的设计效果，以传达特定的文化内涵和情感体验。这样的设计方法有助于加强观众或用户对空间的情感共鸣和文化认同。

（2）拓展文化展示的视觉范围和定式

拓展文化展示的视觉范围和定式是在视觉设计中，通过拓宽文化视野、展示多样化的视觉范围和突破传统的设计定式来创造创新和独特的视觉效果的概念。在艺术设计中，常以多元化的展示形式来体现文化,传统的文化展示形式往往是以博物馆、展览馆等为主,但是随着科技的发展,文化展示形式拓展到了数字化、虚拟现实等多元化的形式中,以互动游戏、体验等方式,让观众更加深入地了解文化。文化展示可拓展到公共空间、城市景观等多元化的场所中,以创新的手段来吸引观众的注意力,将文化元素与艺术形式相结合,创造出更加生动、有趣的文化展示形式。

(3)多元文化的融合

多元文化的融合是不同文化之间的交流、融合和共存,它是多样性文化的体现。多样性文化是指一个社会或国家内存在着多种不同的文化,包括宗教、语言、习俗、价值观等方面的差异。多元文化的融合和多样性文化的存在是相辅相成的,它们共同构成了一个多元、多样的社会。

多元文化的融合促进文化的创新和发展,不同文化之间的交流和融合能够促进文化的创新和发展,创造出新的文化形式和艺术形式;促进社会的和谐和稳定,多元文化的融合还可以促进不同文化之间的理解和尊重,减少文化冲突和对立,丰富人们的生活和体验,多元文化的融合会丰富人们的生活和体验,让人们更加开放和包容,增强社会的文化自信,促进经济的发展。

## 三、多样的文化表述

### (一)隐喻

隐喻是一种比喻的形式,通过将一个事物或概念与另一个事物或概念进行比较,来传达一种意义或情感。隐喻使语言更加生动、形象和富有感染力,同时也帮助人们更好地理解和表达复杂的概念和情感。隐喻的设计是透过隐喻来传达一种意义或情感,同时帮助人们更好地理解和表达复杂的概念和情感。

隐喻帮助设计师将抽象的主题或概念以具象的形象与符号来表达。将不同的元素、色彩或形状组合起来,创造出与主题相关的隐喻意象,使观众能够更直观地感受到表达的意义。通过创造出具有隐喻含义的环境氛围,激发观众的情感体验,引发共鸣和思考。隐喻将不同的符号和象征组合起来,引发观众的思考和想象。激发观众对环境和艺术作品的多重解读,引发观众对隐藏意义和象征的思考。同时,隐喻的使用需要考虑到受众的文化背景和语言习惯,以免造成误解或不适当的情感反应。隐喻的使用需要考虑到设计的目的和效果,以确保隐喻的使用能够达到预期的效果。

湖北省科技馆新馆位于武汉市东湖国家自主创新示范区的核心区域,周边有九峰山森林公园和东湖高新区光谷政务服务中心,是武汉市东湖高新区具有标志性的城市公共空间。该馆将展览与互动、参观与体验、学习与娱乐、科学与艺术融合在一起,称得上是华中地区规模最大的科技展示场所。设计师在进行方案设计时,充分考量了城市空间和基地地形等要素。利用场地高差,在西侧设置悬挑结构,巧妙融入九峰山森林公园的面貌,通过入口广场、悬挑架空等设计手法,展现了建筑与城市主要空间节点之间的积极互动,从视觉上将城市密集空间和自然景观连接起来。科技馆展厅空间犹如飘浮在自然地形之上,成为城市化和展览性建筑的中心,既兼具科技美感,又散发着人文气息。面对复杂的场地环境,建筑选择了简洁的几何形体,这个选项源自中国传统哲学中的"天圆地方"[①]概念,体现了对

---

① 天圆地方本是古代的一种天体观。古人由于缺乏科学知识,认为天似华盖,形圆;地如棋盘,形方;两者的结合则是阴阳平衡、动静互补。"天圆地方"的设计理念在中国古代的建筑、货币等方面均有表现,例如天坛与地坛、四合院、方孔圆钱等。

复杂场地条件的适应性。同时，设计还融入了天圆地方和螺旋元素代表的生命与宇宙观的不断生长。这一方案根植于湖北地域文化，并以湖北人毕昇发明的"活字印刷"作为设计灵感，贯穿于空间形态的塑造之中。这种设计创意在展览空间与公共空间上形成新的秩序，并将其联系起来。

### （二）叙述

叙述是指用来描述或讲述一个事件、故事或情况。叙述通常包括事件的起因、经过和结果，以及相关的人物、时间和地点等信息。叙述可以是口头的或书面的，真实的或虚构的，简单的或复杂的。

艺术设计需要通过叙述来传达设计的意图和目的，以及相关的人物、时间和地点等信息。环境艺术设计中以叙述的方式，创造出具有故事性和情感的环境场景和氛围，营造出符合故事背景的环境特色，使观众感受到具体的情感和气氛。叙述能够用具体的情节和故事内容来传递信息和表达观点。以环境装置、视觉艺术或声音效果等手段来展现故事情节和主题，观众可以更加直观地理解和感受设计的意义和目的。通过情感叙事、场景再现等手法，可以创造出触动观众内心、激发情感的故事情节，使观众与作品产生共鸣，更深入地理解和体验作品的意义。合理运用叙述的手法，创造出更有故事性、情感性和沉浸感的环境艺术作品，可以使观众在欣赏作品的过程中有更深入和丰富的体验。

在李庄设计文化抗战博物馆时，设计师成功地处理了建筑与街巷、传统与现代之间的关系，并以建筑形式表现了抗战文化。关键在于创造融合当代性、在地性和文化性的建筑景观。设计策略基于对场所独特性的挖掘而形成。设计回应千年古镇的街巷空间特征、文化抗战的历史情境特征、川南民居的地域文脉特征和当代建筑的建构逻辑特征，设计师试图打造出独特而富有特色的建筑景观。李庄之所以成为文化抗战事业的聚集地之一，一方面是由于其优越的自然地理条件，另一方面是因为当地浓厚的爱国文化氛围。因此，设计师希望以文化抗战博物馆的设计，更好地向人们传达当地一代代文人乡贤传播、传承爱国精神的故事。设计师融合传统与现代的设计理念，让李庄文化抗战博物馆新檐与周边川式瓦顶民居相得益彰，由此形成了一个和谐统一的建筑群。该设计注重内在反思和克制，与场所精神相契合，传承了古镇文化的精髓，还能欣赏到长江壮丽的景色。这种设计顺应历史悠久的传统，同时展现现代建筑的创新和功能性，让人们在这个融合了过去和现在风貌的建筑群中感受到传统文化的魅力和活力。以此为基础，李庄文化抗战博物馆在设计上彰显着场所的独特性和历史底蕴，为人们带来了一场思想深远和文化传承的体验。

(三) 引导

引导是一种指导、帮助他人完成某项任务或达成某个目标的行为或方法。引导和帮助人们更好地理解和使用环境设计的设施和服务，同时也帮助他们更好地参与环境设计的决策和实施，从而实现环境设计的可持续发展和社会效益。

人文环境艺术设计中的元素布置和景观设计会引导观众的视线和焦点。使用明亮的色彩、特殊的形状或者独特的材质，可以吸引观众的视线，并将其引导到特定的地方或特定的元素上，突出作品或区域的重要性。在设计空间时，可以引导观众的动线来控制观众的流动路径，使他们按照特定的意图进行参观。设置标志、路标和视觉引导，指引观众的步伐，并引导观众按照一定的顺序去欣赏作品。运用音效、灯光和氛围等手段，引导观众在环境中产生特定的情感体验。

调整音乐节奏、声音音量和光线亮度来营造不同的氛围,引导观众产生愉悦、惊奇或者放松等特定的情感体验。引导能够更精确地控制观众对环境艺术作品的感知和理解,创造出更具有引导性和互动性的艺术体验。

位于云南昆明小白龙国家森林公园山脚下、靠近湖水的一座美丽建筑,最初规划是用于丰富社区活动,但出人意料地成为整个区域的精神聚焦点。尽管尚未完工,这座建筑已填补了居民夜间活动的空白,成为他们频繁光顾的去处。鉴于地理环境和功能需求,设计采用线性空间组织结构,建筑师的关注重点在于如何引导人们游览整个空间序列,并让他们在探索过程中自然体验乐趣,而非受到过度指挥。为了营造引人入胜的氛围,设计师从空间边界类型入手。建筑师开展了以"边界"为核心的实验。在这一实验中,设计师努力突破传统空间边界规范,探索形式和边界本质的多维度,寻求更多场所氛围的可能性。边界的设计融入了叙事元素,赋予空间独特的个性和张力。方形的形状传达出一种中庸平和的感觉,给人以友善和谦卑的引导感,不具有侵略性,让人在穿梭于其中时感到轻松自在。而弧形则带来一种紧张感,唤起内在的自豪感和跃动感——曲线的延伸暗示了指向中心的方向。目前的边界形态激发了人们不论身处何处都要前行的动力。它的魅力在于其无形性,不像墙壁或标志那样直截了当地引导人,而是通过复杂曲线的交错来引领——打破了线性空间的稳固感,鼓励人们不沉溺于停留。即使在圆形庭院中,屋檐上翘的设计也让"气"流动,同时吸引着人们的目光向其他地方移动。

(四)映射

映射是一种将一个事物或概念转化为另一个事物或概念的过程。映射是一种表现手法,将某种形式映射到另一个形式上,在环境中呈现影像、光影、投影等元素,来创造出独特的艺术效果。设计中通过映射将艺术和人文环境中的元素和概念转化为建筑设计中的元素和概念。将艺术作品中的色彩、形式和材料转化为建筑设计中的色彩、形式和材料选择,将人文环境中的文化特色和社会背景转化为建筑设计中的功能和空间布局。

在环境中应用映射技术,将虚拟的场景映射到实际的空间中,创造出迷幻、梦幻的效果。例如,使用投影仪将绘画、动画或其他影像内容映射到墙壁、地板或天花板上,让观众感觉自己置身于一个虚幻的世界中。映射特定的图像或视频,在环境中营造出特定的氛围和情感体验。对于某些主题性的展览或活动,映射与之相关的图像或视觉元素,增强观众的情感共鸣和感受。通过映射技术,设计师将环境中的观众和作品进行互动,使环境艺术作品更加富有创意和想象力,给观众带来更全面和丰富的艺术体验。

2022年5月7日晚,巴塞罗那的巴特罗之家呈现了一场激动人心的投影灯光秀,将建筑大师高迪珍贵的遗产引领至充满向往的未来。这场被称作"巴特罗之家:活着的建筑(The Casa Batlló: Living Architecture)"的多媒体表演充分吸收了建筑本身的灵感,并运用最为先进的技术,抓取并展示了巴特罗之家独特外墙的特质,给观众带来了难以忘却的感官体验。安纳多尔(Anadol)是人工智能和数字艺术领域的先驱者,他致力于探寻人类与机器相互交织的创造力。在创作过程中,他将数据视为创作的原材料,借助计算机智能作为创作伙伴,将深思熟虑的思维转化为绚烂的笔触,重新将观众的数字记忆呈现为令人惊叹的视觉作品,同时扩展了建筑、叙事和身体的可能性。

(五)启发

启发是通过某种方式激发人们的思维、创造力和想象力,使其能够产生新的思考和创意。艺术设计作品透过其独特的表现形式和内涵,激发人们的感官和情感,引发人们对生活、自然和社会的思考和反思。艺术设计作品以其创新性和独特性,启发人们的创造力和想象力,促进人们对环境的创新和改善。在人文环境中,艺术作品被用来启发人们对环境的关注和重视。艺术设计被用来创造出更加美好、宜人的城市环境,激发人们对城市环境的关注和热爱。

环境艺术设计中独特的元素和场景,刺激着观众的思考和研究兴趣。利用符号、隐喻、象征等手法,可以激发观众对作品的深入思考,并引导更深层次的探索和理解。设置启发性的元素和互动环境,观众可以在欣赏作品时参与其中,提升艺术教育和互动体验。艺术作品设置让观众参与创作、自主发挥、互动沟通的环节,使观众在艺术作品中得到启发并充分发展个人创造力。设计艺术作品中蕴含的社会和文化价值观,启发观众对社会和文化议题进行思考。艺术作品中蕴含的信息和符号会引发观众对环境问题、社会问题等现实议题的关注和思考。运用启发的手法能够使观众在与作品互动和感受的过程中,获得更丰富和深入的观看体验,产生思考、创意和情感上的启示。

蒙特利尔沿着航运运河建造的新取水站,以自然之水为灵感,通过材料和结构的巧妙变化,展现出这一隐喻。就像流动的水永远变幻莫测,这座建筑也呈现出不断变化的外观。透明玻璃反射着蓝色的渐变光影,闪烁的像素砖在不同时段展现出如水面般多彩的效果,建筑外观与当地的天气和气候紧密相关。在夜晚,建筑表面散发出柔和温暖的光芒,为周围带来别具一格的美感。这座建筑如同一座静默的明灯,矗立在周围环境之中,以其简洁而精致的外观,完美融入社区生活。它像一块闪亮的钻石般,反射着周围的水和光线,闪耀着迷人的光芒。这座建筑既是视觉上的焦点,也是社区中公共空间的组成部分,为人们提供了相互交流的场所。通过独特的设计,它不仅照亮了周围的空间,还引导着人们珍视资源,意识到保护环境的重要性。这座建筑不仅是一座实用的构筑物,更是社区文化与自然环境的完美结合,为社区增添了一份独特的魅力和活力。

### (六)拓展

拓展的表现手法是创造性地运用设计元素和空间布局,扩展观众的感知范围和体验层面。在环境艺术设计中运用透视、立体的设计元素和空间布局,拓展环境的视觉层次和空间感。观众在欣赏作品时,可以感受到更开阔、广阔的环境氛围,他们在空间中游走,会从不同的角度和距离感受作品的多面性和深度。通过巧妙的安排,环境会成为观众参与和互动的场所。运用互动装置、游戏、动态元素等方式,可以使观众在环境中拓展自己的想象力和创造力,与作品产生更密切的互动和共鸣。艺术设计对空间的精心选择和运用会营造出各种不同的氛围和情绪。观众在这样的环境中,会感受到特定情绪的沉浸和体验,这使他们在情感上得到拓展和丰富。拓展观众的感知范围和体验层面可以为他们创造出更丰富、多元的艺术观赏体验,使他们在作品中获得更为广泛的思考、情感和感受。

上海龙美术馆是一个位于上海西岸文化走廊的重要艺术机构,以其独特的建筑美学和丰富的展览内容受到广泛关注。美术馆坐落在黄浦江畔,其设计融合了现代艺术与工业遗产的元素,提供了一个展示当代艺术和文化交流的平台。上海龙美术馆以其创新的空间设计和互动体验,为艺术爱好者提供了一个全新的感知和体验艺术的场所。通过拓展的表现手法，美术馆巧妙地运用透视和立体设计元素，增强了环境的视觉层次和空间感，让观众在欣赏作品时能够感受到更为开阔的氛围。观众在这里不仅是观赏者，更是参与者，他们可以在互动装置和游戏中拓展自己的想象力和创造力，与艺术作品产生更密切的互动和共鸣。美术馆精心选择和运用的空间设计，营造出不同的氛围和情绪，让观众在情感上得到拓展和丰富。上海龙美术馆通过其独特的艺术设计，为观众创造出了一种更丰富、多元的艺术观赏体验，让他们在作品中获得更为广泛的思考、情感和感受，真正实现了艺术与观众之间的深度交流。

(七) 反思

反思是对自身行为、思想和经验的回顾和思考，由此可以发现其中的问题和不足，并寻找改进和提高的方法。设计中对社会、自然和人类行为的深入思考，以及对当代问题和挑战的反思，会引发观众对现实和状况的思考和反思。

环境艺术设计创造环境空间，激发观众对人类行为、社会问题、自然环境等方面的反思。观众在环境中思考和探索，意识到问题的存在和可能的解决方案。观众在艺术作品中体验到的问题影像，提醒他们对社会议题的关注和行动。这种社会意识的提升有助于推动社会变革和进步。环境艺术设计利用视觉元素、符号、场景等方式，传达设计师的思想和观点。这种传达是通过作品所呈现的情感、意象和议题等多维度的信息来实现的。观众在欣赏设计作品的过程中，感受到思想和观点，从而引发自己对问题和议题的思考和理解。环境艺术作品传达对现实和状况的思考和反思，会引发观众对社会问题和自身行为的思考和行动，推动社会进步和改善。

侵华日军第七三一部队罪证陈列馆的设计分为两个部分：遗址场地的设计和罪证陈列馆的设计。在遗址场地方面，设计师把保护原遗迹当作重点，规划了专门的导览线路，还恢复了 731 部队时期的道路网络以及周边围墙，将其作为场地设计的框架，并选择性地重现了历史场景。罪证陈列馆选在现存日军本部大楼遗址的东南以及铁路专用线以东的位置。为了降低建筑高度并减小体积感，设计师把建筑体块斜插进基地，对陈列馆的入口场地进行了下沉式处理，有效地隔绝了城市街道的影响，营造出一个能够用于集会的纪念广场。这座建筑进行了精心设计，巧妙地将自身融入周围环境中，展现出一种独特而低调的力量。它在场地中以一种消隐的方式出现，不张扬，但充满力量。它与周围的城市和场所相互交融，共同形成一种新的氛围和整体感。该建筑所传达的平静态度，表达了对过去不人性的历史的反思。通过这种方式，该建筑试图引发人们对过往的思考，呼吁人们反思历史，对未来进行更深刻的启发和思考。

（八）发散

发散是以某种方式扩大人们的思维和想象力，使其能够更加全面、深入地了解和认识事物。设计作品中的发散是一种表现手法，是通过创造性、非传统的设计元素和布局，使环境呈现出突破传统、引人注目的特点。环境艺术设计发散手法扩展了人们的想象力和联想能力。使用非常规的元素和布局，可以创造出奇幻、夸张、不一致等效果，激发观众对作品和空间的不同解读和感受，激发他们的创造力和想象力。发散的设计手法可以突破传统的空间限制，创造出非常规的体验和视觉效果。运用非对称、错位、错觉等手法，可以打破空间的常规和约束，使观众在环境中感受到前所未有的冲击和体验。运用非常规的元素和布局，创造出令人意想不到的互动场景，观众可以在其中发掘新的角度和体验,与作品进行更密切的互动和参与。发散的手法创造出与众不同、引人注目的作品和环境,激发观众的想象力和创造力,为他们提供丰富多样的感知和参与体验。

西班牙艺术团队 SPY 推出了他们的新作"DIVIDED",该作品凭借其硕大、明亮且鲜艳的红色球体而备受瞩目。这个球体由两个对称的发光部分构成,每一半都被类似工地脚手架的立方体金属网格环绕,展现出别具一格的视觉效果。观众能够穿过这两个半球之间精心设计的缝隙,步入一个光线充足的走廊,和艺术作品近距离接触并相互融合。这个作品不仅仅是一个静态的展示,更是一个引发联想和互动的空间,让人们能通过身临其境的体验,对艺术产生更深层次的感悟和体验。"DIVIDED"打破了传统艺术空间的边界,为观众呈现出一种与之前不同的美学体验。SPY 借助这个"星球"来强调人与人之间关系的紧密纽带。其作品旨在唤起人们对于差异的接纳和尊重,而不是相互隔离。这种理念有助于我们更好地理解彼此,从而促进更加紧密的联系和合作。在这个星球上,每一个个体都是不可或缺的一部分,只有通过互相理解和支持,我们才能共同前进、共同发展。

## 第四节  艺术设计激发艺术价值

艺术价值是艺术设计所具有的美学、审美和情感上的价值。艺术设计可以激发人们的想象力和感知能力,提供审美的享受和情感的表达。艺术价值强调了艺术设计在文化、审美和情感方面的重要性,为人们提供审美的享受和情感的表达,传递和展示人文环境中的独特魅力和价值观。人们感知和体验到艺术所带来的美与情感的力量,从而丰富自己的生活和思考。

## 一、艺术设计的环境美学

环境美学是研究环境与美学之间关系的一个学科领域。其关注着人与环境之间的感知、情感和美感体验,以及环境的美学价值和影响。环境美学旨在探索和理解人们对环境的感知和评价,以及环境美学在环境设计与规划中的应用。美学环境是通过艺术设计创造的、具有美学价值和审美特征的空间或场所。美学环境是基于美学理论和审美观念形成的一种艺术体验场所,是将艺术设计与空间环境相结合,透过设计元素和表现形式来创造一种独特的艺术氛围和体验。美学环境的概念强调了艺术与空间环境的融合,是以艺术设计来创造出与众不同的审美、情感和认知体验,提升人们对艺术的欣赏和理解,丰富人们的精神生活,促进人们与艺术的互动和对话。

环境美学的主要对象是人类生存环境的审美要求,环境美感对于人的生理和心理作用,进而探讨这种作用对于人们身体健康和工作效率的影响。环境是人们生活实践所依赖的客观自然条件,为人类的生命活动提供了物质前提,但人不是只有依附于环境,而是在积极地创造环境的美化,以满足人的精神生活的需要。[①] 环境美的范围很广,从家庭到学校、工厂、机关,从城市到乡村,以及庭院。甚至街道、河岸、路旁等都有环境美化问题。其根本意义是在潜移默化中形成的优良气质。自然环境的美要与社会环境中的善统一起来,任何人的不道德行为都会破坏他人的环境美。创造环境美应从实际出

---

[①] 向兴鑫.武汉市沙湖公园复合型环境治理研究[D].武汉:湖北大学公共管理学院,2023.

发,从自己做起,为未来着想。环境美学的应用创造出更具有美感和艺术性的环境,由此可以提升观者的感知体验和情感共鸣。运用环境美学的原则和方法可以创造出令人难忘和富有情感共鸣的环境艺术作品。这些作品不仅仅是为了观赏和欣赏,更重要的是激发人们对环境和社会的思考和行动。

表2-4 环境美学的多维思考

| 类 型 | 概 念 | 从环境艺术角度出发 |
|---|---|---|
| 生理美学 | 生理美学是对人类生理特征的研究,探讨人类对美的感知和认知的机制。美学生理学(physiology of aesthetics)是德国的尼采提出的美学理论。他主张以"肉体—生命"为重,以此作为价值的尺度,以生理学方法为指导来衡量美和艺术,关注对象对人的生命活动的意义和影响,人的生命状态对建基于其上的人文社会活动的影响,以及对象本身的发生、发展、消亡过程 | 艺术被用来创造出更加美好、宜人的城市环境,探讨人类对美的感知和认知机制;在公共场所中,艺术被用来创造出更加舒适、宜人的环境,给人们提供更好的生活质量和幸福感。这些设计和规划的措施有助于改善人们的生理健康、减轻压力,促进社会活力和情感交流 |
| 经验、心理美学 | 经验美学是人们的经验和感受,探讨的是人类对美的感知和认知的机制,其强调感性经验的重要性,把感觉经验事实作为研究美学问题的出发点。心理美学是人们的心理和情感,探讨的是人类对美的感知和认知机制。对于审美心理学的研究,不再局限于心理实验,而是延伸到对更为繁杂的审美感情、审美想象、审美趣味、审美理想等方面的心理剖析 | 环境艺术设计能激发观者的美感和好奇心,提供愉悦和丰富的体验,同时满足个体的需求和心理感受。它不仅美化了环境,还能促进观众的情感和心理的发展。经验、心理美学的概念强调了艺术体验中个体的主观感受和内心世界的反映。它回应了人们对艺术与美的追求,关注人们在艺术环境中的感受和体验 |

续　表

| 类　型 | 概　念 | 从环境艺术角度出发 |
|---|---|---|
| 经历、社会性美学 | 经历美学是人们在感知和体验艺术作品时所产生的情感和心理状态,强调观者与艺术作品之间的互动关系,强调观者个人的主观体验和情感反应。社会性美学是艺术作品与社会和文化环境之间的关系,强调艺术作品与社会的互动和影响,以及艺术作品所传达的社会意义和价值观 | 经历美学和社会性美学的应用丰富了环境艺术设计的层次和意义,增强了其参与感和思考能力。考虑观者的经历和社会价值观念可以创造出更具有深度和引导性的艺术环境,为观者提供更丰富和有意义的体验。经历、社会性美学强调观者和社会的参与和反响。其在视角上扩展了传统美学的范围,使得美的概念更加丰富和综合。对经历美学和社会性美学的研究和应用,能够更好地认识艺术对个体和社会的影响和意义 |

## 二、艺术价值

艺术价值是十分重要的精神价值,其客观作用在于对人的精神生活进行调节、改进、丰富和拓展,提升人的精神素质(涵盖认知能力、情感能力以及意志水平)。艺术价值论指的是从价值论的视角来审视艺术、剖析艺术。艺术价值是艺术作品所具有的与艺术内涵、艺术表现等相关的重要属性,它反映了作品对观众产生的美学、情感、认知等方面的价值意义。艺术价值是一种主观性的评价,它基于个人的审美观点、文化背景和认知能力等因素,因此不同的人对于艺术作品的价值评判可能存在差异。艺术价值的概念是一个复杂而多元的概念,不同的艺术形式和风格可能有不同的价值体现。对于艺术价值的评判,需要综合考虑作品的美学、情感、文化和实用等方面,并充分尊重个人的审美观点和价值取向。

## (一)形态美学的运用

形态美学是艺术与设计领域中的一个重要概念,它关注的是形式和形态在艺术作品中的表现和美感体验。在艺术设计与人文环境中,形态美学的应用创造出具有美感和视觉冲击力的作品,从而引起观者的注意和共鸣。

环境艺术设计使设计更加美观、优雅、和谐,从而提高了设计的品质和价值。形态美学可以使环境更加美观、优雅、和谐。环境的线条、比例、形状等通过形态美学的运用可以达到更好的效果。

滨海湾双螺旋桥是新加坡的一座标志性人行桥,以其独特的螺旋设计而闻名,成为该国的一处现代地标。这座桥连接了滨海湾中心区的两个主要区域,而且其流畅的线条和创新的结构设计象征着无限的可能性和持续的发展。这座桥梁的设计巧妙地融合了艺术与工程的精髓,通过其螺旋形态展现出强烈的视觉冲击力和美感体验,成功地引起了观众的注意和共鸣。双螺旋桥的设计不仅追求美观和

图 2-2 新加坡滨海湾双螺旋桥

优雅,更注重和谐地融入周围环境。桥梁的线条、比例和形状经过精心设计,通过形态美学的运用,达到了既美观又实用的效果。双螺旋桥的形态不仅具有美学上的价值,还象征着连接和无限,象征着新加坡社会的多元性和活力。双螺旋桥的设计反映了设计师对形态美学的深刻理解和应用,它通过其独特的结构和造型成为一个引人注目的艺术品,同时也提升了整个区域的设计品质和价值。无论是在白天的阳光下,还是在夜晚灯光的映衬中,双螺旋桥都以其优雅的形态和光影效果,为人们提供了一种全新的视觉享受和空间体验。

**(二)新艺术观念的现实运用**

新艺术观念是在现代艺术发展中出现的一种新的艺术思潮,强调艺术的自由性、个性化和创新性,反对传统的艺术规范和约束。新艺术观念是对传统艺术观念的挑战和超越,它涉及对艺术形式、创作思维、观者参与等方面的全新思考和实践。新艺术观念的现实运用可以带来一系列的创新和变革。

新艺术观念的现实运用体现在艺术创作中,艺术家通过自由、个性化和创新性的艺术表现方式,创造出更加独特、有创意的艺术作品。新艺术观念的现实运用体现在社会文化中,艺术作品的创新和多元化反映了社会文化的多元化和变革,推动了社会文化的发展和进步。新艺术观念的现实运用,为艺术带来更广阔的可能性和更丰富的表达形式。新艺术观念的运用创造出更具个性与创新性的艺术设计作品,与时代的发展和观众的需求相契合,并实现了对传统艺术设计观念的超越和拓展。

位于上海的 New Wave 餐厅的设计概念融合了对立元素的碰撞、过渡与重塑,体现了 UCCA 开馆展"85 新潮"的精神。这场艺术运动在中国的 20 世纪历史上有着重要的意义,代表了新旧观念、中西艺术碰撞和重构的实验,也是中国艺术首次走向国际眼界的象征。设计师巧妙地将不同的元素组合编排,犹如策展般创造出一系列空间。受古典西方柱廊空间和结构的启发,设计师将圆拱形态当作空间原型引入。伴随主吧台、室内用餐区以及室外用餐区等区域动线的改变,抽象的柱廊空间把顾客从公共且开放的美术馆空间引领至私密的用餐环境。狭长通道的挤压致使空间逐渐拓展至用餐区,周边有序排列的拱形镜面营造出富有戏剧性的视觉效果,使感官体验于逐层推进的空间里得到无尽延展。餐厅的设计风格着重于通过材料的对比来呈现出各种对立元素的碰撞。设计师致力于创造软硬、粗细、有序和无序、实体和透明等方面的鲜明对比,以激发观者的感官体验。材料在空间中的运用不仅令人眼前一亮,还带来了意想不到的惊喜和沉浸感。设计师将材料巧妙地融入设计中,对比元素赋予了空间独特的美感,为用餐环境增添了一种独特的魅力和品位。

### (三)艺术设计表现的多种可能性

艺术设计表现的多种可能性是指在艺术设计创作过程中,用不同的表现方式和手段,创造出多种不同的艺术作品。从形式与技术的角度看,艺术设计以不同的创作形式和技术来表现,如绘画、雕塑、摄影、装置艺术、视频艺术等。每种形式和技术都有其独特的表现能力和语言,传达出不同的意义和观念。从题材与主题看,艺术设计由不同的题材和主题来表现,如自然风景、人物肖像、抽象表现、社会问题等。选择不同的题材和主题,可以表达他们对世界的观察、思考和情感。从内容与概念看,艺术设计传递着不同的内容和概念,如个人经验、社会议题、哲学思考等。艺术设计作品所传递的思想和理念,引发观众去了解其风格与语言,而每种风格和语言都有其特定的审美理念和表现方式，设计师可以选择不同的风格和语言，塑造独特的个人风格并传达其艺术语言。从受众和互动看，艺术设计可以通过与观众的互动来表现，如公共艺术、社区艺术、参与式艺术等。通过与观众的互动，艺术融入日常生活中，与人们的情感、思想和体验相互连接。在艺术创作中，多种可能性相互交织，创作意图和审美追求选择合适的表现方式，会创造出独特的表现形式。

建筑师让·弗维尔（Jean Verville）及其事务所、音乐艺术家克劳埃（Kroy）、摄影师马克辛·布鲁耶（Maxime Brouillet）以及拉瓦尔大学建筑学院的3500A18JV工作室共同合作完成了一项行为录像装置。这个作品以音乐和空间碎片为主题，呈现出丰富多样的表现形式。克劳埃独具创意地创作了一首催眠般的音乐作品，她的声音为整个作品增添了独特的节奏和氛围。建筑师让·弗维尔与3500A18JV工作室成员协同开展了空间碎片主题的研究，通过多种形式加以组合，打造出一个富有表现力的建筑结构。最终，摄影师马克辛·布鲁耶借助照片和视频的表达方式把这一作品呈现给观众。该项目致力于凭借不断变化的结构和场景，促进各种艺术学科之间的交流，经由一个充满活力的过程探索空间的瞬时可能性以及其中所包含的情绪张力。这种探索旨在打破传统边界，促进不同艺术形式之间的交流和互动，为观众带来一场超越语言的感官体验。在这个充满变化和情感的空间中，艺术透过结构的演变和情景的变化，引发观者内心深处情感和想象的共鸣，创造出独特而令人难忘的体验。

**（四）艺术审美的提升，审美教育的推广**

艺术审美在人类的审美活动里属于一种高级且特殊的形态。所谓审美，简单来讲，就是对客观事物或现象本身所展现的美进行感受和领悟；具体而言，它是人在其社会实践的过程中跟客观事物或现象历史性地产生和构建的一种特殊的表现性关系。审美教育帮助人们培养独立思考、情感体验和艺术鉴赏的能力，使人们更加理解和欣赏艺术作品。推广艺术审美教育，可以培养更多人的艺术鉴赏能力，丰富人们对艺术的理解和欣赏，提升整个社会的艺术素养和审美水平。

艺术审美的提升和审美教育的推广能以多种形式实现。首先，艺术展览和艺术节提供了接触和欣赏艺术作品的机会，扩展了人们的艺术视野并激发了创造力。其次，开设艺术课程和组织艺术活动，可以培养学生审美能力和艺术表达能力。媒体平台可以传播和推广艺术作品和文化，举办艺术比赛和播放艺术纪录片等。艺术社群和艺术机构可以提供艺术交流和培训平台，帮助人们提升艺术技巧和表达能力。家庭教育可以带领孩子参观艺术展览、观看音乐会等，培养他们的艺术兴趣和欣赏能力。这些形式培养了人们对美的感知能力和欣赏能力，提高了整个社会的艺术素养和审美水平。

艺术审美的提升可以帮助人们更好地欣赏和理解各种艺术形式、丰富个人的精神世界；有助于培养人们的情感表达能力和创造力；促进人们的审美品位的提高，提升社会的文化素质并促进艺术产业的繁荣；对个人的全面发展和身心健康也有积极的影响。以艺术作品积极推动艺术审美的提升和审美教育的推广，为社会的发展和个人的成长做出贡献。

环境艺术设计会创造出美丽、独特、舒适的环境，让人们在其中感受到美的力量和愉悦的情绪，从而提升人们的艺术审美水平。在公共空间中进行环境艺术设计，可以吸引人们的目光和兴趣，引发社会对艺术的关注，增加人们对艺术的兴趣，促进艺术的传播和推广。环境艺术设计会将公众参与融入其中，增强公众对艺术的理解和欣赏,提升艺术审美能力。艺术设计会打破审美壁垒,创造新颖、前卫的艺术形式,激发人们的创造力和想象力,推动社会对艺术的开放和包容。此外,组织艺术展览、讲座、工作坊等教育活动,向公众普及艺术知识和欣赏技巧,可以提升社会对艺术的认识和理解,推广艺术教育,培养更多的艺术爱好者和专业人才。

中国土家织锦艺术博物馆坐落在湖南省张家界市,其核心空间设计以一个引人注目的大型中央装置为特色,名为"土家之花"。这一装置由15万米红色锦线编织而成,从地面延伸至穹顶,呈现出一种令人心动的强大力量。这种设计引起了人们的好奇心,激发了他们靠近并探索这个拥有几千年历史的传统手工艺的意愿。博物馆的设计风格简洁明了,没有过多华丽的装饰,一切都服务于核心元素,给人一种紧凑而有力的感觉。这种设计使得博物馆与地域文脉和精神特质紧密相连,展现出明确的身份,无论是设计的来源还是目标,都表达得清晰而明确。在一个行业当中,兴衰变迁往往是潜移默化的,土家织锦作为非物质文化遗产也是如此。织女们专注地织造,营造出一种宁静的氛围。然而,这也突显了传统手工艺与现代追求高效便利生活方式之间的冲突,体现为设计、实用性和运营模式上的不协调。通过采用更适应当代审美和意识的艺术形式,传统手工艺获得了新的生机。除了艺术本身,随之而来的趣味、情感、进步和信念等因素,最终将赋予这项技艺新的语汇和价值。

## 第五节　艺术设计创造生态价值

生态价值是生态系统所提供的各种生态服务以及其对人类社

会和自然环境的重要性和贡献。生态系统涵盖地球上的一切生物集合体,包括各种植物、动物、微生物的群落,以及它们所处的环境。生态价值是哲学中"价值一般"的特殊呈现,是在生态环境客体满足其需求和发展过程中的经济判定,人类在处理与生态环境主客体关系时的伦理判定,以及自然生态系统作为独立于人类主体而单独存在的系统功能判定。生态价值分为直接价值和间接价值。直接价值是生态系统直接为人类提供的服务,比如食物、水源、木材等自然资源的提供;间接价值是生态系统对人类社会和自然环境的其他贡献,比如气候调节、水循环、土壤保持、植被恢复等。

艺术设计中的生态价值概念主要是关注如何利用艺术作品的呈现和表达,传达生态系统的价值和重要性,以促进人们对环境保护和可持续发展的认识和行动。生态价值在环境艺术设计中的概念涵盖了对自然环境的尊重和保护,以及在艺术作品的呈现和表达中,传达环境保护和可持续发展的意识和行动。艺术设计通过塑造环境意识、创造可持续发展的产品、社区参与以及传播环保理念等方式,促进环境保护、可持续发展和人与自然和谐相处。艺术作品的展示唤起人们对自然环境的热爱和保护意识,引起人们对环境问题的思考和行动。运用环保材料、采用节能设计等手段,艺术设计可以创造出循环使用、对环境减少损害的产品,实现可持续发展。艺术设计组织社区居民参与环境保护活动,增强他们的环保意识和行动能力,推动社区的可持续发展。此外,经由传媒渠道传播环保理念,艺术设计唤起公众对环境保护的关注和参与,推动社会的生态进步。

## 一、艺术设计注重生态环境

　　生态价值是哲学中"价值一般"的特殊呈现，涉及在生态环境客体满足自身需要和发展过程中的经济评判，人类在处理与生态环境主客体关系时的伦理判定，以及自然生态系统作为独立于人类主体而独立存在的系统功能评定。生态环境是自然界中各种生物与非生物要素相互作用的生态系统，包括地球上的气候、土壤、水资源、植被、动物、微生物等，以及它们之间的相互作用和相互关系。生态环境是构成地球上生物多样性和环境平衡的基础，对人类的生存、发展和健康具有重要的影响。

　　生态环境是影响人类生存和发展的水资源、土地资源、生物资源以及气候资源的数量与质量的总和，是关乎社会和经济持续发展的复合生态系统。生态环境问题是人类为了自身的生存和发展，在利用和改造自然的进程中，因对自然环境的破坏和污染而产生的危害人类生存的各类负反馈效应。

　　在环境艺术设计中，艺术作品的呈现和表达可以唤起人们对于环境保护、可持续发展的关注，并促进环境意识的提高与行动的落实。环境艺术设计可以提高人们对环境问题的认识，唤起情感共鸣，传递环境保护信息，利用可持续材料和技术，以及营造生态友好的艺术空间等方式促进生态保护。艺术设计作品会传递环境保护的重要性、影响和解决方案，增加人们对环境保护的了解和关注。通过利用可持续材料和技术创作艺术作品，可以减少对自然资源的消耗和环境的负担。艺术设计可以创造生态友好的艺术空间，增加绿色植物和自然元素的使用，提供人们与自然互动的机会，营造宜人的环境，同时保护生物多样性和生态系统。

表2-5 生态环境的多维思考

| 生态环境 | 概念 | 从环境艺术角度出发 |
| --- | --- | --- |
| 物象化的环境(气候、地形、地貌、物种等关系) | 物象化的环境是将环境视为一种物质存在或物质构成的实体。它强调环境是由物质、形态和结构组成的客观实体,具有自身的属性和关系。环境中的物质和结构对个体和社会行为具有深远影响,甚至可以塑造和制约它们。物象化的环境概念强调了人类与环境之间的相互关系和相互作用。环境并非只是一个被动的背景,而是一个与人类相互联系和相互影响的复杂系统 | 物象化的环境为艺术设计提供了创作的素材和方式,而艺术设计用创造独特的艺术形式,丰富了人们对环境的感知和体验,促进了环境保护和可持续发展的理念的传播和实践。环境不仅是我们所处的物质空间,还包括我们对环境的感知、理解和使用方式 |
| 可变的物化环境(四季变化、气候变化、时间的推演、物种更替等) | 可变的物化环境是物理环境和化学环境的特征和条件在不同时间和空间上发生变化的现象。物理环境是地球表面的自然条件,包括气温、气压、湿度、光照等因素。化学环境则是指土壤、水体、大气中的化学组成和化学性质 | 环境艺术设计利用可变的物化环境来实现其创作的目的。艺术设计作品会改变环境的物质和形式,来表达他们对环境的观察、思考和感受。环境艺术设计利用环境的可变性来实现创作目标,并以创意和艺术表达来启发观众对环境的理解和行动 |
| 生态环境的演变 | 生态环境的演变是自然环境和人类活动对生态系统的影响和变化。它涵盖了生物多样性、物种数量和分布、生态过程、生态功能和生态平衡等方面的变化。随着人类社会的发展和经济的快速增长,生态环境的演变也越来越受到关注。生态环境的演变反映了地球上生命与环境的相互作用。生物与环境之间密切的关系决定了生态系统的变化 | 生态环境的演变为环境艺术设计提供创作的灵感和素材。生态环境的变化和演变本身就是一个不断变化的艺术过程,可以从中获取创作的灵感和启示。生态环境的演变为环境艺术设计提供了一种批判和反思的角度。呈现环境演变的过程和结果,可以揭示人类活动对生态环境的影响和后果 |

续　表

| 生态环境 | 概　　念 | 从环境艺术角度出发 |
| --- | --- | --- |
| 可持续发展 | 可持续发展是在满足当前世代需求的基础上,不损害满足未来世代需求的能力,实现经济、社会和环境的协调发展。它强调经济发展、社会进步与环境保护的协调与平衡[①]。可持续发展的目标是实现经济、社会和环境的可持续性,即经济的长期稳定增长、社会的公平和谐发展、环境的健康和可持续发展 | 可持续发展的意义在于用艺术的力量传达环境保护的理念,唤起人们的环境意识,传播环境知识,倡导环境保护,促进创新实践,推动可持续发展的实现。它为人们提供了一种直观、感性和富有创造性的途径,使环境保护不再是抽象的概念,而是能够触动人心并转化为真实行动的力量 |

## 二、艺术设计的生态价值

生态价值是生态系统及其组成要素对人类和自然界的价值和重要性。它强调了生态系统对于人类福祉和可持续发展的贡献,并呼吁保护和维护生态系统的健康和功能。它推动着人们采取行动保护自然环境和生物多样性,实现可持续发展。

环境艺术设计与生态价值有密切的关系。环境艺术设计是一种结合艺术和环境保护的创作方式,以艺术形式和设计手法来提升人们对环境的认知和理解,并推动环境保护和可持续发展的意识和行动。环境艺术设计将生态价值传达给人们,并激发人们对生态系统和生物多样性的保护和保育的责任感。环境艺术设计旨在呈现自然美景、生物多样性和环境问题,引起人们对自然环境的关注和关心。

---

[①] 陈芳,韩永刚.数字化背景下山东艺术设计教育的可持续发展研究[J].爱尚美术,2023(2):119-122.

它唤起人们的美学感受，让人们更加珍惜和保护自然环境。人文环境艺术设计需要考虑生态系统和生物多样性的保护和恢复，以及促进可持续发展的目标，将这些价值融入设计中。设计要考虑利用可再生材料、节能和环保技术、水资源利用、废弃物处理等环保的原则和方法，以最小化对环境的影响，在艺术设计中体现环境和生态价值，并引导人们对环境问题进行思考和采取行动。

（一）艺术化的低碳设计

低碳设计是一种环保、可持续的设计理念，旨在减少建筑和环境空间对环境的负面影响，降低碳排放和能源消耗。低碳设计的核心是优化设计方案，采用节能、环保、可再生的材料和技术，实现建筑和环境空间的可持续发展。低碳设计的特点是环保、可持续、节能、减排。低碳设计被广泛用于各种设计领域，例如建筑设计、景观设计、城市规划等。低碳设计的应用使设计作品更加环保、可持续、节能、减排，从而更好地保护了环境和人类健康。

环境艺术设计将低碳设计原则融入，使作品更具可持续性，减少对环境的负面影响，促进资源的合理利用。低碳设计鼓励使用可再生能源和可循环材料，并采用节能减排的方法，降低作品对环境的影响。使用环保材料、利用自然能源，如太阳能、风能等，可以减少艺术设计对能源消耗和碳排放的负担，保护环境、减少污染。借助低碳设计的元素和理念，可以引发人们对可持续环境发展的思考，增强人们的环境意识，推动环境保护的行动。

阿里巴巴上海总部的设计注重灵活性和员工健康，打造了绿色办公环境，为员工提供量身定制的室内外工作空间。这些多样化的空间布局满足了不同的协作模式和团队需求，同时配备了智能化的基础设施。设计以人为本，通过自然通风、绿色空中露台和屋顶花园等方式改善办公环境的微气候,进一步提升员工的身心健康。该项目秉持可持续设计的原则,在最大程度上降低眩光和风力影响的同时,高性能的外墙成功削减了大约40%的太阳热负荷。借由达成自然通风以及新鲜空气的循环,于上海亚热带气候状况下减少了能源的消耗。为了最大程度优化建筑的遮阳效果,设计师精心考虑了建筑形态的布局方式;由人工智能控制的遮阳系统能够依照日照的变化来调控温度,并且有效利用自然采光。建筑的屋顶花园运用了"海绵城市"的设计策略,顺利达成了雨水的收集与再利用。

### (二)艺术与技术相结合,推动可持续发展

高新技术的应用是将高新技术应用于特定领域或行业中,以推动科技创新、促进产业升级和经济发展的过程。高新技术通常是在科学、技术和工程领域具有前沿性、创新性和高度复杂性的技术。高新技术的应用有助于推动科技创新和产业升级。将新颖科技应用到现有产业中,可以用于改进产品、提高生产效率、降低成本、增强竞争力。同时,高新技术的应用还可以引发新的商业模式和市场机遇,推动相关产业和经济的发展。

高新技术的应用带来创新性和突破性的设计思路和方法。艺术设计引入新颖的科技应用,开拓设计的边界,创造出前所未见的艺术品或艺术作品。例如,使用虚拟现实技术、增强现实技术等,在空间中创造出沉浸式的艺术体验,重新定义人们对艺术的感知和理解;应用虚拟现实技术、数字投影技术、交互式媒体等,在环境艺术设计中创造出更多样化、多维度的表现方式和视觉效果,增强作品的艺术性和观赏性;结合传感器技术、交互式设计等,实现观众与艺术作品之间的互动和参与,使观众能更加主动地探索和参与到作品中,与作品

进行互动，增强艺术的体验和感知。

　　艺术与技术的结合是当今社会发展的一种必然趋势，这种结合为人们带来了更丰富多样的艺术体验，推动社会的可持续发展。艺术与技术的融合带来了更丰富多样的艺术体验，为社会问题的解决提供了新的思路和方法。技术的应用创造出更具创意和表现力的作品，推动了艺术市场的繁荣和相关产业的发展。艺术与技术的合作唤起公众对环境保护等社会问题的关注，由此提出可行的解决方案，并在城市规划中创造出更人性化、环保的空间。艺术与技术的结合能够创造出更具创意和表现力的艺术作品，为社会的可持续发展提供了新的思路和解决方案，推动了创新和经济发展。高新技术的应用在环境艺术设计中有助于创新和突破，降低环境影响，提升作品的互动性和参与性，并开拓更多表现方式和效果，从而推动环境艺术设计向更加前沿、创新和可持续的方向发展。

　　作为2020年迪拜世博会中最受欢迎的三个展馆之一，"Terra可持续展馆"于2021年正式向公众开放，它展示了建筑的创新性和无限可能性，同时满足了社会对未来可持续生活智能策略的期望。该展馆的设计灵感来自光合作用等复杂的自然过程，其动态形式与自身的功能相呼应：从阳光中获取能量，同时从潮湿的空气中收集淡水。这一设施的独特之处在于展示了在极端沙漠环境中实现可持续生活的全新方式，因此，建筑与场地、物理环境和文化环境之间的关系都至关重要。为了在恶劣的气候条件下实现建筑的自给自足，设计团队提出了多项解决方案。净零耗能的实现需要将技术、建筑系统和设计方案融为一体。这种自给自足的微型生态系统融合了多种策略，包括优化场地自然条件、最大化效率利用以及采用具有革新性的可持续技术，从而获得创新性的解决方案。

### (三) 以艺术设计的方式促进自然净化

自然净化方案是一种环保、可持续的设计方案，旨在通过自然的生态系统和生物多样性，实现环境空气、水质、土壤等方面的净化和治理。自然净化方案的核心是优化设计方案，采用生态系统工程、植物修复、微生物技术等手段，实现环境的自然净化和可持续发展。自然净化方案的特点是环保、可持续、自然、生态。自然净化方案的应用做到了改善环境质量，创造美观舒适的环境，并促进生态系统的恢复与保护。

环境艺术设计采用自然净化方案就是融合艺术和自然的元素，创造出绿色、可持续、与自然和谐相融的艺术作品。例如，引入适宜的植物和自然元素，创造出绿色的环境。这些植物和自然元素不仅会美化环境，还会增加绿色面积，提供观赏价值和舒适感；合理搭配和利用自然元素，可以创造出丰富多样、富有艺术感的环境设计，为观众带来美的享受；增加植物的数量和种类，可以有效减少环境中的污染物，改善空气、水体和土壤的质量。这对于城市和工业地区的污染环境尤为重要，能够提升环境的健康性。自然净化方案在环境艺术设计中具有重要作用，它不仅能创造美丽的绿色环境，还能改善环境质量，促进可持续发展，提升公众的环境意识和参与度。将自然净化方案与艺术元素相结合，可以创造出富有艺术性和功能性的环境设计，为人们创造出宜人的生活和工作环境。

常见的自然净化技术手段包括植物吸收、湿地净化、生物滤池、河流自净、太阳光照射、土壤过滤、天然气解吸和生物修复。湿地通过湿地中的植物和微生物的作用，去除水中的有机物和污染物质。生物滤池利用微生物的生物降解能力，将污水中的有机物质和氮、磷等化学物质转化为无害物质。河流通过水流的冲刷和搅拌作用，以及河水中的微生物和水生生物的作用，可以净化水质。太阳光具有杀菌和消毒的作用，利用太阳光照射可以净化水和空气。土壤具有良好的过滤和吸附能力，可以去除水中的悬浮颗粒和有机物质。天然气解吸以减压和气体扩散的方式，将土壤中的有害气体释放到大气中。生物修复利用生物技术和微生物的作用，将有毒有害物质转化为无害物质，可以修复受污染的土壤和水体。这些自然净化技术手段单独应用和结合使用，可以达到更好的净化效果。

中国南部偏远山区的飞来峡水利试验基地结合田野调查、雨水管理适应性建模（SWMM）[①]和正交试验，对不同低影响开发（LID）设施组合方案进行了定量分析和比较，包括建设成本、维护成本、基质和植物净化性能等方面。研究找到了解决不发达地区污水处理问题的"低成本，高效率"的解决方案。经过结合化学技术、物理技术和生物技术，优化了人工湿地的污水处理能力并提高了净化效率，为解决不发达地区的污水处理问题提供了可行的途径。这一项目采取了"优雅简洁性"的方式来有效解决长期存在的污水处理问题。通过低成本、低影响的方案减少未经处理污水对环境造成的危害，并为偏远地区提供易于实施的解决方案。经过案例研究，项目将雨水管理和污水处理相结合，展示了一个完整的系统，并运用精选的植物物种和基质来实现净化效果。这为类似实践的地方和其他地区提供了实用的范例。研究具有强大的可复制性，为全球面临污水问题的地区提供了普遍解决方案，促进了不发达和偏远地区基本生活条件的改善。

---

① EPA（Environmental Protection Agency，美国环境保护署）的 SWMM（Storm Water Management Model，暴雨洪水管理模型）是一个动态的降水—径流模拟模型，主要用于模拟城市某一单一降水事件或长期的水量和水质模拟。

### (四) 以艺术设计方式促进循环利用

循环利用是将废弃物或废弃物中的资源重新利用，以减少资源浪费和环境污染。循环利用以回收、再利用、再生产等方式实现，从而实现资源的最大化利用和环境的最小化影响。循环利用帮助人类实现资源的可持续利用和环境的可持续发展。循环利用在各个领域都有广泛应用，包括材料循环利用、能源循环利用、水循环利用等。以艺术设计方式促进循环利用对于推动可持续发展、减少环境污染和资源浪费具有重要意义，并在全球范围内得到越来越多的重视和推广。

环境艺术设计通过循环利用废弃物和副产品，将其转化为新的艺术作品或材料，从而减少对新资源的需求和消耗。这有助于有效保护自然资源，减少能源消耗和废物排放，实现资源的可持续利用和节约。循环利用在环境艺术设计中创造出独特、富有创意和美感的艺术作品。将废弃物和副产品转化为艺术品，赋予这些废弃物新的生命和价值，使之成为可持续发展的符号和代表。提升艺术品的观赏价值，传递环境保护和可持续发展的理念。展示循环利用的艺术作品，唤起公众的环保意识和责任感，激发人们参与环保行动的积极性。循环利用艺术作品作为环境教育的工具，加深人们对环境问题的认识和理解。循环利用的概念对环境艺术设计具有重要的影响，以实现资源的保护和节约，创造出可持续的艺术品，强调环境意识和责任，推动创新和可持续发展。

深圳沙井村民大厅的设计理念是基于可持续设计和在地空间文化特征的结合，将旧工厂改造成新祠堂，创造了一个更具市民性的公共空间。在废墟的再生进程里，旧废墟的实体、结构以及细微的痕迹尽可能地被保留下来，经过加固的混凝土结构也被循环使用。与此同时，新的钢结构和玻璃等材料被精妙地插入或者包裹于旧废墟里面，让它们相互交织、融合，打破了新旧之间的显著界限。整个建筑犹如一个持续生长的有机体，新元素自然地从旧有元素里生长、形成，仿佛一棵老树发出新枝芽那样。新元素自然地从旧元素中生长、形成，宛如一棵老树发新芽一般。沙井村民大厅是废墟的精神性再生，融合了可持续设计理念和当地空间文化特征，旨在为沙井村民和深圳市民提供创意、休闲和服务等多重功能的公共空间。除了提供现代化服务外，该大厅还承担了传承和弘扬沙井村传统文化的重要职责，包括举办村史展览、举行民俗仪式、纪念祖先、举行家族议事以及促进文化交流等活动。由于周围被茅洲河环绕，沙井村民大厅在某种程度上具有了象征性意义，成了一个集合现代与传统、功能与文化的精神性空间，为当地社区及整个城市带来了独特的价值和意义。

（五）艺术设计对环境修复、更新

环境的修复与更新是运用一系列的措施和行动来修复受到破坏或损害的自然环境，并使其得以更新和恢复其原有的功能和生态系统。环境修复与更新被用于各种设计领域，使设计作品更加环保、可持续、健康，从而更好地保护环境和人类健康。环境的修复与更新意味着修复受损的生态系统，提高环境质量，增强可持续发展能力，并促进人与自然的和谐共生。它对于维护生态系统的稳定和健康，推动可持续发展，以及促进人与自然的互惠互利关系具有重要的意义。

环境艺术设计对环境的修复与更新能以多种具体方法和技术手段来实现。植物景观设计可以选择适应当地气候和土壤条件的植物，进行植物配置和布局，以改善空气质量、保护地表水、促进土壤保持和水循环等。设计雨水收集系统，可以将雨水收集、储存和利用，减少城市排水系统的压力,提高水资源利用效率。采用可持续农业方法如有机农业、垂直农业等,可以减少农业对环境的负面影响,提高农作物产量和土壤质量。设计和布置可再生能源设施如太阳能板、风力发电机等,可以减少对传统能源的依赖,降低温室气体排放。增加城市绿地面积,利用树木、草坪和花园等绿化手段,可以改善城市空气质量、降低城市热岛效应,为人们提供休闲和娱乐的场所。以合理的交通规划和设计鼓励步行、骑行和公共交通出行,可以减少汽车尾气排放,改善空气质量。通过湿地修复、生态滤池等技术手段,可以净化污水和河流,改善水质,保护水生态系统。采用节能设计和建筑材料如隔热材料、太阳能热水器等,可以降低建筑能耗,减少对能源的需求。推广垃圾分类和回收制度,可以减少垃圾填埋和焚烧,提高资源利用率,减少环境污染。开展环境保护教育和社区参与活动,可以提高公众对环境问题的认识和意识,激发人们保护环境的积极性。环境艺术设计展示修复与更新后的环境,会将环境保护和可持续发展的信息传递给更广泛的受众群体,促进人与环境的和谐共生。

伴随着城市扩张以及更新速度的不断加快,人工的干预与开发给整个生态环境系统带来了严重的影响,致使原生动植物的数量极为稀少,生物栖息的环境愈发恶劣。西干渠改造项目意在修复渠道以及其周边的蓝带生态系统,让河流水生态环境的连续性和完整性得以恢复,净化水质,将生物多样性和栖息地建设纳入城市发展的重要环节,重新建立人与自然、河流之间的联系,为城市注入活力并建立具有归属感的场所,将原本脏乱破败的灌溉渠道"西干渠"重生为对城市、环境和居民紧密连接的不可或缺的"西川"。自古以来,城市发展与自然环境一直处于对立状态,然而,随着未来极端气候变化的挑战日益临近,城市与自然环境融合、增强城市韧性与可容性变得至关重要。西川地区的成功经验为我们提供了一个理想的范例,帮助城市更好地迎接未来的挑战。通过生态修复,西川地区不仅能够有效缓解雨洪问题,还具备自净能力,为生物种群提供栖息地。同时,它为市民创造出更多娱乐休闲场所,为他们提供了亲近自然的机会。西川地区的转化,为城市发展注入了新活力,同时也加强了与自然环境的紧密联系,打造了一个可持续发展的生态友好型城市。

综上所述,艺术设计作为一门综合性的学科,在当今社会中扮演着不可忽视的角色。通过对社会、经济、文化、艺术和生态等各个方面的影响,为社会创造了巨大的价值。本章节探讨了艺术设计在不同维度中所体现的价值,从社会、经济、文化、艺术和生态五个层面进行了分析。

艺术设计凝聚社会价值。艺术设计的社会环境是其发展的土壤,它包括社会的文化传统、社会风尚和人们对艺术的认知等因素。艺术设计透过聚合力,传达社会的价值观和审美观念,改变社会的思维方式,促进社会的进步和发展。同时,利用艺术作品的表达来凝聚社会的情感和力量,传递社会的关怀和思考,引发人们对社会问题的关注和思考,从而推动社会的改变和进步。

艺术设计促进经济价值。艺术设计的经济环境是其与经济相互作用的基础,它包括市场需求、产业链条和创新能力等因素。艺术设计不仅能提高产品和服务的附加值,还能创造就业机会,促进经济的繁荣和发展。创新设计和差异化竞争会提高产品的市场竞争力,为企业带来巨大的经济效益。艺术设计帮助品牌建设和文化输出,提升企业的形象和品牌价值,打造出具有竞争力的国际品牌。

艺术设计活化文化价值。艺术设计的文化环境是其与文化相互融合的基础,它包括文化传统、文化认同和文化表达等因素。艺术设计能够表达和传递文化的内涵和价值观,使得文化得以传承和发展,同时也能够激发人们对文化的热爱和认同。艺术设计对传统文化的创新和演绎,使得文化得以焕发新的生机和活力,同时还能促进不同文化之间的交流和融合,推动文化多样性的发展。

艺术设计激发艺术价值。艺术设计的环境美学是其与艺术相互连接的桥梁,它包括审美观念、艺术创作和传播等因素。艺术设计创造出美的艺术品和环境,提高人们的审美体验和欣赏能力,激发人们对艺术的热情和追求。用创新的表现形式和艺术语言打破传统的界限和束缚,推动艺术的发展和进步。

艺术设计创造生态价值。艺术设计注重生态环境是其与生态相互关联的基础,它包括环境保护、可持续发展和生态平衡等因素。创造绿色、环保和可持续发展的艺术品和环境,可以增强人们对环境的保护意识,创造和谐共生的生态环境。通过对自然和人类生活的观察和思考创造出与自然环境相融合的作品,唤起人们对自然的敬畏和保护,推动人与自然的和谐共生。

艺术设计在人文环境中的价值是多维度的,它凝聚社会价值、促进经济价值、活化文化价值、激发艺术价值并创造生态价值。艺术设计的发展需要政府的支持和引导,还需要社会各个方面的共同努力和参与。只有充分发挥艺术设计的价值,才能够为人类社会的进步和发展做出更大的贡献。

# 第三章
# 多维度思考人文环境

　　本章节探讨人文环境的多维度思考。从研究人文环境的多维度思考着手，在形态上从研究的三个方面探究空间变化到尺度关系，论述空间形态的形式元素、形态结构和形态转变的路径方法，并且采用文献综述的方法进行展开。将重点从多维度思考的概念、多维度思考的重要性以及多维度思考的应用等方面进行论述。从二维到三维、主体到客体等多方面来研究探寻场地和建筑等空间尺度的关系。多维度思考是人文环境中的重要思考方式，由此可以更好地理解人文环境并增加实现多学科应用共同构建新场景的可能性。从人本身的身体机能特性到心理上的审美，通过联系探寻视觉经验，可以引出流动视觉的变化路径。分析视觉对围合、地景、立面等不同建筑界面和形态的第一印象，会得出"开放中闭合，闭合中开放"的视觉开合关系。我们的目的是了解多维度思考的概念、重要性和应用，更好地理解人文环境，并且将视觉维度对建筑构造设计的影响带入综合的视觉景观中，研究直觉感知在人文环境中构建新场景的可能性。

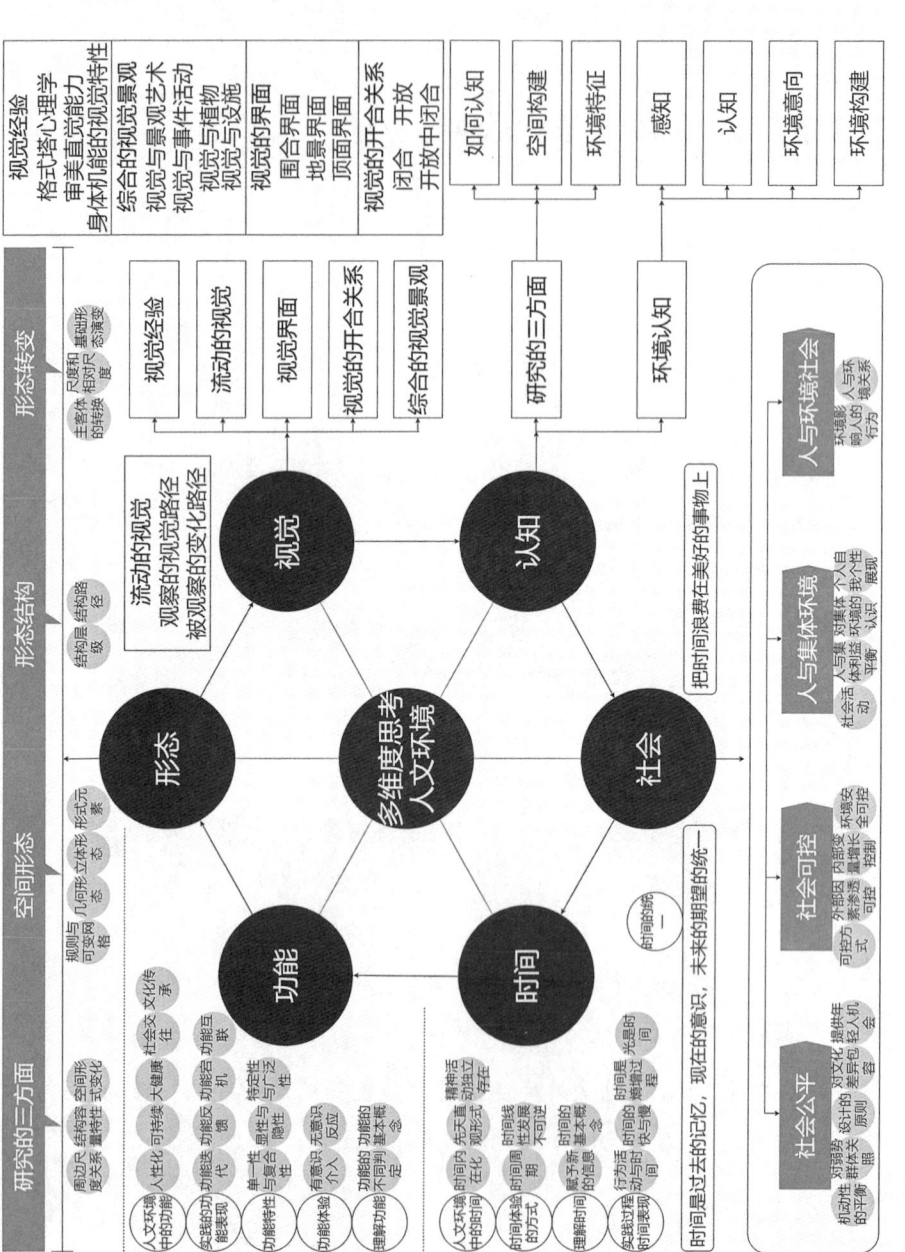

图 3-1 多维度思考人文环境结构图

## 第一节 人文环境的直觉感知

人文环境的直觉感知指的是人们对于周围环境中人类活动、文化、价值观念等方面的主观感知和理解。它涉及个体对于环境中的人文特征的直接感知、认知和情感反应。这种感知往往是基于直觉、情感的综合判断。

### 一、形态维度

形态维度是着眼于事物的形态、外观、结构等方面进行分析和理解。注重事物的形状、大小、比例、构造、颜色等特征,以及这些特征所传递的信息和意义。人们对事物的第一印象往往来源于其形态。形态维度的考虑能够决定其美感、功能性、可识别性和用户体验等方面,可以用来分析和解释不同领域的事物。艺术设计注重对形态维度的研究,深入理解事物的外在表现形式,并探讨其中蕴含的文化、历史、社会等因素,更全面、深入地理解和分析事物的外在形态及其与人们的关系。

就物的维度而言,对"身体感"的研究不能忽视对其影响较深的物质文化研究。"身体感"一词见于日本学者栗山茂久的作品,在中文世界里,中国学者将其发展并加以完善。例如,余舜德指出:"'身体感'是指身体的经验与感觉,特别是无法详细区分五感的一种统合的、和谐一致的身体经验。"[①]人与物的互动对建构有重

---

[①] 余舜德.体物入微:物与身体感的研究[M].新竹:清华大学,2008:1-15.

要意义。在物的空间中,人会产生独特的身体感官,成为文化的标记。环境空间内部的物质在形式和形状上会发生变化。在空间内部,物质形式的变化会表现在形状上的不同,我们可以以不同维度的思考来看,形式的相关联性是否可以促进建设更富有变化的人文环境形态新场景。

就感知维度而言,人类的感知由客观的环境与主观的实践构成。人类的生活离不开基本的生存环境,通过与现实环境进行互动,文化才得以产生。感知是"身体感"的表现。感知维度是指在人文环境研究中要考察自然环境和社会环境的物质构成和结构关系,还需了解人们如何感知、体验和理解环境。感知维度研究的内容可以涉及人们对环境的主观感受、情感反应、价值观和观念、意象符号等方面。感知维度的研究有助于我们了解人们对环境的态度和行为,以及人们如何与环境相互作用和塑造环境。

就时空维度而言,时间和空间构成了人类社会存在的基本方面,同时也为直觉感知提供了基础的哲学根源。恩格斯在《反杜林论》中对时空问题进行了集中论述,并把时空定义为"一切存在的基本形式",深刻地论述了空间的无限性和三维性以及时间的永恒性与一维性等原理。[1] 在时空背景下的感官经验对集体意识形成具有重要作用,时空维度指的是对人类社会发展和文化变迁过程中的时间和空间元素的考量和分析。其主要关注时间和空间对于人文环境的影响以及相互作用的关系。考察历史的发展、文明的兴衰、社会的演变等。不同的历史时期,人类社会的价值观念、思维模式、文化形态等都会存在差异,这对于人文环境的塑造和影响

---

[1] 恩格斯.反杜林论(欧根·杜林先生在科学中实行的变革)[M].北京:人民出版社,1995:51-61.

具有重要意义。时空维度的思考是理解人文环境的发展演变规律，揭示不同时间与空间条件下的人类行为与文化现象之间的关系。

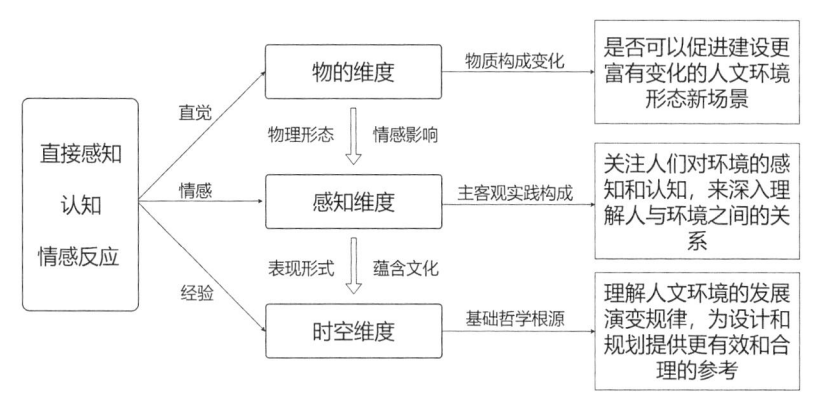

图 3-2 形态维度结构图

(一) 空间形态

1. 形式元素

艺术设计中的构建新场景是思考如何解决造型与空间之间关系的问题，在设计中较为常见的是用正负空间来强调突出作用，在层次空间上强调点线面元素组合出来的层次空间感，在空间上通过形态元素的重叠、覆盖、遮挡、距离、明度、色彩、大小等变化形成，形成不同建筑尺度和结构尺度的新场景。在《城市意向》中物质形态研究被分为五种元素——道路、边界、区域、节点和标志物。[1] 根据多维度模式思考，我们可以将形式元素分为体块、板片、杆件、光线、色彩、结构等来展开研究。

---

[1] 凯文·林奇.城市意向[M].方益萍,何晓军,译.北京：华夏出版社,2017.

表 3-1　形式元素的作用

| 形式元素 | 作　用 |
| --- | --- |
| 体块 | 通过体积来占有空间，凭借其外表面来界定外部空间，体块的实心内部形成了类似"盒子"的空间 |
| 板片 | 以表面来界定空间。在尺度上，板片的两个方向的尺寸要比另一个方向的尺寸明显 |
| 杆件 | 在尺度上，一个方向的尺寸要比其他两个方向的尺寸大。在外形上，杆件要素没有表面只有边缘 |
| 光线 | 是构成空间形态的重要元素，它可以改变空间的视觉感知，创造出不同的空间效果 |
| 色彩 | 可以增强空间的层次感，通过色彩的对比，可以实现空间视觉形态的呈现 |
| 结构 | 是空间形态的基础，它决定了空间的稳定性和可用性 |

2. 规则网格与可变网格

规则网格与可变网格运用在环境空间中可以作为一种设计手法，来实现创造有趣、多样、动态的空间效果。规则网格与可变网格是两种不同的设计方法。规则是一组既定的准则或原则，它们为设计提供了指导和约束。规则网格可以帮助设计师更好地组织和安排空间，创造出符合人类需求和期望的环境。从平面图的角度进行分析，首先需要建立一个基本的规范网格，让网格向竖直方向延伸形成纵向空间，进而形成空间网格单元，更客观地构建主题，系统和逻辑地构建文本和插图类材料，并根据网格标准调整视觉元素的尺寸大小，使其完全适应网格，从而创造出严谨而富有节奏感的网格视觉效果。[1]

---

[1] 约瑟夫·米勒·布罗克曼.平面设计中的网格系统[M].徐宸熹,张鹏宇,译.上海：上海人民美术出版社,2016.

表 3-2 网格的定位作用

| 作　用 | 具　体　内　容 |
|---|---|
| 对齐和统一性 | 通过将页面划分为等分的网格单元，设计师将元素对齐到网格线上，使得页面看起来更加整齐和一致。同时，网格帮助设计师保持元素之间的间距一致，可以提高设计的统一性 |
| 布局和组织 | 设计师根据网格线来确定元素的位置和大小，使得页面布局更加均衡和有序。网格还可以用于划分不同区域，将相关的元素归类在一起，提高信息的组织性和可读性 |
| 可变性和响应式设计 | 适用于各种屏幕尺寸和设备，实现响应式设计。通过定义灵活的网格系统，设计师根据不同屏幕大小和设备特性来自动调整页面的布局和元素的排列，使得页面在不同设备上都能展现出最佳的用户体验 |
| 计量和协调 | 帮助设计师进行精确的尺寸和间距计量，并实现元素之间的协调。通过网格的划分，设计师可以更准确地确定元素的大小和位置，保证设计的比例和平衡性 |

可变网格是一种灵活的设计方法，允许设计师根据实际情况调整网格的大小和形状。这为设计师提供了更多的自由度，帮助他们更好地应对复杂多变的设计问题。可变网格能够适应不同的空间需求和使用场景，为人们提供更加舒适、便利和人性化的环境。可变网格是一种更为复杂的设计方法，它允许设计者根据需要调整网格的大小和形状，以适应不同的设计需求。调整网格的大小、形状和排列方式，产生多种可能的布局和排版方式，从而实现创意的扩展和变化。艺术设计通过变化网格的配置，调整元素的大小、位置和比例，调整间距和分割线的位置等，产生不同的设计效果。

规则网格和错位网格的不同在于，规则网格是一种基于规则的网格结构，常用于创造有序、对称、稳定的空间效果，其特点是结构稳定、对称美观、易于控制和组织；错位网格则是一种基于非规则的网格结构，可以创造出不规则、动态、有机的空间效果，其特点是结构不规则、动态变化、有机美观、富有创意。

在规则网格和错位网格之间相互转换来实现不同效果的融合，也是尝试多维度构建新场景的难题。人文环境往往是人们生活和活动的场所，规则与可变网格的设计应该激发社会互动和连接。设计师应考虑在网格设计中融入公共空间、社交活动的场所，通过规则设置促进人们的互动与交流。

3. 几何形态

几何形态的基本原型是几何图形。几何图形是在人类文明中所创造的原始的基本符号。主要是图形符号。这种图形符号来自人文创造，用于描述和研究形状、大小、位置、度量等性质的图形。在二维几何中，常见的基本原型包括点、线、直线段、射线、角（如直角、锐角、钝角等）、三角形（如等腰三角形、直角三角形、等边三角形等）、四边形（如矩形、正方形、平行四边形等）、圆形等。在三维几何中，常见的基本原型包括球体、立方体、圆柱体、圆锥体、棱柱、棱锥等。这些基本原型是我们理解和研究几何形态的基础。

黄金分割属于一种比例关系，即把一条线段划分成两部分，令其中一部分和全长的比例等同于另一部分与这部分的比例。比例关系的比值大概是 1∶1.618，也被称作黄金比例或者黄金分割比。黄金分割在环境设计中被广泛应用，可以用于创造出美丽、和谐、平衡的空间效果。黄金分割的特点是美丽、和谐、平衡、稳定。黄金分割可以用于创造出各种各样的空间效果。黄金分割的应用可以使空间效果更加美丽、和谐、平衡、稳定，从而更好地满足人类的审美需求。在人体的视觉经验中，人们对黄金分割比例的物体有更强的审美感受。黄金分割的存在是基于人自身对这个数字的敏感或者是由美感产生。自然界中的许多物体和现象也符合黄金分割比例。花朵的花瓣数量、树枝的分叉方式、贝壳的形状等都可能呈现出黄金分割的特点。这被认为是自然界中的一种美学原则。

分形几何是一种几何学理论,用于描述自然界中的复杂形态和结构,也是以不规则形态为研究对象的几何学。1975 年,曼德布罗特出版了《分形:形状、机遇和维数》一书,创立了分形几何学[1]。分形几何的基本思想是将自然界中的复杂形态和结构分解成一系列简单的基本单元,然后通过重复和变换这些基本单元,构造出复杂的形态和结构。分形最大的特性在于具有自相似性,不管是放大或者缩小研究对象,都可以看到局部和整体具有相似的结构。而且分形几何研究对象普遍存在于大自然中,也被称为"大自然的几何学"[2]。分形几何在环境设计中被广泛应用于创造出自然、有机、复杂的空间效果。分形几何的特点是自相似、无限细节、复杂多样、自然有机。这体现了分形包括自相似性、无标度性、非线性的重要概念。

4. 从二维到三维立体形态

立体形态的关键所在是立体结构,整个立体结构的历程是一个先分割、再组合然后又分割的过程,任何形态都能够回归到点线面,并且点线面又能够组合成任何形态。从不同的角度与方向去观察和感受立体形态,能够营造出各种各样的空间效果,像建筑的形态体量、景观的塑造造型、艺术装置的形态构成等,均是对实际的空间和形体之间关系展开研究与探讨的过程。空间的范畴决定了人类活动与生存的世界,然而空间又受到空间形体的限制,如果想要在空间里

---

[1] 曼德布罗特.分形:形状、机遇和维数[M].北京:世界图书出版公司,1990.
[2] 曼德布罗特.大自然的分形几何学[M].陈守吉,凌复华,译.上海:上海远东出版社,1998.

设计并展现自己的构想，首先得创造空间里的形体。其中的形态和形体存在本质上的差异，物体中的某个形状仅仅是形态诸多面向中的一个面向的轮廓，而形态是由无数形状构成的一个综合整体。就从二维过渡到三维而言，二维展现出平面形态，而三维相比二维形象多了一个纵深维度，具备立体感。其设计方式是弄明白从二维到三维怎样产生空间的变化，能够运用基本的方法实现从二维形象到三维造型的设计。在实际操作中，有部分软件能够协助我们将二维图纸或者图像转变为三维实体模型，从二维到三维的转换过程，可以提高观察能力和形象思维能力，体会到立体形象的美，提升整体的审美观念。

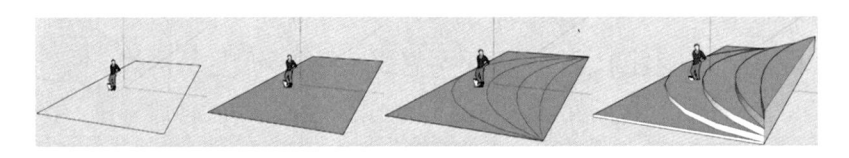

图3-3　二维到三维模型转变图

(二) 形态结构

1. 结构层级

在形态结构的结构层级上，包含着主次结构与结构递进两种。形态是显性的，结构是隐性的，两者共同作用组成的几何排列形式才能形成趋势。主要结构统领全局，次要结构影响着主要结构，围绕中心结构来推进全局设计。结构递进的表现形式在于按照大小、体量、先后等次序，对三种及以上的事物依次层层推进，在先提出问题的基础上逐步分析，探寻设计中问题的本质，由浅入深解决。

在形态结构中，结构层级通常是构成某一系统或实体的各个组成部分之间的层次关系。在人文环境中，序列关系是按照时间或顺序的先后关系进行组织和描述,比如历史事件的发展顺序、故事情节的展开顺序等。总分关系是将一个整体或概念分为若干个具体或细分的部分或要点,如一篇文章的主题与各个段落的内容、一本书的章节和各个章节中的内容等。递进关系是由简单到复杂、低级到高级或由表层到深入逐步展开和发展的关系,体现为知识和理论的深化、思想观念的扩展等。因果关系是一个事件或行为引起另一个事件或行为的关系,涉及个人的行为和结果、社会问题的原因和影响等。并列关系是两个或多个事物、观点、观念在同一级别上并列存在的关系,对比两种不同的观点、对比两个人物的特点等都属于并列关系。

2. 结构路径

在形态结构中,结构路径通常是结构元素或者系统中各个部分之间的连接和交互方式。这些路径可以是物理的,比如建筑结构中的力的传递路径,也可以是抽象的,比如数据结构中的信息流动路径。在一定的结构逻辑中形成趋势,可以明确场地的基本走向:根据多维思考模式来完成实践体验,由此扩充研究,以多维度思考看待人文环境,明确艺术与设计的两者结合,最终达成以多维方式创造新的场景或价值的结构路径。结构路径识别出系统中的关键节点和连接,从而形成对系统架构的描述和理解。艺术设计通过对结构路径的分析,可以发现系统中不同节点的依赖关系和重要性,为系统的设计和优化提供指导,揭示系统中信息的传递和交互方式。识别结构路径、了解节点间的信息流向及其路径,可以发现信息流动的瓶颈和关键节点,优化信息传递的效率和可靠性,识别系统中的关键节点和边缘节点。关键节点通常在结构路径中具有较高的中心性和重要性,对系统的运行和性能具有重要影响。边缘节点可能在结构路径中扮演连接不同子系统或模块的角色,对系统的整体功能和协同性有关键作用。结构路径的视角会帮助我们发现潜在的问题、改进点和创新方向,从而提高系统的效率、可靠性和可扩展性。

表 3-3 结构路径表达的具体方面

| 方　面 | 具　体　内　容 |
| --- | --- |
| 流线构成 | 力流法是用于描述与分析力在构件当中传递行为的一种结构设计方式。它将力的传递视作水的流动,通过力线来表明力流的路径,力线的疏密程度代表着力流密度,也就是应力的大小。在组织空间序列时,空间序列的特点涵盖起始阶段、过渡阶段、高潮阶段以及终结阶段。首先要考虑主要流线方向的空间处理,当然同时还要兼顾次要流线方向的空间处理,可以采用多种方法,在美学和功能之间取得平衡 |
| 物象条件 | 物象或象物是世界事物的"复制物"或"忠实复制品",同那些它们由之而生的外部对象一样,都是物质的东西,它们停留于心灵之中,作为记忆原始表征的形式存在着。人的思维对象并不是世界事物本身,思维对象是被感觉、知觉所获得的世界事物信息在心灵大脑中形成的物象或象物 |
| 视线目标 | 视线应当是直线,包含两个折点,分别象征着用于明确可见性的观测点以及目标位置。在平常的生活里,视线也能够被解读为看东西时眼睛和目标之间的假定直线 |
| 意境表达 | 意境是作品中所描绘的生活图景和所表现的思想情感相互融合而构成的艺术境界。其特征为景中含情、情中含景、情景相互交融。意境由两个部分构成:一部分是"仿佛就在眼前"的较为实在的要素,称作"实境";另一部分是"体现在言语之外"的较为虚幻的部分,称作"虚境"。诗情和画意的有机统一、完美结合,就形成了意境 |

**(三) 形态转变**

1. 主体、客体转换

主体、客体转换是将原本作为主体的物体或元素,转换成为客体,或将原本作为客体的物体或元素,转换成为主体。主体、客体转换的特点是动态、多样、有趣、创意性。主体、客体转换用于创造出各种各样的空间效果。在人文环境中,主体和客体的转换通常涉及人类的行为和思维。例如,当人们通过实践活动改变环境时,他们是主体,而环境是客体。在这个过程中,环境也可能影响人们的思维和行为,使人们从客体变为主体。主体是在某种变化或转变过程中,起主导作用的个体或实体。这个主体可能是一个人、一个组织,或者一个系统,它通过自身的行动和决策来推动形态的转变。在某些情况下,客体可能失去其原有的形式,变成主体的一部分。例如,人通过实践活动,产生新的意识,这也可以被视为客体主体化的一种表现。

2. 基础形态的演变

基础形态的演变是在设计过程中,由基础的圆形、方形、三角形演变成具有角度、片段、附加、合并、叠加、扭曲等,形成开放、半开放、闭合的常规或非常规的空间样式。通过类型学的分析方法,可以归纳为三种主要的平面形状,方形、圆形和三角形。这些基本的形态能够以很多方式进行改动或调整,而这些改动或调整发生于自身或者与其他形状的结合中;可以是规则的或者不规则的;可以通过改变角度、尺度和基本形状基础上的增减而调整;可以被扭曲、切分、插入或者交叠。通过四周界面来围合,或者向周边环境开放,实体界面形成了网格的框架,以及疏密关系、横向、纵向的分割。这些基本的形状持续改变着空间品质的各种片段,从而进行调整。每一个片段都可以在经过处理后加以利用,用于创造出各种各样的空间效果。

人文环境的基础形态是随着时间的推移而演变的,涉及人类活动、文化、社会习俗、价值观念等方面,在多个层面上进行演变。科技的进步改变了人们的生活方式和生产方式,从而对社会文化产生深远影响。工业革命带来的机械化生产方式改变了农业社会的基本形态,推动了城市化、劳动力分工等社会变革。社会发展和政治制度的变革往往伴随着社会结构、社会关系的调整,进而影响着文化观念、价值体系等。不同的政治制度对社会公平、个人权利、社会秩序等问题的处理方式不同,会直接或间接地影响人们的思想与行为习惯。全球化使得不同国家和地区之间的交流变得更加频繁和紧密,文化、思想、价值观念等在跨国交流中相互碰撞、融合和重构,丰富了人文环境的多样性。

3. 尺度和相对尺度

构建艺术设计空间时,尺度的基础是实物之间所建立的相互关系,其中也包括人的尺度、空间的尺度,这两者相互联系,从个体到整体、单元件到整体空间建立起的体系,也是在探寻人与空间的尺度关系平衡。

人的尺度通常是人的身体尺寸和活动范围,是设计中的重要考虑因素。空间的尺度则是空间的大小和形状,它直接影响着空间的功能和美感。相对尺度则是两个或多个尺度之间的比较。在艺术设计中,比较不同的尺度,可以更好地理解和控制空间的比例和关系。

尺度和相对尺度是形态维度的重要组成部分,它们在物理空间中描绘和把握着事物之间的关系。尺度则是建立物体之间关系的一个重要因素,是形成最终形态的重要内容。尺度能够被理解为在不同的距离下观察同一个物体所采用的测量标准。比方说我们描述建筑物时使用"米",观测分子、原子等时使用"纳米",更生动的例子像是谷歌地图,滚动鼠标轮能够更改观察地图的尺度,所看到的地图绘制也有所区别。相对尺度则是在此大尺度的基础之上,人的主观的一个判断。例如放大图像,减小视野,特征相对来说就小;缩小图像,产生更大的视野,特征相对来说就大。相对尺度利用相对的距离、方向、形状和几何特性以及特定的函数关系来表达绝对尺度。

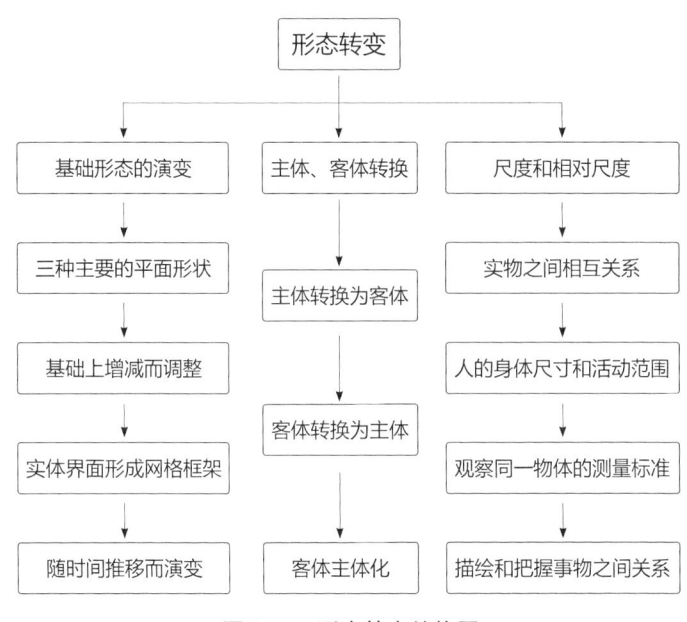

图 3-4 形态转变结构图

## 二、视觉维度

视觉维度是人们通过视觉感知的方式来理解和感知事物的能力和特征。视觉维度涉及我们对于物体形状、颜色、纹理、运动等方面的感知和认知。在视觉维度中,人的眼睛是重要的工具,能够感知光线,将光信号转化为神经信号,并传递给大脑进行处理。通过视觉感知，人们能够认识到世界的外部环境。视觉维度对于人类的认知和交流起着重要的作用。视觉维度的研究在认知科学、心理学、计算机视觉等领域有着广泛的应用。在认知科学中，研究者关注人类的视觉注意、视觉记忆、视觉推理等方面的能力，以探索认知的机制。在心理学中则研究人类的视觉感知过程，以及对视觉刺激的认知和评估。

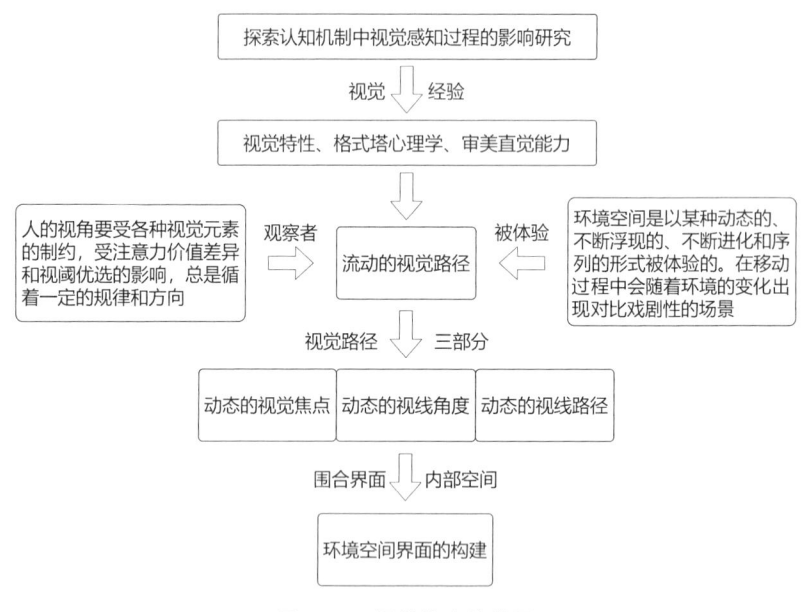

图 3-5 视觉维度结构图

## （一）视觉经验

视觉经验是通过感觉器官接收来自外界的视觉刺激，并在大脑中进行感知和理解的过程。它是我们感知和理解世界的重要途径之一。视觉经验涉及视觉系统中的多个层面，当视觉刺激进入眼睛时，光线首先会被角膜与晶状体进行聚焦，在视网膜上形成倒立的图像。

视网膜上的感光细胞(包括视锥细胞和视杆细胞)会把光信号转变为神经电信号,接着通过视神经传输至大脑。大脑中的视觉皮层对这些神经信号进行复杂的处理,包括边缘检测、形状分析、颜色感知等。这些处理过程会帮助我们理解视觉信息的空间关系,物体的形状、大小、颜色等属性。视觉经验与感知、认知和情感密切相关。我们通过视觉经验识别和辨认物体、人脸、文字等,并与之前的记忆和知识进行联系,从而理解和解释我们所看到的世界。视觉经验也引起情感,我们对美丑、喜怒哀乐等情绪的反应往往与我们所看到的视觉信息有关。

1. 身体机能表现的视觉特性

在认知世界的进程中,绝大部分信息是经由视觉系统获取的,其中人体对于物体的明暗(光觉)、形状、颜色(色觉)、运动(动态)以及远近深浅(立体知觉)等的综合感知,就是身体机能所展现出来的视觉特性。从观察上可以通过人体外形、姿态、动作等方面来体现,也可以反映出人体的各种信息,包括平衡、协调、速度、力量、舒适度、放松度、自信度、情感、心理状态和健康状态等。通过考虑这些不同特性来尝试创造出适合人体机能的环境空间,也是在视觉维度上考虑构建设计空间体系的一步。

2. 格式塔心理学

格式塔心理学是一种心理学理论,强调整体的概念,即整体大于部分之和。格式塔心理学认为,人类的感知和认知是基于整体的,而不是基于单个元素的。人类在感知和认知环境时,会将环境中的元素组合成整体,从而形成对环境的整体认知。[1] 格式塔心理学的主要观点包括整体性原则、形态塑造原则、近似原则、连续性原则。格式

---

[1] 王鑫.格式塔完形法则在标志设计中的应用分析[J].设计,2017(22):2.

塔心理学主张研究直接经验（意识）和行为，强调经验和行为的整体性，认为整体不等于并且大于部分之和，主张以整体的动力结构观来研究。格式塔心理学兴起于 20 世纪 50 年代，[①]是针对 1912 年冯特结构主义心理学的不同观点。从研究各个部分到研究整体，其主要的观点是整体不等于部分之和。在美学上的代表人物包括维泰默、柯勒、考夫卡。在阿恩海姆撰写的《艺术与视知觉》中，研究的是心理中视觉的原则，提出了视觉上具有力的影响。而格式塔的力在视觉中具有重要的作用是符合人类共通的内心结构的，以整体的方式去观察认知事物，对共性的事物进行分类。

在人文环境设计中，运用格式塔心理学的理论，可以创造出有意义、有组织、有连续性的环境和艺术作品，从而更好地满足人类的感知和认知需求。空间中各个元素是各种力相互作用的结果，构成的整体结构体现了价值是各种力的不同配置。在视觉感知中，环境空间中力的结构与人的主体情感结构具有某种一致性即可产生共鸣。力的结构是趋同于一致性，主体情感结构是格式塔性。这与康德所提出的无目的的合目的性相似。

3. 审美直觉能力

审美直觉能力是人类在感知和评价美学对象时所表现出来的直觉能力。这种能力是人类天生具备的，不需要经过特别的训练或学习。康德的《判断力批判》中认为判断力有两种，一种是规定性判断力，一种是反思性判断力。反思性判断力为自然的合目的性提供了先天原则。其强调审美判断的无利害性，即审美判断不是基于对对象的实际利益或欲望的考虑，审美判断具有普遍性和必然性，但这种

---

[①] 刘明. 美术鉴赏与鉴赏者个人特性之间的关系研究[J]. 山东农业工程学院学报，2019，36(11)：4.

普遍性不是基于概念,而是基于主观的普遍可传达性。[①] 审美直觉能力可以帮助人类快速、准确地感知和评价美学对象,从而形成对美学对象的认知和情感。审美直觉能力的表现形式包括美感判断、美感体验、美感表达。在通过感知获取到的审美信息以及通过记忆积累起来的审美形象的基础上,审美联想与想象展开形象的串联、改造以及重组活动。空间和环境上的直觉能力指的是个体对于周围环境和空间结构的直觉感知和理解能力。它涉及个体对于方向、距离、位置、形状等概念的感知和推理能力以及对于周围环境的感知和理解。例如准确地感知东西南北等方向,以及不同方向之间的关系;对物体或者场景的距离进行大致的估计,从而判断物体之间的距离关系,准确地感知自己的位置以及其与周围物体的相对位置关系。

表 3-4 审美直觉能力

| 要 素 | 具 体 内 容 |
|---|---|
| 环境中的韵律 | 空间和环境的韵律是它们的节奏、流动性和动态性。韵律是空间中元素之间相互关系形成的一种有节奏的感觉,通过有序地重复、变化和对比来营造出一种平衡和和谐的氛围 |
| 环境中的节奏 | 空间和环境的节奏是通过布局、形式、颜色、材质等要素的有机组合,创造出的一种有节奏感的环境氛围。要考虑到人们在环境中的感知和体验,通过创造节奏感,空间会更具有吸引力和舒适感,可以帮助实现设计目标并提升用户体验 |
| 对平衡的识别 | 平衡是次序的一种形式,通常与视觉场景或环境中各部分的和谐相关,在复杂和看似混乱的场景中获得,随着时间的流逝才显得明显。平衡也可以是在色彩肌理和形状的高复杂组织中被感知的,会与和谐达到平衡。平衡是内在的均衡的组合。通过有目地设置复杂元素相互竞争会形成动态的均衡 |

---

① 康德.判断力批判[M].邓晓芒,译.北京:人民出版社,2002.

续　表

| 要　素 | 具　体　内　容 |
| --- | --- |
| 对和谐关系的敏感度 | 和谐是不同元素之间的关系,组合起来形成一个联系的整体。和谐通常是图像的各个部分在视觉上的均衡,这种均衡可以是对称的,也可以是不对称的 |

### (二) 流动的视觉

1. 观察者的视觉路径

人的视觉要受各种视觉元素的制约,受注意力价值差异和视域优选的影响,总是循着一定的规律和方向。环境空间不是作为一个静态构成的物体来进行体验的。而是随着人的移动,在时间变化中和空间移动中同时获得的动态体验,是对环境空间视觉审美维度认知的一个重要部分。环境空间是以某种动态的、不断浮现的、不断进化和序列的形式被体验到的。在移动过程中会随着环境的变化出现对比戏剧性的场景。它可以激发人们的愉悦感和趣味性。由于空间的不断变化,尽管人们意识到存在于一个特定场所中的感觉,还是可能存在一种同样强烈的在该场所周围和外部还有其他场所的感觉,形成空间的相互联通。人们在运动过程中所产生的视觉感知是通过兴趣的对比以及隐藏或揭示来刺激而产生的。在视觉路径的设置上,如同讲述一个故事,和故事叙述的结构相似。有缘起、有发现的问题、有解决的方法、最后达到成功的效果。中间过程跌宕起伏、曲折婉转,在移动过程中调动人的视觉体验。一段充满各种有趣体验的时间在经历时似乎非常短暂,但当我们回顾时则显得漫长。一段没有任何体验的时间在经历时显得十分漫长,但在回顾时则很短暂。当我们走过一个需要从精神上参与的环境时,我们往往不太注意时间的流逝。当我们回忆这段经历时,发现其中包含了各种各样的情绪。而这种情绪所包含的情感就是我们最为珍贵的记忆、最深刻的经历。

表 3-5 动态观察的具体方面

| 方　面 | 概　念 | 运　用 |
| --- | --- | --- |
| 动态的视觉焦点 | 动态的视觉焦点是指观察者的注意力在观察过程中不断移动的区域或对象 | 在视觉场景中,人的注意力会受到各种因素的影响而不断改变焦点,比如运动、颜色、对比度等。观察者的眼球会自动跟随着感兴趣的内容或者环境中突出的特征进行移动,这个移动过程形成了动态的视觉焦点 |
| 动态的视线角度 | 动态的视线角度是观察者在移动过程中的视线方向的变化。当观察者在环境中移动时,视线角度会随之改变 | 视线角度通过观察者的眼睛位置和头部姿势来确定。当观察者的头部保持固定不动时,视线角度是相对固定的。当观察者转动头部或者移动身体时,视线角度会随之调整。动态的视线角度影响视觉感知、空间感知和对环境的理解。可以利用动态的视线角度来引导观察者的注意力,决定页面上的元素排列和组织,并创造出更吸引人的用户体验 |
| 动态的视线路径 | 动态的视线路径是人在观察环境时,眼睛的运动过程和路径。每个人的视线路径都是独特的,受到个体差异、任务需求和环境因素的影响 | 在观察过程中,眼睛会进行扫视、注视和跳转等运动。动态的视线路径可以被记录和分析,以揭示人的注意力在观察过程中的变化。通过研究视线路径,可以了解人的视觉注意力在特定任务和环境中的偏好和策略。为了记录视线路径,研究者通常会使用眼动追踪技术,通过追踪眼睛的运动并记录其坐标和持续时间来获取数据。这样的数据可以用来生成热点图或注视序列图,具有可视化和分析视线路径的特征 |

2. 被观察对象的变化路径

人文环境中存在着看和被看的关系。之前谈到的都是作为主体的人在流动过程中,随着视点的不断变化而感知周边的环境空间。而被看对象的变化同样为环境空间增加了更多的动态变化。所观察对象的移动无论是人的运动还是影像的变化,都会为主体人的感知提供不一样的体验。环境空间是多个单体共同参与构建的,人们在空间中的活动、所形成的变量关系会形成不同的视觉效果。与观察者的视觉路径不同,被观察者的路径变化具有一定的随机性,并非主观能控制。但通过有目的的设计可进行视觉的引导,促使流动路径趋同。被观察对象的变化路径是指被观察对象在一段时间内的状态变化轨迹。在观察者视角中,当被观察对象的情况发生改变时,所有相关于它的观察者都会收到通知并进行相应的更新。视觉流是指用户在浏览和交互的过程中,眼睛的移动轨迹和焦点是如何被设计的元素和布局引导的。运用视觉流,可以把注意力吸引到重要的事件上。在某个时间点上,这才是我们眼睛真正看到的世界。我们的视觉系统呈现的整个画面里,只有中间很小一个部分是清晰的,而其他部分非常模糊。这和视网膜里的"中央凹"有关,而中央凹带来的是中央视野。我们能够毫无阻碍地观看这个世界,是由视觉系统在时间上的连续性所造就的:中央凹以外的周边视觉信息会持续地引导眼球的运动,进而让中央视野迅速地浏览,从而补全整个视野。

(三)视觉的界面

环境公共空间的界面都是由各种物象围合而成的,在多方面有相同的属性,特别是在构建界面的材料、色彩、机理表现、结构方式的共同之处上。界面材料多是砖石、石板、混凝土、陶板、玻璃、各种金属、人造石材、有机化工材料,在材料的应用上,主要以各种材料之间的相互搭配,来表现出不同的视觉效果,包括采用不同规格的材料之间的相互组合,材料表面机理有着多种不同的处理方式。艺术设计结合不同的工艺,在材料表面形成不同的肌理效果,石材的表面机理可以处理为光面、火烧面、荔枝面、剁斧面、蘑菇面、机割面等;金属表面可处理为腐蚀、抛光、拉丝、喷砂、电镀、水纹抛光等。界面色彩也有着多种表现方式,色彩的饱和度、明度、色阶、色相等因素的相互搭配都能形成不同的界面效果,不同的色彩表现也能够造成人的心理活动给人的感觉各有不同的印象。界面的结构方式主要包括表皮的工艺方式和承受荷载的结构方式,无论是围合空间的立面,还是人行走或机动车行走的地面,以及顶部覆盖的界面,给人以直观感受的是表面呈现的最直接的结构趋势,因此表皮也就是表面的形态能够建立人的第一印象。

1. 环境空间的构建

环境空间的构建需要考虑到环境的多层次特征和多元化的建构来源。在进行环境空间的建造之前,需要从多个维度进行思考,即从物理空间特性、地形地貌、气候条件、自然资源、社会文化、历史变迁、生态系统等多个角度出发,才能更全面、深入地认识环境,从而在实际操作中获得更好的效果。对于任何建造环境空间的项目,考虑到多维度特征都极为必要。1979年生态发展的经典著作《人类发展的生态学》中强调个体的发展受到多层次环境的共同影响,个体处于从直接环境到间接环境的多个环境系统中间或嵌套其中,每个层次的环境都以不同方式与个体相互作用,且这种相互作用是双向的。[①]

---

① Bronfenbrenner. The Ecology of Human Development: An Experiment in Nature and Design[M]. Boston: Harvard University Press, 1981.

表 3-6　环境空间视觉的关键点

| 关键点 | 具 体 内 容 |
| --- | --- |
| 功能流动 | 不同空间的功能虽然分离,但是可以相互借用和渗透。这意味着空间的功能应该灵活,能够根据需要进行调整和变化 |
| 视觉流动 | 不同空间不要完全隔离,做可变软性界定,保持空间的视觉连续。这意味着空间的设计应该考虑到视觉的连续性和一致性,如使用户在浏览和交互过程中,眼睛的移动轨迹和焦点被设计的元素和布局引导 |
| 空间布局 | 依据人的行为模式将一定的空间予以组织,借由流线设计来分割空间,以此来达成划分不同功能区域的目标。在组织空间序列时,需要思考主要流线方向的空间处置,当然与此同时还得兼顾次要流线方向的空间处置 |
| 视觉最大化 | 颜色、光与影、材料、平面构成线性拉伸、立体构成的块状拉伸等设计手法,可以使设计空间的视觉效果最大化 |

2. 围合界面

围合界面主要是构成环境空间边界的视线阻隔,围合表现的形式较多。最主要的是建筑立面围合来界定环境空间的范围,这是最直接建立对环境空间印象的主要来源,环境空间的范围也会受到建筑立面尺度的影响。会影响到环境内部空间是开阔还是狭窄,是开放还是隐秘,是焦点还是过渡,是熟悉还是陌生,是喜欢还是厌恶,是惊奇还是平庸,是秩序还是混乱,是碎片还是整体。

围合界面模糊边界的处理,源于对建筑和环境关系的理解。建筑对周围环境的影响、建筑的朝向,以及自然的融合可以创造一个模糊的空间,一个不断和谐的空间,以及一个完全适应变化的环境的空间。

围合界面是通过各种元素(如建筑、植物、水体等)创造出的空间边界。这些元素形成硬质边界或软质边界,前者对空间起强限定作用,后者起弱限定作用。围合界面的虚实比例是不同的,因而空间会显现出不同程度的围合感,也就是围合的程度。一个完全封闭的空间(四面围合)会有很强的围合感和内聚力,而一个部分封闭的空间(例如三面围合)则会有一定的方向性和向心性。

表 3-7　围合界面和内部环境空间的整体考虑

| 特 性 | 空 间 效 果 |
| --- | --- |
| 立面具有象征性 | 这种象征性与环境空间所需要表达的场地象征性相一致或相协调,能够确定区域内的整体关系明确,象征形成层级体系,增强环境区域的可变性 |
| 立面保证完整性 | 遵循秩序、结构、体现建造原则,通过形式和建造来表达自身以及各个部分存在的功能,并形成统一的表达语言。通过对秩序的追求,创造对称、平衡、重复、网格、开间、结构框架等方式,从而表现完整性 |
| 细节的丰富性 | 细节是吸引人注意力的部分。如果没有细节将丧失对焦点的体验。细节反映材料、工艺、结构的美感。细节的处理往往能够吸引人们视线 |
| 围合界面的系统性 | 环境空间中是应该将各个围合界面统一考虑,并放置于更为宏观的视角中去看待各个界面的相互关系是否能与环境和谐共存,是否能够达到环境所需的品质的。美感产生更多的是在环境空间中围合界面的各个元素间构建和谐关系,而不是某个独立界面能够产生单一的效果,需要建立在围合界面中形成相互呼应的关系 |

3. 地景界面

地景界面是环境空间中的地面或地面上的景观元素,地景界面即在经过对大地形态的回应、介入、重塑、整合之后,表现出水平伸展的大地景观的特征,并最终达到与大地形态的同质的一种视觉形态。[1]

---

[1] 李羿.地景建筑的建筑空间设计方法研究[J].城市建筑,2023,20(2):84—87.

环境公共空间中主要是非机动车道和人行道的铺装路面。需要考虑路面通行过程中人视线的移动,考虑将审美方面的影响带到地景界面的设计之中,以多种尺度来调节空间组织,使其成为一系列有层次的元素。艺术设计加强空间和视觉特征并在美学上以组织和统一空间等方式改变环境的特征。在地面艺术处理过程中有功能性作用和艺术性作用相互共同作用的结果。

表 3-8 地景界面设计中的功能体现

| 特 性 | 功 能 体 现 |
| --- | --- |
| 引导性 | 体现在地面具有引导性、指示性的方向,加强线性形势并提升运动感。能够有目的性地引导人的流动。在复杂空间中,地面引导能够帮助人们按照相应的意图快速便捷地寻找目标。其强调作为路径的特征可以提供方向感,或组织空间的流动,还强调空间的线性特征。地面路径结构的设计可以形成加强移动感或者缓解视觉,而促成步伐缓慢,成为一个可以驻足或者徘徊的环境空间 |
| 安全性 | 硬质铺装中与非机动车道相隔离的界限在地面铺装中会以明显的方式表现出来,并提供一个坚硬的、干燥的和防滑的表面,其能够符合荷载要求而针对不同的或者要求的产生对应的方式,以保证行人的安全 |
| 通畅性 | 通过地面区间的界定,分类出不同的活动区域,以平面化的方式对不同功能区域进行界定,保持路面的通畅性。地面景观样式会根据周边环境,强调空间流动的通畅,以及为区域的边缘提供戏剧化效果,来丰富区域功能 |
| 焦点性 | 创造环境空间中的焦点。地面样式通过几何的图形来组织空间的中心部分。提供焦点和准则,连接周边。不规则的各个元素使其产生序列关系,建立空间秩序。通过有组织的连接能够将人的视线聚焦于图形中心,将空间组成一个美观的整体,成为统一空间的有效手段 |

4. 顶面界面

外部环境空间的顶部界面是环境空间的上方边界或分界线,即将环境空间与外部天空隔离开来的界面。这个界面可以是实际存在的物理界面，如建筑的屋顶、天窗、遮阳棚等，也可以是虚拟的界面，如虚拟现实中的天空等。顶面的形态设计是空间设计整体的一部分，对整体空间的艺术效果影响非常大，除了有视觉审美的要求之外，必须有功能上的要求。将轻快感、统一感、舒适感相结合，空间的顶界面最能反映空间的形状及关系，艺术设计对空间顶面的处理使空间关系明确，达到建立空间构成的功能。外部环境空间的顶部界面在空间设计中作为实际存在的物理界面，可以选用适合的形状、材料和色彩，创造出美观、协调的空间氛围。运用线条、曲面和材质等手法，使顶面呈现出轻盈、流畅的形态，以营造出愉悦、舒适的空间感受。顶部界面的功能不仅需要承担隔离环境空间与外部天空的作用，还应该满足空间使用的实际需求。在虚拟空间的设计中，虚拟天空的表现形式和交互方式也需要符合使用者的需求，增强沉浸感和用户体验。精心设计顶部界面，可以凸显空间的形状与关系，达到建立空间构成的目的。

### （四）视觉的开合关系

视觉的闭合关系是通过环境中的视觉元素的组合，形成一个封闭的整体，使得环境看起来更加完整和有机。在多元素、多视角下构建新场景就必须在空间设计上把握完整和统一，充分发挥各种元素的有机组合，这样才能在各种空间里构建与人文环境相统一的新场景。环境封闭空间使人的视线在有限范围之内对视觉进行有限的界定。界定的目的是使人们在界面中去观察和寻找，这对环境空间提出了更高的要求。在特定范围之内，如果能够营造细节丰富、印象深刻、独特趣味的内容，人们在观察和寻找的过程中，便会加深对环境空间的好感。反之如果空间是枯燥的、无趣的，没有任何细节，没有能够聚焦的点。那么，这样的环境空间便很快会被人淡忘，甚至令人产生反感。设计中需要注意在有限范围内能够将视线进行聚焦，集中注意力关注有限范围内的细节。只有将环境空间中的视线进行聚焦，才能够使环境中公众的注意力完全集中。注意力的集中在当今的互联网社会中是重要的资源。注意力集中了，才能够关注环境空间中所发生的事件，才能全心投入环境空间中的活动，从而创造出有利于环境空间不断发展的积极因素，要考虑和避免受到外部过多因素的影响。

视觉的开放关系是通过环境中的视觉元素的组合，形成一种开放的关系，使得环境看起来更加开放和自由。这种开放的关系可以通过线条、形状、颜色等多种视觉元素来实现。视觉的开放关系都是通过开放的各种视觉元素，形成整体的建筑形态，来营造更加开放和自由的视觉效果和空间体验。空间应该是开放的，可以相互借用和渗透。这意味着空间的功能应该灵活，能够根据需要进行调整和变化。空间的设计应该考虑到视觉的连续性和一致性，使得用户在浏览和交互过程中，眼睛的移动轨迹和焦点可以被设计的元素和布局所引导。

人文环境空间视觉的开放关系和闭合关系并不是互相独立的，它们之间能够相互转化，形成一种开放中闭合、闭合中开放的关系。环境中的视觉元素的组合通过打通界限、消除障碍，让人们感受到空间的流动性和延展性。而在界定空间边界的基础上，巧妙的设计手法可以创造出私密感和温馨感，同时又保留一定的开放性和交流性，运用视觉元素的组合，实现开放中闭合、闭合中开放的关系，为环境空间带来更多的可能性和变化。在开放的空间中，人们感受到宽敞、通透的氛围，同时也可以利用开放的空间进行交流和互动。而在闭合的空间中，人们可享受到更多的私密感和安全感，专注于自我和内心感受。

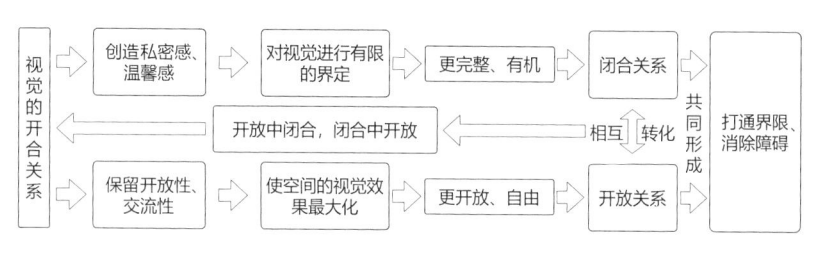

图 3-6　视觉的开合关系结构图

（五）综合的视觉景观

在设计和规划过程中，需要将各种视觉元素有机地结合在一起，形成一个完整、统一且具有艺术感的视觉效果。它要考虑到建筑、自然环境、人文特色等各种要素，通过合理的布局、比例、色彩和材质等手段，营造出具有美感和吸引力的景观。综合的视觉景观设计强调整体性和一致性，要求各个元素相互协调和融合，在空间上要形成统一的整体，在风格、主题和氛围上保持一致性。对细节的把握和对整体的把握，可以创造出独特的空间感受和视觉魅力。注重与周围环境的互动，要考虑到周围的建筑、自然地貌、人文特色等因素，与周围环境形成良好的融合，既凸显景观本身的特点，又尊重和强化周边环境的特色。每个基本要素可以有多种方式的变化，它们还可以组织成各种格局或者生成视觉设计的新格局。[①] 这种互动和融合可以提升整体的品质和价值，使景观更具有独特性和可持续性。设计要追求美感和舒适性，考虑人们的视觉需求、观赏感受和舒适度等方面，创造出令人愉悦、放松和满足的景观

---

① 贝尔.景观的视觉设计要素[M].王文彤,译.北京：中国建筑工业出版社,2004.

体验,打造具有情感共鸣和艺术吸引力的景观形象。

表 3-9　综合的视觉景观

| 类　　型 | 具　体　内　容 |
| --- | --- |
| 视觉与设施 | 视觉与设施紧密相关。视觉元素对园林景观设计的整体效果起着关键作用,会对人的心情和感受产生感染效力,优良的视觉成效能够更有效地营造出快乐、轻松的氛围。园林景观设计务必依赖视觉元素来进行烘托,视觉元素在园林景观中得到了广泛运用 |
| 视觉与植物 | 植物凭借它们各异的色彩、形式、尺度来刺激人们的视觉感官,从而引发不同的情感认知。在植物景观的设计里,设计师要综合性地选用观花、观果、观叶、观枝干的植物类别,并充分结合植物在四季中不同的生理特点,塑造丰富的视觉景观 |
| 视觉与事件活动 | 视觉元素会吸引人们的注意力,增强事件活动的吸引力和影响力。视觉元素可以通过各种方式来呈现,元素让人们更加深刻地记住事件活动,增强事件活动的宣传效果和参与度,帮助参与者记住活动,形成持久的记忆。这对于品牌活动或重要事件来说尤其重要 |
| 视觉与景观艺术 | 景观艺术是将视觉元素组合起来,创造出美丽的景观,使人们感受到美的享受和情感的体验。这是把艺术的形式美感运用到创造和留存人类生存的环境以及拓展乡村自然景观当中,让其在建筑物、道路以及公共设备以外,满足人类的需求而进行的环境景观与乡野自然景观相互融合的空间设计 |

综合的视觉景观是一种多元化、丰富和动态的视觉体验,包括物理环境中的自然和人造元素,如地形、建筑和色彩等,还包括时间、光线和季节变化带来的视觉效果,人类活动和文化也为视觉景观增添了独特的元素和意义。各个元素相互作用,共同构成一个完整的视觉体验,建筑的形状和色彩可以与周围的自然环境形成对比或达成和谐,人类活动则为这些静态元素增添了动态和生命力。综合的视

觉景观是一个复杂而富有生命力的视觉体验，反映了自然、人造环境和人类活动的相互作用。

## 第二节　人文环境的理性认知

认知维度部分是对环境空间构建及其特征的研究，深入探寻环境与认知两者的界限，并且展开环境的建构，分析问题以及构建方法，从而得出认知维度的价值在于如何抽离意义和赋予意义的结论。社会维度部分分别研究了人与社会环境，人与集体环境的认识和影响，从中研究环境中的社会可控变量，以及行为可控、物质可控、环境可控、矛盾可控的可控方式。设计上对弱势群体的关照和机动性的平衡，为年轻人提供了机会，体现了文化差异的包容性，从设计的原则上构建多维度环境中的社会公平，体现了理性认知对人文环境的功能作用。

### 一、认知维度

认知维度是人类在感知、理解和表达世界时所使用的多个方面或角度，这些维度共同构成了我们对事物的认知框架和思维模式。包括视觉、听觉、触觉、味觉和嗅觉等感官都提供了独特的信息，并通过感知维度来构建我们对事物的认知。不同的语言有不同的结构和表达方式，这影响了我们对世界的理解和表达。对事物的情绪体验和情感反应构成了我们对事物的评价和态度。物体位置、方位、形状和大小等空间属性的感知和理解使我们能够在环境中进行导航、感知物体间的关系，并理解空间中的运动和变化。通过理解和应用这些,我们可以更好地理解和表达事物,拓宽自己的认知范围。

(一) 人文环境空间的认识和评价

1. 认知环境和体验环境空间

认知环境和体验环境空间是两个前提性的问题,两者可以互相促进,从而更好地理解所处的环境,并从多元化的角度出发,更全面地认知周围的世界。认知环境是人类对周围环境进行认识和理解,是人类理解世界和自己的一种方式。认知环境从多角度思考环境,即从物理属性、生态系统、社会文化、历史演变等多个不同角度去思考。多元化数据来源帮助我们使用不同的数据来源来获取信息,包括实地考察、科学调查、文献研究等,这些数据来源可以互相验证,使认知环境更加真实可靠。认识环境可以从宏观、中观、微观等不同的细分视角来认知。将环境细分为更小的部分进行观察和分析,可以使我们更好地了解环境的复杂性和多元性。将环境看作一个被细分的整体,就能够从各个角度来认知它。同时需要构建心智模型,心智模型是我们脑海中构建出来的关于特定事物、场景和概念的知识框架。人类的感知与思考方式有所不同,每个人的认知可能会有所不同。构建心智模型可以更准确地理解和表达自己对环境的认知。

表 3-10　认知环境和体验环境空间

| 环境认知 | 内　容　解　析 |
| --- | --- |
| 观察和感知环境 | 需要通过观察和感知来了解环境,这包括观察环境的物理特性、环境中的物体和活动,以及环境的气氛和情绪;注意环境中的声音、气味和温度等感官信息 |

续　表

| 环境认知 | 内　容　解　析 |
|---|---|
| 理解环境 | 需要对观察到的信息进行解读和理解。需要运用知识、经验和直觉。可能需要理解一个公共场所的功能和用途，或者理解一个空间的设计意图 |
| 评价环境 | 涉及对环境的主观感受和评价。会考虑环境是否满足我们的需求和期望，是否舒适和愉快，以及是否符合我们的价值观和审美观。反思我们的环境体验，思考我们的感受和反应，以及环境对我们的影响 |
| 体验环境 | 通过参与和互动来深入体验环境。包括在环境中进行活动，与环境中的人和物互动，或者参与环境的设计和改变 |

2. 认知环境空间的构建

认知环境空间是一组特定环境条件和元素的空间，是人类有所感知后，通过理性思考利用的空间。根据空间的用途和功能，确定空间的布局和规划，确保它满足用户的需求。选择合适的材料和结构，以实现所需的空间效果和感觉，将空间分隔成不同的区域，并创造良好的空间流动和连接。合理的光线设计和色彩运用，会营造出舒适宜人的空间氛围，影响人们的情绪和感官体验。注重细节的处理，包括家具的选择、装饰品的搭配、墙面的装饰等，以增强空间的美感和整体的品位。设计时考虑功能、美学、人体工程学等多个方面，旨在打造舒适、实用和具有个性的空间。

表3-11　环境空间构建的不同阶段

| 阶　段 | 阶　段　分　析 |
|---|---|
| 分析调查阶段 | 对环境空间的需求进行分析。包括了解空间的功能需求、使用者的需求，以及环境和社会的需求 |

续　表

| 阶　段 | 阶　段　分　析 |
|---|---|
| 设计规划阶段 | 根据需求分析结果来规划和设计空间。包括确定空间的布局、形状、颜色、材料等设计元素，以及空间的光照、声音、气味等感官环境。还需要考虑空间的可达性、可见性和可变性，以及空间的社会和心理影响 |
| 实施建设阶段 | 将设计规划转化为实际的空间。需要我们选择合适的建筑技术和材料，以及合理的施工方法和过程。需要考虑建设的成本、时间和质量，以及建设的环境影响和社会影响 |
| 使用评价阶段 | 对构建的环境空间进行使用和评价。包括观察和分析使用者的行为和反馈，以及评价空间的功能性、舒适性和满意度。需要对空间进行调整和改进，以满足使用者的需求和期望 |

3. 认知环境空间的不同特征

认知环境的基本特征是整体性、区域性和多变性。环境还有其他特征，如开放性、有限性和综合性等，但整体性、区域性和多变性是环境的基本特征。环境的整体性是环境的所有成分和要素形成一个有机的整体，它们相互联系、相互影响。环境的地域性是在不同的层次和领域，环境中的结构、组成程序和能量流动规律具有相对的特殊性，不同的地域环境具有不同的特征，从而形成地域性。环境的多变性是指在自然和人类行为的作用下，环境的内外结构和状态都在不断变化。人类的行为会改变环境，环境的改变也会影响人类。在两者的相互作用下，环境是不断变化的。因此，环境空间的设计和规划应当充分考虑到不同环境特征的作用。合理地融合各种特征，能够提供最佳的管辖和治理方案，同时保证生态效益和公众满意度。空间的大小、形状、布局、颜色、材料、光照、声音、气味等特性直接影响着我们对空间的感知和体验。空间的设计和布局应该满足其预期的功能需求。舒适性涉及空间是否能满足使用者的生理和心理需求。这可能包括空间的温度、湿度、噪声水平，以及空间是否提供了足够的私密性和安全感。空间的可达性和可见性影响了人们对空间的使用和体验。空间设计应该具有一定的可变性和灵活性，以适应不同的使用需求和情境变化。

环境空间的不同特征所具有的独特的自然和人为特点可以归纳为地理条件、气候条件、生物条件和人类活动等多个方面的差异。这些特征的变化对于地理、气象、生态、经济等方面都有重要影响，我们需要考虑和应对不同地区的环境特征来制定相应的政策和管理措施。

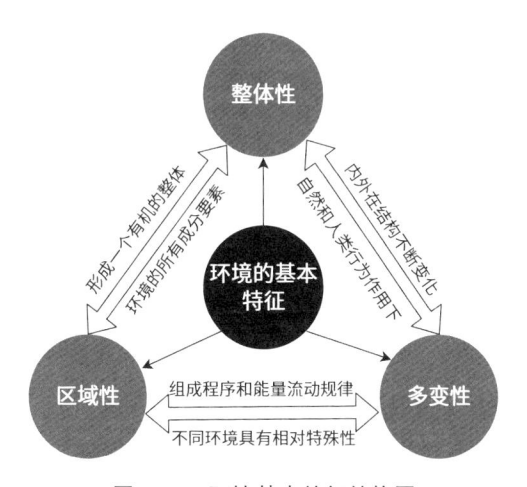

图 3-7　环境基本特征结构图

(二) 人文环境认知

1. 认知的前提是感知

感知是认知的前提。视觉、听觉、嗅觉和触觉是感知中非常重要的感官，会帮助我们更好地理解和适应环境。信息收集是信息得以利用的第一步,也是关键的一步。信息收集工作的好坏,直接关系到整个信息管理工作的质量。信息分为原始信息和加工信息两大类。原始信息是指在经济活动中直接产生或获取的数据、概念、知识、经验及其总结,是未经加工的信息。加工信息则是对原始信息经过加工、分析、改编和重组而形成的具有新形式、新内容的信息。①

表 3‑12 信息收集中不同的感知

|  | 概　念 | 现 实 表 现 |
| --- | --- | --- |
| 视觉 | 视觉可以帮助感知物体的距离、形状、颜色、质地和对比度等特征,可以更好地理解、感知和适应环境 | 通过观察天空的颜色和云朵的形状来预测天气;通过观察人们的面部表情和身体语言来了解他们的情绪和意图等 |
| 听觉 | 感知环境中的声音和声音的来源 | 通过听到汽车的声音来感知交通状况;通过听到人们的谈话来感知社交环境;通过听到音乐来感知文化氛围等 |
| 嗅觉 | 感知环境中的气味和气味的来源,从而更好地适应环境 | 通过嗅到花香来感知自然环境;通过嗅到食物的味道来感知它的口感和品质;通过嗅到烟雾的气味来感知环境中的危险和污染 |
| 触觉 | 感知环境中物体的形状、质地、肌理、温度和压力等信息 | 通过触摸冰冷的金属来感知它的温度;通过触摸某些物体的形状来感知用途和功能等 |

2. 认知转译环境刺激

认知是人类通过感知、思考、记忆、理解和判断等过程,对外部环境进行处理和解释的能力。它是人类与环境交互的重要方式,也是人类获取知识和经验的基础。在认知过程中,人类通过感知外部环

---

① 关于如何迅速识别、筛选和整合信息,参见 https://sspai.com/post/85625#!。

境的刺激,将这些刺激转化为内部的神经信号,通过大脑对这些信号进行处理和解释,最终形成对环境的认知和理解。

认知和感知是理解和解读环境刺激的两个重要过程,它们之间没有相互连通,而是相互影响和交织在一起。感知是对环境刺激的直接反应。感知信息会被我们的大脑接收并转化为神经信号。这些神经信号会被送入我们的认知系统进行处理。在这个过程中,大脑会利用我们的知识、经验和思维方式来解读这些信号,形成对环境的理解和评价。感知和认知是一个连续的过程,没有明显的界限。感知信息会影响我们的认知过程,而认知框架也会影响我们的认知过程。

3. 认知的四个方面

人类的认知过程受到许多因素的影响,其中包括认识性、情感性、解释性和判断性四个方面,它们共同影响着对环境的感知和适应。认识是认知过程的基础,我们通过感官获取信息,然后对这些信息进行思考和组织,以便更好地理解和适应环境。认识性的重要性在于它是认知过程的基础,它为思考和行为提供了必要的信息和基础。认知心理学中也普遍认为认知过程是复杂的,受到多种因素的交互影响,比如认识性、情感性、解释性和判断性四个方面对认知的影响[1]。

认识性思考帮助理解和分析信息,更好地应对环境中的挑战和问题。思考可以帮助发现问题的本质和解决方案,预测未来的情况和趋势,使信息更好地被理解和记忆,建立知识结构和模型。保留信息可以回顾和应用以前的经验和知识,建立记忆和经验库,更好地应

---

[1] 皮亚杰.发生认识论原理[M].王宪钿,译.北京:商务印书馆,1981.

对未来的情况和挑战。理解环境识别和利用环境中的机会和资源，为我们的思考和行为提供必要的信息和基础。

情感性影响对环境的感知和适应，会影响我们的思考和行为。情绪会影响我们对环境的感知和理解，以及对环境中的事物和事件的评价和反应。当处于愉悦的情绪状态时，可能会更加积极地对待环境中的事物和事件，而当处于沮丧或焦虑的情绪状态时，可能会更加消极地对待环境中的事物和事件。对环境的认知也会影响情绪。环境中的事物和事件可能触发我们的情绪反应，从而影响我们的情绪状态。当看到美丽的景色时，我们会感到愉悦和放松，而当遇到危险或挑战时，我们会感到紧张和焦虑。

解释性会帮助人们建立知识结构和模型。记忆和经验有助于对新的刺激进行比较和理解，以便使人更好地适应和应对环境。当遇到一个新的事物或事件时，通过比较它与已有的记忆和经验，可以建立起知识结构和模型，了解新刺激的含义和作用。因此记忆、经验是与新刺激进行比较的出发点。

判断性可以识别和利用环境中的机会和资源。价值和喜好影响着对环境中事物和事件的重视程度和评价标准，从而会影响行为和决策。当重视环境保护和可持续发展时，人们可能会更加倾向于对环境中的事物和事件产生积极的评价和判断。

4. 认知的相关因素

认知能力受诸多因素影响，其中包括了年龄阶段、性别以及种族等个体因素，也受到生活方式和需求的影响。个人所处的物质、社会和文化环境也会对认知能力产生影响，社会相似性、过往经验以及大多数人群的认同的意向等也都是影响认知能力的因素。

环境刺激的直接反应会形成感知信息，这会被大脑接收并转化为神经信号。记忆是保存和回忆过去经验的能力。通过回忆起过去的事件和经验，我们可以学习和掌握新的知识和技能。思维是我们对感知信息进行处理和解读的过程。大脑会利用我们的知识、经验和思维方式来解读这些信号，形成对环境的理解和评价。想象力是创造和预想新的想法和情境的能力。通过想象超越现实的限制，我们可以探索新的可能性和创新的解决方案。

表3-13　个人所处的物质、社会、文化环境

| 类　型 | 具　体　内　容 |
| --- | --- |
| 物质环境 | 物质环境会影响个体的感知、认知、评价和反应。人类感官对不同的物理刺激会产生不同的反应，从而对环境进行感知和认知。人类在与环境交互的过程中会产生不断地学习和行为相应的变化，形成某种规律 |
| 社会环境 | 个体所处的社会关系和社会文化环境，包括个人所处的文化背景、家庭教育、社会交往等，影响着个体的思维方式、价值观念和行为习惯等，进而会影响个体对环境的认知和理解。其中文化和价值观会影响人们对环境的审美观念和审美标准 |
| 文化环境 | 文化环境包括语言、宗教、习俗、传统等，文化环境影响个体的价值观、信仰和认知方式等方面。传统文化会影响人们对环境的认知，传统文化会影响人们对环境的历史和文化背景的理解，从而影响到环境艺术设计的创作和接受 |

表3-14　社会相似性、过往经验、大多数人群认同的意向

| 因　素 | 具　体　内　容 |
| --- | --- |
| 社会相似性 | 社会相似性是个体与周围社会环境的相似程度，以及人们在社会上的相似程度，包括文化、价值观、生活方式等方面的相似性。社会相似性影响着个体的社会认知和行为动机等方面。社会相似性较高可以提高认知效率、增强情感共鸣、增加认同感和增强文化传承效果 |

续 表

| 因 素 | 具 体 内 容 |
| --- | --- |
| 过往经验 | 过往体验是个体在过去的经历和经验,为一个人生活和学习过程中所积累的一切经验、知识、技能以及既往的感受和记忆。它会影响个体的情感状态、认知方式和行为动机等,从而影响个体对环境的认知、感知、评价和反应。个体通过对过往经验的储存和整合,从中提取出某种规律和共性特征,形成认知模式和心理模型,并在新的情境中加以运用。个体的过往经验也会影响其对环境中的物体和事物的评价和感知。如果某个物体或事物带给个体过去积极的体验或回忆,个体会对该物体或事物产生正面的评价和感受;反之亦然 |
| 大多数人群认同的意向 | 大多数人群认同的意向可以影响个体的社会认知和行为动机等。大多数人群认同的意向并不总是正确的或最优的。在某些情况下,大多数人群的意向可能会导致错误的决策或行为。在认知过程中,需要注意大多数人群认同的意向,并进行适当的批判性思考和判断 |

### (三) 人文环境意向

人文环境是一种意向性的精神构建环境,其意义是人们在与环境交互的过程中,表达出对于环境的态度和情感倾向的心理状态并且由"个性、结构和意蕴"三部分组成。[①] 首先必须具备的是事物的独特个性,也就是和其周边事物的可区分性以及作为独立个体的可辨识度;其次,环境与观察者之间存在着一定的关联;最后,这个事物一定要对观察者具有实用价值或者情感上的意涵。人文环境是一个物理空间的存在,更是一个精神层面的构建,是由人们对环境的认知和期望所构建的一种心理和情感感受。环境意向也是人们对环境的主观看法和态度倾向,是人们与环境进行交互时产生的一种心理状态。

人文环境意向是一种理解和解读环境的方式,它强调环境不仅

---

① 凯文·林奇.城市意向[M].方益萍,何晓军,译.北京:华夏出版社,2017.

仅是物理的存在,而是一种精神构建。对环境的理解和体验并不仅仅基于我们的感官感知,而是通过我们的思维、情感和价值观对感知信息进行解读并赋予意义。一个公园不仅仅是一片绿地,它可能代表着和谐、宁静或者自由。一个城市不仅仅是一堆建筑物,它可能代表着历史、文化或者现代化。这些都是我们对环境的意向性理解,是我们的大脑对外部环境总结出的图像,是现在感知与以往经验记忆的共同产物。环境意向的理解强调了我们对环境的主观体验和解读,强调了我们的思维、情感和价值观在环境认知中的作用。

1. 个人意向

意向是个人经验和价值观解释环境刺激因素的结果。意向可以被理解为人的意愿、动机或倾向。个人经验和价值观是指个人所积累的生活经验、信仰、价值观念、文化背景等因素,这些因素可以影响人对环境刺激的感知和解释。环境刺激因素包括周围的事物、人和事件,这些因素会引起人的反应和思考。一个人的意向是由这些因素共同作用的结果。例如,在购物时,一个人可能会因为一件衣服的款式、品牌或价格等而产生购买的意向,这些决定因素来自个人的经验和对这些因素的价值观解释,同时也受到环境刺激因素的影响。个人的行为意向是由多种因素共同作用所决定的,包括个人的经验、价值观和环境刺激因素的影响,这些因素互相交织,共同决定了一个人的行为和思考方式。

2. 环境意向

环境意向是一个双向的过程,环境不仅会对人产生影响,而且人也会对环境产生影响。这种相互影响的过程通常表现为:一方面,环境通过其特征和属性对人的情感和行为产生影响;另一方面,人对环境进行选择、组织、加工和解释,赋予其意义和价值。环境表达通常是环境感知和表达特征、属性和信息的过程。环境表达往往与关注用户需求密切相关,以便有效地传递环境信息并达到预期的效果和感受。环境表达包括环境的声音、视觉、色彩和质感等感知特征,还包括环境传递的文化、历史、情感和知识等信息。区别和联系环境的不同表达,可以提高人对环境的认知和表达的准确性,优化环境意向的建构和实现,达到提升环境品质和提高人类生活质量的目的。观察者在环境中进行感知、认知和理解的过程中,会从中选择、组织和赋予所见意义。观察者根据其个人的生理、认知以及文化等方面的特征,选择并关注某些特定的环境元素,进而把这些元素组织起来并赋予意义和价值。考虑环境和观察者之间的互动和反馈,加强环境表达特征和信息的传递和沟通,可以实现有效的环境意向的建构和实现。

若进行反向性思考,在空间场景中可以制造出非常规性认知中所形成的反差效果。这会让人感觉到更为新奇。认知的矛盾能产生意想不到的效果。对有形物体的认知对于观察者而言,可能会唤起强烈的意向的特征。凯文·林奇认为有效的环境意向需要三个特征:个性、结构和意义。[①] 个性指物体与其他事物的区别,作为一个独立的实体,结构指物体与观察者以及其他物体的空间关联,意义指物体对于现实观察者的意义。这五个形态,即路径、边界、区域、节点、地标等各个要素共同形成环境空间的整体意向,而各要素是相互关联的。它能够影响人的情感和行为,构建起人与环境之间相互联系的桥梁。有效的环境意象使人感受到更好的体验和品质。由此概念才使得在环境设计中,我们需要针对不同的空间使用和场景来构

---

① 凯文·林奇.城市意向[M].方益萍,何晓军,译.北京:华夏出版社,2017.

建有效的环境意象,以增强人们的感知和体验。

3. 环境偏好框架

环境偏好框架是人们对环境特定组成部分的感知和评价,有助于理解人们选择特定的环境的原因和偏好。这个框架包括四个主要特性:一致性、可识别性、复杂性和神秘性。

表3-15 环境偏好框架的四个主要特性

| 部分 | 特 性 解 析 |
| --- | --- |
| 一致性 | 一致性是环境元素易于被组织或构建的特质。一个具有一致性的环境更容易被人们接受,因为与人的认知和期望相符合 |
| 可识别性 | 可识别性是环境易被认知的特质,较容易被识别,不易迷失。环境中的物理特征和布局可以让人迅速地意识到其所在的地方。一个具有可识别性的环境更容易引导人们在空间中移动,让人们在不同的区域中进行不同的活动 |
| 复杂性 | 复杂性是环境具有丰富内涵,不同的物理元素在不同的层次上相互影响的特质。一个具有复杂性的环境更能引起人们的兴趣。复杂性也可以被认为是通过长时间接触之后,对于人们对环境的选择和偏好的反应 |
| 神秘性 | 神秘性是环境隐含一定数量的特质和信息,如果进一步探索可以揭示新的信息的特质。一个具有神秘性的环境会引发人们的好奇心和探索欲。长远的可识别性和神秘性将有助于人们进行进一步探索和发现新的信息或体验 |

一致性、可识别性和神秘性作为环境的信息元素,有助于人们对特殊的物理环境的偏好。环境的一致性与复杂性有助于获得客观的评价。长远的可识别性和神秘性有助于进一步的探索。若将这些特性结合在环境设计中,一致性、可识别性、复杂性和神秘性这四个环境偏好框架的结合,有助于理解人们的环境需求和偏好,并识别出所

设计环境的不同元素之间的关系以及如何把这些元素整合起来以达到所期望的目的。

4. 环境的意义和象征

环境是物理的空间或环境元素,也是符号、意义和价值的集合。在符号学中,研究所有的文化现象,并将它们看作符号的系统。符号被解释和理解为社会功能、文化和意识形态。在这个框架下,创造意义的过程被称作表意。

象征符号是环境社会与文化系统建立的,不具备与物体直接相似的特征。符号学中的意义分为两个层级:第一级是外延的符号,即事物的首要功能或者可能的功能;第二级是内涵的次要功能,即象征的功能。结构或者基本元素具有第二级的内在的意义,更多的是体现着不同的象征功能或者意义。要理解环境空间的意义,人们需要理解这些意义是如何随着时间和文化的变化而不断变化的,以及如何在不同的观众、设计师和管理者间产生差异的。

环境空间的意义是在不同的人和不同的文化与社会背景下产生的。因此,不同的人会对同一个环境空间有不同的理解和感受,并赋予其不同的意义。对于不同的人,相同的环境空间对他们有着不同的意义。环境空间的意义是随着时间和社会环境不断变化的。随着社会的进步和不断变革,人们的价值观和审美标准也发生了很大的变化,环境的意义必定会受到历史、文化、社会和时代等因素的影响,环境的象征性也需要适应不断变化的社会背景来进行改变。

建成环境的许多社会意义都取决于观众和建成环境的开发商、设计师和管理者等,他们持有不同的概念和价值观。在不同的认知条件下,相同的社会和文化传统的解释也会产生更大的灵活性。建成环境的意义会随着社会价值观、经济组织模式和生活方式的变化而改变,以适应社会、经济组织模式和生活方式改变等变化中的社会需要。

环境的象征性受到权力和资本的影响。在权力方面,通过敬畏和仰慕策略来影响公众,以表现维持主导权力系统的方式。敬畏策略是基于用权力的庄严影响公众,而仰慕策略则是用壮观的设计感染力来取悦公众。无论是从社会早期发展的部落、宗氏,到封建社会的王权、贵族,再到工业社会的资本、寡头及垄断公司,都是借助某个可以凝聚情感的实体为某种意识形态或权力体系提供理由的。这就是表现维持主导权力系统的方式。而且权力的表现形式具有隐蔽性,且权力的表现形式瞬息万变,这些变化性和具有弹性的方式会影响最终在观众面前所表现的效果。

**(四)人文环境意义的构建**

1. 赋予场所感

场所感是指人们能够超越场所的物质或感官属性,通过感知和认知的共同作用,体验场所所赋予的精神。这种感觉并不完全源自场所本身的物理和感官属性,而是建立在人和场所之间的情感和心理联系之上。场所精神是场所所具有的一种固有的、易于识别和感知的精神内核。这种内核通常是由场所的历史、地理、文化和社会背景等因素构成的,它能在时间和空间的变化中保持一贯性。无论场所面临怎样的变革,其精神内核通常都会留存并延续下来。"场所感"及"场所精神"的相关理论,最初主要由挪威建筑师诺伯特·舒尔茨(Norbert Schulz)在其著作《场所精神——迈向建筑现象学》中进行系统的论述。场所感则是人们能够超越场所的物质或感官属性,真正体验事物并感受到场所赋予的精神,它不完全源自场所本身的物理和感官属性，而是建立在人和场所之间的情感和心理联系之上。[1]

在场所精神的发展过程中，物理特性和物质性能对于表达和体现社会和公共的记忆，以及时代变迁的轨迹具有重要意义。一个历史悠久的建筑，具有独特的建筑风格和文化价值，可以激发人们的情感共鸣，传递历史和文化的信息，并帮助人们了解和认识这个场所的意象和特性。场所的物理特性和物质性能可以反映时代变迁的状态，包括经济、政治、文化和社会变化等。这些变化也为场所的精神内核的形成和发展提供了动力和支撑。场所的精神内核是一个极具价值的资源，要通过建筑和环境设计来加以保护和体现，从而帮助人们更好地理解和感受场所。在场所设计时，应注重其物理特性和物质性能，并通过合适的设计手段，传达场所的意向和特性，发挥场所的历史、文化和社会价值，将场所变成一个能够吸引人们、激发人们情感和灵感的场所，从而让人们能够真正地感受到场所所赋予的精神。

2. 具有场所意义

自20世纪70年代以来，场所感逐渐成为人们广泛关注的话题。在胡塞尔的意向观现象学中，场所被描述和理解为人类意识接受信息并反馈世界的经验。场所意义的根源在于其形态、背景和活动，场所的意义和价值是由其外在的形态特征、历史文化背景以及在场所内发生的活动所共同决定的。形态特征包括建筑、景观、道路、区域划分等方面，历史文化背景涉及场所的历史、文化、社会和政治背景，活动则是场所内各种社交、文化、娱乐和日常生活等方面的活动。形

---

[1] 诺伯特·舒尔茨.场所精神——迈向建筑现象学[M].施植明,译.武汉：华中科技大学出版社,2010.

态特征和历史文化背景传达着场所的文化内涵和历史沉淀,与之相关的活动体现着场所的社会功能和文化价值。一座古老的城市广场的形态和历史文化背景传达着其文化内涵和历史价值,与之相关的活动如市集、文化展览等则体现了其社交和文化功能。这些构成了场所的意向和经验。场所还表现出一种植根感,即对于场所的一般无意识感知。

要理解场所,需要考虑植根感和对特定场地的联系或特定的有意识感知。人们需要归属感和身份感与一个特定的区域或团体相联。场地提供了一个共同经验和时间联系的支撑点,使人们能够真正地感知和理解这个地方的意义。对于场所感的认知可以帮助我们更好地理解我们生活中所处的环境,并从中获得归属感和身份感。

3. 环境(人文)中的要素：物质、活动、意义的关系

人文环境中的物质、活动和意义三者之间有着密切的关系。物质是环境中的基础要素,它为人类提供了生存和发展的物质条件。活动是人类在环境中进行的各种行为,能够改变环境,创造新的价值。意义是人类对环境中物质和活动的理解和评价,它决定了人类对环境的态度和行为。

物质、活动和意义三者之间相互影响、相互制约。物质为活动提供了条件,活动改变了物质,创造了新的价值。意义决定了人类对物质和活动的态度和行为,促进了人类与环境的和谐发展。在一个健康、可持续的环境中,物质、活动和意义三者之间应该保持平衡,相互促进,共同发展。在进行艺术设计时,需要综合考虑这三个要素,以达到最佳的艺术效果和人文价值。

物质属性是物质所具有的固有特征,它决定了物质的性质和行

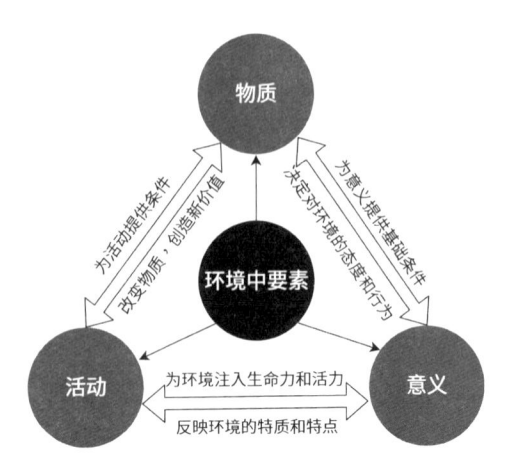

图 3-8　环境(人文)三要素结构图

为。物质属性包括物理属性和化学属性两大类。物理属性是物质在不发生化学变化的情况下所表现出来的性质[1]，如颜色、形状、硬度、密度、熔点、沸点等。在环境中，物质作为环境中最基本的要素，具有多重属性。物质属性直接影响到环境的形态和空间感，同时也为活动和意义的发生提供了基础条件。其中包括尺度、密度、渗透度、标志物、空间的建设比、空间的适应性、幅度等。同时也包括竖向结构中大小构造形成的整个空间体系。

表 3-16　环境赋予场所感的四种思路

| 思　路 | 内　容　解　析 |
| --- | --- |
| 提升空间体验 | 设计能创造出具有独特氛围的空间，使人们在参与活动过程中，对场所萌生出归属感或认同感。这种体验不仅仅在于物理环境，也在于人的情感和记忆 |

---

[1] 牟涛涛,骆磊,汪兵.检测混合物的方法、装置、存储介质及电子设备 CN108918426A[P].[2024-06-26].

续 表

| 思 路 | 内 容 解 析 |
| --- | --- |
| 文化的传承 | 建筑空间设计需要充分结合城市空间，实现城市、人与建筑的和谐统一。建筑与地域文化结合的形式多种多样，或立足于当地自然环境，或根据人文特色、历史文化，或参考当地建筑设计并运用地方文化元素等方式 |
| 城市空间的呼应 | 城市是现代人主要居住的环境之一，也是最常见的人居场所。而建筑是对城市空间进行界定的主要因素。在城市中，建筑对于城市空间的回应是场所精神的重要展现 |
| 功能性场所空间的营造 | 构建由公共空间、交通、基础设施等主要元素构成的主要框架，依照结构与开发强度安排商业中心、行政中心等城市区域，更彰显了基于系统、组团、单元的场所营造层级，由此串联起城市场所，形成富有活力的城市公共空间，承载丰富多彩的城市生活，最终达成城市形式、活动与意象的融合 |

活动是环境中最具有生命力的要素，活动在一定程度上为环境注入了生命力和活力，使其更加具有吸引力。活动的性质和特点反映了环境的特质和特点，对环境的形象和实际变化产生了重要影响。以人作为主体的活动包括：当地人口的活力、人群的多样性、街道生活、人群观看、文化展览、当地传统事件、开放时间、流线、焦点目标等。这些活动都反映了环境中的动态和活跃程度，从而影响了人们的感受和体验，组成多样化的公共空间和社交场所，有助于促进人群的交流和互动，为环境增添文化、历史和生活的气息，更好地让人们理解和体验环境。活动作为环境形象塑造和实际变化的一种重要手段，甚至可以作为场所差异化并创造竞争性优势的途径，以及刺激更多根本性经济变化的途径。

4. 人文环境建构面临的挑战

在环境构建中需要避免一些问题，以确保环境的差异性、特色性,同时保持地域文化的内在意义。

一是全球化导致的环境同质化和传统遗失的趋势。为了弥补这种趋势,需要采取两种态度:首先是汇聚,即环境要达到标准化生产的一致性;其次是发散,不同的元素要保持文化和环境特性的差异性。这就要求我们在环境构建中,要保证环境的差异性和特色性,展现个性,同时强调保持地域文化的内在意义,从而构建环境真正的内在意义,使之与地域文化保持一致。

二是大众文化的问题。随着全球化的发展,大规模生产、交易和消费的过程使得文化环境趋向同质化,出现标准化评价,甚至对地方文化进行凌驾、驱逐或毁灭。因此在环境构建中,需要注重保持地方文化的特色,防止其被大众文化同化。

三是周边环境的迷失。由于人们对环境失去了归属感,他们往往不再关注身边的环境,这在互联网时代表现得尤为明显。人们通过网络获取信息、接触不同的人群、沟通和消费商品,而忽略了周边的环境。这些行为导致人们失去了对周边环境的认同感和关心,因此在环境构建中,需要注重营造环境的归属感,让人们更加关注和认同周边的环境。

四是需要尊重不同的文化、信仰和价值观,避免出现偏见和歧视;考虑环境的可持续性和生态平衡,避免过度开发和破坏环境;考虑社会公正和平等,避免出现社会不公和贫富差距过大的情况;考虑不同文化之间的差异和冲突,避免出现文化冲突和文化侵略;考虑技术的可持续性和适应性,避免过度依赖技术和忽视人文因素等。

5. 人文环境空间内的复合业态

复合业态是在同一区域内,结合不同类型的商业或服务业态组成的业态形态，以满足人们多样化的需求。业态之间可以相互协作、互相补充，形成服务综合体，提供完整的商业和服务资源。原本单一的业态正在逐渐转化为满足不同人群和不同需求的复合业态。这种复合业态的形成源于人们对环境空间的需求和不断追求，环境空间需要满足不同人群的需求，同时也需要与不同的变量相匹配，形成功能复合性的环境空间，从而提高环境的韧性和热度。这种复合业态的存在吸引着不同类型的人群，从而使环境空间更有活力和吸引力。

在进行环境构建时，需要充分认识区域内的现有条件，包括人口、产业、自然环境等要素。需要根据这些要素选取适当的尺度并在环境空间中加以运用，并非规模越大所产生的效益就越好，而是要积极利用环境空间的优势，调动内部积极因素，选择最为适当的方式构建适宜的环境空间。这样才能在满足人们需求的同时，提高环境空间的利用效益。

环境构建需要充分考虑规模的因素，选取适当的尺度在环境空间中加以运用，并确保规模与环境空间的品质、品位和质感相符，构建具有亲近感和温度的环境空间。这样才能实现环境空间的优化和可持续发展。

6. 人文环境建构中的艺术介入

艺术介入是通过艺术手段和手法来介入环境空间，对环境空间进行改造和设计，来达到艺术美化、文化丰富等效果的一种策略和手段。艺术介入为城市和社区营造出独特的艺术氛围，因此应增加艺术元素的注入，并促进城市和社区文化艺术的发展。在艺术与人文环境的设计中，艺术介入通常涉及景观设计、城市雕塑、街头艺术等方面。艺术介入的优势在于，艺术家和设计师借助自身专业能力来设计出居住和生产空间中的艺术嵌入物，对环境进行艺术性改造，从而实现环境艺术化和文化丰富化。艺术介入将环境空间转化为艺术性和创意性的场所，提高人们的艺术接受能力，为城市和社区的经济发展注入新的活力。艺术介入的成功需要有专业的技术和思维，需要将城市建设和艺术设计有机地结合起来，达到艺术与环境的完美共振。

艺术介入为环境注入了更多的文化内涵和艺术价值，提升了环境的美感和吸引力。艺术介入有利于促进环境的创新和差异化发展，以艺术介入为环境注入更多的创新元素和个性化特色，可以使其与其他环境区别开来，提升其竞争力和吸引力。同时，艺术作品为环境注入更多的人文关怀和情感共鸣，使其更加贴近人们的生活和情感需求，促进人们对环境的认知和理解。充分发掘不同特点和差异化的创造力、市场需求和艺术积累，在同一地区实现艺术与人文环境的多样性，充分满足不同群体的需求和期望，同时保证其经济的可持续性和发展潜力。

7. 虚幻与真实

虚幻与真实是人文环境构建的重要方法。虚幻意味着不真实的、构建有面具的环境改造，不符合真实场景的特征。如果专注于这种虚幻场景，就会排斥真实场景，并最终影响到真正体验的质量。因此，在环境构建的过程中，需要非常注重真实场景的构建，真实场景允许并促进双向的互动体验，吸引人们的知识和情感的参与，并为之提供回报。这种真实性通过深度和艺术来表达，真正的场所一定是充满魅力的，而不是浅层次的或表面的美丽。只有真正的环境空间才能够发现真相，与人们建立或加强关系，在人们的意识中留下深刻印象。我们应把握虚幻和真实之间的平衡点，打造一个既有趣又真实的环境。沉浸式体验在虚实之间相互转换,因此需要设计师把握好每个细节,将其构建得具有艺术性,同时要考虑到真实性。在实施环境构建的过程中,真实场景会为对参与者产生积极影响这一点提供保障,通过真实场景的设计,参与者能够充分地体验,感受到其中的美好,从而产生更多正面的情感体验。

环境认知是指由处于环境中间的个体使用者通过自身的感知器官所接收的信息来判断所处环境,并从中赋予其意义。环境的构建并不仅仅是通过客观存在的物理因素所形成的,更多的是从人的主观感受出发,为客观存在的物理因素赋予意义的过程。

在构建环境过程中,人们往往会采用一系列的技巧和策略,以及虚构和再虚构的手段来获得所谓的"真实"场景,《现实的社会建构》提到了社会现实是如何通过人类的互动和意义建构而形成的,它强调了人们对现实的理解和解释是主观的,并且受到社会和文化背景的影响[1],但真实的环境构建却是人们自己创造的。当信息被发出时,它也同样会被不同的人接收,并重新加以阐释和赋予意义。《现象学社会学》[2]强调了个体对世界的主观体验和理解,认为人们是通过日常生活中的经验和感知来构建对现实的认识的。因此,真实与否并不应该是一种二元判断的结果,而应该是由个体使用者来决定所处环境的真实性、质量以及从中获得的体验意义。

在人文环境认知中,认知维度的价值在于强调了人的主观感受和其如何从环境中抽离出意义的过程。在这个过程中,个体使用者

---

[1] 彼得·伯格,托马斯·卢克曼.现实的社会建构[M].吴肃然,译.北京:北京大学出版社,2019.
[2] 哈维·弗格森.现象学社会学[M].刘聪慧,郭之天,张琦,译.北京:北京大学出版社,2010.

会通过自身的感知器官来接收信息,并将其与所处环境进行联系,从而赋予环境意义,理解和认识环境的过程也就随之展开。对于环境认知,我们需要意识到人们的主观感受和其抽离意义的过程在其中的重要性。虽然在构建过程中可能会采用相应的技巧和策略,但那并不代表所构建出来的环境就一定是真实的或是符合客观存在的物理因素的。反之,我们需要从多维思考的角度出发,理解其对环境的主观感受和个人体验的价值,并加以充分的尊重和重视,这样才能更好地推动环境的可持续发展并建立更加良好的人与环境的关系。

## 二、社会维度

从设计的角度来看,社会维度是将社会因素纳入考虑的一个维度。除了关注产品或服务的功能、性能、美观等技术维度,还需要考虑产品或服务与社会环境的互动关系,以及产品或服务对社会的影响。在可持续性发展前提下,设计应注意对环境和资源的影响;满足不同社会群体的需求;并考虑到人与人之间的相关联性。

### (一) 人与社会环境

人们生活在不同的环境中,环境条件会塑造他们的思维方式、价值观和行为模式。环境因素包括物理环境(如气候、地理位置、建筑环境)、社会环境(如家庭、社交关系、文化背景)和文化环境(如价值观、宗教信仰、教育水平)。人们在相应的环境中会形成适应性的行为模式,受到环境的刺激和影响。了解环境对人的行为的影响,有助于我们更好地理解和设计,以促进积极良好的行为习惯和社会互动,培养良好的社交关系并塑造积极的文化环境,为人们提供更有利于健康发展和幸福生活的环境条件。这对个人的成长、社区的和谐以及社会的进步都具有重要意义。

表 3-17　环境影响人的行为

| 类　型 | 影　响　条　件 | 运　用　场　景 |
|---|---|---|
| 环境构成影响聚居的形式 | 不同的环境构成不同的社区和小区类型,包括城市、郊区和乡村等。不同的社区和小区类型又有着不同的聚居形式和特点 | 在城市规划中,需要结合当地的经济、社会和历史背景,设计出最适合当地居民的住宅开发模式 |
| 物质环境促进和阻碍人类活动 | 环境的设计直接影响到人类活动的进行。不同的环境对人类活动会产生不同的影响 | 一个狭窄的过道可能会阻碍人类的交流和互动,而一个宽敞的空间可以促进人类创造力和灵感的发挥。对于公共场所的设计,需要考虑到人类活动的特点和需求,为人们提供舒适便捷的体验 |
| 改变环境元素进行行为调节 | 环境的设计可以通过改变环境元素来调节人类行为 | 在商场中,音乐、光线等因素可以调节人们的行为。有研究表明,音乐可以促进购物者在商场停留的时间和增加消费金额。在商场的设计中,可以利用音乐来调节消费者的行为和情绪 |
| 环境促进或抑制社会行为的发展 | 环境的设计也可以促进或抑制各种社会行为的发展 | 在学校中,教室的设计促进了学生之间的互动和合作。同时,学校的空气质量、噪声水平等因素也会对学生的学习和行为产生影响 |

不同的社会背景和文化传统会影响人们在特定环境下的选择。环境为人类提供了生存和发展所需的物质和能量,包括空气、水、土地、矿产、森林、草原、野生动植物等。同时,环境的变化,如气候变化、地质变化等,也会对人类的生活和活动产生影响。人类的活动会改变环境,包括利用自然资源、排放废弃物等。这些活动可能会导致资源短缺、生态破坏、环境污染等问题。因此,人类需要合理利用环境资源,减少对环境的破坏,以实现人与自然的和谐共生。

表 3-18 人与环境影响

| 因　素 | 影　响 | 实 际 表 现 |
| --- | --- | --- |
| 公共社会因素影响 | 在环境设计中,考虑到人与社会环境这一维度,需要深入了解社会因素对环境设计的影响 | 在医院的环境设计中,需要考虑到患者的需求和习惯。由于患者在医院中需要长时间休息和恢复,因此需要提供舒适、安全、私密的空间。由于医院中的人员数量众多,需要进行合理的布局和规划,以便医护人员快速有效地完成工作 |
| 文化传统因素影响 | 文化传统也会影响环境设计。不同的文化传统有着不同的审美观念和价值观,这些价值观也在一定程度上塑造了人们对环境的认识和态度 | 在园林设计中,要注重自然风景和意境的体现,强调山水合一、太极阴阳等哲学思想。因此,在园林设计中,需要考虑到中国文化传统,采用符合中国文化特色的设计理念和元素 |
| 社区参与因素影响 | 社区参与是环境设计中非常重要的一环。社区居民可以提出自己的需求和想法,为环境设计提供宝贵的参考和建议 | 社区居民可以就公共设施、交通状况等问题进行反馈和建议,帮助政府制订更加符合当地实际情况的规划方案。同时,社区参与还会促进社区居民之间的沟通和互动。通过社区活动等形式,居民可以相互了解和支持,增强社区凝聚力和归属感 |

在环境设计中,要全面考虑到不同的社会、文化和自然环境背景,创造出最适合人们需求的环境。人与环境的关系并不是环境绝对论中所提出的物质环境对人类行为的影响是决定性的,该关系是一个双向的过程。人影响环境的改变,正如环境影响和改变人一样。社会进程的发生既不是在真空环境下,也不是在中立的背景下。建造环境既是社会进程和改变的媒介,也是一种结果。人在具体环境中所做的抉择部分取决于人的个人境遇和特点,包括自我性格、目标和价值观、可获得的资源、过去的经验,以及所处的人生阶段等。虽

然人的价值观、人生观和追求是复杂的和个性的。[①] 人的需求通常是符合马斯洛需求论的。从下至上分别为生理需求、安全需求、归属需求、受尊重的需求、自我实现的需求。社会也会影响到人们在任何特定环境下的选择。社会可以被理解为任何能够自我延续并占据了有相对界限的地域的人类群体。他们以一种系统化的方式进行互动，并且拥有自己的文化和制度。

## （二）个人与集体环境

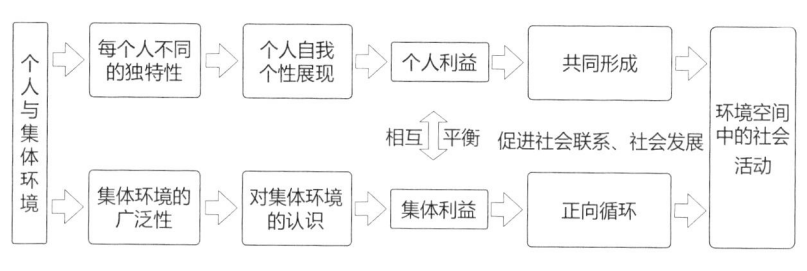

图 3-9　个人与集体环境结构图

### 1. 个人自我个性展现

每个人都是独一无二的，具有自己独特的想法、兴趣爱好和审美观念。设计需要考虑到这些因素，为个人提供展示自我个性的空间。一个成功的环境设计应该能够充分尊重个人的个性，并为个人提供多样化的展示方式。这需要考虑到个性展现和公共利益之间的平衡，但在为个人提供更多自由发挥的同时需要遵守公共场所的行为准则。

环境空间中在可控范围内需要有个人个性的展现，这是因为个人个性的展现是环境中最为特殊的变量，能够为整个环境提供不一样的活动因子，是能给整个环境制造新奇、创意、特色的主要因素。

---

[①] 崔烁. 失落与再造：城市空间活力的建构[J]. 学术探索, 2019(9): 6.

同时，个人制造自由的氛围所获得的乐趣，会以特殊的方式带来奇特的现象。个性展现也可以让自己了解自己。个性展现是在公共空间中获得自由的过程。行动自由必然是一种负责任的自由。按照个人的意愿，以自己希望使用场所的方式进行活动，但同时承认公共空间是一个共享空间。

2. 对集体环境的认识

集体环境在各个领域都受到广泛的关注，不同学科的研究者关注着不同的方面。地理学家关注公共空间的场所感和无场所，人类学家关注历史性环境和场所的主观价值，法律学者关注公共场所中的通达和管理。[①]

集体环境是由地域文化中长期沉淀的共同认知而形成的，其内部形成的要素包括集体环境意识的领导者、传播者、约束者、精神图腾以及维护和更新。在实际环境设计中，我们需要充分考虑到集体环境的认知和内部规则，并尊重其基本要求。在公共场所的设计中，需要遵循道德、伦理、法律和行为准则等方面的规定，为集体环境的营造做出贡献。

社会维度主要是考虑人在环境中的相互关系，集体意识是社会维度中的重要内容。而集体意识是由地域文化中长期沉淀的共同认知而形成的。集体环境的认识有时候是显性，有时候是隐性。隐性表达过程中更多是在无意识状态之下所呈现的思想状态，而这种思想状态往往也是指导人行为方式的重要准则。显性的表达更多是通过常识的、规范的、明确的法规来指引。集体环境主要来自内部共识的积累所形成的外部物化条件，也包括从众效应所起到的推动作用。

---

① 陈淑娟.城市公共空间设计导则初探[J].艺术科技，2016(7)：3.

内部形成的要素包括：集体环境意识的领导者、集体环境意识的传播者、集体环境意识的约束者、集体环境意识的精神图腾、集体环境意识的维护者和更新者。

3. 个人与集体利益平衡

公共空间必然会涉及平衡集体和个人利益以及平衡自由和控制。在环境设计中，需要考虑到这些因素，在为个人提供展示自我个性的空间的同时，保障公共空间的使用质量和秩序。

在平衡个人自由和公共规则之间的关系时，也需要考虑到不同群体的需求差异。在设计中需要考虑到可持续性、环境友好等方面的要素，要求在该空间内具有关于哪些是可以接受的和哪些是不可以接受的规则。其中包括：如何区别有害行为和无害行为，以及对前者的控制和对后者的包容；如何在增加对自由使用一般性的同时又对可允许行为形成一种稳定的共识；在时空下如何把相互之间容忍较差的人群活动分开。[①] 人的行为往往通过礼貌和不礼貌来区分。礼貌是意识到并尊重其他人员对于公共空间的使用。礼貌是一种以社会距离和谨慎的形式表达的尊重，对适用于分享的事物和保持私密的事情之间区别的认可，对差异的容忍，而且也是对共享世界的认可和允许。

以纽约中央公园为例，中央公园在设计时充分考虑了个人自我个性展现和集体环境的统一。公园内设有多种场所，如草坪、湖泊、游乐场等，为人们提供了广阔的自由空间。同时，在公园中也设有严格的行为准则，禁止破坏花草树木等行为。为了保障公共安全，公园也经常进行巡逻和维护。中央公园还充分考虑到不同文化背景和价值观的差异，鼓励人们在展示自我个性的同时也注重公共规则的制

---

① 孙志建. 悖论性、议题张力与中国城市公共空间治理创新谱系[J]. 甘肃行政学院学报，2019(2)：14.

定和执行。在公园中设有专门的儿童游乐场,以满足不同年龄段人群的需求;此外,公园还定期举办各种活动和庆祝活动,以促进文化交流和融合。

4. 人文环境空间中的社会活动

环境空间中的社会活动类型包括用于展示自我观点、意志、思想的环境,用于社会互动、观点沟通的环境,以及用于信息交流、社会学习等多元化、混合发展的环境。在这些环境空间中,人们通过不同的方式来表达自己的想法和情感,与他人进行交流和互动,从中获得知识和经验,这需要充分考虑到这些社会活动类型的特点和需求。在设计用于展示自我观点、意志、思想的环境时,需要注重个性化和创意性,以满足人们对自我表达的需求。而在设计用于社会互动、观点沟通的环境时,则需要注重交流、互动和协作等方面的要素,以创造出一个促进社会联系和社会发展的环境空间。

在当前社会环境下,开放性活动所面临的挑战主要包括人们大量使用机动车,而很少以步行的方式在户外活动;互联网的发展使得人们将时间过多地用于网络视频、网络购物、网络交流沟通等方面,取代了传统与世界的连接,导致户外活动减少。这些挑战给环境公共空间的维护和建设带来了很大压力。没有处理好这些挑战,将会导致环境公共空间的衰退,形成恶性循环。因为人们越少使用公共空间,那么提供新空间和维护现有空间的动机就越来越少。随着维护和品质的下降,公共空间可能会更少被使用,进而使得衰退的循环进一步恶化。[①] 如果能够创造一个具有活力、有吸引力的环境空间,能够将人们吸引到环境中来,并能发挥每个个体的独特性、创造性,

---

① 崔烁.失落与再造:城市空间活力的建构[J].学术探索,2019(9):6.

就能使整个环境空间产生生机。由此形成群聚效应,使其成为大家的共同利益核心所在,共同维护、建造、使用环境公共空间。将外在建设的品质与内在使用能动性相结合形成正向循环,更有利于公共空间向好的方向发展。

### (三)环境空间的设计和构建

为了创造一个具有活力、有吸引力的环境空间,需要注重以下几个方面:

表3-19 环境空间的设计和构建

| 方面 | 具体内容 |
| --- | --- |
| 注重不同人群需求 | 需要考虑到不同的人群需求和特点,年龄、文化背景、价值观等,以满足不同人群的需求 |
| 注重可持续性 | 需要注重可持续性和环境友好,在设计时应该选择环保材料,减少能源消耗,降低碳排放量等,以满足当代社会对环境保护的要求 |
| 注重个性化 | 需要注重个性化和创意性,在设计中应该发挥个人创意和理念,创造出具有艺术价值和社会价值的作品 |
| 注重交流性 | 需要注重交流、互动和协作等方面的要素,在设计公共场所时需要考虑到不同人群之间的联系和互动,以促进社会发展 |

公众在环境空间中会自由选择和自发地行动。

表3-20 社会活动人群较为密集的区域

| 类型 | 功能作用 |
| --- | --- |
| 户外风景聚集地 | 现在较为流行的户外露营、房车旅行,大多数都是在自然资源丰富、交通较为便利、时间较为紧凑的环境空间进行 |

续　表

| 类　型 | 功　能　作　用 |
| --- | --- |
| 商业聚集地 | 是以新型商业模式或新物种在网络上广为传播在线下的体验商业体,也是网红打卡地 |
| 美食聚集地 | 传统美食和新型美食交织混合的集中区域,特别是既能够满足本地日常饮食需要,也能满足游客对本地美食文化的探寻和品尝 |
| 体育运动集中地 | 适合于不同阶段的人群,体育设施都具有强烈的吸引力。通过游戏娱乐的方式建立起联系,从陌生到熟悉。自然转换相互交流,形成社会活动的交往 |
| 文化聚集地 | 拥有历史文化价值,具备城市社会的功能。在重新塑造城市文化品位,创建当代文化品牌,拓展城市文脉的深度和广度,强化城市文化的生命力与发展动力等方面发挥着至关重要的作用 |
| 交通枢纽综合体 | 方便流动人口的聚集、疏散,以交通网线为核心竞争力,提高社交效率 |

在环境公共空间中,人们之间相互的活动必然会建立相互的联系,而这种联系的产生取决于多种因素。共同的地域、共同认知、相仿的年龄阶段、有趣的人、美好的事物、陌生环境中相同种族的人群、具有特定经济社会条件和熟悉关系的群体聚落等,都可以促进人们之间的交流和互动。需要考虑这些社会联系的因素,考虑人们之间的交流和互动,为人们提供交流和协作的空间和设施,以促进社会联系和社会发展。

1. 基于共同地域的空间邻近性

以共同的地域为基础的环境,是一个地理区域内的人们共享一个相同的空间。人们之间唯一的共同点就是他们都生活在同一个地理区域内,彼此之间在空间上相邻。这种邻近性为人们提供了一个便利的条件,使他们能够更容易地相互交流和互动。人们可以通过多种方式来建立联系。参加共同的地域活动是一种常见的方式。社区举办各种各样的活动,如节日庆祝、志愿者活动、社区运动等,通过参与这些活动来结识新朋友、增进相互了解。在活动中展示自己的才艺、分享自己的经验,从他人那里学习和获取新的知识。结交邻居朋友也是建立联系的重要途径之一。邻居之间生活在相同的地理区域内,他们通常会面临类似的问题和需求,通过与邻居互动,人们可以互相帮助、分享资源、交流意见。邻居之间的友好关系不仅有助于解决个人问题,还会增强社区的凝聚力,促进社区的和谐发展。以共同的地域为基础的环境为人们提供了相互交流和互动的机会,参加社区活动和结交邻居朋友都是建立联系的有效方式。这些活动增强了人们之间的联系,有助于促进社区的融合与和谐发展。

2. 基于共同认知的趋同性

拥有共同认知意味着人们对事物的看法和态度具有趋同性。当一群人对某个问题或现象有着相似的看法和理解时,他们就形成了一种共同认知。这种共同认知有助于促进人们之间的交流和合作,增强彼此之间的联系。共同认知的形成有多种途径,其中之一是共同的经验。当人们在相似的环境中生活或工作,经历相似的事件或情境时,他们会产生类似的认知。通过相互交流和分享经验,他们会加深彼此的认识,并形成更为一致的认知。共同认知在群体中帮助人们更好地协调行动。当群体成员对于目标、价值观和规范有着相似的认知时,他们更容易达成一致,协调各自的行动,从而更有效地实现共同目标。这种协调行动的能力对于整体的发展和群体的凝聚非常重要。共同认知有助于维护社会和谐,当人们对于规则、道德准则和行为期望有共同认知时,他们更容易遵守规则,尊重他人,避免冲突和矛盾。共同认知促进社会成员之间的相互理解和包容，从而建立起和谐稳定的社会环境。共同认知促进人际关系的发展，当人们拥有相似的认知时，他们更容易建立起互信和合作的关系，增加彼此之间的共鸣和共同语言，使得人际交往更加顺畅和愉悦。紧密交织的社会性同质群体在其相互间的直接接触中能较快地建立起社会联系。人们拥有相似的背景和价值观，他们之间存在着紧密的联系和共同的认同感。他们能够更快地建立起信任和理解，促进彼此之间的交流和合作。紧密交织的社会性同质群体能够为人们提供一个舒适、支持和友好的环境，帮助他们更好地融入生活。

3. 基于同龄阶段的天然联系

人们往往倾向于与年龄相仿的人交往，因为他们有着相似的生活经历和价值观。这种相似性有助于增强彼此之间的理解和信任，促进人际关系的发展。在一个社区或群体中，年龄相仿的人通常会形成一个自然的群体，共同参与各种活动和交流。在这样的群体中，人们分享彼此的生活经验和智慧，互相支持和理解。他们面对的问题和挑战可能更相似，因此能够提供更有针对性的建议和帮助。年龄相仿的人之间也更容易建立起深厚的情感纽带，因为他们共享相似的回忆和经历，更加容易产生共鸣和理解。年龄相仿的人之间的交流更加轻松自然。他们使用类似的语言和词汇，对于当下流行的事物和文化更有共识，这有助于减少交流的障碍，提高交流的效果。人们放松自我，无需担心被误解或排斥，年龄相仿的群体还能提供各种社交和娱乐活动，如聚会、运动、旅游等。这些活动增加了人际关系的亲密度，丰富了人们的生活，为结交新朋友和拓展社交圈子提供了机会。然而，我们也要注意年龄相仿的群体并非唯一的选择，不同年龄段的人之间也可以建立丰富多样的关系，交往与交流的丰富性取决于个体的兴趣、个性和价值观,应该保持开放的心态,与不同年龄段的人相互学习和交流。在多样化的群体中,我们可以获得更广泛的视角和丰富的人生体验。

4. 基于结构洞的社交连接

结构洞是社会网络的某个或某些个体和有些个体发生直接联系,但与其他个体不发生直接联系、无关系或关系间断的现象,从网络整体看好像是网络结构中出现了洞穴。结构洞的结果是,彼此之间存在结构洞的两个关系人向网络贡献的利益是可累加的,而非重叠的。罗纳德·S.伯特(Ronald S. Burt)在《结构洞:竞争的社会结构》一书中提出了"结构洞"理论,认为在网络结构中,存在着一些"洞穴",这些洞穴可以为第三方提供机会。[1] 有趣的人往往更容易产生社会联系,因为他们能够吸引他人的注意力,激发他人的兴趣。这些人通常具有独特的个性和魅力,能够在社交场合中占据重要的位置,能够通过幽默、智慧和创造力来吸引他人,促进人际关系的发展。在社交网络中,有趣的人往往能够占据结构洞的位置,成为不同群体之间的桥梁,能够引领话题、促进交流,帮助不同的人群建立联系。他们往往可以成为信息和资源的传播者,使社交网络的连通性和活力不断增强。除此之外,有趣的人还通过吸引他人的注意力来扩大自己的影响力,他们的独特魅力能够吸引更多人关注他们,使得他们的观点和想法更容易传达到更广泛的人群中去,其社交影响力也往往能够在个人和职业发展方面起到积极的推动作用。

5. 基于吸引公众目标的前提条件

人们通常会被美丽、优雅与和谐的事物所吸引,这些事物能够激

---

[1] 罗纳德·S.伯特.结构洞:竞争的社会结构[M].任敏,等译.上海:格致出版社,2008.

发人们的情感和兴趣,促进人际关系的发展。在人际关系的发展中,这些事物起到了不可忽视的作用。在群体中,美好的事物有助于人们建立共同的认知和价值观,从而增强彼此之间的联系。通过创造美好的事物,艺术设计能够打破人们之间的隔阂,促进人际交流,无论是一幅精美的画作、一首动人的音乐,还是一个精心设计的建筑,它们都能够引起人们的共鸣,成为交流和对话的媒介。艺术设计提供了一个有利于建立社会联系的环境,让人们有机会分享彼此的情感、观点和经验,通过艺术设计所展现的美好事物,人们能够更好地理解彼此,培养共同的兴趣和爱好,从而建立起更紧密的社会网络。这种社会联系不仅促进个体之间的相互理解和支持,还能够为社区和群体带来更加和谐、融洽的氛围。因此,在环境空间的建设中,应当创造出更多美好的事物来促进人际交流和社会联系的发展,只有在共同追求美好的价值观和目标的基础上,才能够构筑一个更加和谐、繁荣的社会。

6. 同种族人群的亲密感

相同种族的人往往有着相似的文化背景和价值观,这些相似性能够帮助人们更快地建立起联系,增强彼此之间的信任和理解。同种族的人在一起,能够分享共同的经历、习惯和语言等,这种共同性有助于建立情感上的联系和归属感。在一个陌生的环境中,与相同种族的人群在一起能够为人们提供一种心理上的安全感,帮助他们更好地适应新环境。相同种族的人通常面临类似的社会压力和歧视问题,因此在彼此之间有更高的情感共鸣和支持,当人们面临挑战和困难时,与同族的人在一起能够获得更多的情感支持和帮助。我们也应该注意到,相同种族的人之间也存在个体差异和多样性,不同人拥有各自的个性和观念,不能一概而论。理解和尊重不同种族的人群,推动多元文化的交流和相互尊重,是建设和谐社会的重要内容。这些群体中的人们拥有相似的经济背景和社会地位,他们之间存在着熟悉的关系和共同的价值观。这些相似性能够帮助人们更快地建立起联系,增强彼此之间的信任和理解。在一个群体聚落中,人们可以通过各种方式来建立联系,如参加社区活动、结交邻里朋友等。这些活动都有助于增强人们之间的联系,促进社区和谐发展。

7. 共同的环境空间设施会促进交流

当人们在公共空间中共同使用设施时,他们有机会相互交流和互动,这些交流和互动能够帮助人们建立联系,增强彼此之间的理解和信任。例如,在公园里,人们可以一起使用健身器材、在长椅上聊天、在儿童游乐场看孩子玩耍等,这有助于人际交流,可以增强社区凝聚力。与此同时,公共空间中的设施也扮演着重要的角色,设计应当充分考虑提供丰富多样的公共设施,为人们提供一个有利于交流和互动的环境,在公园内设置一些供休憩和交谈的长椅,为人们提供

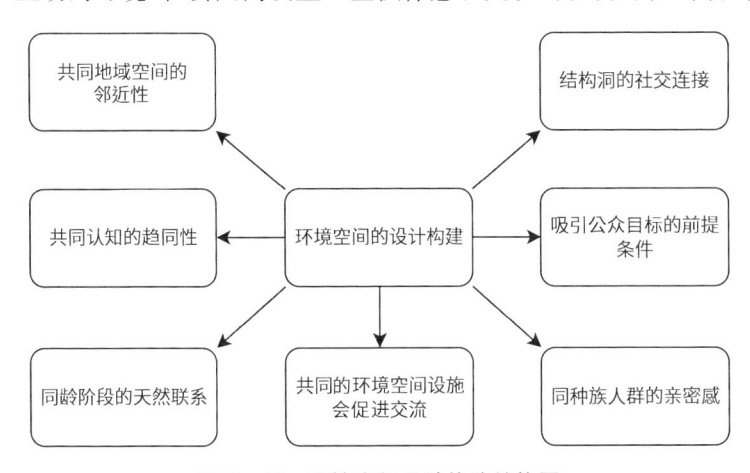

图 3-10 环境空间设计构建结构图

休息的场所；在健身区域提供多种不同类型的器材，满足不同人群的需求；在儿童游乐场设计互动性强的设施，鼓励孩子们一起玩耍。公共空间的布局也需要引导人们进行交流和互动，可以设置一些集会场所或社交广场，鼓励人们聚集在一起举办各种社区活动。公共空间中的交通路径也可以被设计为交叉和汇聚的形式，以便人们在移动过程中能够相互交流。

**（四）环境中的社会可控**

1. 环境安全可控

环境安全可控是通过设计和规划来确保环境的安全，以便人们可以在安全的环境中活动和工作。这方面的设计需要考虑到自然灾害控制、突发应急事件控制、环境治安控制等方面。例如，在设计城市公园时，需要考虑到防治自然灾害对公园的影响，如防洪、抗震等措施，同时需要考虑到突发事件的应对措施，如设置紧急出口、应急广播系统等。此外，环境内治安控制也是非常重要的一部分，需要通过设计来确保公共场所的安全，如设置监控摄像头、增加警力等。

2. 内部变量增长可控

内部变量增长可控是指在环境艺术设计中，通过设计和规划来避免内部变量的无序增长，从而避免不可控问题的产生。这方面的设计需要考虑到避免资本推动的内部元素的无序增长、后期维护没有明确目标和计划等问题。在设计商业街区时，需要考虑到商业元素的合理布局，避免同类型商铺过多集中，导致商业环境的单一化和商业氛围的消失。可以通过设计来控制内部变量的增长。在设计公共场所时，也可以通过设置规范的使用规则和管理制度来避免公地悲剧的产生；避免增长所造成的尺度变形；避免资本推动的内部元素的无序增长。这些问题产生的原因包括：在使用资源时，我们没有自我约束的动因，因为其他人也不会以同样的方式限制他们自己；没有进行投资以改善资源的动因，因为投资者无法享用该投资所带来的收益；后期维护并没有明确的目标和计划。不能明确最终想要达到的效果和实施方案，主导力量不明确。

3. 外部因素渗透可控

外部因素渗透可控是指在环境艺术设计中，通过设计和规划来避免强势资源对环境空间的侵蚀，从而失去空间的独特性，并避免外部那些更能满足人内心浅层需求的内容吸引人群流向虚拟空间。此外，社会中的各种力量有目的地削减可达性以控制某种环境，通常是为了保护投资。如果访问控制和排除明确并广泛地执行，公共领域的公共性就会受到损害。在设计城市公园时，考虑到周边环境的影响，如周围建筑物、交通等因素，可以通过设置屏障、绿化带等来遮蔽外部环境的影响，保护公园的独特性。此外，在设计商业街区时，也需要考虑到周边商业环境的影响，通过设置规范的使用规则和管理制度来控制商业环境的发展。避免外部那些更能满足人内心浅层需求的内容，吸引人群流向虚拟空间；社会中的各种力量有目的地通过削减可达性以控制某种环境。

(五) 人文环境中的社会公平

1. 对弱势群体的关照

在环境艺术设计中，我们需要考虑到社会公平这一维度，尤其是对于弱势群体的关照。老人、小孩、女性等群体都是需要特别关注的弱势群体，在环境设计中需要充分考虑到他们的需求和特点。对于老人这一群体，他们的身体各方面机能都在衰退，无法适应新建环境。年老者使用现有的建成环境时，由于听力、视力、灵敏性、活动性等身体各方面机能的限制,以及记忆力等问题无法适应新建环境。对于小孩这一群体,他们的身体机能处于较为活跃的状态,儿童身体正处于发展期,其各方面的身体机能处于较为活跃的状态,对外在危险并无完全的抵御能力。在有条件的前提下应设置满足儿童灵敏、有好奇心的活动设施。对于女性群体,由于身体机能和心理状态的差异,在环境设计中也需要特别关注她们。从老人、小孩、女性群体的角度出发,我们需要关注他们的活动能力、动手能力、身体协调自制力、语言、听力或视力、记忆力和集中注意力、学习和理解的能力、感知身体危险的能力等方面的需求。在环境设计中,需要充分考虑到这些需求,为弱势群体提供适合他们的环境。

2. 机动性的平衡

机动性平衡是指在环境设计中考虑机动性因素的能力,以达到维护环境空间的公平,避免强势的机动车侵占公共空间的目的。机动性在环境公共空间中占据着强势角色。机动性工具的便利性和快速性常常促使人们更倾向于使用机动性工具来侵占环境公共空间。然而,机动性工具更多地带有商业资本属性,以获利为目的。当达到一定临界值时,其所带的资本属性消失,最终导致其沦为环境公共空间中废弃遗忘的空间。在环境设计中,需要考虑机动性与非机动性的平衡。为了建立一个更加公平的环境空间,需要以一种慢行系统去放松心情,提供非机动性的独立、静谧空间,让人们产生冥想和反思。在城市中,可以建立步行街、自行车道等非机动性工具的交通系统,以减少机动性工具在公共空间中的侵占。应考虑减少机动性工具的数量,以达到机动性与非机动性的平衡。通过设计合理的布局、色彩和材料等来营造出一种平衡和谐的环境氛围。

### 3. 为年轻人提供机会

在环境空间中，对于年轻人来说，要让他们更自主地发挥，年轻人具有想象力、创造力，要为他们创造活跃、动感的机会。与之前所谈到的社会环境可控相比，是需要达到相应的平衡。这就是说既不能以过于苛刻的行为准则去约束环境空间中年轻人的行为方式，同时需在照顾社会公平和社会管理的角度对环境公共空间进行适度设计。应提供有利于年轻人发挥自我优势的环境，调动环境带来刺激活力的因素。年轻人作为最具想象和活力的群体，能激发环境空间的生命力。因此，在适度范围内给予年轻人宽松的外部环境，可以使整体区域环境空间不断积累活力因子，更有利于环境空间的长远发展。

### 4. 对文化差异的包容

由于公共环境空间中个人都带有自我属性，因此形成了不同的文化差异，个体独立性表现的同时反映了环境的多样性。正是这种多样性能够产生不一样的趣味。从文化概念在公共空间的相互碰撞，扩展到不同的种族群体。在相互碰撞过程中产生新的火花。不同种族的群体在使用公共环境空间时也表明出了不同的状态，由此分析表明，不同的群体会以不同的方式使用公共环境空间。

在调查洛杉矶公共公园的使用中发现，西班牙裔人主要将公园视为社会集会的场所，通常会共同用餐。而美国黑人则更多地将公园用于运动。华人群体对公园的使用少得多，只有老年人才会在公园里练习太极。白人通常将公园用于独处。每个人对公园的用途和活动选择有自己独特的喜好和需求，我们应该尊重和包容各种不同的使用方式，并为每个人提供一个和谐互动的公共空间，这将促进社区的凝聚力和互相理解，创造一个共享美好自然环境的社会。

需要注意的是个体文化差异有利于环境活力的增强,但过于张扬的个体独立属性会破坏公共空间的社会公平。其中需要注意的问题如下：首先是个体文化差异有利于环境活力的增强,但要注意个体独立属性的过于张扬,因为这会破坏公共空间的社会公平。其次是应在多样性和公平性中找到平衡点,当一种文化插入公共环境中时,由于极少考虑外来环境导入元素之间不断发展的关系,后者往往会发展成为某种异质性;差异性文化的介入不依赖于视觉提示,而是尝试分享整个环境,这反映了使用者对于其他文化的体验。这种文化视觉表现将同时产生排除和包容的效果,有可能会导致有关谁决定什么是可以接受的以及什么在不同的建成环境中是属于外来的。最后是如何迎合不同的品位和敏感性,以及这些环境空间应当具有怎样的社会文明程度。包容性设计是营造每个人都能够使用的环境,需要将人放在设计的中心,承认多元化和差异,提供使用时的灵活性,创造每个人都乐于使用的环境。

构建具有包容性环境的意义在于满足许多社会不断变化的性质和需求,满足提出更高的要求,并且不愿意接受低于标准的状态,作为规范的人群,满足大部分人在其人生中的某一点,在其经历身体机能的衰退时提供帮助。包容性的建成将减少为在其他环境下被排斥的群体进行特殊提供时产生的开支。包容性设计的本质在于以使用者为中心,并且这种对使用者需求的响应是良好城市环境的一个标志。在实际设计中,环境包容的构建方法在于：理解人们日常生活的点点滴滴,采取细微的步骤鼓励互动。创建受信任的空间,人们在其中感觉安全,并且能够参与不熟悉的互动。[1] 应培养积极的互动,

---

[1] 崔烁.失落与再造：城市空间活力的建构[J].学术探索,2019(9):6.

但不明确推广使用,建成环境并以该环境内活动作为打破障碍的途径,但不仅仅局限于障碍本身,而是欢迎能够促进人们互动的创新空间用途。应将人们能够紧密联系的空间不断扩充缩小为硬性功能所占据的空间。

5. 社会公平设计的原则

设计的原则是指在进行设计时所应该遵循的基本准则,以达到设计的目的和效果。社会公平设计的原则是非常重要的,它们能够确保设计成果满足使用者的公平需求,同时也能够提高设计的质量和效率。

表 3-21 社会公平设计的原则

| 设计原则 | 概　　述 |
| --- | --- |
| 平等且有吸引力 | 设计应当追求平等,使得各种不同的人都能够使用。设计也应当具有吸引力,能够吸引所有使用者的注意力 |
| 兼顾爱好 | 设计应当考虑到广泛的个人喜好和能力,追求满足所有用户的需求 |
| 易于理解 | 设计的使用应当易于理解,无论使用者的经验、知识、语言技能如何,都应该能够快速上手 |
| 易感知可操作 | 设计应该向使用者传达必要的信息,使使用者在任何环境条件下都能够快速、便捷地感知和操作 |
| 包容错误并具有应急机制 | 设计应该充分考虑到用户可能会犯错或者出现意外情况,因此需要具备应急措施以及充分的安全保障 |
| 体能消耗 | 设计应该在保证使用效率的同时,使得用户的体能消耗最小化,让用户在使用过程中感到轻松、舒适 |
| 环境尺度的包容 | 设计应该为用户提供适当的规模和空间,无论使用者的体型大小、姿势或活动能力如何 |

续　表

| 设计原则 | 概　　述 |
| --- | --- |
| 机动性的克制发展 | 在设计中应该避免机动性过于发散，避免过于复杂，难以使用 |
| 多元包容的文化环境 | 设计应该充分考虑到不同文化的存在，尊重文化差异，创造一个多元包容的环境 |

## 第三节　人文环境的实践体验

人文环境的实践体验涉及功能维度和时间维度。在功能维度部分，应从功能的概念特性入手，分析人文环境中不同功能所带来的体验，以及主客体在有意识和无意识状态下的功能表现。通过多层面的总结和归纳，了解实践在人文环境中的多种功能表现。在时间维度部分，提取出"时间是过去的记忆、现在的意识和未来的期望的统一"的概念，进一步探讨时间体验的方式，研究时间的周期性以及时间线性发展不可逆转的特点，从不同的方向分析研究实践过程中时间的表现。在"时间是熵增过程"的角度下，研究时间的不可逆性和不可恢复性；在"光是时间"的视角下，探讨时间受光的影响以及时间在光的作用下的表现；在"时间的快与慢"的角度下，研究时间感知的差异和时间流逝的主观感受；而在"行为活动与时间"的视角下，分析研究行为与时间之间的相互影响关系。

### 一、功能维度

功能维度是在设计或开发中，从功能的角度对人文环境空间进行划分和描述的维度。它关注的是环境空间的各个功能组成部分,以及它们之间的关系和交互。在设计过程中,功能维度可以帮助我们理清环境空间的结构和逻辑,确保各个功能模块的内聚性和协同性,将复杂的系统拆解成各个功能空间模块,可以更好地进行任务分工和团队协作,帮助我们识别需求,并将其转化为具体的功能要求。

**(一)理解人文环境中的功能**

1. 功能的基本概念

功能是一个系统、组织、产品或服务在特定环境中所能实现的目标或发挥的作用。它通常与系统、组织、产品或服务的设计目的和使用目的密切相关。不仅是为了满足特定需求,还是社会系统中各个构成单位在维持社会均衡整合的运转中所发挥的不同作用。[1] 功能的概念源自帕森斯的结构功能主义理论,帕森斯认为社会行动是由人际互动构成的,社会的各个部分和单位之间不可分割且相互联系,根据帕森斯理论,功能是在社会系统中的不同的构成单位通过承担特定的功能来协同作用,从而维持整个社会系统的运转和稳定。在社会中,不同的个体、组织和机构承担着各自特定的功能,例如,政府的功能是维持社会秩序,提供公共服务和保护公民权利;企业的功能是创造价值,提供就业机会和满足市场需求;教育系统的功能是培养人才和传承文化;医疗系统的功能是提供健康服务和保障公众健康等。功能的实现需要确保各个构成单位之间的协调和相互配合,当各个功能得以充分发挥且相互协调时,社会系统才能达到平衡和稳定,实现社会的可持续发展。这种系统的理解对于制定有效的经济政策,推动社会发展,实现社会稳定具有重要的意义。只有通过系统

---

[1] 吕承文. 新冠肺炎疫情下国家审计的政治分析:基于"结构—行为—功能"的框架[J]. 云南行政学院学报,2020,22(5):6.

性的思考和分析,我们才能更好地把握社会运行的规律,优化各个部门的功能,实现整个社会系统的协调发展。部门之间的紧密联系导致了相互影响。工业的发展需要商业提供销售渠道,农业提供原材料;商业的发展依赖于工业的生产能力和农业的供给稳定;农业的生产也需要工业的支援能力和商业的销售能力。这些单位的功能相互协调、相互依赖,构成了一个复杂的社会系统。环境空间功能亦是如此。

2. 对功能的不同判定：时间、空间、阶段、不同人群的认知

是否具有功能和人们的需求相关,因此要在不同的时候、不同的阶段和不同的目的以及每个人对需求认知不同的情况之下来认定功能是否具有价值。

在人文环境中,不同时间、空间、阶段和不同人群对功能的判定可能会有所不同。因为人们对于功能的认知和需求是多样化的,并且会随着时间、空间和阶段的变化而变化。在实践体验中,对功能的判定也需要考虑多种因素,包括时间、空间、阶段和不同人群的认知。这样才能更好地满足人们对于功能的需求,并促进人文环境的发展。马斯洛的需求论描述了人类的需求层次结构。根据这个理论,人类的需求可分为五个层次,从基本的生理需求逐渐提升到更高层次的社交需求和精神需求。环境空间在满足人的需求方面起到重要作用。不同层次的需求对环境空间的要求也不同。

表3-22　马斯洛需求论基本论述在环境空间中的结合

| 类　型 | 具　体　内　容 |
| --- | --- |
| 生理需求 | 生理需求是人体生存所必需的基本需求,包括食物、水、睡眠和温度调节等。环境空间应提供健康和安全的条件来满足这些需求,例如提供足够的食物和水源以及舒适的住宿条件 |

续　表

| 类　型 | 具　体　内　容 |
| --- | --- |
| 安全需求 | 安全需求包括个人安全、经济安全、居住安全等。环境空间应提供稳定和安全的环境,包括安全的住所、可靠的社会安全网络和有效的法律保障 |
| 社交需求 | 社交需求包括归属感、友谊和爱的需求。环境空间应提供社交交流的机会和场所,例如共享区域、公共活动空间和社交活动组织 |
| 尊重需求 | 尊重需求包括被他人尊重、被认同和受到重视的需求。环境空间应提供尊重和认同的机会,例如提供平等和包容的社会氛围、教育机会和职业发展空间 |
| 自我实现需求 | 自我实现需求是人类追求个人成长和完善的需求。环境空间应提供创造和发展的机会,例如提供学习和培训资源、知识传授和创新推动的支持 |

人文环境和艺术介入会影响人们对功能的判定。人文环境是人类创造的物质的、非物质的成果的总和,它反映了一个民族的历史积淀,也反映了社会的历史与文化。[①] 艺术介入是通过艺术作品和艺术活动来影响人们对于环境的感知和认识。

实践体验中的功能维度是环境艺术设计所要达到的目的和效果。环境艺术设计不仅要考虑美学效果,还要考虑实用性和功能性。艺术设计师要在保证环境美观的前提下,使环境更加实用,更加符合人们的需求。

**(二) 实践体验功能的特性**

1. 单一性与复合性

单一性功能是指一个系统、组织、环境空间只能实现一个目标或

---

[①] 李涛.基于人性化设计理念的城市街旁绿地景观研究：以株洲市为例[D].长沙：中南林业科技大学,2024.

作用。复合性功能是指一个系统、组织、环境空间能够实现多个目标或作用。

表 3-23 实践体验功能的单一性与复合性

| 特性 | 效 果 | 具 体 内 容 |
|---|---|---|
| 单一性 | 目标明确 | 实践体验的单一性体现在针对一个特定的目标或任务进行体验上。例如,针对某项技能的学习,将注意力集中在该技能的单一方面,如练习特定的动作或步骤 |
| | 专注深入 | 提供清晰的步骤和指示,使体验者能够专注于单一的任务或活动,避免分心和混淆 |
| | 简洁明了 | 实践体验的单一性可以通过简洁明了的设计和指导来体现 |
| 复合性 | 多元素融合 | 复合性意味着将多个不同的元素或体验结合在一起。例如,一个实践体验活动可能融合了不同的技能、知识领域或感官体验,以提供更丰富和全面的体验 |
| | 综合能力培养 | 复合性体验有助于培养综合的能力和素养。通过将不同的技能或概念结合在一起,体验者可以发展跨领域的能力,并学会将不同的元素整合到一起 |
| | 多元视角 | 复合性体验鼓励体验者从多个角度看待问题和情境。通过参与包含多个元素的实践活动,人们可以获得更广泛的视野和更全面的理解 |

单一性和复合性在实践体验功能中互为补充。单一性专注于特定的目标或任务,提供深入和专注的体验;而复合性则将多个元素或体验结合在一起,提供更全面和丰富的体验。两者结合使用会提供更完整和多样化的实践体验。单一性和复合性构成层次结构。在较低层次上,实践体验可能以单一性为特征,专注于特定的技能或知识

点。随着体验的深入和扩展,在较高层次上引入复合性体验,将多个单一性体验融合在一起,形成更复杂和综合的体验。不同个体对单一性和复合性的需求和偏好可能不同。有些人可能更喜欢专注于单一任务,深入挖掘特定领域;而其他人可能更倾向于多元化的体验,喜欢将不同元素结合在一起。因此,单一性和复合性的关系也要考虑到个体差异和学习风格的多样性。在实践体验中,单一性和复合性的平衡是重要的。过于强调单一性可能导致体验的狭隘,而过于强调复合性可能导致体验的分散和缺乏深度。因此,需要根据不同的目标和情境,灵活调整单一性和复合性的比例,以达到最佳的学习和发展效果。

单一性和复合性在实践体验功能中是相互依存、互为补充的关系。它们共同构成了丰富多样的实践体验,以满足不同个体和情境的需求。

2. 显性与隐性

显性和隐性是环境空间的两种不同特性。显性特性是指环境空间的直接能够使用和感知到的特性。隐性特性是指提供者为支撑完成环境空间显性特性所做的后台工作,这部分是模糊的体验感受。

在实践体验功能中,显性和隐性是两个相关的概念,它们描述了实践体验中不同层面的特征和影响。

表 3-24 实践体验功能的显性与隐性

| 特 性 | 效 果 | 具 体 内 容 |
|---|---|---|
| 显性特征 | 直接可观测 | 显性特征是指那些直接、明显且易于察觉的特征。它们可以通过直接观察、测量或感知来获得 |

续　表

| 特　性 | 效　果 | 具　体　内　容 |
|---|---|---|
| 显性特征 | 外在表现 | 显性特征通常与实践体验的外在表现相关，如行为、结果、技能的展示等 |
| | 可量化 | 由于显性特征可以直接观测和测量，它们往往可以被量化和评估 |
| 隐性特征 | 间接或潜在 | 隐性特征是指那些不直接可见或不易察觉的特征。它们可能是潜在的态度、价值观、思维模式等 |
| | 内在影响 | 隐性特征对实践体验的影响通常是间接的，但同样重要。它们可能影响个人的行为、决策和长期发展 |
| | 难以量化 | 由于隐性特征不太容易直接观测和测量，它们往往难以被量化和评估 |

显性和隐性特征在实践体验中是相互依存的。显性特征反映出隐性特征的存在，而隐性特征也会影响显性特征的表现。实践体验的效果往往是显性和隐性特征综合作用的结果。显性特征提供直接的反馈和结果，而隐性特征则在更深层次上影响个人的学习和发展。为了实现全面的个人成长，需要关注显性和隐性特征的平衡发展。艺术设计不仅要培养外在的技能和表现，也要注重内在的态度、价值观和思维模式的培养。

从环境空间的角度来看，在实践体验中平衡显性和隐性的关系意味着创造一个既能满足人们实际需求，又能激发人们内在感知和情感体验的环境。通过精心设计环境空间，在满足显性功能的同时，融入隐性元素，从而实现更加全面和丰富的体验。这种平衡能够提高人们的舒适度和使用便利性，引发更深层次的思考和情感共鸣，使人与环境之间建立起更加紧密的联系。

### 3. 特定性与广泛性

实践体验功能的特定性和广泛性是指实践体验在特定领域或任务中的具体作用,以及其在更广泛的情境和生活中的普遍适用性。特定性是实践体验针对特定目标、领域或任务的针对性。它强调实践体验在特定情境下的具体应用和效果。广泛性则指的是实践体验在更广泛的情境和生活中的适用性。它强调实践体验在不同领域和情境中的迁移性和通用性。

特定性和广泛性是相互关联的。特定性是广泛性的基础,广泛性是特定性的延伸和拓展。通过针对特定目标的实践体验,能够深入理解和掌握特定领域的空间环境。而这种特定的经验和能力又在更广泛的情境中得到应用和迁移,促进体验者的综合发展并提高其应对各种挑战的能力。

在实践体验的设计和实施中,需要考虑特定性和广泛性的平衡。既要确保实践体验具有明确的目标和针对性,以帮助体验者在特定领域中取得成功,又要注重培养体验者的综合能力和跨领域的思维方式,以应对现实生活中的复杂问题和变化的需求。

表 3-25　实践体验功能的特定性与广泛性

| 特　性 | 效　果 | 具　体　内　容 |
|---|---|---|
| 特定性的作用 | 满足特定需求 | 实践体验的特定性可以根据环境空间的特定需求进行设计 |
| | 提高效率和效果 | 针对特定的环境空间,设计特定的实践体验可以提高人们的工作效率和效果 |
| 广泛性的作用 | 培养综合能力 | 实践体验的广泛性可以帮助人们在不同的环境空间中培养综合能力。通过参与广泛的实践体验,人们可以获得跨领域的知识和技能,提升综合素质 |

续 表

| 特 性 | 效 果 | 具 体 内 容 |
|---|---|---|
| 广泛性的作用 | 适应变化 | 广泛性使人们能够适应不同的环境空间和情境。在不断变化的社会和工作环境中,具备广泛的实践体验能力可以帮助人们更好地应对各种挑战和变化 |
| | 促进创新 | 广泛的实践体验可以激发人们的创造力和创新思维。通过接触不同领域和环境空间的实践体验,人们可以获得更多的灵感和创意,促进创新的产生 |

实践体验功能的特定性和广泛性在环境空间中起到相互补充的作用。特定性满足特定需求,提高效率和效果,而广泛性培养综合能力,适应变化和促进创新。平衡特定性和广泛性的实践体验设计可以帮助人们更好地在不同环境空间中发挥作用,实现个人和组织的发展目标。通过整合多种功能,满足用户在不同场景下的需求,提供更多样化、便捷和丰富的体验。特定性功能强调精准和专注,满足用户在特定领域的需求,广泛性功能则强调多样性和综合性,提供更多元化的体验和更广泛的应用场景。

(三) 人文环境中的功能

1. 人性化的功能

人文关怀的主旨在于"助人自助",让人们实现"充分地存在",能够对生存环境以及主体自身进行有意识的自我调节与控制,同时能够合理运用自主选择的权利,从而实现自我完善以及功能的充分发挥。在建筑与产品设计当中,这意味着对体验者的心理、生理需求以及精神追求的尊重与满足,在原有设计的基本功能和性能基础之上,对建筑和产品予以优化,让体验者的参观和使用变得极为方便和舒适。人文关怀的设计可以为用户创造一个愉悦、舒适和具有温度的环境，使他们感受到被关心和呵护，这包括在建筑中考虑辅助设施的合理布局，以满足不同人群的需求，例如残障人士的无障碍通行和便利设施；在产品设计中，将人体工程学原理运用到设计中，以确保产品的便捷性和舒适性。人文关怀的设计还可以表现为使用符合环保原则的材料和技术，提供更健康的室内环境，这会促进人们的身心健康。在设计过程中要充分考虑文化、价值观和个人特点的差异，以满足不同人群的需求和偏好，这也是人文关怀的体现。

2. 可持续的功能

人文环境中的可持续功能是在人类社会发展的过程中，通过对自然资源的合理利用和保护，实现人类社会经济发展与生态环境保护的协调统一。这种可持续发展模式既满足当代人的需求，同时不损害子孙后代满足其需求的能力。可持续发展强调三要素协调发展，促进社会的总体进步，避免一方面的受益以牺牲其他方面的发展和社会总体受益为代价。这三个要素分别是环境要素、社会要素和经济要素。环境要素指尽量减少对环境的损害，社会要素指仍然要满足人类自身的需要，经济要素指必须在经济上有利可图。[1]

在人文环境中的可持续功能中，除了环境、社会和经济三个要素的协调发展，还应进一步扩展人居环境的社会功能和文化内涵。在可持续发展中，环境要素是至关重要的，人们应该尽量减少对环境的破坏，有效利用自然资源，并采取措施保护生态环境，例如，推广可再生能源的使用，减少污染物的排放，加强环境保护和生态恢复工作，以确保人类社会的发展不会损害地球生态系统的健康。可持续发展还要考虑社会要素，即满足人类自身的需要，这意味着人们的基本需

---

[1] 杨茜.农业可持续发展的四个维度分析[J].丝路视野，2017(27)：2.

求,如食物、住房、医疗和教育等,应得到充分满足,还应强调社会公正和平等,推动社会稳定和谐发展,确保每个人都能享有基本权利和机会。经济要素是可持续发展的重要支撑,在推动经济增长的同时,应注重合理利用资源,避免过度消耗和浪费,采用环保和节能的生产方式,提倡循环经济和绿色发展,以实现经济效益和环境效益的双赢。除了环境、社会和经济要素的协调发展,还应注重人文关怀,在改善人居环境的物质条件的同时,关注人们的精神需求和文化追求。在设计和规划时考虑人们的社交互动、社区参与、文化传承等方面的需求,营造出温馨、包容和有活力的人居环境。

3. 社会交往功能

社会交往是人类社会发展的基础,它有助于个体成长,促进文化传播,提高个人生产力,促进社会生产力的创造、保持、传播和发展。文化背景是人与人之间交际的背景,文化背景越鲜明,文化氛围越浓厚,人与人之间的交往就越具成效,同一文化背景中的交际,往往会使交际者之间轻易地弥合人际的界限,从而在心理上产生共鸣、产生默契,在精神上实现升华。共同的文化背景能够创造更好的交流和理解的环境。当交际双方拥有共同的文化背景时,他们更容易理解彼此的语言、行为和社会规范,由此可以降低沟通障碍,建立更深入和有效的交流。共同的文化背景还有助于形成共同的价值观和信念,提供交际的共同基础,增进彼此之间的信任和亲近感,也有助于培养和加强人际关系。在共同的文化背景下,人们可以找到共同的兴趣爱好、话题和经验,从而建立更紧密的联系和友谊,在社交场合中,人们可以更好地适应和融入社会,拓宽社交圈子,形成更广泛的社会网络。这种社交网络不仅对个人的发展有益,还有利于信息的传递和共享,推动文化的传播和发展,促进人与人之间的相互理解和沟通，加强人际关系，推动社会的发展和进步。在社会交往中应注重培养和弘扬共同的文化价值观，尊重和包容不同的文化背景，通过良好的交流和互动，共同促进社会的繁荣和谐。

4. 文化传承功能

在人文环境中，文化传承功能可以实现文化的持续发展，有效满足当代人的需求并保护后代人满足其需求的能力，特别是在古村、古镇、古城的发展过程中，对其历史和文化的推广和传承显得尤为重要。推广和传承古村、古镇、古城的历史和文化，展示丰富多样的民间文化，可以将文化资源活化成经济价值，提高当地民众的生活质量，改善民生水平。通过挖掘历史建筑、传统手工艺、民俗文化等特色元素，以创新的方式进行宣传和开发，吸引更多的游客和投资者，为当地创造更多的就业机会和经济增长点。文化传承的过程也对传统文化的保护具有积极意义，艺术设计应完整地保存和传承历史文化遗产，传承和弘扬传统的价值观念、道德规范和精神风貌，促进社会的和谐稳定，同时传统文化的保护也是对人类文明多样性的重要贡献，有助于实现文化的多元共存和交流互鉴，我们应该重视并积极推动文化传承功能的发挥，在古村、古镇、古城的保护、利用与发展中，充分发挥历史文化遗产的独特价值，让特色文化代代相传，实现文化传承与经济发展的良性循环，这不仅有益于地方经济和民生改善，也有利于保护和传承传统文化，促进文化的繁荣与发展。

(四) 功能带来的体验

1. 有意识介入

有意识介入是主体的主动需求和期望，具体体现在对文化知识的追求和对文化体验的渴望上。人们会通过参观博物馆、参加文化活动、体验传统技艺等方式，来满足自己对文化知识的需求和对文体验的期望。参观博物馆是一种常见的有意识介入活动,博物馆内陈列着丰富的文物和艺术品,通过观察、学习和思考,人们可以深入了解历史、艺术和文化的演变,拓宽自己的知识面,博物馆还提供了互动展示和科技创新的元素,使参观者能以更加多样化的方式与文化进行互动。参加文化活动也是有意识介入的一种方式,文化活动包括各种表演、展览、音乐会、戏剧演出等,通过参与其中,人们可以亲身感受到艺术的魅力,体验文化交流的乐趣,例如参加音乐会可以欣赏到不同类型、不同风格的音乐作品,感受到音乐的情感传递和艺术表达。体验传统技艺也是有意识介入的一种形式,传统技艺代表着一代人对于特定技艺的传承和创新,通过亲身体验,人们了解到传统技艺的独特魅力,感受到传统文化的韵味。学习书法、剪纸、陶艺等传统技艺,可以培养个人的审美能力和创造力,传承和弘扬传统文化。通过有意识介入的方式,人们可以更好地了解当地文化,增强对文化的认同感和归属感,这些活动既能够满足个人的审美需求,还能够促进文化交流与传承,培养人们对文化的热爱和保护意识。有意识介入是一种促进文化发展和人文进步的重要方式。

2. 无意识反应

无意识反应是指对客体的意外惊喜和满足。在人文环境中,人们可能会在不经意间发现一些令人惊喜的事物,如一座古老的建筑、一幅精美的画作、一首优美的歌曲等,这些意外惊喜可以带给人们愉悦的感受,满足人们对美好事物的渴望。关于无意识反应,弗洛伊德在《梦的解析》中认为,这些无意识的内容虽然无法被个体直接觉察到,但却会对人的思想、情感和行为产生深远的影响。[1] 无意识反应

---

[1] 弗洛伊德. 梦的解析[M]. 孙名之, 译. 北京: 商务印书馆, 1996.

的体验是一种无法预测和掌握的情感体验,当人们在生活中遇到意外的美好时刻,他们的内心可能会产生一种愉悦和满足的感觉,这种感受来自人们对美的敏感和对美好事物的向往,会让人们暂时忘却烦恼和压力,感受到一种对美的赞美和欣赏。无意识反应的重要特点之一是它的突发性和意外性,人们往往无法预测何时会遇到令人惊喜的事物,这种突如其来的惊喜感增加了人们的兴奋和愉悦程度。而且由于无意识反应是出于情感上的共鸣和认同,它在不同的人群中可能会引发类似的反应,进而促成一种社交交流和共享美好的体验。通过无意识反应,人们能够更加充实和丰富内心世界,在繁忙的日常生活中,人们常常为了实现各种目标而忙碌,容易忽略美好事物的存在,而无意识反应正是提醒人们,身边并不乏令人惊喜和愉悦的元素,它从一个侧面呼唤人们放慢脚步,关注周围的美好,并对生活中的小而美的事物心存感激,从而提升人们的生活质量和幸福感。无意识反应在人文环境中具有重要的意义,它不仅带给人们愉悦的感受和满足的体验,还让人们重新审视和感恩身边的美好,通过对无意识反应的理解和重视,我们可以更好地培养人们的美感和审美能力,从而创造更加美好的社会环境。

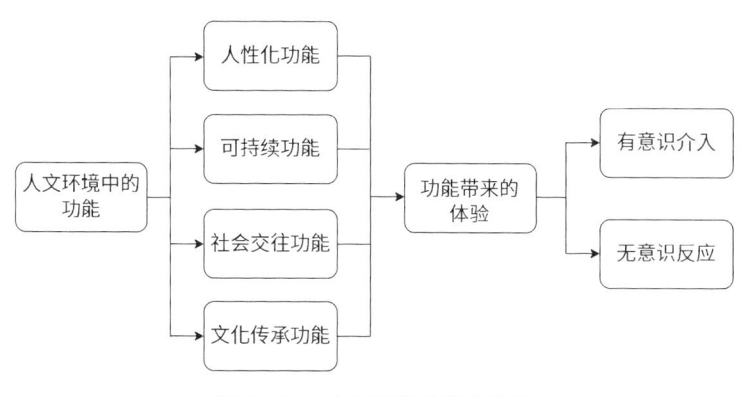

图 3-11　人文环境功能结构图

## 二、时间维度

艺术设计可以创造一个与时间相融合的环境。时间的流逝是一种感性经验,也是一种理性经验。在实践体验中,时间维度包括行为活动与时间,光即时间,时间是过去的记忆、现在的意识、未来的期望的统一。在艺术设计中,时间维度与环境的融合创造了一种独特的体验,时间的流逝既是感性的,也是理性的。通过行为活动与时间的关联,我们感知和理解时间的存在,光与时间的交织创造出光影的变化,进一步加强了时间维度的表达。时间是过去的记忆,它也承载着现在的意识和未来的期望,这三者在设计中形成了一种统一的关系,我们通过创造出适合时间流逝的元素和场景,营造出一种丰富而动态的环境,使观者感受到时间的存在与变化,进而引发情感共鸣和思考。这种与时间融合的环境不仅仅是视觉上的感知,更是一种全方位的体验,使观者能够与作品互动并产生更深层次的共鸣。

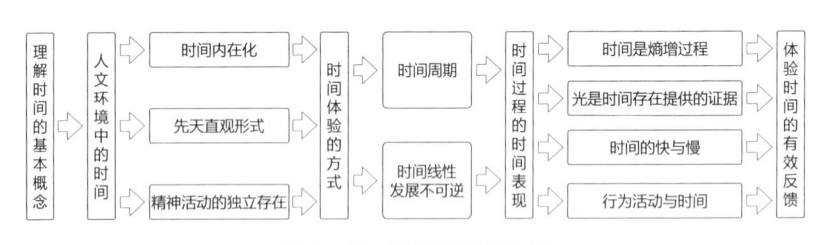

图 3-12 时间维度结构图

### (一) 理解时间

时间是一个基本概念,它用来描述事件发生的顺序和持续时间。时间是一个抽象的概念,它不依赖于物质世界,而是由人类用来度量物质世界中事件发生的先后顺序和持续时间的。时间可以被分为过去、现在和未来三个部分,其中现在是一个瞬间,过去和未来则是相对于现在而言的。我们所探讨的时间是基于人文社会学的基础上，人们通过实践体验感知到时间的变化。这或是在不同的时间阶段物质所携带的信息；或是在不同的空间中，时间与空间的关系；或是在不同情绪价值中对时间的认知。

时间是一个古老而又复杂的话题。从物理学的角度来看，人类对时间的理解经历了一次又一次的刷新。牛顿曾提出绝对时空观，认为时间和空间是独立存在的，不受物质世界的影响。然而，随着狭义相对论的提出，人们发现时间并不是绝对的，而是会随着物体运动的速度而发生膨胀。广义相对论更进一步地揭示了时空的弯曲性质，表明时间和空间是相互联系的。此外，热力学第二定律也为人们对时间的理解提供了新的视角。根据这一定律，自然界中的过程总是朝着熵增加的方向进行，这意味着时间具有不可逆性。最近，量子引力理论更是提出了一个大胆的观点：时间并不存在。这一理论认为，时间只是人类用来描述物质世界中事件发生顺序和持续时间的工具，并不具有实在性。

环境空间概念是将空间与环境相结合，探讨和研究室内外空间与环境之间的相互作用和影响关系的概念，它关注人类在特定的空间环境中的感知、认知和体验，强调空间和环境对个体行为、情感和健康的影响。环境空间的时间概念是在设计中考虑环境、空间和时间三个要素的相互关系和影响，环境指的是设计所处的物理环境，包括自然环境和人为环境；空间是设计中所构建的物理空间，包括室内空间、建筑空间等；时间指的是设计所发生的时序，包括设计过程中的时间因素和设计结果在不同时间点的呈现和变化。通过理解和平衡这三个要素，并将其融入设计中，创造出符合需求和目标的有意义的作品。

人文环境中感知到的时间是通过内容的变化赋予新的信息。当我们观察到周围环境中的事物发生变化时,我们就能感受到时间的流逝,这些变化可以是物质的,如建筑物的更替、街道的拓宽,不同的风格、材料和功能的引入,以及城市景观的更新。这些物质变化反映出社会的发展和进步,给人们带来新的视觉和感觉体验,同时也展示了人类智慧和创造力的传承。另一方面,时间的感知也通过非物质的变化来体现,文化习俗的演变、社会风尚的变迁,以及艺术、音乐、文学等领域的时代变革,都在向我们传达着时间的流转,这些变化展示了人类思想和观念的迭代和创新,提供了对不同时期和社会背景的理解。我们不断感知环境中内容的变化,感受到时间的推移,从中获取新的信息,这些信息是历史的故事、文化的内涵、社会的转变等,它们会使我们更好地理解周围的世界、认识不同的文化和价值观,以及思考未来的可能性。

当我们参观一座历史悠久的古城时,我们观察古城中建筑风格的演变、文物的保存情况等来感受时间的流逝。这些变化为我们提供了关于古城历史文化的新信息,可以帮助我们更好地理解古城的过去和现在。实践体验是通过亲身参与和实际行动来获取知识和理解的过程。在时间的演变中,我们通过实践体验来感知并理解事物的变化,从而赋予新的信息。我们能从实践体验中真实地感受和体验到时间的流逝和变化,当我们参与某项活动或项目时,我们会以实际行动和亲身经历来感受时间的推移。我们观察事物的变化、感受到自身的成长和进步,从而获得关于时间的认知,这也能够使我们对时间有更加深刻的理解。实际实践能让我们更好地理解和领悟某个时期的历史背景、人们的生活方式、社会风俗等。参与实际行动能够让我们切身感受到不同时间段的差异和时代精神,从而对时间的变化和演进有更深入的认识。实践体验让我们从时间的角度去审视和思考问题,通过亲身参与和实际行动,我们能够体验到不同行为和决策对时间的影响和后果,这有助于积累经验,让我们从中学习和成长,进而在未来更好地把握时间,做出明智的选择。

## (二) 人文环境中的时间

人文环境中的时间是人类社会和文化环境中时间的表现和体现。人类社会和文化环境中的时间具有多种不同的形式和表现,包括历史时间、社会时间、文化时间等。这些时间形式都与人类的生活、活动和文化传承密切相关,它们共同构成了人类社会和文化环境中丰富多彩的时间景观。

时间不仅是客观存在的物理量,它还与人类的主观感受、情感体验和文化认知密切相关。人们通过各种仪式、传统习俗和文化活动来感知、表达和传承时间。例如,农历新年、圣诞节等传统节日都是人们在特定的时间节点上庆祝、纪念和传承文化的重要方式。它既包括客观存在的物理时间,也包括人类主观感受和文化认知所构成的社会时间和文化时间。这些不同形式的时间共同构成了人类社会和文化环境中丰富多彩的时间景观。

表 3-26 人文环境中的时间

| 观点及代表人物 | 内容 | 人文环境中的运用 |
| --- | --- | --- |
| 时间内在化<br>(奥古斯丁) | 奥古斯丁认为时间是内在化的,他用"现在"来激活时间的意义,使时间的每一段产生内在关联。他将时间分为过去的现在、现在的现在和未来的现在,认为现在是当下的思想意识,是我们每一个瞬间的时间体验。思想的伸展使过去、现在、未来具有不可分割的整体性 | 人文环境是这种整体性的载体,它为我们提供了一个丰富多彩的文化背景,让我们能够感受到时间的流逝和变化。艺术设计则通过强化内在联系,让我们能够更好地把握时间,感受到它所蕴含的意义 |

续 表

| 观点及代表人物 | 内　　容 | 人文环境中的运用 |
| --- | --- | --- |
| 先天直观形式（康德） | 康德认为,时间是一种先天直观的形式,它是人类感受事物时天然遵循的某种内在控制因素。这种内在控制因素与人的心理活动密切相关,它遵循时间逻辑,体现在人的内在意识之流中 | 人文环境能够激发人的先天直观感觉。艺术设计将对人感知的研究以艺术设计的方式呈现,这样一来就能够在特定的空间和时间范畴之内,适应人的先天直观感觉。这种适应性能够帮助人们更好地理解和感受时间,把握时间的流逝 |
| 精神活动的独立存在(狄尔泰、伯格森、海德格尔) | 狄尔泰、伯格森和海德格尔都认为精神活动是一种独立存在。他们认为,物质本身具有无限的创造力,能够激发时间具有质的创造力和可能性。时间本质上是绵延的,它是意识之流和生命之流的表现形态 | 人文环境中,更加强调时间与存在的关系。人文环境不仅仅是物质环境,它还包括人类精神活动的独立存在。精神活动并非独立于人文环境之外,而是在环境中体现精神价值。生命的形式在人文环境中得以体现 |

艺术设计能够展现独立意识的外在表现。它通过创造生机勃勃、万物竞发的生命活力,为我们带来了无限的想象空间和创造力。它让我们在忙碌的生活中找到一片宁静和美好,让我们在时间的流逝中感受到生命的意义。在人文环境中,时间与存在的关系更加紧密。人文环境是物质环境和人类精神活动的独立存在。在这个环境中,时间不再仅仅是线性地流逝,而是与人的存在有着密切的联系。它成为我们思考、创造和体验生活的载体。精神活动与物质世界相互作用,相互影响,人类的思想、情感和价值观塑造了这个环境并从中受到影响。精神活动不再是与环境隔离的存在,而是在环境中展现和实现自己的意义和价值,我们的生命形式在人文环境中得以体

现,我们与他人的互动、文化的传承以及艺术的创造都成为时间中的重要节点。艺术设计在人文环境中可以独立于个体意识之外存在,还能通过创造出的作品与观者进行交流与连接,艺术设计创作的过程中蕴含着独立意识的外在表现,通过形式、色彩、线条等元素的组合传递出独特的情感和思想,触动着人类的灵魂和感官。艺术设计带来了无限的想象空间和创造力,它为我们打开了一扇窗户,让我们能够逃离现实的限制,进入一个自由而富有想象力的世界。在这个世界中,我们能够感受到生命的生机勃勃和万物竞发的冲力,不再受到时间的束缚和压力,让我们在忙碌的生活中找到一片宁静和美好,能够用心感受时间的流逝,并从中发现生命的意义和存在的价值。时间不再是孤立存在的概念,而是与我们的思维、行动和创造紧密相连的纽带,提供了追寻真理、追求美好的舞台,能够在时间的长河中留下自己的痕迹,展示人类精神的多样性和创造力。无论是通过审美的享受还是参与到艺术设计的创作中,人们都能够在人文环境中感受到时间与存在的关系,并从中汲取力量,获得启发,不断丰富自己的生活与精神世界。

(三) 时间体验的方式

在《此地何时》一书中,林奇进一步探讨了时间的体验方式,特别关注了城市空间中的"时间证据"。[①] 他认为,在城市环境中,我们通过两种方式来感知时间的流逝。首先,一种方式是通过节奏性的重复来体验时间,这种重复可以从多个维度来观察,比如人体的生物节律,如心跳、呼吸、睡眠等;还包括人类的日常生活和工作节奏,以及自然界的规律,如昼夜循环、季节变化、潮汐起伏等。这些节奏的重

---

① 凯文·林奇.此地何时:城市与变化的时代[M].赵祖华,译.北京:北京时代华文书局,2016.

复性让我们能够感受到时间的存在和流动,使得城市环境不仅仅是空间的呈现,更是时间的展现。另一种方式是通过进步和不可逆转的变化来感知时间,在城市中,我们可以观察到许多改变,如建筑营造的兴衰、人口的迁移和增长、城市的发展和演变等,这些变化不是简单的重复发生,而是带来了真正的进步和不可逆转的演变,这种变化让城市成了一个充满活力和具有历史厚重感的场所,在其演变的过程中体现了时间的流逝。通过以上两种方式,我们能够更加深入地感受到时间在城市环境中的存在和影响。时间不仅仅是抽象的概念,它通过城市中的节奏性重复和进步性变化成为一种具体的体验,给我们带来了丰富的感知和理解。因此,探索时间体验的方式有助于我们更好地理解和感知城市的本质。

1. 时间周期

时间周期也被称作循环周期或时间的周期性循环,是一种普遍存在于自然界的规律。无论是浩瀚的宇宙还是微小的植物,都遵循着时间的循环规律。例如四季更替,春天之后是夏天,夏天结束迎来秋天,秋天过后是冬天,而冬天结束,春天再次降临,这种循环性具有一种周而复始的圆的性质。

在物理学中,波速、波长、频率、周期、波数、波矢、角频率(圆频率)等概念都与时间周期有关。例如,在空间不变时,$y = f(t) = A\cos(kx + wt + \phi)$ 的周期显然是 $\tau = 2\pi/w$,它的物理意义非常明显,即设空间不变,$t$ 增加 $\tau$,波函数的相位变化了 $2\pi$(或者说使波函数周而复始所需要的最短时间)。

在光线空间的变化周期中,我们可以以日、季节和年为主要参考。光线随着一天的进程而改变,从清晨的黎明到中午的巅峰,再到傍晚的黄昏和夜晚的黑暗。这种变化周期是由地球自转引起的,地球表面的不同位置在不同的时刻会经历不同的光照强度和角度。光线空间的变化也与季节有关,地球的公转轨道是椭圆形的,因此地球离太阳的距离在一年中是不断变化的,在不同的季节中,地球与太阳的角度和光照强度也会发生变化,在北半球的夏季,太阳相对较高,光线更强烈,而在冬季,太阳相对较低,光线相对较弱。年份的变化也会对光线空间产生影响,由于地球的轨道并非完全规则的椭圆形,相对于太阳的位置,地球在长期的时间尺度上也会发生微小的变化,这被称为岁差,岁差的存在导致了地球公转轨道的缓慢变化,从而影响了光线的空间分布。

实践体验的周期论述可以从不同角度进行观察和描述。从个体的角度来看实践体验的周期,一个人的实践体验往往会经历多个阶段,如计划、行动、反思和调整。这个周期可以循环重复,每一次循环都会积累经验、学习和成长。在学习一门新技能的过程中,我们会制订学习计划,进行实践和反思,然后根据反思的结果进行调整和改进,这种周期性的实践体验可以帮助我们不断进步和提高。从社会或历史的角度来看实践体验的周期,社会和历史发展也有着自己的周期性规律,例如经济周期的波动、政治制度的更替、文化的演变等都是一种周期性现象,这种周期性实践体验的论述可以帮助我们理解社会和历史的变化规律,从而更好地把握未来的发展方向。

2. 时间线性发展不可逆转

时间线性发展不可逆转是时间的流逝是单向的,不能倒流。这一概念源自热力学第二定律,即熵增原理。熵增原理指出,在一个封闭系统中,熵总是增加的,而不会减少。这意味着时间的流逝是不可逆转的,因为熵增过程是不可逆的。

在物理学中,从时间对称性的角度来理解,时间的线性发展不可逆转。时间对称性是物理定律在时间上具有对称性，即物理定律在时间正向和反向运动时都是相同的。然而，这并不意味着时间可以倒流，因为物理过程并不总是遵循时间对称性。例如，在宏观尺度上，许多物理过程都是不可逆的，如摩擦、热传导、化学反应等。

我们可以说时间线性发展不可逆转是一个基本的物理原理，它体现了时间的单向性和不可逆性。这一原理在我们日常生活中也有着广泛的应用，如计划安排、历史研究等领域。时间线性发展不可逆转是一个深刻的主题，它涉及时间与人类生活的紧密关系，实践体验对于理解和探索时间线性发展的概念起着重要的作用，通过实践，人们亲身感受到时间的流逝和发展的过程，观察到许多现象和事件都具有时间的先后顺序。例如我们种植一棵树苗，我们看到它从幼小而脆弱的状态逐渐成长为强健的大树，这个过程是逐步的，不可逆转的，时间的流逝是无法倒退的。类似的，我们通过学习、工作等活动的实践，也感受到时间的线性发展，时间的线性发展与我们的行动和决策密切相关。我们的每一个选择都会影响未来的发展路径，如果我们能够正确地理解时间的线性发展，并在实践中积极地行动，就能够更好地把握机遇，实现个人和社会的发展。人文环境的实践体验通过社会的发展和演变来展现时间的线性发展，社会制度、科技进步、文化变迁等都是社会发展的体现，它们都是以时间为线索逐渐发展演变而来的，从农耕社会到工业社会，再到信息社会的转变，正是时间的线性发展的结果。

**（四）实践过程的时间表现**

1. 时间是熵增过程

时间和熵的关系是一个非常复杂的问题。根据热力学第二定律，熵总是向着增加的方向演化。这个论断本身就包含了"存在一个时间之箭"这样的前提。因为所谓的"增加"就必然涉及时间的方向：只有指定一个时间的方向，我们才能够谈论增加或减少。物质在不同的时间阶段所携带的信息会随着时间而变化。物质、能量和信息是构成自然界的三要素，它们的存在和变化构成了宇宙的时间和空间。在一定的时间和空间里，物质和能量可以相互转化，形成宇宙的各种秩序；宇宙的秩序靠信息来组织联系。也就是说，大自然中的一切物质和能量，包括时间和空间的存在和变化，都是信息传递和交换的结果。

实践的时间表现可以是线性的，这意味着实践往往以一定的顺序和步骤进行，每个步骤都需要按时完成，以便顺利过渡到下一个阶段，每个阶段的时间安排都是一个重要的考虑因素，可以确保在适当的时间内完成每个阶段的任务。实践的时间表现可以是循环往复的，这意味着实践并不是一次性的，而是需要不断循环、反思和修正的，在某项技能的实践中，你可能需要不断地练习、学习和反思，以便不断提高自己的技能水平，这个过程可能需要进行多次，每一次循环都是对之前实践的总结和反思，从而不断提高自己的表现。实践的时间表现也可以是高度个人化的，每个人在实践中的表现和时间利用可能都不尽相同。有些人可能在较短的时间内就能够掌握某项技能，而有些人可能需要更长的时间，这取决于个人的天赋、学习能力、经验和努力程度。

2. 光是时间提供存在的证据

光是一种电磁波，它在真空中的传播速度是恒定的，约为每秒299 792 458米。这个速度被称为光速，它是宇宙中最快的速度。根据爱因斯坦的相对论，当物体以接近光速的速度运动时，时间会变慢。这意味着对于以光速运动的物体而言，时间静止不动。在不同的空间中,时间与空间之间有着复杂的关系。根据广义相对论,物质会使空间弯曲,而弯曲的空间会影响物质的运动。这意味着,在不同的空间位置上,时间流逝的速度也会不同。例如,在地球表面附近,由于地球的引力使空间弯曲,时间流逝得比远离地球表面的地方要慢一些。这种现象被称为引力时间膨胀。此外,在加速运动的参考系中,时间也会受到影响。

3. 时间的快与慢

时间的快与慢是通过时间展示存在的意义。人们对时间的感知是主观的,因此,对于不同的人来说,时间可能会感觉快或慢。例如,当我们忙于做一件有趣的事情时,时间似乎过得飞快;而当我们无所事事时,时间似乎过得很慢。

时间的快与慢是一个相对的概念,取决于所处的环境和我们对时间的感知。在环境空间中进行实践活动时,我们可能会有不同的主观感受,环境的空间特点可以影响我们对时间的感知,在不同的环境中,时间的流逝速度可能会有所不同,在稳定、熟悉的环境中,我们可能会感觉时间过得很快,因为注意力被各种事物所吸引,没有太多意识到时间的流逝,而在陌生、刺激的环境中,我们会对周围的一切充满好奇,时间似乎相对缓慢,细节更容易被捕捉到,当在旅行时,对于一个陌生的城市,我们常常会对周围的景色和文化产生浓厚的兴趣,时间仿佛变得慢了下来。实践活动的性质也会影响我们对时间的感知,当投入感兴趣的活动中时,时间似乎飞快地过去,这是因为完全投入活动中,对时间流逝的感知减弱。相反,当进行乏味、单调的活动时,时间似乎变得很慢,每一秒都显得漫长。因此在实践体验中,选择和参与那些能够激发兴趣和激情的活动,有助于让时间感觉更快速地过去,个人的心理状态也会对时间的感知产生影响,当感到愉悦、放松时，我们经常会感觉时间过得很快，相反当感到紧张、焦虑时，往往感觉时间过得很慢，调整自己的心理状态和情绪，可以改变对时间的感知。时间的快与慢取决于许多因素，包括所处的环境、所做的事情以及所处的情绪状态。通过理解这些因素如何影响对时间的感知，我们可以更好地把握时间，并通过时间展示存在的意义。

4. 行为活动与时间

行为活动与时间之间有着密切的联系。亚里士多德曾经说过，时间流逝的感知与运动的感知不可分离，无运动则无时间。① 这意味着，我们可以通过观察空间中的运动来感知时间的流逝。运动是理解时间的条件，它是时间运动变化的原因。行为活动与时间的关系是人类生活中重要的方面，我们的行为和活动都受到时间的制约和影响。实践体验是一种通过参与和体验行为活动，理解和感知这些活动在时间和空间中的变化和影响的过程。行为活动是我们与环境互动的主要方式，它们在特定的时间和空间中发生，使我们形成对环境的理解和感知。例如我们可以通过参与公园的各种活动，体验公园在一天中的不同时间所呈现出的不同氛围和节奏。而时间是行为活动发生的重要维度，它决定了活动的节奏和顺序，早晨的公园可能是晨练的人们的天地，而晚上的公园可能是散步的居民的乐园。通过实践体验，我们可以更深入地理解环境空间中的行为活动与时间的关系，更好地理解和欣赏所处的环境。

实践体验维度的判断是一种评估方法，是结合行为活动和时间来评估和理解用户在特定环境中的体验的方法。这种判断方法主要

---

① 亚里士多德.物理学[M].张竹明,译.北京：商务印书馆,2006.

关注：① 行为活动。这是实践体验的核心，包括用户在特定环境中进行的所有活动。这些活动可能包括使用产品或服务、与其他人交互、完成任务等。② 时间。时间是行为活动发生的重要维度。它不仅影响行为活动的节奏和顺序，也影响用户的体验感受。例如，同一产品或服务在不同时间可能会带给用户不同的体验。③ 用户反馈。用户的反馈是评估实践体验的重要依据。这包括用户对行为活动的满意度、对产品或服务的评价、对环境的感知等。④ 环境因素。环境因素包括物理环境、社会环境、文化环境等，它们会影响用户的行为活动和体验感受。

### （五）体验时间的有效反馈

体验时间的有效反馈是在时间变化周期过程中，能在这个空间内所感受到的时间变化而引起的心理上的情绪变化，有对空间认识的变化以及对个人之间在空间内相互之间关系的变化几个层面。在建筑设计中，有效反馈可以通过多种方式实现，用建筑的布局、材料、光线、声音等元素来创造一种特定的氛围，从而影响人们的情绪和感知；利用建筑的形式和结构来创造一种时间感，通过使用不同的材料和颜色来表示不同的时间段，或者通过使用不同的形式和结构来表示不同的时间流逝，帮助人们更好地感知时间的流逝，从而提高他们的体验；通过建筑的布局和设计来影响人们之间的关系，通过创造一个开放的空间来促进人们之间的交流和互动，或者创造一个私密的空间来促进人们之间的隐私性和独立性。

一个公共艺术的装置可以是对时间的思考，比如它是水或水浪，在不同的时间，它会形成不同的颜色变化，清晨的水面受阳光光线的影响而形成的颜色，到中午再到晚上会有不同的颜色呈现，这是一种不同时间周期呈现的一种物象化的变化，物象化的变化会给人不同的感受,而这种感受是通过这种形式化的东西来进行传递的,反馈效果是由人对它进行的主观判断。

同时,这种反馈是一个相互作用的关系,这个反馈可能会在空间中带来一定正面影响,也可能会起到一个消极作用。所以在思考时间变化的时候,从时间周期的变化过程而言,时间变化由早晨到晚上的光线性变化而形成的内部空间和外部空间,会有一些形态、视觉以及心理反馈上的变化。结果就是由于时间周期变化,人的感知能对同一个地方产生不同的心理活动、心理变化和主观判断,这种判断就是给予这个空间的一个有效反馈。这个空间也会再给人一个新的定义,它会让人在认知上面有一个新的不同的理解,人们体验这个空间的时候也会产生相互的关系。

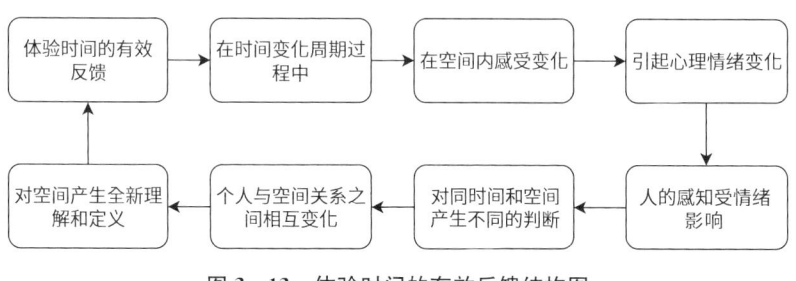

图 3-13 体验时间的有效反馈结构图

综上所述,人文环境的实践体验主要涉及功能维度和时间维度。在功能维度中,我们分析了人文环境中不同功能带来的体验,包括主客体的有意识和无意识状态下功能的表现。在时间维度中,理解了时间的基本概念,并深入研究了人文环境中的时间理论。提出了"时间是过去的记忆、现在的意识、未来的期望的统一"的概念,并探讨了时间的周期性、线性发展不可逆转的特点。同时从不同方向分析了实践过程中时间的表现,包括时间的熵增过程、光即时间、时间的快慢和行为活动与时间的关系。通过研究空间变化和尺度关系，我们探讨了空间形态的元素、结构和转变方法，从二维到三维、主体到客体等多个方面研究了场地和建筑等空间尺度的关系。我们还探寻了人的身体特性和心理审美直觉之间的联系，引出了流动视觉的变化路径，分析了视觉对建筑界面和形态的第一印象，并得出了"开放中闭合，闭合中开放"的视觉开合关系，同时研究了视觉对建筑构造设计的影响，以探索直觉感知在人文环境中构建新场景的可能性。深入研究了环境空间的构建和特征，探索了环境认知的界限，并分析了问题的构建和解决方法，得出了抽离意义和赋予意义的结论，研究了人与社会环境、人与集体环境的认识和影响，以及环境中的社会可控变量，同时讨论了行为可控、物质可控、环境可控和矛盾可控的方式，在设计上关注弱势群体、机动性的平衡、年轻人的机会、文化差异的包容，以构建多维度环境中的社会公平，并体现理性认知对人文环境的功能作用。环境艺术设计可以创造美好，就让我们把时间"浪费"在美好的事物上吧。环境艺术设计通过创造生机勃勃、万物竞发的生命活力，为我们带来了无限的想象空间和创造力。它让我们在忙碌的生活中找到一片宁静和美好，让我们在时间的流逝中感受到生命的意义。

　　多维度思考揭示了思考分析解决问题的全新的维度。通过引入新的维度，我们可以把以前看似矛盾对立的东西用统一的框架来解释，并理解其各自适用的边界，大部分僵化的问题对新的维度和框架都有严重影响，多维度思考帮助设计师在创作过程中对每个思维点进行分析，开拓创新路径，选择最优方案，将思维要素叠加累积，可以增加创作精致作品的可能性。以艺术联想拓展思维，运用发散思维，提高设计能力，灵活变通，多层次、多维度思考，这有助于提高设计效果。[①] 在创作的过程当中,作品应当有自己的特色,而科学的理论则会充实头脑,在设计的过程当中以多维度进行思考,让产品更美观、更便捷、更时尚、更多功能化应当是设计师们不断追求的目标。[②] 在环境艺术设计领域融入人文文化元素时必须遵循其实用性原则,设计的核心宗旨在于促进人类社会与自然环境之间的和谐共生,并实现长期的可持续发展,而充分挖掘并利用人类文化的内在价值是提高环境艺术设计的品质的关键,应对人文文化差异进行充分利用,进而设计出独具特色的艺术作品,最终有效地提升作品附加值。对于未来,多维度思考人文环境构建也许可以更低成本地实现更大的价值,在解决多学科领域问题中,这种多维度的思考在解决方案上可以得到更好的结果,而具有多维度思考的人,眼界被打开,世界无限大,不会被任何一维或单项的世界所压制,即便身体受限制,也将拥有无限自由的精神世界。

---

[①] 石筱轲.视觉传达设计中视觉思维模式的创新路径分析[J].艺术品鉴,2022(17):61-64.
[②] 孙玮琪.现代科学技术对艺术设计的影响及意义[J].西部皮革,2021(5).

# 第四章
# 多维思考构建人文环境新场景

　　本章节主要明确了新场景的具体概念,以及其构成要素和底层逻辑。将虚实映射贯穿于每个环节,如场景中的构建层级及方法。聚焦于新场景的发展意向,即场景往哪个方向塑造,根据不同的场景,将其分为三个大方向,分别是新场景的特性、思考维度和层级构建路径以及构建类型,三者之间相互联系、相辅相成,共同构筑了人文环境新场景。在新场景的特性问题上,回答了新场景为什么"新",试图扭转对于场景单一物理属性的空间区域解读,将新场景定义为构成人存在的各种生活方式的集合体。就场景与人的关系而言,从过去的分离到如今的紧密联系,人在其中作为核心的主体而存在,这明确表明了新场景所具有的特点分别是可变性、包容性、虚拟化、汇聚化以及智能化,并决定了思考维度和层级构建路径的形成。在思考维度上,揭示了实现人文环境运行感知、认知、实践体验三位一体的底层逻辑,并从集群、辨识、渲染、互联、入境、涌现、自增长等方面呈现出递进式的不间断构建。在此之上形成的八大构建类型分别为自然场景、历史场景、生活化场景、舞台场景、展览场景、音乐场景、数字场景以及运动场景,本章将悉数体现新场景的特性。

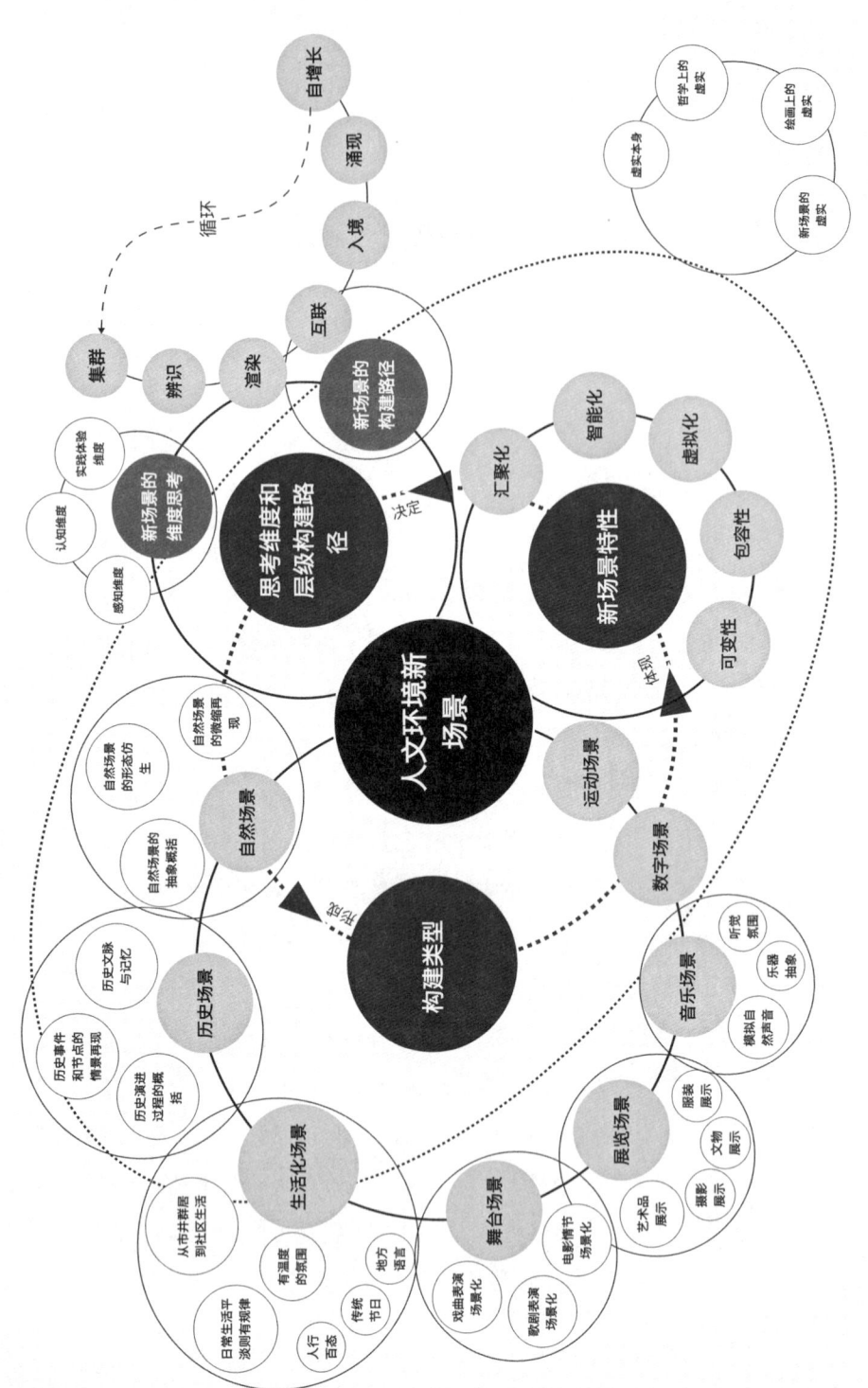

图 4-1 多维思考构建人文环境新场景结构构图

## 第一节　人文新场景的特性

场景理论中的"场景"一词来源于"scenes"的翻译,是指人与周围景物的关系的总和,场景研究经历了从音乐研究扩展到文化研究领域,再到城市社会学领域,其理论和应用层面也在不断延展。[1] 其最为关键的要素是场所与景物等硬性要素,还有与此紧密相关的空间与氛围等软性要素。场景里各个要素相互有机地关联,同质要素的布局之间呈现出必然的联系,异质要素则表达出颠覆性的理念。特里·克拉克把这种现象引入城市社会的研究当中,提出了新范式场景理论,为人类认识城市形态提供了全新的视角。其对场景的分析维度分为三个要素,分别是戏剧(theatricality)、真实性(authenticity)与合法性(legitimacy),以此进行文化的分类分析。[2]

表 4-1　人文新场景的特性

| 场景中文化价值分析的三个广义维度和十五个细分维度[3] |||
| --- | --- | --- |
| 戏剧性(theatricality) | 真实性(authenticity) | 合法性(legitimacy) |
| 展示性的(exhibitionistic) | 本土的(local) | 传统的(traditional) |

---

[1] 温雯,戴俊骋.场景理论的范式转型及其中国实践[J].山东大学学报(哲学社会科学版),2021(1):44-53.
[2] 丹尼尔·亚伦·西尔,特里·尼科尔斯·克拉克.场景:空间品质如何塑造社会生活[M].方寸,译.北京:社会科学文献出版社,2019.
[3] 谭辰雯,孔惟洁,王霖.场景理论在中国城乡规划领域的应用及展望——基于CiteSpace的文献计量分析[J].城市建筑,2022(19):67-71.

续　表

场景中文化价值分析的三个广义维度和十五个细分维度

| 迷人的(glamorous) | 州际的(state) | 神授的(charismatic) |
| --- | --- | --- |
| 睦邻的(neighborly) | 少数群体的(ethnic) | 功利主义的(utilitarian) |
| 激进的(transgressive) | 合作的(corporate) | 平等主义的(egalitarian) |
| 正式的(formal) | 理性的(rational) | 自我表达的(self-expressive) |

场景理论以消费为基础,以城市的便利性和舒适性为前提,把空间看作汇集各种消费符号的文化价值混合体。作为一种由各种消费实践所形成的具有符号意义的社会空间,个体在这里进行着消费实践,收获着由实践而带来的情感体验,体现出一定价值观的文化设施集群。[1] 从这个层面来理解城市空间,其已经完全超越物理意义,上升到社会实体层面,其中心观点是从城市消费者视角将城市中的不同空间视为各种文化价值的符号代表[2],认为都市生活文化设施的不同组合,会形成不同的区位"场景",不同的区位场景蕴含着特定的文化价值因素[3]。场景的构成是体验设施的组合,场景蕴含了功能,也传递着文化和价值观,并形成抽象的象征意义,完成具体信息的传递。新场景是在不同的环境、背景或情境下创造或发展出来的全新场景或场景模式。这里所提的"新场景"主要是区别于"旧场景"这一概念,是在社会、文化、科技等方面发生的变革和创新所引起的新场景,也是在特定的地理位置或社会群体中形成的全新场景。其概念

---

[1] 吴军.城市社会学研究前沿:场景理论述评[J].社会学评论,2014,2(2):6.
[2] 李昊远,龚景兴.场景理论视域下城市阅读空间服务场景生成与策略研究[J].图书馆研究,2020,50(6):8.
[3] 邵娟.场景理论视域下实体书店的公共阅读空间建构[J].科技与出版,2019(8):5.

已经超越了生活娱乐设施集合的物化概念,是一种作为文化与价值观的外化符号而影响个体行为的社会事实。[①]

表4-2 "场景"概念的七个核心组成部分构成要素

| 要 素 | 具 体 内 容 |
| --- | --- |
| 区域空间 | 在更广泛的城市或地区背景下,具有明确界限的特定区域 |
| 物质结构 | 主要涵盖了为日常生活提供便利的各种设施,以及供人们进行文化消费和娱乐的场所 |
| 人群多样性 | 这里的人群来自不同的种族、社会阶层和性别,他们各自拥有独特的受教育经历和文化背景,不仅构成了社会关系的基础,也是文化价值的重要支撑 |
| 组合方式 | 这些要素的组合方式,以及由这些不同元素相互作用所激发的各种活动。这些活动与前三者紧密相连,共同为场景注入了动态和活力 |
| 象征意义和文化价值 | 要素所共同传递的象征意义和文化价值,这些无形的元素为场景赋予了深厚的文化内涵和象征意义 |
| 公共性 | 强调了场景应当具备开放性和包容性,能够对身处其中的人们或仅仅是过客产生深远的影响 |
| 政策因素 | 在塑造场景的空间形态和物质结构方面扮演着至关重要的角色,能够吸引或排斥企业、居民和外来者,对各类活动的开展起到至关重要的促进或限制作用 |

新场景特性则是在数字经济和智能科技的大背景下,新型场景空间所呈现出的包括可变性、包容性、虚拟化、汇聚化和智能化等方面的特征。可变性强调场景的可塑性,即场景可以根据不同的使用需求和时空背景进行快速调整;包容性要求场景能够容纳不同人群、

---

[①] 齐骥,亓冉.蜂鸣理论视角下的城市文化创新[J].理论月刊,2020(10):89-98.

不同文化和不同利益的需求,做到公正、平等,为所有人服务;虚拟化则是通过数字技术创造出与现实物理空间相互依存的虚拟空间;汇聚化是指创造具有吸引力的特色空间,或是让各种场景功能融合于一个空间中,使人能够在此集群,使用者能够得到更加全面、高效的服务;智能化利用智能科技,赋予场景一定的自主决策和感知能力,会进一步提升场景的效率和体验。

表 4-3　新型场景空间所呈现出的特征特性

| 特 性 | 具 体 内 容 |
| --- | --- |
| 可变性 | 对传统场景的创新和改变,引入新的概念、技术、方法或思维方式,打破传统的束缚,帮助场景快速实现多样化的功能转换,为人们带来新的体验和可能性 |
| 包容性 | 使新场景成为一个社会的完美映射,创造出丰富多彩的文化符号、体验和情感元素,使场景更能包容不同人群和文化需求;在虚拟化方面,环境艺术可以通过数字技术,将现实和虚拟融合,创造出虚实交融的新型场景 |
| 汇聚化 | 利用空间塑造和各种视觉表达的手段,把握人群视线焦点及需求痛点,打造热门网红打卡点,创造出更加高效且具有价值意义的新场景,并进一步实现人群的聚集 |
| 智能化 | 将智能科技与场景的感性元素相融合,打破传统的极简主义,创造出更具智慧、生动的个性化趣味新场景。在此基础上所创造出的新场景将对社会、经济和文化产生积极的影响,为人们的生活方式、工作方式、社交方式等的改变,以及推动社会发展和进步提供强有力的支持 |
| 虚拟化 | 通过技术手段拓展空间的界限,使虚拟元素与实体空间相结合,构成一个多层次、多维度的空间体验,创造出沉浸式的体验和虚实结合的视觉效果。使空间变得更加动态、智能化和个性化 |

## 一、新场景的可变性

可变性是指事物或系统具备多样性、灵活性和变化性的特征,这就意味着事物的各种属性、状态或形态可以根据不同的条件、环境或需求发生变化,从而适应不同的情况和要求。设计的可变性意味着功能的人群适用性,能够从不同的用户使用习惯和喜好出发,在此基础上进行针对性的调整,满足个性多样化的市场需求。在科技创新方面,系统层面的可变性是推动技术进步和不断创新的关键,促使技术不断革新,以前沿技术的发展推动相关硬件的升级迭代,可以增强系统的灵活性和可移植性,使得它们能够在不同的操作系统上运行,适应不同的硬件平台。可变性是一种适应性和创新性的体现,对于面对不断变化的世界,具备可变性的事物或系统更能够顺应潮流,有效且适时地调整。

环境艺术设计新场景所具有的可变性与人们对多样创新的欣赏密切相关,这一特征代表着设计能够根据不同的情境进行灵活调整和改变,从而增加场景的吸引力和趣味性。为了实现这一目标,在设计和规划过程中必须充分考虑场景适配的灵活性和设计的可塑性。在此背景下,这样的可变性不仅改变了过去场地的单一属性,变得多样化和富有创意,同时为人们提供了参与社交的机会。形式、空间和功能的可变性共同为场景提供了适应多样性的条件,使其更好地服务于不同的需求和用户体验。可变性的三个方面相互交织,共同构成了一个丰富而灵活的新场景。可变性的新场景可以适应未来的发展和变化,进一步增加场景的吸引力和可持续性,能够激发并提升人们的参与感和创造力。

### (一) 形式可变

形式可变性是指新场景的外观和结构上的可调整性,场景的整体外观可以根据不同的需求和主题进行调整和改变,这涉及场景的外观、布局、装饰设计风格等方面,通过灵活地调整场景元素,有助于提高场景的使用效率和用户体验，创造出与多样化需求相匹配的场景。具体表现在场景的设计风格可以在调整下满足不同的主题或氛围，场景中的元素可以通过更换材质、颜色、图案等方式来改变其外观，同时其空间结构可以移动、展开、折叠、旋转，适用于需要经常进行节庆活动策划的商业场所，可以保证在不同的时刻或活动中都能够展现出独特的形式。

（二）空间可变

空间可变性强调场景中的布局和空间配置能够随着需要而变化，包括可调整的座位布局、移动的空间隔断或者可变化的地面设计，类似于装配式的可移动模块化装置将作为一种设计手段被加以利用，这允许游客成为场景的创造者和改变者。通过可灵活调整、重新组合的分隔空间装置系统，游客可以自行调节组合不同的部件，改变装置形态和功能布局，实现自我搭建适合的个性化场景。通过这种方式，新场景的空间能够更灵活地适应不同的活动或使用情境，为用户提供更加个性化的体验。

（三）功能可变

功能可变性是指场景的用途和功能可以根据需要进行调整，包括临时性的功能设施、多功能的用具及可调整的设备。通过这种设计，场景可以适应不同的活动，例如一个空地既可以用作户外表演的场地，也可以变成露天市集或者休闲区域，这种功能上的可变性使得场景在不同时间和场合都能够发挥最大的效益。空旷的场地通过临时装置和设备的设置，可以在一天中不同的时间点变成音乐表演的舞台、户外电影院或者市集，实现多种不同的功能，从而改变场景的感知体验。

法国波尔多的安德鲁-莫尼耶广场的建设就体现了这样一种简

易、可变的特性。该剧场的主要功能在于为市民提供休闲集会的场所,人们可以在这里参与公共活动,互相学习。安德鲁-莫尼耶广场的剧场更具灵活性,能够根据不同需求灵活地扩大或变形,还为市民提供了更加多样化的使用场景。无论是举办社区聚会、户外表演还是集体学习活动,可变的屋顶设计都能够满足多种需求。市民可以在这里放松身心,参与园艺活动,与动物互动,感受城市与自然的和谐共存。广场的地形设计采用了利用地下车库挖掘出的土壤堆成小山丘的方式。这样的设计为市民提供了休闲娱乐的场地,促进了自然生态环境的重建。通过模仿自然地貌,广场不仅呈现出丰富的视觉层次,也为城市生态系统的恢复做出了积极的贡献,体现了对可持续发展城市的积极追求。该剧场是一个娱乐空间,更是一个社区学习的场所。市民可以在这里参与各种公共活动,促进社区之间的交流和合作。这种开放性的空间设计有助于建立社区凝聚力,使广场成为人们聚集、互动和学习的社交中心。

## 二、新场景的包容性

包容性是指尊重和接纳不同个体、群体、文化和观点的能力,它是一种强调尊重和接纳差异的重要价值观和行为准则。这一理念贯穿于社会环境层面的各个领域,关注和考虑在多元性中建立公正、平等的融洽关系是促进社会公平与和谐的关键因素。首先,包容性体现在对差异多元性的尊重上,在全球化的今天,不同文化之间的交流和理解日渐增多,包括但不限于种族、性别、宗教、年龄和能力等差异,促进跨文化的沟通和合作将成为创造包容性社会的一个重要方面。同时,包容性与平等和公正紧密相连,它强调个体和群体在社会中都应该受到平等对待,享有相同的权利和机会。这涉及在资源分配、决策过程和社会权力方面的公正原则,体现为从制度和结构上消除歧视和不平等,包括改革政策、法律和制度等,以防止偏袒某一特定人群的现象发生,确保每个人都有平等的参与机会。包容性不仅是一种道德准则,更是推动社会和谐的实践。促进尊重、平等、公正和教育,可以帮助打破隔阂,建设一个充满包容性的社会和环境。

人文环境艺术设计新场景的包容性强调创造开放、友好和包容的环境,致力于将社会的各个方面纳入设计过程中,使每个人都能参与、使用和享受到环境中的资源和设施。新场景作为一个公共空间,其包容性体现在设计原则和实践中,具体表现为以下三个方面。首先是对人的包容性,这意味着所有人都能够轻松进入场景,在场景中获得所需的内容,甚至产生相应的价值。这体现在安置相关保障措施上,如无障碍性设施,包括提供如坡道、电梯、轮椅通道等便利设施,确保环境场所对于残障人士和特殊需求群体的可访问性,以便他们能够自由流动和参与。其次是对内容的包容性,让不同的文化思想内容都能够进入场景,百花齐放、错位搭接。要崇尚表达的多样性,所存在的内容并非单一的主题,这体现在通过设计元素、符号、装饰和艺术表达,创造一个能够让各种文化群体有归属感和认同感的环境,尊重和反映不同背景的人们的需求和偏好,确保每个人都能够平等地访问和享受环境资源和服务。最后是对空间的包容性,这表现在空间呈现出的开放性上,人们能够多方位地进入。这意味着设计空间时要针对各种人群的进入和互动需求。可通过使用大窗户、开放式设计和透明材料,采用开放式的布局,避免过于封闭的隔断和分隔,创造视觉上开放的空间,让人们可以看到整个环境,增加空间的吸引力,方便自由地移动,提供参与和互动的机会,鼓励人们之间的交流、合作和共享。具有包容性的新场景可以促进社会的融合、多样性和公平，鼓励人们之间的相互理解、尊重和共享，同时提供积极的体验和参与机会，创造一个能够打破界限，促进社会平等，更加美好和融洽的社会环境。

新加坡的滨海湾（Marina Bay）是一个体现包容性理念的现代都市空间，它不仅是新加坡的地理标志，也是人文环境艺术设计新场景的典范。包容性在这里被视为一种重要的价值观和行为准则，它贯穿于社会环境的各个层面，强调尊重和接纳不同个体、群体、文化和观点。滨海湾的设计考虑了多元性中的公正与平等，致力于创造一个开放、友好和包容的环境。这里不仅是一个公共空间，更是一个促进社会融合、多样性和公平的场所。其设计原则和实践中的包容性体现在对人的关怀，确保所有人都能够轻松进入并使用场景中的资源和设施。无障碍设施如坡道、电梯和轮椅通道等，保障了残障人士和特殊需求群体的可访问性，使他们能够自由流动和参与。对内容的包容性则体现在对不同文化思想的接纳上，设计元素、符号、装饰和艺术表达尊重并反映了不同背景的人们的需求和偏好。这样的多样性不仅丰富了滨海湾的文化氛围，也确保了每个人都能够平等地访问和享受环境资源和服务。空间的包容性则是通过开放性的设计来实现的，大窗户、开放式设计和透明材料的使用，创造了一个视觉上开放的空间。这种设计鼓励了人们的自由移动和参与，促进了人们之间的交流、合作和共享。滨海湾的包容性设计不仅是一种道德准则，更是推动社会和谐的实践。通过促进尊重、平等、公正和教育，它帮助打破隔阂，建设了一个充满包容性的社会和环境。在这里，每个人都能够有归属感和认同感，有积极的体验和参与机会，可以共同创造一个更加美好和融洽的社会环境。

图 4-2　新加坡滨海湾

## 三、新场景的虚拟化

一般实体是实际存在的物理对象或空间，它们具有物理属性，如尺寸、重量和材料，可以通过感官直接感知。实体空间受到物理规律的限制，比如地理位置和空间布局。而虚体则是通过软件模拟出来的非物理存在，存在于虚拟空间中，可以模拟实体的特性和行为，但它们不受物理世界限制，能够自由地创建、修改和删除。虚拟空间允许用户以新的方式进行交互和体验，创造出现实中无法实现的场景。新场景空间的虚拟化就是将实体空间映射到虚拟空间的过程。通过高精度的扫描和测量技术，实体空间可以被精确地映射到虚拟空间中。常见的设计中建筑信息建模（BIM）技术可以创建建筑物的数字孪生模型，用于设计、建造和维护。虚拟空间提供了无限的创造可能性，创造出全新的虚拟环境，用来模拟现实中的事件，进行教育训练，或者提供娱乐体验。虚拟空间内的元素与用户进行交互，可以提供沉浸式的体验。

人文环境艺术设计新场景的虚拟化同样帮助实现了资源的重复利用性，扩展了数字化体验，为人们带来了全新的感知和交互方式，通过利用虚拟现实（virtual reality，VR）和增强现实（augmented reality，AR）等技术，创造出一种模拟现实的或是虚拟的场景体验。[1] 这种虚拟化的新场景可以是对真实的复刻，如同数字化资产内容NFT，也可以是类元宇宙的完全虚构世界。但两者的相同点是让人们到达现实中难以实现的场景，人们仿佛能够身临其境，穿越到一个全新的艺术空间，带来奇幻的视觉体验。数字创作的灵活性使得艺术作品能够更快地适应不同的需求和场景，推动了设计创新的发展。虚拟化拓展了艺术设计的边界，提供了全新的数字化创作和表达方式，更加容易实现复制、修改和实验等操作，可以加速创意过程，促进资源的高效利用；而场景中的参与者则在虚拟现实技术的帮助下，从感官上获得了更为沉浸式的体验。新场景的虚拟化扩展了观众的感知范围，更新了艺术传达方式和表达层次，使艺术与科技的交合领域得到进一步的发展。

我国台湾高雄的梦境现实（Moondream Reality）沉浸式剧院是一个将科技与艺术完美结合的范例，利用虚拟化为观众提供了一种全新的观剧体验。作为集成了先进技术的新型沉浸式剧院，通过多维度感官体验和交互式影像，观众可以身临其境地感受剧情的氛围和情感。剧院的设计理念是将观众融入剧情中，让他们感受到更真实、更深刻的情感共鸣。剧院采用了最先进的投影和虚拟化舞台设计技术，利用微软HoloLens2头盔穿戴设备，打造了一个混合实境沉

---

[1] 颜克彤,邵将,刘珂.面向混合现实的人机界面设计研究[J].机电产品开发与创新，2021(1)：26-28.

浸式场域,形成了将现实场景与虚拟场景相结合的观剧环境。在剧目的选择上,高雄梦境现实沉浸式剧院注重面向全年龄段人群,选择那些能够让观众产生共鸣的作品。通过沉浸式的观剧体验,观众可以更深入地参与到虚拟表演之中,通过交互实现丰富多彩的故事性体验,可以在虚拟化场景中实现人与人的互动交流,起到加深情感的作用。

## 四、新场景的汇聚化

汇聚化是将多个个体、要素或资源聚集在一起,形成一个集合或整体的过程。在经济发展和社会文化等领域中,汇聚化可以带来社会互动的效应,为人们创造更新鲜、丰富、有趣且有意义的体验。在经济领域,产业、企业和人才的汇聚形成集聚效应,如科技园区、孵化器等都有助于吸引特定高科技企业和创新人才,推动创新和经济增长,从而形成经济竞争优势。而在社会文化领域,汇聚化体现为人们在共同兴趣、文化活动和社交互动方面的集聚,人们通过活动分享、交流和共同创造文化体验,产生互动的效应,这种互动有助于打破隔阂,促进社区凝聚力,形成更加活跃的社会环境。汇聚化不仅仅是物质上的集聚,更是一种社会动力,推动着城市、经济和文化的发展。汇聚化为人群创造了更加新鲜、丰富、有趣且有意义的体验,让人们可以在集聚的环境中体验多样性,从而拓宽视野,激发创造力,并在共同体验中建立联系。

人文环境艺术汇聚化的新场景将不同的功能、活动或人群汇聚在一起,形成具有多样性和活力的空间,有利于汇聚社会群体和相应的资源,促进交流、创新和合作,创造更加有趣的艺术环境,进而促进社会的发展。汇聚化使得不同的艺术形式、设计元素能够共同存在并相互交织、影响和补充。在这样的汇聚化中，可以创造出一种社区感的共同体验氛围，有效增强观众的参与感和归属感，促进场景内的互动与交流，从而产生多元丰富的环境体验。这种社交和共享的特性将不断进行创新实验，实现逐步发展，从初期的小范围逐步扩展至不同领域之间的跨界合作联动。汇聚化的新场景有两种发展思路，分别是极致的小众与极致的大众，要注意的是这里的小众是相对大众意义而言的少部分人。一种思路是从某些人的好奇心出发，在各种特殊爱好之中找到发展契机，以独特的趣味性实现汇聚化。艺术节、文化展览、社区活动等都是此类小众汇聚化的例子。推动不同的艺术展览、音乐表演、户外装置艺术和文化活动等不断发展，进而使场景发展为综合艺术文化中心或创意区域。另一种是寻找普遍适应性，满足多样化的人群需求，同时将多种不同要素、功能区域进行整合，实现公共开放空间的集聚。这种场景讲究的是更为大众化的方向，以全民体验为前提进行场景规划。将多个建筑物、公共空间集合在一起，形成一个功能完善且相互关联的综合体，此类场景集聚化有助于更进一步促使人们在集聚的环境中进行交流、合作和共享。这些汇聚化的新场景会通过集合多个元素和活动，创造出更加丰富和有趣的环境艺术设计，为人们提供全新的感知和体验。

日本京都火车站是京都市的标志性交通枢纽，它超越了传统火车站的功能，成为充满活力的现代城市综合体。这个空间通过汇聚化的设计手法，将商业、文化、艺术和交通等多种功能融合在一起，创造出一个多元化的公共空间。在这里，人们可以体验到不同文化活动和社交互动的集聚，享受由共同兴趣和创意激发的新鲜体验。京都火车站的设计强调了包容性，无论是通过提供无障碍设施确保残障人士的可访问性，还是通过开放式布局和透明材料的使用，鼓励视觉和物理上的开放性,都体现了对不同群体需求的考虑。这种设计不仅促进了社会的融合和多样性,还增强了人们的参与感和归属感,使火车站成为促进交流、合作和共享的社区中心。通过汇聚化的理念,京都火车站展示了如何将一个交通枢纽转变为一个能够激发创造力、拓宽视野并提供丰富感知和体验的城市新地标。

## 五、新场景的智能化

智能化是指当某些系统和设备技术得到广泛融合发展后,在其基础上将智能技术应用于未来的各种不同领域,使其具备一定阶段自主学习、自主决策和自主执行的能力。智能化的概念涵盖了人工智能、机器学习、大数据分析、物联网等技术的应用和发展。智能化系统的自主性意味着不仅能够理解环境,还能够根据学到的知识执行相应的任务,包括人工智能、大数据分析和物联网等。作为智能化核心的人工智能(AI),涵盖了模拟人类智能过程的各种技术。包括机器学习、深度学习、自然语言处理等,可以帮助计算机系统执行复杂的认知任务,如语音识别、图像理解和决策制定等。其中机器学习作为人工智能的一个重要分支,强调让系统从数据中学习和改进而无需明确的编程,帮助系统能够识别模式、做出决策,并逐渐优化其性能;在大数据分析和物联网(IoT)方面,智能化利用大数据分析来处理和分析大规模数据集。这包括将物体与互联网连接,使它们能够相互通信和共享信息,物联网的应用使设备能够收集实时数据,从海量数据中提取信息、发现趋势,并为系统提供更深刻的理解并预测后续情况,形成更智能的决策和行为。总体而言,智能化技术的快速发展正在深刻地影响各个行业,这一技术融合的未来将为社会带来更高效、智能化的解决方案。

人文环境艺术智能化已经成为场景创新的重要手段。在智能化技术的运用下，新场景能够更好地了解人群的喜好和反应，从而提供更加便捷与个性化的体验。这种智能化可分为被动和主动两个方面，各自具有不同的特点和作用。被动智能化主要是利用现代智能工程科技，以无感的形式悄然融入环境之中，通过引入传感器和数据分析等技术，实时监测环境的变化并感知用户的需求。这种智能化技术能够有效地进行能源管理和资源调整优化，提高资源利用效率，在实现节能和可持续发展目标的同时，提供更加舒适、安全和高效的使用体验。例如，通过安装传感器和监测设备，新场景可以实时收集环境数据和用户反馈，分析出人群的行为模式和喜好，从而调整场景的照明、温度等方面的布局，以更好地满足用户的需求。主动智能化则更注重智能感知交互方面，利用智能传感器、触摸屏、语音识别等技术，提供个性化的场景体验。通过这些技术，场景设施能够在参与者的触摸、声音影响下发生变化，产生交互反应，增强观众与新场景的互动性，创造沉浸式趣味。例如智能展览馆可以通过触摸屏和传感器来实现展品的相关信息的扩展，展示展品的历史和文化等方面的背景，优化展览内容和形式以及观众的看展体验。智能化为新场景设计带来了更多的潜在创新，这需要设计师综合考虑数字技术、文化艺术、人性化需求等多种因素，使智能技术和智能系统与环境艺术设计相互融合。智能技术和智能系统的融入，使其能够感知、响应和适应环境并与用户进行互动，帮助推动艺术设计与科技的融合，使新场景更具吸引力。

坐落于中国重庆的龙湖 G-PARK 能量公园是一座智慧运营的智能公园。项目方甲板智慧科技公司提出了"能量公园"的概念，希望实现未来公园的节能和智慧化。这一理念基于对人类活动、气候变化和地球未来环境的深思,借助人工智能和物联网技术,其与设计团队及政府共同探索了在龙湖 G－PARK 公园中实现无人化管理和智慧化运营的方式。项目的无人化管理建立在物联网支持的综合服务平台之上,包括智慧灌溉、运营感知和环境感知等公园管理系统。这些系统能够降低意外问题和故障发生的概率。智慧设施通过实时的数据反馈,如土壤、空气和水分传感器上传的数据,为公园创造了更佳的生态环境和游园体验,这不仅降低了人力成本,还减少了能源损耗。在智慧化运营方面,公园依托综合服务平台与管理系统,结合智能设备,满足游客的服务需求。游客可以通过手机端的公园小程序扫码实名入园,并参与虚拟马拉松、虚拟骑行等竞技性互动体育游戏,这些游戏的运动参与数据将被记录并发送到游客的手机端。[1] 借助互联网和物联网来记录并引导游客的行为,公园在实时且良性的反馈里增进了游客在场景中的参与感。这种智慧化的运营方式不但提高了游客量和使用的黏性,还让公园逐渐转变成一个处于良好监管之下的富有凝聚力的社交场所。

## 第二节　新场景的思考维度和层级构建路径

　　构建层级是对于事物或概念按照层次关系进行组织和分类的过程,将大的概念、主题或任务分解为更小的部分或子项,复杂的问题分解为更易管理和理解的组成部分,人们可以更好地理解和掌握事

---

[1] 王金益,郭湧,李长霖,等.公园无人化管理与智慧化运营实践——龙湖 G－PARK 能量公园[J].风景园林,2021,28(1):71-75.

物或概念的本质，建立起清晰的层级结构和逻辑。

　　人文环境新场景的构建层级由从集群到自增长的不同层级所构成，这些不同的层级相互依存、相互影响，共同构建出一个全面、多元、智慧和人性化的空间体验。构建层级作为场景的规划框架，为空间设计提供了全方位的支持和指引，更好地理解和组织设计要素、概念和信息，理清思路、组织材料，并使设计更加系统和有序，可以提高工作效率和协作性。提供更加丰富、具有深度、多样化、充满智慧的场馆体验，形成从集群、辨识、渲染、入境、互联、涌现到自增长的逐级构建，最终实现新场景的良性层级自循环。构建层级这种逐步细化的过程有助于深入了解和发展设计，实现设计的系统性、连贯性和可扩展性，促使设计更加完善和可操作。集群——帮助新场景实现人群的聚集；辨识——为新场景赋予独特的主题与定位；渲染——负责运用艺术手法营造出场景特有的独到氛围；入境——通过大众记忆或是文化符号引发心理广泛共鸣；互联——使场景与人产生身心上的连接；涌现——利用人群活动促进场景迭代发展；自增长——是以上层级的不断发展，形成自身的发展迭代，让场景达到不断更新升级的状态。

## 一、新场景的维度思考

### （一）新场景的感知维度

　　新场景的感知维度主要涉及与人体相关的器官感知，人的感知系统非常复杂，包括视觉、听觉、触觉、嗅觉等多个方面。感知更多是一种直觉性的，对场景中的外部信息进行接收。这些感官系统共同作用，不仅单独影响人对于周围环境场景的感知和理解，而且相互之间的协同作用可以极大地丰富用户的感官体验。视觉是人类最重要的感知方式之一，通过视觉能够获取到场景中最直接和丰富的信息。设计中的环境色彩、光影、空间等元素决定了场景的视觉效果和氛围，这些元素在感知上最初都是在视觉上进行反馈。触觉作为相对较直接的感知方式，能够较为明确地反映场景内不同材质的差异，通过触摸，我们能够获取有关物体的质地、温度等信息，增强用户的参与感和体验感，并形成相应的触感反馈。听觉作为被动性较强的感知方式，不同声音的运用能够传递出不同的情感和信息。音效、背景音乐等方式的运用增强了场景的沉浸感和真实性，从而提升了整体体验。嗅觉虽然不如视觉、听觉和触觉常用，但其作为感官对于气味的联想能够帮助大幅度提升场景对于观众的辨识程度。在某些特定场景中，如当下的某些疗愈场景中，比如在疗愈场景中通过特定的香气提高用户的放松感，创造出舒适的休闲环境，能够在嗅觉感知上帮助修复心理创伤。以上四个维度是新场景感知的重要组成部分，它们相互作用、相互影响，共同决定了人对新场景的感知。因此在新场景的设计中，需要充分考虑这些感知维度，通过合理运用不同的元素和技术，创造出更加真实、生动、有吸引力的场景体验。

### （二）新场景的认知维度

新场景的认知维度主要涉及人对场景的认知理解方式，人的认知形成是一个复杂的信息处理过程，需要在感知的基础上加以联想，涉及个人的思维、想象、情感等多个方面。认知维度相比感知是更为理性的，不同的人对于同一场景的认知千差万别，这些认知过程与成长环境密切相关，通常会联系大众经验或是个人经验来进行，具体包括知识维度、情感维度以及文化维度，三个维度作为新场景认知的重要组成部分，相互作用、相互影响，共同决定了人们对新场景的认知和理解。知识维度涉及人群对场景中各种信息的获取和解读，这方面是从个人的知识背景和认知习惯出发的,需要保证新场景的设计可读性,充分考虑受众的理解层次,合理地组织信息并决定其呈现方式;情感维度涉及对场景的情感反应和体会,共性的强烈情感表达更能够引起群众共情,通过场景外部的氛围营造与渲染来形成情绪场域,可以保证沉浸性;文化维度涉及人们对场景的文化和意义的认知,以及受众人群本身的个人文化背景。新场景设计中需要充分考虑场所的文化的因素,合理地运用文化元素和文化符号,实现文化内涵的广泛理解。认知维度是新场景设计中不可忽视的重要因素,这三个维度共同构成了新场景认知的关键组成部分,为设计者提供了指导原则,以确保对新场景的综合认知和深刻理解。

(三)新场景的实践体验维度

新场景的实践体验维度涉及人群在新场景中的实践活动及其体验方式,实践体验作为有目的、有意识的活动,通常是建立在个人对新场景的感知和认知维度基础上的。在实践体验中,人的主观能动性被充分发挥,真正地在现实中与场景建立起联系,将主观的意识和目的转化为客观现实。新场景的实践体验除个人意识出发的实践体验外,还有出于潜意识的无意识体验行动,具体可以从以下几个方面展开:沉浸感促进人们自发地进行实践体验,通过音效、影像、触觉反馈等多种技术手段,用户可以更加深入地融入新场景,在新场景中感受到真实和临场感;在交互性上,需要考虑影响实践体验的各个方面,包括与新场景的互动方式、信息反馈、操作便捷性等。设计需要考虑用户的使用习惯和认知能力,提供简单易用的界面和操作方式,降低用户的学习成本和门槛,让群众能够自然、直观地进行交互,从而增强实践体验;新场景的实践体验维度还涉及社交性,涉及人们在场景中的互动和交流。它旨在通过提供社交机会、设置互动环节等方式来增强人们的社交体验,同时考虑到内容的创新性,提供新颖、有趣、有价值的活动,让人通过互动、协作等方式参与实践活动。这样一来,新场景才能吸引用户参与并给人留下深刻印象,使人们更好地理解和认知新场景的社会意义。以上几个方面是新场景实践体验维度的重要组成部分,它们相互作用、相互影响,共同决定了人们的实践体验质量。因此,在新场景的设计中,需要充分考虑这些实践体验维度,通过合理运用不同的元素和技术,提高人们的实践体验质量。这需要不断优化和改进新场景的设计,以满足用户不断变化和提升的需求,保持新场景的吸引力和竞争力。

## 二、新场景的多维度思考作用模型

### (一)新场景维度要素指标选取的原则

人文环境艺术设计新场景指标选取的原则是为了构建科学、合理的评价指标体系,相关指标的选取需要遵循以下四大核心原则:吸引力原则、识别性原则、参与性原则以及操作性原则。

1. 吸引力原则

新场景应让用户在接触后产生持续的兴趣和参与度,吸引力原则要求指标能够显示出场景对用户的吸引程度,避免新场景的"建而不兴"。初期关乎场景的外在美观或新颖性,但持续运行的关键在于其能否提供富有价值的体验,满足用户的深层次需求。

2. 识别性原则

新场景评价采用的各项指标需具有典型性和可识别性,即这些指标能够清晰、准确地反映出新场景的核心特征和关键要素,便于人们快速理解和识别。以这些代表性指标为基础,对不同类型的新场景进行科学的分类和评估,分析其所需的具体要素。

3. 参与性原则

新场景的本质是为人服务的,参与性原则要求确保各项指标的最终指向都是用户,以用户在场景中的使用程度及感受来衡量新场景。这需要将用户放置于实际的在地性环境中进行考虑,深入了解用户群体的真实感受,而非仅依靠理论或假设的真空式虚构来构建评价指标,这样才能确保评价结果的客观性和有效性。

4. 操作性原则

操作性原则与构建评价体系的最终目的紧密关联,评价指标需具有实用性,确保能够在实践中得到有效应用,能够全面、准确地反映新场景的现状和潜力。同时还需形成定量与定性的结果,为实际的构建提供有效的帮助,为形成实际的构建和优化提供具体的指导方向。

### (二)新场景维度要素的指标选取

新场景的搭建的维度是由感知、认知、体验三个层面构成。这种环境感知是指人体感官对周围环境正在形成的直觉性印象,以及这种印像被修改的过程。针对新场景的相关解释中涉及环境感知(environmental perception)的概念。在美国地理学家爱德华·T. 霍尔(Edward T. Hall)的《隐藏的维度》[1]中描述了环境感知的形式,不同的文化背景会导致人们对空间和环境的感知和理解存在差异,这种差异会体现在人们的行为、社交方式和价值观等方面,非语言沟通方式可以传达丰富的信息,影响人们之间的关系和互动。这提出了感知的不同层次,包括对物理环境的直接感知、对社会环境的感知以及对文化和象征意义的感知。这些层次相互交织,共同构成了人们对环境的综合感知,个人接受环境信息的方式以及评价和储存信息

---

[1] Edward T. Hall. The Hidden Dimension[M]. New York: Anchor, 1988.

的过程。个人通过对环境要素的组织和解读使所处的环境变成可以理解的情况。这种感知不是简单地对自然环境的看法,还取决于社会环境中的建筑环境、人际关系、文化因素等以及包括价值观、认知和审美等在内的个人因素。其过程包括了信息的接收、过滤、转化和建立信息评价几个阶段,因而由倾向转化为行为的选择机制依赖于对环境与自身经验的感知。

1. 感知层面(perception level)的指标选取

感知层面是人与场景互动的首要层面,涉及人对于新场景环境的感受。这一维度可分为两个主要部分——形态维度和视觉维度。

表 4-4 感知层面的指标选取

| 评价层面 | 维度指标 | 分项指标 |
| --- | --- | --- |
| 感知层面(P)<br>(perception level) | 形态维度<br>(P1) | 空间形态<br>形态结构<br>形态转变 |
| | 视觉维度<br>(P2) | 视觉经验<br>流动视觉<br>视觉界面<br>视觉开合<br>视觉景观 |

P1:形态维度

在探讨人文环境的多维度思考时,感知层面的形态维度扮演着至关重要的角色。它涉及人对于新场景环境的直观感受,包括空间形态、形态结构和形态转变三个方面。

空间形态是研究空间变化和尺度关系的基础。它关注空间形态的形式元素,如体块、板片、杆件、光线、色彩和结构,以及这些元素如何在空间设计中发挥作用。空间形态还涉及从二维到三维的转变，以及如何通过主体与客体的多方面研究来探索场地和建筑的空间尺度关系。

形态结构则深入分析空间形态的层级，包括主次结构与结构递进。这一维度强调了形态的显性与结构的隐性之间的相互作用，以及它们如何共同构成几何排列形式，并形成趋势。结构层级和结构路径是形态结构的关键组成部分，它们包括流线构成、物象条件、视线目标和意境表达等方面。

形态转变研究主体与客体之间的转换、基础形态的演变，以及尺度和相对尺度的关系。空间形态的变化可以构建新场景，包括从二维到三维立体形态的转变过程。分割、组合和再分割的立体结构历程，以及点线面的基本元素，可以创造出具有丰富空间效果的设计。

P2：视觉维度

在探讨人文环境的多维度思考中，视觉维度是感知层面中不可或缺的一部分。它涉及人们如何通过视觉感知理解和体验环境，强调了视觉经验、视觉流动、视觉界面以及视觉开合关系、综合的视觉景观等关键要素。

首先，视觉经验是个体基于身体机能特性和心理审美直觉对环境的直接感知。它包括对环境中围合、地景、立面等不同建筑界面和形态的第一印象分析。视觉经验包括对颜色、形状和纹理等基本视觉元素的感知，涉及更深层次的审美直觉能力，如对环境中的韵律、节奏、平衡与和谐关系的敏感度。

其次，流动的视觉关注观察者在空间中的移动路径和视线变化。这包括分析观察者的视觉路径，包括动态的视觉焦点、视线角度和视线路径，以及被观察对象的变化路径。流动的视觉强调了视觉元素在时间和空间中引导观察者的注意力和体验，从而创造出动态和序列化的环境体验。

再者，视觉的界面研究环境空间中各种界面是如何围合和空间定义的。这包括对地景、顶面、围合界面等元素的探讨，以及它们如何影响人们对空间的感知和体验。界面材料、色彩、机理表现和结构方式的不同组合，共同构成了环境的视觉特征，并引导着人们的行为和情感反应。

再次，视觉的开合关系是对空间中开放性和封闭性的探讨。这包括通过视觉元素的组合来营造空间的开放感或封闭感，以及在开放与闭合之间找到平衡，创造出既有私密性又具备交流性的复杂空间体验。这种开合关系影响着人们对空间的直观感受，涉及空间的社会和文化意义。

最后，综合的视觉景观关注环境中的自然和人造元素如何共同构成一个统一的视觉体验。这包括地形、植被、建筑物、公共艺术以及其他景观特征的和谐融合。精心选择和布局这些元素，可以创造出既美观又实用的空间，旨在提升人们的视觉享受和空间体验。

2. 认知层面（cognitive level）的指标选取

认知层面涉及大脑如何解读、分析并为所感知到的信息赋予意义，这一过程主要是由大脑神经系统所产生，但也受到个人经验、教育背景以及社会文化环境等多种因素的影响。认知相关的指标需要是人与外界环境持续交互、塑造和演化的产物，而非单纯生理机制的作用结果。结合心理学、社会学等多学科领域的研究，可以将认知层面的一级指标分为认知维度和社会维度。这两类指标在认知过程中呈现出逐级递进的关系,不仅认知的复杂程度依次增加,而且涉及的个人感性程度也逐步提升。

表 4-5 认知层面的指标选取

| 评价层面 | 维度指标 | 分项指标 |
| --- | --- | --- |
| 认知层面(C)<br>(cognitive level) | 认知维度<br>(C1) | 环境空间<br>环境认知<br>环境意向<br>环境意义 |
|  | 社会维度<br>(C2) | 人与社会环境<br>个人与集体环境<br>环境空间<br>社会可控<br>社会公平 |

C1：认知维度

在认知层面中,认知维度是关键的组成部分,它深入探讨了人们如何通过大脑的解读、分析,赋予感知到的信息以意义。认知维度的研究涉及心理学、社会学等多学科领域,旨在揭示人与外界环境交互、塑造和演变的复杂过程。

人文环境空间的认识和评价是认知维度的起点,它关注人们如何认知和评价周围的人文环境。这包括对环境的直观感知、认知环境空间的构建,以及对环境空间不同特征的理解。人们可以通过观察和感知环境,利用多元化的数据来源,构建心智模型,从而更全面地认识环境。

人文环境认知通过感知来转译环境刺激并通过自我经验、知识形成观点。这强调了感知信息的收集、信息的加工,以及通过想象力和思维来理解和适应环境。认知的相关因素,如年龄、性别、种族、生活方式等个体因素，以及社会相似性、过往经验和大多数人群认同的意向等社会因素，都在这一维度中得到了考量。

人文环境意向是认知维度中对环境的主观看法和态度倾向的研究。它涉及个人意向和环境意向，可以通过环境偏好框架来理解人们的环境需求和偏好。环境的意义和象征是通过赋予场所感和具有场所意义来构建人文环境意象。

人文环境意义的构建是通过人文环境的实践体验来构建意义。这包括对人文环境中物质、活动和意义三者关系的探讨，以及人文环境建构面临的挑战。艺术介入作为人文环境构建的一种手段，强调了艺术介入在提升环境美感和文化价值方面的作用。

C2：社会维度

在认知层面中，社会维度是理解人与社会环境相互作用的重要部分。它探讨了个体与集体环境之间的关系，以及这些关系是如何影响我们对环境的认知和体验的。

人与社会环境的关系是社会维度的核心，涉及人们如何在社会环境中形成适应性的行为模式。这包括了对环境条件的感知，如物理环境、社会环境和文化环境，以及这些条件是如何塑造人们的思维方式、价值观和行为的。了解这些环境因素是如何影响个体的，更能促进积极行为习惯和社会互动的环境。

个人与集体环境的互动是指关注在环境设计中平衡个人自由与公共利益，以及通过设计来促进社会联系和社会发展。这包括对公共空间的设计，通过提供交流和互动的场所来增强社区的凝聚力和归属感。

环境空间的设计和构建在社会维度中扮演着重要角色。它强调了设计过程中需要考虑到的社会因素，如不同人群的需求、可持续性和环境友好性。设计不仅要满足功能性和美观性，还要考虑到它如何影响社会结构和个体的行为。

环境中的社会可控是指在社会维度中通过设计和管理来控制和引导社会行为。这包括对环境安全、内部变量增长和外部因素渗透的控制，这些控制可以维护社会秩序和增进社会福祉。

人文环境中的社会公平是指关注在环境设计中实现社会公平和包容性。这涉及对弱势群体的关照、机动性的平衡、为年轻人提供机会、包容文化差异，以及社会公平设计的原则。这些措施可以创造出一个更加公平和包容的社会环境，让每个人都能享受到平等的机会和资源。

3. 体验层面（experience level）的指标选取

体验层面的形成依赖人与场景的直接接触，两者通过身体在其中作为中介而获得实体联系，身体是与外部世界互动的主要工具。新场景体验层面的要素融合了两方面的元素：一是身体向外部空间的积极参与，以收集更广泛的感官信息；二是精神世界因对这些感官信息的诠释而获得的无穷乐趣。因此可以得出身体除了帮助人与场景获得更为深刻的联系，还从体验出发帮助人们进一步加深认知与感知。身体达成了其作为类转换中枢的作用，实现了感知、认知及体验于一体。因此可以得出体验的层面分为功能维度、时间维度，进而去探讨基于身体感知的诗意。

表 4-6 体验层面的指标选取

| 评价层面 | 维度指标 | 分项指标 |
| --- | --- | --- |
| 体验层面（E）<br>（experience level） | 功能维度<br>（E1） | 环境功能<br>功能特性<br>功能体验 |

续　表

| 评价层面 | 维度指标 | 分项指标 |
| --- | --- | --- |
| 体验层面（E）<br>(experience level) | 时间维度<br>（E2） | 时间观念<br>环境时间<br>时间体验<br>时间表现<br>体验反馈 |

E1：功能维度

在体验层面中，功能维度是理解和评价人文环境的关键组成部分。人们可以通过身体感知和精神体验与环境互动，并从这种互动中获得满足感和意义。

理解人文环境中的功能是指深入探讨环境空间所承载的多重功能，包括其对人类活动的支撑、对社交需求的满足，以及对文化传承的促进。可以将用户的需求和期望转化为具体的设计要求，通过设计来优化环境的功能性。

实践体验功能的特性关注的是功能在实践中的应用和表现，包括功能的单一性与复合性、显性与隐性，以及特定性与广泛性。这强调了在设计实践中平衡这些特性，以创造出既满足特定需求又能适应广泛情境的环境。

功能带来的体验关注的是功能如何影响人们的体验和感知。这包括有意识介入的体验，如主动学习和文化参与，以及无意识反应的体验，如意外发现和情感触动。通过功能带来的体验，人们能够更深刻地与环境建立联系，从而获得更丰富的感官和情感体验。

E2：时间维度

在体验层面中，时间维度是对人文环境体验的深度理解，它探索了时间与空间的相互关系,以及时间是如何影响人们的感知和体验的。

时间观点是指认识到时间不仅是一个物理概念,更是一个与人类活动和体验紧密相连的维度。时间在人文环境中的体验可以通过光线的变化、季节的更替、日常活动的节律等来体现。这有助于我们在设计和规划时考虑到时间的动态性和多样性。

人文环境中的时间探讨了时间在特定环境背景下的表现和意义。这包括时间的周期性,如昼夜和季节的循环,以及时间的线性发展,即时间的不可逆性和历史性。在环境中融入对时间的感知,通过设计可以强化或缓和人们对时间流逝的感知。

时间体验的方式关注的是人们在实践中体验时间的流逝。这涉及时间的感知、时间的相对性,以及时间与个人活动之间的关联。时间体验的方式要求创造出能够引导和丰富人们时间体验的环境。

实践过程的时间表现是指在特定的实践活动中,时间是可以被感知和利用的。时间可以被组织和安排,而这些安排会影响人们的体验和效率。通过理解实践过程中的时间表现,可以更好地规划空间和活动,以提高人们的满意度和生活质量。

体验时间的有效反馈是指在设计中创造能够引起人们情感共鸣和认知反馈的时间体验。这可以通过设计中的节奏和秩序、光影和色彩的运用,以及空间布局和流线的设计来实现。有效的时间反馈能够使人们在环境中的活动更加有意义和愉悦。

(三)新场景多维思考模型

此模型是新场景的评价与优化系统,我们可以通过这个模式化公式讨论如何了解用户满意度的相关因素,如环境、个人心理、消费水平等;可以期望实现新场景构建上的系统性、连贯性和可扩展性,促使设计更加完善和可操作;还可以分析如何与新场景构造相互联系,进一步提出新场景相关策略方法,能够以相对的维度来判断场景的相关要素。

通过问卷调查,我们可以对PCE(感知层面、认知层面、体验层面)进行评价,最终以立体坐标系的形式呈现,帮助确定特定场景下用户的偏好,为不同类型的场景构建侧重点提供依据。

例如:请问您对于体验层面的社交性在意吗?分出五个等级提供选择,进行计分——非常不在意(0)、不在意(1)、一般(2)、在意(3)、非常在意(4)。

根据这样的提问和评估方式,对于整体三个评价层面的6个维度共34个要素进行提问,测算PCE各项数值的平均分:

$P$=(空间形态得分+形态结构得分+形态得分+……+视觉开合得分+视觉景观得分)÷感知层面要素个数

$C$=(环境空间得分+环境认知得分+……+社会可控得分+社会公平得分)÷认知层面要素个数

$E$=(环境功能得分+功能特性得分+……+时间表现得分+时间反馈得分)÷体验层面要素个数,最终得出坐标$a(p,c,e)$

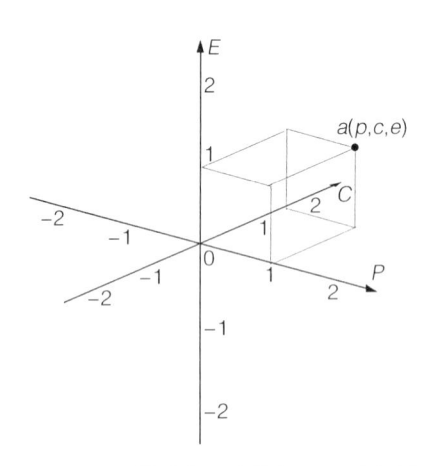

图 4-3  场景价值用户偏好 PCE 坐标图

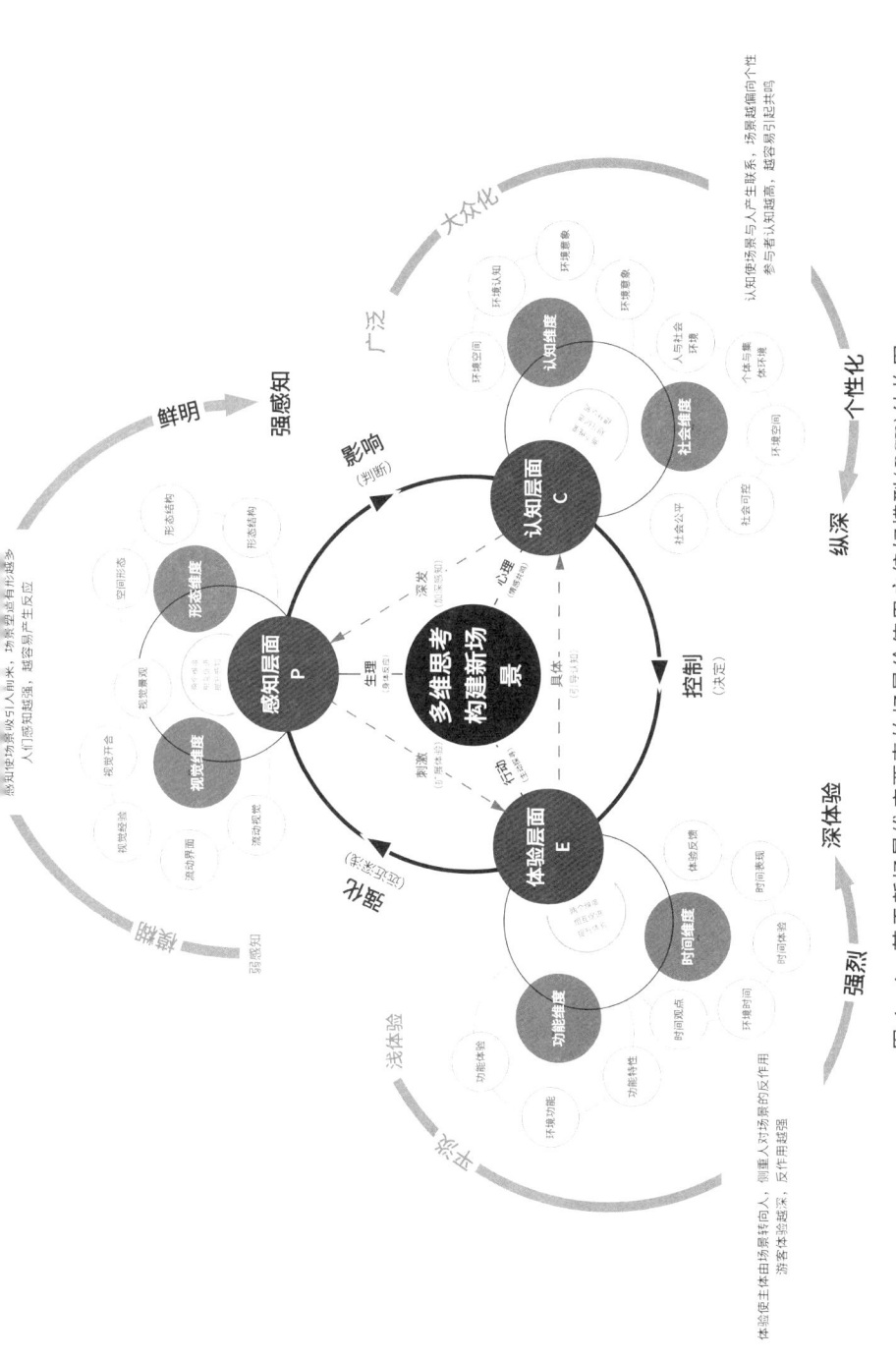

图 4-4 基于新场景维度要素的场景价值用户偏好模型（PCE）结构图

## 三、新场景层级构建路径

### (一) 集群

集群是一种群体行为的重要表现,将一组相似或相关的事物或个体聚集在一起形成一个群体或集合体,可以涵盖自然界和人类社会。法国心理学家古斯塔夫·勒庞的著作《乌合之众》认为集群效应来自社会,勒庞在书中描述集体的特点时说道:当单独个体集结成群体后会有不同于个体独处时的心理和行为表现。[①] 在自然界里,某些动物在它们生命周期的特定阶段,或在特定的环境条件下会展现出强烈的群体聚集行为,这种现象在生物学领域是普遍存在的,表现为动物群体的集群现象,这可能是由于繁殖、迁徙、防御或寻找食物等目的。如某些鸟类可能在迁徙季节形成大规模的群体,而其他动物可能在某一季节或特定气候条件下形成聚集,以更好地适应和生存。在人类社会中,群体的聚集形式取决于多种因素,如社会背景、目的和意愿、环境条件等。由于社会背景的影响,会出现由社会因素引起的集群,如共同的兴趣、文化背景等。人们出于对活动或主题的兴趣而聚集,在社交上有着共同喜爱的话题,而具有相似文化背景,包括语言、传统、价值观等的人们则由于成长经历的类似而更容易理解彼此。同时,大多数集群的形成通常与共同的目标和意愿有关,人们可能会组成团体,以提供比个体更大的力量和资源,实现如商业合作、创新项目、社会运动等特定目标;人类的集群同样也受到环境条件的影响,容易在某一地理区域或经济状况下形成集群,生活在相似地理位置的人们更容易形成社交群体,地理邻近性促使更频繁地互

---

[①] 古斯塔夫·勒庞.乌合之众:大众心理研究[M].张波,杨忠谷,译.武汉:华中科技大学出版社,2015.

动,形成共同体。总体而言,集群的形成是一个动态的过程,受到多种因素的交织影响,它既是自然界中生物群体行为的表现,也是人类社会互动和组织的基本特征。人们倾向于聚集在一起形成群体,以满足彼此的需求,分享信息,并建立紧密的社交网络。

人文环境新场景集群是人群在空间上彼此接近、相互联系的现象,这种现象多是环境中的人群因受到环境的吸引,出于某种明确的目的或是基于自身意愿、共同的兴趣目标而自发产生的主动性聚集行为。作为一种有意识、自主选择的群体行为,集群行为并非偶然,是由感知触发后,在认知引导之下所做的选择。聚集要求形成焦点效应,由某一个爆点引发广泛关注,从而形成集群。为了形成这种爆点,跨界合作成为关键。如今,新场景下的合作不仅局限于传统的 IP 合作,还是与其他领域、行业创意的结合。这种跨界合作是对群体行为的积极调节,能够激发人们的兴趣和热情。通过跨界合作,艺术作品可以抓住热点或话题,形成杰出创意,并创造出独特的内容体验,形成特殊的"场景+"模式,进一步制造焦点,吸引人群的关注和参与。为了在场景中形成有效的集群,需要深入了解不同类型的群体聚集行为,以确保提供的内容和体验发挥协同作用的有效性。这涉及对人们的需求、期望和行为模式的研究,需要了解人们聚集在一起的目的是什么,以及他们期望从集群中获得什么。集群经常发生在与旅游景点相关的聚集性场所,这些地方往往拥有能够引发人们的兴趣的独特自然景观、文化遗产或是活动设施,在此之下就形成了具有相似行为特征和需求的群体,在共同参与各种活动和体验的影响下,进一步促进集群的形成和发展。此外,公共空间的设计包容性也是至关重要的,一个强适应性的公共空间更能够促进人们的交流和互动,这意味着我们需要从人际交往的角度出发,考虑如何创造一个有利于人们相互交流、建立联系的环境。艺术设计形成集群是一个复杂过程，需要我们从多个角度出发，从人的各项维度出发结合跨界合作和创新思维，为新场景带来独特的体验价值。

　　悉尼达令港公共空间的转型重塑，构建出更加融合互动的崭新空间，并升级了既有场所，成功吸引了更多的市民和游客，为悉尼带来了深远的社会、经济及环境效益。此项改造不仅与悉尼市更宏大的开放空间可持续发展愿景相契合，还通过采纳"水敏性"城市设计、增加绿化覆盖和改善步行体验等策略得以实施。由此焕发新生的公共空间将达令港推上了全球最宜居、宜学、宜聚和宜乐的目的地之列。在20公顷的规划区域内，全新的城市设计框架使得达令港公共空间与城市肌理更加紧密地相连，同时为市民提供了很多新型聚会、休闲和娱乐的场所。在将以人为本的设计理念贯穿始终的情况下，HASSELL设计团队通过激活公共绿地、整合景观和开放空间元素，如水景、公共艺术、广场和表演空间等，打造了一系列功能丰富、形式多样的活动场地，包括露天音乐会、马戏表演、市集和街头艺术展示等。此外，设计中还考虑到不同人群的需求，如儿童可以在浅水池中嬉戏玩耍。优雅的设计与公共景观的完美结合，加上地方特色的艺术品和建筑的融入，使得公共开放空间得以最大化利用、文化特色更加鲜明、空间联系更为紧密、视野更加开阔。通过扩展的道路系统，包括一条长达680米的林荫大道作为整个区域的标志性景观，连接了中央车站和科克湾。活动场地由三个主要公共场馆和大幅扩展的Tumbalong公园组成，后者面积增加了40%，并配备了舞台、活动显示屏和升级的灯光设施，以满足大型公共活动的需求。

　　(二) 辨识

　　辨识是人们在认知中对事物进行辨别和理解的过程，最初是由音乐中对音色形容的辨识度引申而来，不同乐器或声音源产生的音色差异使其具有独特的辨识度，这有助于人们区分和理解音乐元素，以识别其本质特点和属性。利用时频域特征和深度学习技术进行乐器音色识别的方法，包括使用耳蜗模型和多尺度滤波器提取音色特征，并使用深度学习框架进行识别。[①] 从这一概念延伸到更广泛的辨识，是一个涵盖感知、观察、分析和对比等多个阶段的过程，人们通过感知外界信息、观察事物的特征并进行分析和对比，从复杂的信息中提取关键特征进行理解和区分。而高度可辨识性意味着事物拥有某些突出、独特、引人注目的特质，会使其从普通或平凡中脱颖而出，这些特质可以是形状、颜色、声音、品牌标识等，让人能够直观地掌握特征。在商业领域，个人和企业通过社交媒体建立自己的品牌，在这个过程中，独特的风格、声音、内容等可以赋予他们辨识性，有助于引起关注和记忆。辨识度同样也是品牌成功的关键因素，其独特的辨识度能够让消费者迅速识别和联想，建立品牌形象和市场地位。辨识作为各领域的重要概念，充分运用了人类的感知和认知的机制，并在实践中产生广泛的应用。

人文环境新场景的辨识是通过艺术手段和设计策略来增加场景中的吸引力，是需要借助多种艺术手段和设计策略来综合实现的复杂过程。其运用在于使环境更加清晰、易于辨认，提高在环境中的定位、导航和使用效率的同时，还使人们能够更容易地感知和理解环境的特点、功能和意义。这种辨识不仅涉及视觉元素，还涉及听觉、触觉、嗅觉等多个感官维度，从而能提供全方位的沉浸式体验。视觉上场景的可辨识性经常能通过增加标志和标识系统的方式来实现，如

---

① 王飞. 基于音色分析与深度学习的乐器识别方法研究[D]. 无锡：江南大学，2024.

在环境中设置明确的地标性物品，对比、重复、对齐和接近等原则有助于提高事物的可辨识性，以此可以帮助人们识别不同的区域、设施和路径。视觉设计中的色彩运用也是提升辨识性的重要手段，不仅能够影响人们的情绪和感知，还能作为一种强大的信息编码工具。在公共空间中，人们常常会用不同的色彩来进行区分，通过色彩的变化来快速辨识不同的空间和功能区域，如休息区、工作区或娱乐区等。除色彩外，图像设计和材质则可以进一步丰富场景的视觉层次，同时帮助人们更好地理解环境的历史背景、文化内涵和主题特色。最后，合理的空间组织和布局也是提升辨识性的关键所在。一个好的空间布局应该能够清晰地展现出环境的整体结构，突出重要特征可以使人们在复杂的环境中也能够轻松地辨识出自己所处的位置以及周围环境的整体布局。这需要具备深厚的空间感知能力以及根据人们的行为习惯和心理预期来进行精细化的空间规划。

新加坡樟宜机场是一个全球知名的航空枢纽，以其卓越的设计和独特的旅客体验而闻名。在这个充满活力的空间中，辨识性的概念得到了充分的应用和体现。樟宜机场通过精心设计的视觉元素、色彩运用，以及听觉和触觉的感官体验，创造了一个既易于导航又富有吸引力的环境。机场内部的地标性物品和清晰的导视系统，可以帮助旅客快速识别不同的区域和路径，而色彩和材质的巧妙搭配不仅丰富了视觉层次，也传达了机场的文化特色和主题。此外，合理的空间布局和组织使得樟宜机场的每个角落都易于辨识，让旅客即使在复杂的交通节点中也能轻松地找到自己的方向。樟宜机场的设计不仅提升了旅客的体验，也展示了如何通过艺术和设计策略，将一个交通枢纽转变为一个具有高度辨识度和感官体验的人文环境。

图 4-5　新加坡樟宜机场

### (三) 渲染

渲染就是营造氛围，有着强化环境、空间，让环境内的信息变多的含义。其最初源于中国画技法，出自明代杨慎的《艺林伐山·浮渲梳头》："画家以墨饰美人鬓发谓之渲染。"如今，它已经演变成一个丰富的概念，不仅仅限于绘画，更包含了一系列在不同领域中营造氛围、加强表现、丰富信息的手法。目前对于渲染的解释通常有三层含义：一指中国画技法的一种，通过水墨或淡彩的涂抹，以烘染物象，这种技法强调对画面层次的处理，使画面更加生动和具有表现力，达到增强艺术效果的目的；二指物象间的衬托，强调物体之间的对比，比如在颜色、形状、大小等方面，以突出物体间的不同特征；三是文艺创作中对所写对象的形容进行突出的烘托、铺张，来达成文字的轻重缓急，如使用渲染手法对事物进行夸大，强调脱颖而出的夺目效果，使人物、场景等更具有感染力和生动性。渲染是一种多义的表达方式，既包括了绘画技法，也延伸到文学创作、设计等多个领域。这种多重性使得渲染成为一种丰富而灵活的表达手段,能够服务于不同领域的表现和沟通需求。

人文环境新场景的渲染所营造的氛围作为一种空间现象,不仅是视觉上的呈现,更是通过多感官体验营造的沉浸式环境。渲染着重强调空间的叙事性,将叙事的主题与空间融为一体,其目的是让观众身临其境,潜移默化地接受信息。施密茨认为"氛围即为感受,它弥漫在人们的周围,并在情感上触动着人们"。[1] 这种氛围所带来的沉浸感不仅是物理感知上的沉浸,更是情感和认知上的沉浸。《环境心理学》系统阐述了环境心理学的概念、特点、理论、研究方法以及环境对人类心理和行为的影响。[2] 它通过多感官信息的呈现,让观众在不知不觉中便与场景产生了深度的互动和共鸣。这一点的实现主要依赖于知觉信息,包括视觉、听觉、触觉、嗅觉、味觉以及本体知觉等方面。这些知觉信息共同作用,形成一种多维度的沉浸感,所感受到虚实——如温度、湿度、气味、光照等虚,或是肌理、材质等实,都确切地反映在场景中,渲染着场景。在展示场景中,博物馆是一个典型的叙事范例。过去,传统的博物馆展示往往是扁平而枯燥的,缺乏互动和沉浸感。而新场景致力于将过去的展示方式进行升维,形成一种以观众为中心的四方包裹形态。在其之上辅以数字化技术,这使博物馆的展示内容得以可视化,提供了类似真实世界的感官体验,让观众可以更加深入地了解展品所传达的信息和意义。新场景的渲染从场景的外在刺激出发,与内在概念表征有所关联。它能够提升展示

---

[1] 李昕桐. 身体·情境·意蕴——施密茨的新现象学情境理论[M]. 北京:人民出版社,2016.
[2] P. A. 贝尔,T. C. 格林,J. D. 费希尔. 环境心理学[M]. 朱建军,吴建平,等译. 北京:中国人民大学出版社,2009.

的效果和影响力，使人在空间中站着就能受到感官冲击，为人们带来更加丰富和深刻的感知体验。

在美国佛罗里达州南部的劳德代尔堡-好莱坞国际机场（FLL），由洛杉矶艺术家卡梅隆·麦克纳尔设计，其对 FLL 的 4 号航站楼走道进行完全改造，为旅客提供了一场沉浸式的色彩和光度体验。这件装置艺术（马赛克，Mosaic）的核心是一块 240 英尺长的彩色 LED 灯显示屏，展现的是高科技的渲染技术，上面的彩色图形通过 LED 灯的变换展示出整个 73 米彩色光谱的分布。这种展示方式独特而富有创意，不仅展现了色彩的魅力，诠释了时间的流逝，还通过先进的渲染技术，让视觉效果更加生动和真实。具体来说，这件装置会根据时间的推移，以不同的颜色来代表每一分钟。例如，在 30 分时，主色调为黄绿色；15 分时则是橙色；45 分时是浅蓝色。这些色彩变化并非突然转换，而是通过一种独特的视觉逻辑，让重叠的彩色圆圈排列、模糊，再覆盖上符合当前时间分钟数的颜色，这种渲染过程使得色彩过渡自然而流畅。马赛克不仅是一种色彩展示，它更像是对线性时钟的一种艺术化诠释。它遵循视觉逻辑，将色彩光谱解读为一个完整的小时时间周期。在每一个小时的循环中，随着"时间 & 颜色"的变化，色彩组合也在缓慢演变。虽然大部分时间里，颜色看起来是静态的，但每分钟都会有一个微小的视觉变化，每十分钟会有一个稍大的变化。而当一个特定的标志出现时，则意味着一个小时的时间已经过去。对于下方大厅的旅客来说，马赛克就像是一个大型的艺术展示品，引人注目；而对于上面大厅的旅客来说，他们则可以与之并肩而行，穿过这条沉浸式的彩色灯光走廊。渲染技术的加入让这个艺术装置不仅仅是一个静态的展示，而是一个动态的、与时间同步的视觉盛宴，为旅客的旅途增添了一份独特的体验和记忆。

### （四）入境

入境指的是一种沉浸式体验的感受，是一种完全融入的深度参与和专注。威廉·立德威尔（William Lidwell）等人在其著作《设计的法则》中，将"沉浸式"解释为心理学术语"心流"（Flow），认为沉浸式体验指个体将精力全部如心流般地投注在某种活动当中，可以体验到一种全神贯注的感受。[①] 心流产生时会伴随着高度的兴奋与充实感，无视外界的存在，以达到忘我的状态。在这种状态下，创造力、注意力和效率往往都会达到巅峰，从而能够产生出更加出色和令人满意的成果。随着科技的发展，人们越来越多地通过虚拟现实、增强现实等技术手段来创造沉浸式体验，使得用户可以更加深入地参与到各种活动中去。无论是游戏、电影、教育还是其他领域，沉浸式体验都已经成为一种趋势，它不仅能够提供更加丰富的感官刺激，还能够增强用户的参与感和满足感。入境作为一种心理状态，为个体提供了一种愉悦和满足感，使其能够更好地享受和投入所进行的活动。

人文环境新场景的入境是人在渲染的新场景中被氛围所影响，产生的一种下意识的不自觉的沉浸状态，这种沉浸体验被美国心理学家米哈伊·契克森米哈伊（Mihaly Csikszentmihalyi）定义为一种能够促进主体在活动过程中享受极具兴奋感和充实感的积极的情绪体验。通过感官的刺激，新场景能够增强其个人代入感，使观众被场景中的氛围所吸引，从而从潜意识出发地投入这个由设计者精心打造的情境之中。在情感体验当中，沉浸感使得人不自觉地联系起生活经验，与其所处环境产生情感反应。观众在场景中感受到与自己生活经历相似的情感时，将更容易产生共鸣并形成移情体验，进而实

---

[①] W. 立德威尔，K. 霍顿，C. 巴特勒. 设计的法则[M]. 李婵，译. 沈阳：辽宁科学技术出版社，2010.

现由"旁观者"转为"参与者"的转变。新场景的入境体验也对认知活动产生了积极的影响,沉浸式的环境起到一定的导向性作用,观众的注意力更加集中,思维更加活跃,更容易接受场景内部的信息,达到入境的效果。正如在新场景展示空间里,人和物、观众和展品之间适时产生互动关系,情境会更为清晰,并且带着情感色彩对感官产生作用。通过直接参与的形式,观众可以知晓展项所要呈现的展示内容,从而获取想要的知识和信息。同时随着现代科技的发展,沉浸式体验已经不仅仅局限于现实世界中的活动。在数字化时代,虚拟现实和增强现实等技术也为沉浸式体验提供了新的可能性。在当下快节奏、高压力的时代,入境体验让观众能够更加专注于当下的场景,忘记往日的烦恼和压力,体验到一种纯粹的快乐和满足,帮助观众寻找内心的平静和幸福。

虚实映射(virtual-physical mapping)是一种将虚拟世界与现实世界相连接的技术或概念,它涉及将虚拟信息叠加到现实环境中,使得用户能够在现实世界中感知和互动虚拟内容。这种技术通常应用于增强现实(augmented reality,AR)、虚拟现实(virtual reality,VR)和混合现实(mixed reality,MR)等领域。在增强现实中,虚实映射表现为将计算机生成的虚拟图像、视频或3D模型叠加到用户通过设备(如智能手机、AR眼镜等)看到的真实世界场景上。这种技术使得用户可以在现实环境中直接与虚拟对象进行交互,增强了用户体验。例如,教育领域的AR应用可以在学生的现实教材上展示动态的3D模型,帮助学生更好地理解复杂概念。虚拟现实创建了一个完全由计算机生成的沉浸式环境,用户通过头戴设备进入这个虚拟世界。在VR中,虚实映射可能不是直接显现的,但可以通过设备的运动追踪和手势识别等技术,让用户在虚拟环境中进行自然的操作和互动,如抓取、移动虚拟物体等。混合现实结合了 AR 和 VR 的特点,不仅将虚拟内容叠加到现实世界中,还允许用户与这些内容进行深度交互,甚至在虚拟环境中操纵现实世界的物体。MR 技术通过高精度的空间定位和注册算法,实现了虚拟与现实的无缝结合。

例如,武汉长江民国复古游轮《知音号》的整个舞台设定为一个写实的空间,截取了近代武汉辉煌繁荣的历史片段,打造出了一条20世纪 20—30 年代的"知音号"蒸汽邮轮,同时复建了一座二三十年代汉口风情的老码头以及两座复古栈桥,共同组成了全场景式的剧场环境,这也成为游客追思武汉本土文化、抒发怀旧情感的一条通道。它具有全方位的"创新"意识,运用独创的全新演艺类别和舞台形式,进而给予观众全新的沉浸式演艺观赏体验。在旅程中,演员会邀请观众进入舞池跳舞、给观众讲述自己上船的故事……在船舱间穿梭观看的观众始终能融入剧情里,追逐、领悟、产生共鸣,是故事的主动参与者和创造者。观众与演员的情绪交流,让"知音"的故事持续发酵,成为演出的一部分。从虚实本身来说,"虚"是一种无实体的状态,是一种偏向于流动形态的可变轻盈质感;"实"则更强调有形状态,给人一种硬质感。在同一物上,实对应物的外部形态,虚则对应物的本质内涵,需要对两者都有所把握。审美的目标并非去把控具体物象外在形式美这一"实",而是要同时留意虚实相生之间流动的、内在的本质,也就是超越物象的本质,即"虚"。在中国的传统诗歌里,常常以实描绘其景,以虚寄托其情,在虚实的结合当中,营造出了一种悠远醇厚、精练深远的诗的意境。如《黄鹤楼送孟浩然之广陵》作为一首送别诗,全诗虽无一字言情,但充满诗意的潇洒离别却给人以回味无穷的感动。诗中通过对于扬州繁华风光的描写与离别之情相互交融,前两句在实写景物方面进行了真实而感性的刻画,"故人西辞黄鹤楼,烟花三月下扬州"饱含了浪漫悠远的意境,描绘了三月的春天中繁华迷人的景色,后两句"孤帆远影碧空尽,唯见长江天际流",通过虚寓情感将离别的心情巧妙地融入景物描写中,描绘了故人的船影消失在远方,长江天际的流动更是与时光的不息流转相呼应,李白的思绪仿佛也跟着飘向了远方,充满了向往。虽未对情进行抒发,但所有的情都蕴含在了景色之中,使人进入一种意味浓郁的美的想象空间,空灵之气在虚则为实的感悟中神采充盈。

在哲学上,虚实正如这些不完美图形,两者相互补充,并不断变化着。中国古代有着老庄建立在有无之辩根基上的虚实美学思想——道家所认为的虚实相生,便是事物在不断的运动变化中实现有无虚实的相互转化、相互生成,世界便因此生出源源不断的生命力,达成虚与实的和谐共生,因此才会有"一生二,二生三,三生万物"的说法。"道"常等同于"虚"进行说明,但这并不是单指实际空间上的虚,而是同样涵盖了"象""物""精"等偏向于意识的实体,是被老、庄命名为"道""自然""虚无"的创造力。庄子借助"象罔"进行比喻,以此阐述这一虚实美学理念,指出"象罔"既非清晰明了也非模糊昏暗,既不是无也不是有,象征着虚与实的融合。

在绘画上,中国传统绘画注重表现意境之美,通过墨汁的浓淡、画师用笔的轻重缓急来呈现出气韵生动之美,以浓为实,以淡为虚。与西方整体厚重的实写不同,中国传统绘画虽表现为虚实结合,但依旧是从实处着手来达到这一目的,强调的是以"实"来达到"虚"之妙,在虚实互现中达到艺术的至境,两者都不可偏废,甚至对"实"的重视还超过了"虚"。"实"是"虚"的基础,"虚"的存在则更能够表现画作的意境和画家想要表达的情感、思想。与此同时,"留白"便是对于虚的具象体现,这种手法多用于文人画中,正是有着"留白"才使得画中的"实"有了更广阔的想象空间,传达出意识上的无限神韵意趣。正如同笪重光所说:"虚实相生,无画处皆成妙境。"使虚与实相互映衬,互为观照,结合成为一个艺术的整体。在画中,虚实两者是相对的关系,两者相互对照、依存。在虚实两者的关系上,两者呈现出正负形相互填充,"有"之所以能给人以便利,是因为它营造的"无"发挥了作用。如清初常州画家恽寿平的作品《山水花鸟图册》之中的《古木寒鸦图》,通过独特的构图、笔墨运用和情感表达,展现了画中虚实相生的特点。尤其是树木等自然景象被描绘得相当真实,细腻地表现了物象的质感。就这片空白处对云墙和暮烟的处理而言,画中有一群暮鸦,它们仿佛在寒风中摇荡,给人一种哀婉的感受,既显示了画面的深度和空间感,又增加了画面的诗意和抒情氛围。而在用笔方面,画中水墨的浓淡十分讲究,笔的提按下每一笔中的空白或虚空之处,形成了线条的轻重、抑扬、顿挫的变化,使画面更加生动地为虚实而展现。在建筑设计中,虚实结合也是一种常用的手法,通过实体结构与开放空间的对比,创造出丰富的立面效果和空间感受,增加了建筑的通透性和视觉层次,并且通过布局的变化和空间的交错,创造出自然和谐且富有变化的景观效果。

由慕达(MUDA)建筑事务所设计的天府中医药博物馆,在设计中汲取了中医哲学中"整体与辨证"的思想,采用了虚实相生的设计手法。博物馆的圆形建筑主体与场地水域景观相结合,建筑实体与景观空间通过圆形环道紧密串联,流动的水体和行走的人为静态的建筑增添了动势与生机。室内空间延续了建筑的设计理念,通过曲线形态的有机交织,创造出虚实相间、混沌有序的空间体验。

在新场景的空间中,虚实映射的体现是基于以上对于虚实映射的理解进行的进一步发展。从上述对于虚实的描述中,我们了解到虚实两者并非单纯的二元对立的关系,而是在同一事物中相互映衬、相辅相成的。新场景中的虚实映射也同样是通过各项特性,来达成某些气韵上的虚实,进而形成不同类型的场景,两者缺一不可。我们可以通过新场景特性来达成虚实变化,如以可变性达成空间内的虚实变化,布局安排实体元素和留白,以此突显空间的层次感和深度,形成空间的主次、重点与陪衬的关系;我们可以通过色彩的对比和渐变运用表现出虚实感,暗色调可以营造出空间的实体感,而亮色调则可以增强空间的轻盈感和扩展感;材质的选择对于空间中的虚实感也有影响,粗糙的材质可以增加空间的实体感,而光滑的材质则可以增强空间的流动感和虚幻感;我们还可以通过不同的灯光角度、色温和亮度,创造出空间中的焦点、层次和氛围,形成丰富的虚实关系。

人文环境艺术设计能够通过虚实映射打破传统物理空间的界限,创造出超越实际维度的新空间。这不仅包括实体的物理空间,还融入虚拟、想象的元素,使得整个艺术场景变得更加丰富和立体。例如,在槃达建筑事务所设计的鸿坤艺术活动中心中,通过拱廊、台阶和镜子等元素创造出一种"埃舍尔式"的艺术空间,让人仿佛置身于魔幻空间中,体验到真实与虚幻重叠交错的超现实感受。同时虚实映射增强了观众与艺术作品之间的互动性,观众不仅成为主动接受者,而且成为艺术创作的一部分。通过数字技术、虚拟现实等手段,观众的参与和互动能够直接影响艺术作品的展现形态,这使得每一次的艺术体验都是独一无二的。这不仅局限于视觉层面的创新,更重要的是它能够传递情感和思想。通过这种艺术手法,艺术家能够更深刻地探讨现实与虚拟、自然与人造等主题,引发观众对于生活、社会、哲学等问题的思考。这也常常用于传统文化元素的现代表达,通过虚实结合的手法,将传统元素与现代审美相结合,既保留了文化的根脉,又赋予了其新的生命力。

### (五) 互联

互联是一种全面的相互连接的状态,涵盖各种领域,但通常都与不同实体、设备、系统或个体之间的连接、交流和互动有关,多指事物之间通过网络、通信或其他技术手段进行连接交互的能力。信息产品存在着互联的内在需要,因为人们生产和使用它们的目的就是更好地收集和交流信息,这种需求的满足程度与网络的规模密切相关。[①] 目前互联网不再局限于计算机科学或信息技术,而是已经渗透到医疗、教育、工业、农业等各个领域,极大地促进了发展和创新。它涵盖了信息和数据的传递以及人与人、人与物、物与物之间的交互,具有共享资源的能力。其中最显著的方面之一就是人与人之间的互联,这体现在社交媒体、即时通信工具等平台上,促使了全球范围内的人际关系建立和维护,打破了地理空间上的障碍。人与物的互联表现为物联网,其中物理实体(如传感器、设备)通过网络与人进行交互,连接实现智能家居、智能城市等场景。而物与物之间的互联形成了机器对机器的通信,这是确保物联网的设备、传感器、机器等可以相互通信,并共同协作完成任务的核心。互联的本质是建立一种无缝的交流和互动机制,使得信息和数据能够在不同实体之间传递,资源和知识的共享变得更加便捷,云计算、在线协作平台等技术推动了资源和知识的跨界、跨地域共享,人、物、信息能够在全球范围内迅速连接,为社会的发展和进步提供了强大的推动力。

人文环境新场景的互联概念得到了更广泛的延伸,更多的是指观赏者进入场景中,在入境之后与场景产生深层次的关联。这种关

---

① 托马斯·斯特里特.网络效应[M].王星,裴苜迪,管泽旭,卢南峰,应武,刘晨,吴靖,译.上海:华东师范大学出版社,2020.

联性是一种人能够感受和适应环境,并且环境也能影响人的两者相互联通的独特状态。在这种互联状态下,人是场景中的人,而场景是被人所感知到的环境。人在场景中的行为作为场景中的一部分被融入环境,呈现出相互接纳的开放势态。场景通过艺术手法传递的信息能够让人产生联想、赋予人记忆,观赏者因感官的兴奋,主观感受得到强化,从而促进自己融入这一特定的情境之中。场景不再是静态的背景,而是变成了一个对人呈包容之势的、能够感知、回应观赏者的动态环境。观赏者也同样形成一种在入境后达成的角色化状态,身心能够全方位地感受场景的存在,不再有生疏或是违和感。人在场景中的活动为场景增添了别样的个性,其进行只在此场景中发生的特定行为,在场景中的每一个动作、表情都会成为场景的一部分,进而创造出一种深刻的联系。在感知层面上,互联体现在通过视觉、听觉、嗅觉、味觉和触觉的全面参与,人能够全方位地感受场景的存在,通过某一感官所感受到的细节便能快速判断场景。在认知层面上,互联体现在情感共鸣或是认知不断更新的过程——情感共鸣表现为已有情感与场景中的一部分产生共情,进而产生各种情感波动。认知不断更新表现为观赏者在场景中不断发现新的信息,通过思考将这些信息与已有知识相连,在此基础上,我们可以获得新的见解。在两者基础上的互联将激发观者的好奇心和求知欲,促使他们进一步探索场景,更加深入地理解场景的内涵和意义。自此特定的环境与人的记忆互联,当同样的五感感知或是心理感受再次出现,场景便自然再次被回忆起,变成人内化的一部分联结。新场景中的互联是一种深层次的、多维度的互动和体验。它让观赏者与场景之间建立起了一种紧密而深刻的联系,使观赏者能够在感官、认知多层面上全面地感受和理解场景。这种互动提升了观赏者的参与感和沉浸感,为他们的生活增添了更多的乐趣。

　　西安大唐不夜城这条坐落在古都西安大雁塔脚下的仿古步行街,以其1 500米的南北长度和480米的东西宽度,展现了一幅宏伟的盛唐画卷。这里,唐风建筑与文化交相辉映,在夜晚的灯火辉煌中,仿佛时光倒流,重回那个辉煌灿烂的大唐时代。除了传统的逛街购物模式,大唐不夜城还巧妙融合了年轻人喜爱的"剧本杀"等娱乐与社交元素。精心设计的主题场景、扣人心弦的故事脚本,以及专业的演绎团队,与游客进行真实而深入地互动。这种创新的消费模式增加了游客的消费可能,延长了他们的停留时间,为游客创造了一种沉浸式的体验,留下了难以忘怀的记忆。在这里,历史文化不再是枯燥的文字记载,而是一场场生动的表演。游客可以与伟人、名人产生共鸣,体会他们的情感世界。演员们用真挚的情感与游客交流,将游客拉入戏中,共同演绎一个个动人的故事。这种以"场景"为核心的运营思维,从硬件空间到软件运营,都在不断地调整与优化,以满足游客的动态需求。随着Z世代的崛起,他们对沉浸体验和角色交互的热爱使得NPC(非玩家角色)在文旅场景中的地位日益提升。将NPC元素巧妙融入历史街区场景营造中,可以为游客带来更加丰富的体验。大唐不夜城的创新举措层出不穷,从表演到互动再到体验,都为游客带来了全新的愉悦感受。从"不倒翁小姐姐"的柔美身姿,到月舞长安、霓裳羽衣的华丽表演,再到丝路长歌、华灯太白的盛世景象,每一处都让人仿佛穿越千年,重回大唐盛世。大唐不夜城的新节目《盛唐密盒》是一种全新的"人文历史盲盒"类表演互动活动,通过"演艺+互动"的形式,让游客在娱乐中学习到知识,参与挑战并进行有趣的互动。这种即兴表演以"演艺+体验"的形式呈现,让游客在体验"拆盲盒"的乐趣的同时,也能深入了解中国的历史文化知识。

## (六) 涌现

涌现本义为从液体中浮出,而在汉语中,"涌现"更符合英语"emergence"词源之意——液体中的显现,引申为现出、显现、生成、露出。涌现不仅指显现的某一瞬间,更强调了发展的过程,揭示了事物从一个阶段到另一个阶段的渐进性演变。这一过程是动态的,在《涌现:从混沌到有序》中指出了涌现现象是在一个系统中,整体的行为和特性不仅仅是由各个部分简单相加得到的,而是通过部分之间的相互作用产生了新的模式和结构,通常是在多个要素组成系统后,系统在层次结构中表现出了系统组成前单个要素所不具有的新特性,这个性质并不存在于任何单个要素当中,而是系统在低层次构成高层次时才表现出来的。[①] 这种性质在构建系统的各个层次上都有所体现,这一概念在系统科学、复杂性理论等领域得到广泛应用,便于在构建过程中揭示事物的内在特性。整体呈现出连贯和衔接的特点,体现了阶段性和连续性的统一,表达了事物生命力的持续流动。涌现不仅是事物显现的表面现象,更是一个关于事物演变、发展、深层属性显现的动态过程,有助于理解和解释自然界和人类社会中的种种复杂现象。

人文环境新场景的涌现是指新场景在上述构建层级的影响下,出现了一些意想不到的、自发的、非线性的现象或效果,这些现象通常是由环境中不同元素的交互作用所引起的,而并非由主体直接规划和操控。涌现是在场景构建过程中出现的一种非常有趣而独特的要素,它打破了传统场景的预设框架,由于场景的建构必定将存在不可预测性,在与人的接触中,这种建构具有一种自主性和活力,进而

---

① 约翰·霍兰.涌现:从混沌到有序[M].陈禹,译.上海:上海科学技术出版社,2006.

让环境呈现出更加丰富和复杂的面貌。作为一种独特的现象,涌现能够为整个场景的体验带来无限的可能性和惊喜。可知观众在上述层级影响下已成为场景中的一部分,因此在这之后,他们的行为、互动和情感反应都会与场景中的其他元素产生交互,从而引发一系列的连锁反应。当他们进入场景进行活动时,由于个体的差异,他们之间的互动可能会引起群体行为,使得整个场景的氛围和动态发生巨大的变化,从而创造出全新的景象和效果。场景在影响活动的同时也被人塑造,通过固定人群的活动造就了新的元素标签及整体形象。涌现能够通过多种方式实现,着重于在体验方向上进行推动。最常见的如场景内固定人群的群体行为,此类人群在想法上有着相同点,因此,他们在场景中自然会进行同类型的系列主题活动。通过触摸、操作、对话等方式与场景中的元素进行交互,从而影响场景的发展和变化走向。由于固定人群在艺术化环境中的不断涌入和行为的展开,新场景中的元素开始相互碰撞、交融,激发出新的火花和创意,这些创意可能源自参与者的个人经历、文化背景或是情感反应,也增强了参与者与场景之间的情感联系。涌现在初期表现为一定的量变积累达成质变的叠加效果,到后期参与者数目更为庞大,开始更加积极地参与到场景的构建中来,每一次的涌现都将是一次新的创造。这种参与感和归属感让场景变得更加生动鲜活,它为场景注入了新的元素和能量,形成了独特的场景文化和社群精神,进而在原场景基础上产生新的价值体验,在不断地强化和传承中达到了其自身价值的升华。涌现是新场景发展到后期的一种非常有趣的要素,为场景带来了无限的自主可能性和活力。涌现让参与者得以更加积极地参与到场景的构建中来,与场景建立起更加深厚的情感联系。也是场景价值升华的重要体现,让场景在不断地演进中展现出更加深远的意义和价值。

无锡的运河艺术公园和《运河汇》是依托原有的河滨公园和钢厂旧址更新改造而成的。改造和活化不仅为当地居民和游客提供了一个艺术化的环境,而且随着固定人群的不断涌入和在此环境中的行为展开,新的场景元素开始相互碰撞和交融。原有的工业遗址被转化为展示当地艺术和文化的空间,吸引了众多艺术家、文化创意人士和游客,这些参与者的个人经历、文化背景和情感反应成为新创意的源泉,他们在公园中举办的艺术展览、文化活动和社区聚会,激发出新的火花和创意,增强了与场景之间的情感联系。《运河汇》则通过讲述运河的故事和演绎运河生活,进一步丰富了这一地区的文化氛围。随着时间的推移,参与到这一场景中的人数逐渐增多,他们不仅是观众,更是积极的建设者。每一次的艺术活动、每一次的社区聚会,都是对场景的一次新的创造,使得这个场景变得更加生动鲜活。这种参与感和归属感让运河艺术公园和《运河汇》的场景文化和社群精神得以形成和强化。在这个过程中,每个参与者都在不断地为场景注入新的元素和能量,形成了独特的价值体验。随着这种体验的不断强化和传承,场景本身的价值也得到了升华,成为无锡乃至更广区域文化生活的一个重要标志。

(七)自增长

自增长(self-propagation)最初为化学术语,指在共聚反应中,若是两种单体共聚就会产生两种链增长点,在此基础上的多种单体共同聚合形成聚合物时,会产生多个链的增长点。而这一概念的逐渐演变超越了化学领域,延伸出事物自身不断增长和发展的能力或趋势。《自增长:让每个用户都成为增长的深度参与者和积极驱动者》的核心观点是介绍一种被称为"自增长"的模式,它也被称作"用户自驱型增长"或"脑增长"。自增长模式强调用户在没有外部刺激的情况下,依靠内在动力来实现自发的增长和参与。[①] 自增长涵盖了事物自我适应和自我完善的过程,类似于生物学中细胞的自我更新(self-renewal),通过内部的机制和能力实现持续增长和进化。它具有适应环境改变的能力,通过调整结构、属性或行为使事物在发展过程中更加完善,有助于提高效率、优化结构并增强功能。同时自增长的概念还类似于迭代(iteration)和递归(recursion),前者指的是重复执行一系列的运算步骤,直到求得最终结果,特点是每一次迭代得到的结果都作为下一次迭代的初始值;[②]而后者则用自相似(当该集的任一个局部放大适当倍数后,它的形状将会和其原来的整体相一致)的方法进行重复,其在过程中存在链式及螺旋式的可能性,在发展过程中形成一种自我模仿或自我相似的特征,以该结构中的核心为基础进行递归扩展,进而在不断的递归中实现对自身的发展。自增长的概念不仅仅停留在特定领域,而是成为理解事物发展、演变和进化的通用框架。它强调了事物内部的动态平衡和不断变化,为自然、科技、社会等多个领域提供了一种有益的思考方式。

人文环境新场景的自增长表现在上述的构建层级持续不断的作用下,展现出一种内生性的动力。使场景不再需要外力的趋势更新迭代,其自身便可通过层级的迭代递归不断地涌现,用充满吸引力的场景以及最可辨识的形式,强化感知力,来进行认知及体验上的自我发展。这种动力源自场景内部元素的自我组织和自我优化,它们通

---

[①] 程志良.自增长:让每一个用户都成为增长的深度参与者和积极驱动者[M].北京:北京大学出版社,2022.
[②] 张晓宇.重而复之——从艺术表现方式谈作品中的重复[D].杭州:中国美术学院,2017.

过不断地交互和碰撞，激发出新的创意和可能性。自增长为场景提供了一种持续发展的路径，新场景创新过程所提供的情境与迭代算法所需要的条件相吻合，为自增长的实现提供了有力支持。这种契合使得场景中的元素能够在有限的手段下实现无限地使用，从而极大地提高了场景的灵活性和可扩展性。在自增长的作用下，场景中的元素能够自主地响应环境变化，通过自组织的方式形成特定的结构或形态。这种对环境因素的敏感反应和自适应能力，使得场景能够在不断变化的环境中保持稳定性和连续性，同时也不断地产生新的层级构建变化。其描绘不仅提高了感知的效果，使得主观感受得到强化，更让情境变得更加鲜明。并且带着认知上的感情色彩作用于感官，进而创造出更加有趣、独特和具有探索性的艺术体验。当场景达到自增长这一层级后，场景就实现了对发展构建随机性的有效约束。这种约束使得场景在一种自我组织、自我发展的过程中保持连续性，同时形成了确定的环节导向，这是一个连续性的滋生过程。这种导向使得场景能够在连续与离散之间找到平衡，逐渐变为共性与个性相融合的统一体。此外，自增长还体现了新场景的一种自我修复和自我完善的能力，不断完善自身的结构和功能，从而保持持续的稳定性和可靠性。新场景中的自增长是一种强大的内生动力，它推动着场景不断地进行自我更新和迭代。自增长使场景能够保持持续的活力和创新，更能够深化和丰富人们的感知和体验，为人们创造出一种更加有趣、独特和具有探索性的艺术世界。

哈尔滨通过人文经济的理解和运用，以及数字媒介和IP塑造，成功地将冰雪旅游打造成了一个持续吸引游客的目的地。这种模式满足了人们对美好生活的追求，通过社交媒体上的热门内容，如市民宠爱"南方小土豆""马铃薯公主"的故事，进一步增强了城市的吸引力和认知度。每个人都是内容的生产者、话题的传播者,因此可以实现指数级传播,传播动能要远远超过传统的旅游推介模式。未来,城市文旅需要顺应数字时代的传播趋势,推动打造全民参与的城市文旅新模式。深入街头巷尾、人人参与的全民文旅更加体现了"冰城"并不冰冷的城市温度。无论是传统文旅目的地还是新晋"网红"城市,要想从"出圈"走向"长红",就必须牢牢把握以人民为中心的发展思想,通过有创新性、有品质的文旅产品供给来活跃市场,以城市生活中的特色文化内容为核心,不断点燃城市"烟火气",通过搭建人文经济共生的"小场景",满足人民群众的"大需求",使人民的精神世界不断得到滋养,让创造城市财富的人文经济源泉充分涌流。

当人们被环境所吸引时,他们往往会自发地聚集在一起,形成所谓的"集群"现象。在集群中,焦点效应细分为几个方面:首先,某个"爆点"能够吸引人们的注意力;其次,跨界合作可积极地调节集群行为;最后,通过"场景"与特定模式的结合,形成一种特定的集群模式。为了深入分析集群行为,需要明确集群的目的和人们期望从中获得的价值。这种聚集往往是由感知触发并由认知引导的偶然事件。通过多感官维度,如视觉、听觉、触觉和嗅觉,进行辨识。这个过程包括感知、观察、分析和对比等多个阶段。在视觉辨识方面,可以通过多种方法来增强辨识效果,如增加标志和标识系统、运用色彩、设计图像、选择材质、组织空间和布局等。渲染的作用在于营造氛围,强化环境空间,并使环境内的信息更加突出。为了实现这一点,需要让叙事主题与空间融合,让参与者有身临其境的感觉,并通过物理感知和情感认知、场景互动和共鸣、多维度沉浸感以及虚实结合等方法,增强参与者的沉浸体验。

通过渲染,人们更深入地沉浸在环境中,这被称为"入境"。入境

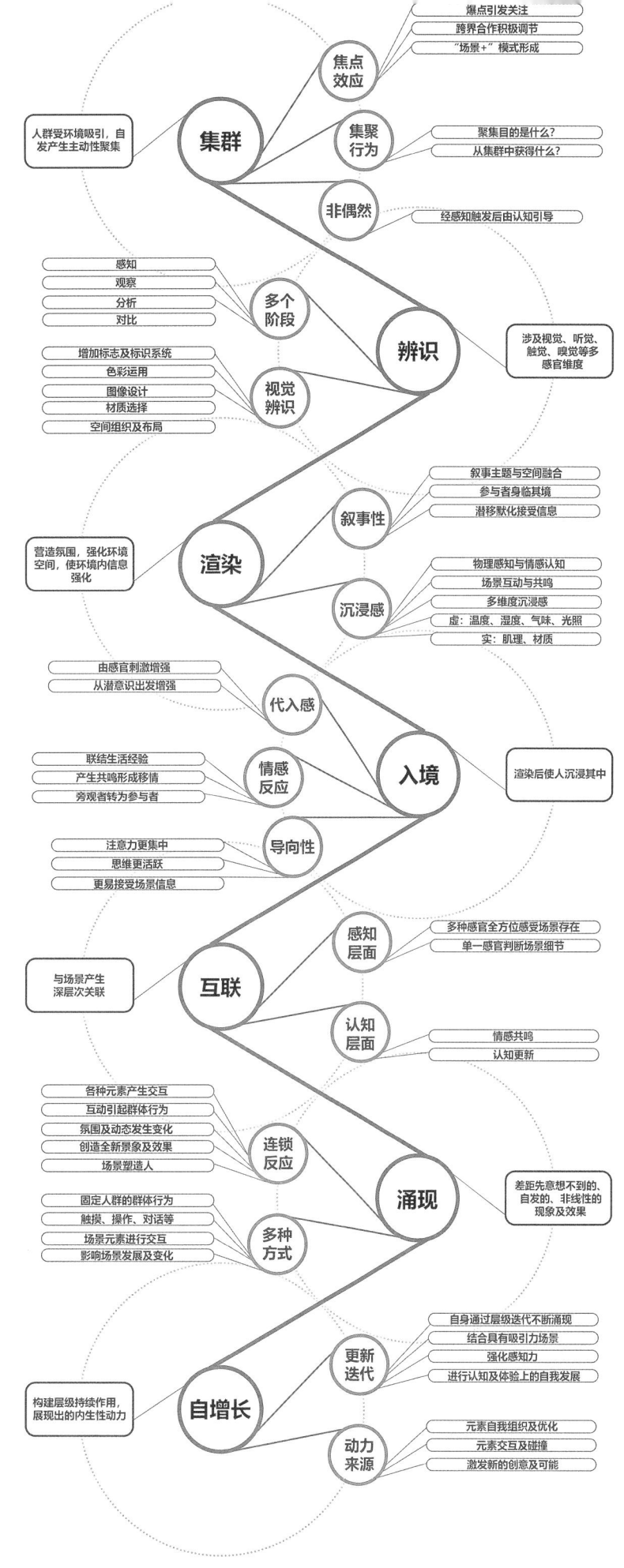

图 4-6 新场景层级构建路径结构图

能增强感官刺激和潜意识的代入感，连接生活经验，产生共鸣，从而将旁观者转变为参与者，激发情感反应。为了实现这一点，需要有导向性，以让人们集中注意力、活跃思维，并更容易接受场景信息。要与场景建立更深层次的联系，需要在感知层面上全方位地感受场景的存在，同时在认知层面上实现情感共鸣和认知更新。这种互动可以产生意想不到的、自发的、非线性的现象和效果，我们称之为"涌现"。复杂的事物是由小而简单的事物发展而来的，而这正是涌现现象的特征。涌现现象产生的根本原因在于，事物各组成部分之间相互作用产生的复杂性，远非个体行为的叠加可以相比，也就是我们常说的"整体大于部分之和"[①]。元素之间的交互进一步引起群体行为，改变空间氛围和动态，从而创造出全新的景象和效果，实现场景对人的塑造。为了达到这样的效果，可以通过固定人群的群体行为，如触摸、操作、对话等，与场景元素进行交互，影响场景的发展和变化。通过前面提到的种种效果，最终构建出一种层级持续作用的内生性动力，即自增长。这种自增长的动力来源于元素的自我组织和优化，以及元素间的交互和碰撞，由此会激发新的创意和可能性。

新场景层级构建路径中的集群、辨识、渲染、入境、互联、涌现和自增长七个要点，共同构成了一个相互依存、相互促进的综合框架。集群作为基础，推动个体因共同目标而聚集，为人文环境提供社会动力。辨识和渲染通过增强场景的可识别性和视觉吸引力，加深人们对环境的认知和情感联结。入境和互联则进一步促进人们的深度参与和社会互动，强化了个体之间的联系。涌现作为自发性和非线性的现象，为场景带来创新和活力，而自增长则确保了场景能够自我更

---

① 约翰·霍兰德.涌现：从混沌到有序[M].陈禹，方美琪，译.杭州：浙江教育出版社，2022.

新和适应环境变化,维持其持续发展。这一连贯的过程不仅满足了人们的需求和期望,还激发了创造力,推动了社会的整体进步。

## 第三节 新场景构建的类型

### 一、基于多维思考的自然场景

自然场景是自然界中未经人为改变或干预的环境和景色,包括山脉、河流、海洋、丛林、沙漠等。自然场景具有多样性,每个场景都有自己独特的特点和氛围。山脉壮丽而高远,让人感受到自然的伟大和壮美;河流则让人联想到生命的流动,让人感受到一种宁静、和谐的氛围;丛林则带来探险的刺激感,让人感受到自然的神秘和丰富。这些场景拥有的自然特征和美感能够引发人们欣赏和体验的愿望,为人们提供一个舒适、自然的休闲空间。

新场景中的自然场景通过实现自然生态系统中的各种场景来创造出真实的自然环境,让人们在其中获得身临其境的感受。它以自然风光和动植物为主要元素,力图打造出一幅逼真、和谐的自然图景。在过去,这大多指城市中的"自然"即各种仿生仿象,这是一种高强度的人工化场景,主要是通过仿生设计进行仿生原型的选择和耦合,在此基础上再进行相关的可视化设计。仿生艺术设计具有一定的物质技术性并符合客观规律之真,但大多数难以满足观赏要求并达到赏心悦目之美,从而走向了为形式而生而非以需求为导向。如今的新自然场景更多强调放大自然的自身属性,突出原生生态自循环的强自然观念。在场景构建中融入自然感知,以放大自然自身属性,形成强自然、弱人工介入的新场景。与感性认识相联系,以人为中心来沟通、统一，升华为真、善、美对立统一的三位一体，使人和时空环境信息之间的关系变得融洽。自然场景需体现合目的性的美学意义，将生态转变为实际可互动的体验，如类似花园香薰疗愈等触觉、嗅觉、视觉、味觉、听觉的感官体验方向，帮助实现某种障碍的消融，由接受式的疏离场景转向主动接近式的亲近场景，这拓宽了人们对于审美感受的感知方式。自然场景中的形态往往是生态平衡和可持续性的产物，而当下的必要的仿生需要做到有所取舍，引入更为环保和可持续的解决方案。我们应学习其优良的结构和形态，把造型、结构放在主导和支配地位，参考自然生态系统的规律和原则，对于自然景致中的精华部分进行转换，最终达到可持续性要求之下更加符合自然法则和生态平衡要求的场景。

### （一）自然场景的形态仿生

自然场景的形态仿生是环境艺术设计的一种创意手法，通过观察和模仿自然界中的形态、结构和功能并将这些元素应用到设计中，出于功能性以及美学倾向的考量，旨在借鉴自然之美和效率，以创造更为可持续、高效和具有吸引力的设计。在功能方面，仿生的形态如植物的纹理、生长结构等，是经过自然界漫长进化得出的结果，具有很强的适应性，因此天然便具有高效的功能和合理性，能够最大限度地提高场景使用效率，实现轻量化、高效能和稳定性。在美学的考量上，形态仿生包含独特的美学。自然界中的生物形态经过亿万年的进化，已经达到了高度的和谐与美感。这种美感来源于形态与自然环境的完美融合，以及生物形态本身所具有的优雅、力量和动态。将这些美学元素融入设计中，可以使场景更具人文关怀及吸引力。同时，自然场景中的形态仿生还包含了丰富的创意性元素，作为生命的象征，它们在生长、运动和变化中展现出一种动态的美感。仿生设计能够将这些功能性元素引入产品或建筑设计中，能够提高其性能和适应性，使设计作品更加具有人文关怀和生命意识，引发人们对于生命和自然的思考和感悟。

加拿大多伦多的"BCE Place"商业综合体是一项将结构与造型美感完美融合的经典设计，它展现了西班牙建筑师卡拉特拉瓦（Calatrava）在结构仿生学领域的杰出才华。卡拉特拉瓦深受自然形态的启发，特别是对植物形态有深入的研究。在设计时充分考虑到城市结构的特殊性，卡拉特拉瓦提议于一条长达130米的宽阔区域内构建一条购物长廊。他精心规划了一个内部高耸、排列着27米高抛物线形白色拱柱廊的空间。这些拱柱廊的设计构想主要源自树干分叉的形状，把现代城市的设计观念与卡拉特拉瓦对结构的钟爱相融合，完美地融入维多利亚风格的拱廊设计当中，造就了令人惊叹的艺术成效。在长长的拱廊内部，每一侧均由若干根粗壮的钢柱支撑。这些钢柱从中间部位开始分叉，延伸一段距离后再度分叉，形成诸多细密的小枝丫。这些枝丫在27米高的走廊顶棚汇聚成横跨14米的抛物线形穹顶，宛如一片由参天大树构成的原始森林在高处绵延不绝，构成了一片汹涌澎湃的"叶浪"。这种类似于树干分叉的生长纹理和树枝有规律的分叉架构，从一个点或者几个点朝空间伸展，树杈顶端和屋面结构相互连接，组成了整体的受力体系。原本简单的抛物线拱结构转变为树状结构，顶部的曲线结构相互交织成一片流动的形态，让树木的形状更为突出。透明的玻璃下呈现出一种"森林"的视觉效果，让人仿佛置身于自然之中。值得一提的是，这个结构中的一些钢架形成了尖锐的角度。卡拉特拉瓦运用新时代的钢结构技术重新诠释了经典的历史风格，形态的仿生将古典与现代完美融合。

### (二) 自然场景的抽象概括

自然场景的抽象概括是指通过思维转换，从复杂、丰富的自然环境中提取关键特征和信息，形成对自然场景的高度概括性认识。在自然场景中，抽象概括是一种很重要的设计手法，包括对现实场景或概念设计模型的抽象。这种抽象概括能力有助于更好地理解业务的运转问题和规律，从而设计出更符合需求的产品。在景观设计中，设计师通过概括手法将区域文化风貌抽象植入设计之中，是对场景重要信息的概括、说明和表达，包括对自然山水或是区域文化等因素进行抽象，提炼出具有独特特征的设计元素。自然场景的抽象概括是一种跨学科的思维方法，为创新和解决问题提供了重要的方法，使人们能够更好地理解和利用复杂的自然环境。

在瑞士梅林公园中，位于被称为布丁学校（École des Boudines）区域的雕塑景观"褶皱的童年"（L'enfance du pli）展示了一幅具有纪念性和深远意义的画面，其占地面积达 2 600 平方米。这座雕塑景观的形式是对侏罗山脉景观形成的力量的独特诠释。通过艺术和土木工程的结合，它将普通材料从公路和高速公路转移到花园艺术品中，创造了一个与日常空间形式迥异的独特场所。该项目位于公园和建筑之间，以及建筑与景观之间，对公共空间和景观艺术作为一种艺术作品的地位提出了疑问。它将景观的概念视为创作的行为，使景观本身成为可能的艺术作品。从高处俯瞰，这个雕塑景观呈现出一幅梦幻般的画面，生动描绘了侏罗山脉的褶皱和起伏的景观。这是一组可以移动的形状和节奏，所展现出的空间的褶皱为孩子们提供了一种曲线的物理体验，以及在褶皱的地板空间中发生的各种情景。由近及远，观者可以看到童年褶皱，这是一幅引导人们进入浩瀚天空、越过日内瓦峡谷和侏罗山脉的梦幻画面。这座雕塑景观不仅是形式上的独特之作,更是一场引人入胜的身临其境的艺术体验,让观者可以通过褶皱的曲线感受到自然之美。

### (三)自然场景的微缩再现

自然场景的微缩再现是一种通过精巧的手工艺或技术手段,以小比例的方式在空间内精确而生动地呈现自然景观的艺术形式,这一趋势在近年来逐渐兴起。这种微缩再现包括微缩景观、植物微缩造景等,旨在通过缩小比例、精心设计和制作,通过概括、凝练的语言,让观者在有限的空间中感受到自然场景的美妙和独特。它们不仅是对自然场景的简单模仿,更是对自然之美的提炼和升华。它能够让人们在小空间中感受到广阔的自然美景,同时激发人们对自然环境的保护和尊重。微缩再现的自然场景能够实现以小见大,通过巧妙的手法,用无声的语言成就自然场景的再现,展现对自然的独特理解。通常以自然生态为主题,制作微缩的山水、建筑、街道等,将美好浓缩于有限的空间。它是一种更深层次地对自然的敬畏与理解的表达,促进了跨学科的交流和合作,往往成为教育和启发的媒介,特别在城市化的背景下,为人们提供了一种与自然重新连接起来的方式。自然场景的微缩再现在艺术和设计领域的丰富应用,是一种艺术表达方式和创意的娱乐形式。微缩再现通过小尺寸的作品传递出丰富的信息和情感。这种形式的艺术不仅为观众提供了新奇的视觉体验,也展现了创作者对细节和精湛技艺的追求。自然场景的微缩再现是一种人与自然和谐共生的愿景的体现,通过微缩景观,我们得以更加便利地一窥自然的奥秘,感受其力量与美丽,进而更加珍惜和尊重我们所生活的这个星球。

莫纳什大学地球科学园的设计灵感源自澳大利亚维多利亚州独特的地质风貌。该园与地球科学领域的专家紧密合作,通过微缩仿真的手法将地质学的精髓巧妙地融入景观设计之中，为学生们提供了一种更为直观和生动的学习方式，以深入探索地质学、自然地理学和大气科学的奥秘。设计师摒弃了传统的几何构图，转而采用岩石作为媒介，将多种地貌特征巧妙地融合在一起。园中巧妙地融入了区域地貌图、海岸线卫星图像以及城市河流形态等元素，共同构筑起一个宏伟且细腻的大地景观。园内收藏了超过500块精心挑选的岩石标本，它们按照当地的地质特征和地理形态排列，仿佛是一座嵌入大学校园的地质博物馆。这种布局不仅展示了每块岩石标本的独特之处，更重要的是揭示了它们与地貌形态以及塑造景观的自然力量之间的深刻联系。这些岩石和地貌本身就构成了一种质朴而引人入胜的空间感。园区的植被同样来源于当地的生态区域，通过与岩石的有机结合，呈现出一种和谐共生的自然景观。这种种植方式不仅讲述了植物的生长历史、原产地及其与土壤的紧密关系，更进一步反映了维多利亚州独特的自然环境条件。

## 二、基于多维思考的历史场景

历史场景是对于历史的场所化，呈现了特定时期和地域内所存在的具体历史事件、文化遗产和社会背景，反映了特定时代的社会、政治、经济和文化特征。作为文化遗产的一部分，历史场景代表着人类历史上的重要事件和成就，与当时的社会制度、社会结构、社会关系等密切相关，其本身概念关注对文化遗产的保护、研究和传承，以及对其价值和意义的认识。

人文环境的历史场景以历史文化和建筑为主要元素，通过形式沿革、氛围营造、符号表达等方式呈现，使文化得以传承。过去的历史场景多以旅游中的某一区域专门设置，形式较为单一。然而，如今的历史新场景更多的是生动地穿梭于生活之中,使参与者能够更加轻松地接触历史文化,处处皆文脉。历时是空间的历史脉络,承载着历史记忆,因此更需要做到场景中合适的历史编排。大众通过日常的历史场景和文化积累,将以一种自然的体验方式实现对于文化的认同与传承,而非固定化的单一视觉感知,帮助人们重新认识和体验历史,与过去的文化遗产建立联系和对话。

## (一) 历史文脉与记忆

历史文脉与记忆是指特定地区或社会在过去的时间内所形成的文化、风俗、传统和历史事件等的积淀,是个体或集体对过去事件的感知和保留,也是社会历史经验的重要组成部分。文脉(context)一词,在韦氏大词典中被解释为"使词语和段落意义更加清楚的语境、上下文",还有"环境"(environment)、"背景"(setting)之意。美国人类学家艾尔弗内德·克罗伯(Alfred Kroeber)和克莱德·克拉柯亨(Clyde Kluckhorn)指出:"文化是包括各种外显或内隐的行为模式,它借符号之使用而被学到或传授,并构成人类群体的出色成就。"[1]

环境艺术新场景的历史文脉与记忆是连接过去与现在的纽带,在历史场景中不断被提及,共同构建了设计中的文化记忆。在新场景中,艺术设计可以融入文脉的元素,如传统建筑样式、古老的工艺技巧、民俗节日等,以展现地域特色和文化传承。这样设计出的历史新场景对内包含了特有的文化传承和认同,传达出深层的社会信息,当地居民以此来确认自身的文化身份,形成历史记忆与情感的紧密

---

[1] Alfred Louis Kroeber, Clyde Kluckhorn. Culture: A Critical Review of Concepts and Definitions[M]. Papers of the Peabody Museum of American Archaeology and Ethnology, Harvard University Volume 47, No. 1. White Plains: Kraus Reprint Co., 1952.

连接,进而引发广泛的共鸣。历史新场景则展示了与其他地区不同的历史文脉,展现出多样性,使观赏者在欣赏作品时感受到历史的渊源和传统的魅力。历史文脉与记忆能成为教育的工具,历史事件、人物和文化发展能够传达信息,增加历史厚度和文化内涵,在场景中记忆的重现通过历史照片、文字记载、旧物复原等方式呈现,给人以角色化代入感,形成历史场景的入境效果。观众仿佛被带到了曾经的那个时代,一同经历岁月波澜,有助于启发人们对当地文脉的兴趣并帮助人们理解。

在故宫博物院举办的"紫禁城上元之夜"中,观众得以从历史文化的重现中领略到一个别样的紫禁城。随着夜幕低垂,华灯初上,这座古老的宫殿群在灯光的映照下展现了曾经有过的别样风采。建筑的投影将柔光洒落在紫禁城的殿宇屋顶上,使得每一块砖瓦都仿佛被赋予了生命。南三所、九龙壁和宁寿宫等标志性建筑在光影的交织中若隐若现,如同穿越时空的幽灵,讲述着过去的故事。畅音阁上,戏曲表演正在上演。在这里,传统与现代交织,历史与现实碰撞,共同演绎着文化的传承与发展。在沉浸式体验方面,故宫博物院别出心裁地将《清明上河图》中的热闹场景分段投影在东南端城墙内侧的屋顶上。这些生动的画面与古老的建筑相得益彰,为观众呈现出一个既熟悉又陌生的世界。城墙上的音响组播放着根据画作制作的背景音效,摇橹声、叫卖声、街景行人的交谈声此起彼伏,仿佛将人们带回了繁华的宋代。投影作品位于神武门东城墙段内侧的一整排屋顶上,青绿色的金碧柔光洒落下来,使整个屋顶都笼罩在一片梦幻的氛围中。伴随着婉转隽永的音乐,观众仿佛置身于一个既磅礴大气又充满雅致的世界之中。除了视觉上的享受,故宫博物院还充分利用古代文献和书法艺术,为活动注入了丰富的文化内涵。以在神武门宫墙上投影的上元诗为例，红色的墙壁与白色的字迹形成了鲜明的对比，在月光灯影的映衬下更增添了几分诗意。这些诗句不仅是对古代文化的传承和展示，更是对现代人心灵的一次洗礼和启迪。整个"紫禁城上元之夜"活动无疑是一场充满艺术与历史底蕴的视听盛宴，观众欣赏到美丽的景色和精彩的表演，感受到古老文化的独特魅力和生生不息的传承力量。

### （二）历史事件和节点的情景再现

历史事件和节点的情景再现作为一种独特的历史场景创作手法，通过对特定事件和节点的细致描绘和生动还原，为观众提供了一个直观感知历史的窗口。这种再现方式不仅局限于单一的叙述手法或视角，而是综合运用了多元化的叙述视角、纪实文献的叙事手法等多种方式，从而构建出一个丰富多彩、层次分明的历史画卷。在情景再现的过程中，具体的情境再现通过布景、道具的运用，实现对于历史场景的部分再现。通过精心设计的布景和逼真的道具，实现对历史场景的部分或全面再现，营造出一种仿佛置身于历史事件发生现场的感觉。观众在这样的环境中，能够更加深入地感受到历史事件所带来的氛围和情境，从而增强对历史的感知和理解。多元的叙述视角是情景再现中的又一重要元素。这种视角的多样性体现在既可以站在历史大局的高度，从宏观层面揭示事件的来龙去脉，又可以深入个体人物的内心世界，展现他们的思想、情感和动机。例如，专家解说、见证人口述等方式，为观众呈现出同一历史事件的多个侧面和细节，使得历史场景变得更加立体和丰满。纪实文献的叙事手法则为情景再现提供了坚实的史料支撑。通过引用和分析历史文献、档案资料等珍贵材料，还原历史事件的背景原貌，揭示事件的真相和本质。这种手法的运用不仅增强了情景再现的可信度和说服力，也使得观众能够在了解历史事实的基础上,更加深入地思考和探讨历史的意义和价值。新场景还要求进行体验式活动的转化,这也是情景再现的一种创新方式。通过增加相关故事线的角色扮演等活动,观众可以亲身参与其中,以某个特定的身份体验历史事件的发生过程。历史事件和节点的情景再现通过综合运用多种手法和方式,呈现出一个真实、生动且富有感染力的历史场景。这种再现方式有助于填补历史场景中对于人物入境及互动方面的不足,增强观众的沉浸感和代入感,让他们身临其境地感受那个时代的风貌和气息。同时,情景再现也作为一种有效的历史教育方式,激发出观众对历史的兴趣和热爱,引导他们更加深入地思考和探讨历史的意义和价值。

瑞典斯德哥尔摩的斯坎森露天博物馆,自1891年10月落成之日起,便被誉为世界首家露天博物馆。这座博物馆的诞生源于创始人亚瑟·哈兹里乌斯(Arthur Hazelius)的宏伟愿景,他希望将瑞典各地在工业时代来临前的风貌和生活方式完美地呈现出来。博物馆的核心特色在于展示了150多个从瑞典各地精心迁移过来的农家、教会等建筑物。这些建筑物不仅代表了瑞典的传统和文化,更是一段段历史的见证者。它们中有15栋是从斯德哥尔摩旧市区迁移过来的传统店铺和手工作坊,有83栋则是从瑞典圣地迁移过来的各个不同时期的农舍。除此之外,还有教堂、钟楼、风车等各种建筑30余栋,每栋都有其独特的故事和历史背景。斯坎森露天博物馆的藏品和展览特点鲜明,主要以近代农业经济为主题,注重复原陈列。这些建筑物不仅展现了瑞典的历史风貌,更是对瑞典民族生活、文化和传统的生动再现。为了确保每个时期的建筑风貌都能得到真实呈现,所有建筑都经过精心修复,严格按照原状进行复原陈列。穿着民族传统服装的工作人员"生活"在这种特定环境中,让人仿佛穿越时空,置身于那个时代。这种独特的展示方式使得斯坎森露天博物馆成为充满活力和时代感的场所,为游客提供了一次难忘的历史之旅。

### (三) 历史演进过程的概括

历史演进过程的概括不仅是对过去的简单回顾,更是一个深入挖掘和理解历史发展脉络的过程。它涉及社会、经济、文化等多个维度的变化,这些变化相互交织,共同推动着历史的进程。在时间上,历史演进过程涵盖了各个历史阶段的关键时刻、演变过程以及发展趋势,从而为我们提供了一个宏观而全面的历史视角。这种概括通过多种方式从不同层面和角度进行展现,具体的表现形式取决于历史背景和场景特点,既有平铺直叙,也有重点说明——表现为一系列精确的时间线和事件列表,帮助我们清晰地把握历史发展的脉络;或是通过深入剖析某个特定历史时期的社会结构、经济形态和文化特征,让我们更加深入地理解那个时代的风貌。

人文环境新场景的历史演进过程需要我们从多个角度出发,全方位地挖掘和整理历史资料,深入剖析各个历史阶段的特点和内在联系。要真正实现历史演进过程的全面概括并非易事,需要在场景布置中精心转译文化符号,将复杂的历史过程以直观、生动的方式呈现给观众。只有这样,我们才能真正做到让历史"活"起来,让观众在参观中不仅获得知识,更能感受到历史的魅力和文化的力量。具体实现往往从社会文化方面入手,以"抓整体"和"抓重点"两种方式进行,即以整体时间轴或是重点事件来进行概括。整体时间轴概括强调从多方位、全面地进行呈现,展示了演进的多样性和复杂性。如展现不同时期的规划布局、街道格局的演变进程,以此来体现历史中的区域发展和变革;不同时期的生活用品、服饰、家居装饰等,以此来呈现人们在不同历史时期的生活方式和文化;展示不同历史时期的风俗习惯、传统节庆等,使观众了解社会在历史演进中的文化变迁。重点事件概括则更侧重于标志性、代表性地呈现,帮助观众快速了解时代特征。这需要以某些重要人物的重大历史事件作为要点,利用文字、影像、音频等媒体展示技术来讲述历史故事,展示历史事件、重要人物或社会运动,使人们更加亲近和理解历史人物的生平和贡献。总而言之,通过历史演进过程的概括方式,历史场景得以更加形象地呈现出来,使观众能够身临其境地感受到历史的沧桑变迁,从而更好地理解和珍视过去的文化、经验。

在广州炮台遗存历史公园,整体设计巧妙地结合了炮台的历史遗迹和史料展示,成功实现了历史演进过程的概括。该项目入口位于半山腰的十字路口,采用当地的石料和不锈钢板建造了一个垒石墙,作为整个历史公园的标志性入口。在建造石墙时,采用钢笼之中砌石的方法,为石墙带来了多变的形态。耐候钢与石料的搭配,使得大门散发出沉稳的历史韵味。道路的两旁布置着丰富的展览,其主要展现的是和炮台有关的近现代历史。为了使游客能够维持对道路两侧自然环境的关注,设计团队别出心裁地运用了一系列随机带有穿孔的耐候钢板。将展览的内容印在半透明的亚克力板上,借助铆钉固定于穿孔耐候钢板处,通过模数的把控,对展览的内容进行调整,设计团队着重考虑如何融入当地环境,并展现历史的厚重感。在材质选择上,他们希望设计能够与环境相融合,同时体现历史的庄重。过于张扬、个性化的设计虽然独特,但并不适合这个严肃的场所。在建造方式上,设计团队秉持保护历史遗址的原则,采用了轻巧的改造方式。这样既保留了原有建筑的结构和风格,又为未来的改建提供了更多的可能性和可逆性。整个广州炮台遗存历史公园的设计不仅展现了历史的厚重和庄严,也融入了现代的元素和技术,实现了传统与现代的完美结合。

## 三、基于多维思考的生活化场景

生活化场景是人们周边的日常环境，是互相交流、展开活动的场所，作为人们生活中不可或缺的一部分，是情感的寄托和记忆的载体。这些场景通常与个人的生活、工作和社交密切相关，可以是社区、街区、里弄等具有邻里亲和力和亲近感的地方。生活化场景之所以容易引起人们的情感共鸣，是因为它们承载着我们的故事和经历，见证了我们的成长，以及与亲近之人的联系和互动。生活化场景不仅帮助我们洞察到社会的变迁、文化的传承，还能够帮助我们发现社交的多样性。

人文环境新场景的生活化场景包括市井生活、衣食住行、人行百态、家庭氛围、朋友聚会、传统节日和传统语言等多个方面，强调将现实生活中的日常元素或活动融入场景，以打破传统的艺术与生活的界限，使其不再是设计师的独奏，而是一个与观赏者共同参与的生活剧场。凯文·林奇（Kevin Lynch）曾指出"人通过展开活动与环境和他人发生联系"，生活化场景致力于促进人们与所处环境间的紧密联系，将艺术与日常生活相结合。通常会运用大量具有真实性和亲切感的日常元素和符号，如人们熟悉的城市景观、家庭场景、自然景色等，使得场景更加贴近日常，让人们体验到一种融入生活的感觉。生活化场景也随着时代的变迁有了新的变化，必将继续丰富过去的旧生活化场景，给社会带来更多的文化内涵和价值。生活场景中的环境对个人生活质量和幸福感都有着深刻的影响，并由此构成社会公共生活的一部分。公共开放空间在设计时应考虑到扩大个人选择的范围的功能，让使用者能够在其中找到自己的生活影子，提供更多体验的机会,给使用者更多对环境的掌握力,以此来使观赏者增加对场景的认同和喜爱。活动是空间最引人入胜的因素,要创造出良好有活力的空间效果,促进人们对新事物的接纳。这需要设计多种活动类型的公共开敞空间,并透过空间的开放,使社会各阶层人们相混合,强化生活环境的意象。

**(一) 从市井群居到社区生活**

市井群居形容一群人聚居在繁华的城市商业区里,他们的生活充满了喧嚣和繁忙,代表的是有着亲密烟火气息的环境。市井指城市中的商业和居民区;群居一词出自《汉书·货殖传》,意为"街巷市民,混杂居住",也可以引申为"泛指城市里的各色人等,各式店铺"。这种环境的特点是人口众多、文化多样、生活节奏快、交通便利,但也存在着噪声大、环境拥挤等问题。社区生活是指居住在某一特定地区的人们所组成的社会生活,居民在地理空间上相对集中,涵盖了居住、工作、社交、娱乐等基本需求的各个方面,形成了具有一定规模的地域共同体。同时作为一种社会现象,居民在社区中通过各种社会活动相互交往、互动,形成了复杂的社会关系。市井群居和社区生活都是对人类群居本能的体现,市井群居表现的是传统的城市居民混杂居住的状态,而社区生活则是在现代城市规划和管理下形成的相对独立、有序的生活区域。随着城市人口不断增加,为了满足居民的基本生活需求,城市进行分区规划和管理,形成了各种类型的社区。

从市井群居到社区生活作为城市化进程中一种重要的社会现象,表现的是对社交需求和生活品质的追求,人们希望共同建构一个丰富而有意义的生活空间,在物理聚落之上建立更深层次的联系。但从核心上来说,两者强调的都是普通人的日常经历和日常活动,指日常生活中人们的衣、食、住、行等。但当下的社区生活建筑更加强调物理空间的围合，墙体不仅分隔了空间，还构筑了社区的界面。人们在社区中的关系被物理分割，联系被迫疏远，人们渴望在社区中找到志同道合且有趣的人，会更加向往老城区中市井生活的丰富多彩。因此在生活化新场景中，需要以一种更贴近人们的日常生活、更具有亲和力的方式来实现这种情感诉求。人们在新场景的期望上希望内容能保留市井的烟火气，但形式需要是现代社区的。在各种社交软件上，年轻人热衷于打卡老城区风貌，探寻那些藏在街角中的小店、夜市。在老城区，人们的日常活动、社交互动、生活方式都有着独特的特点，形成了浓厚的市井文化氛围。在描绘老城区的市井生活场景时，捕捉其中的细节和情感，可以展现出城市的人文魅力，而这种实实在在的烟火气息正是过去生活化场景所缺乏的。以多维度的丰富元素呈现出老城区独特的氛围和特点，创造出具有浓郁地方特色的生活文化氛围，使观众感受到市井生活的魅力和活力，唤起观众对生活的共鸣，让人们重新认识和关注这些平凡但美好的瞬间。在社区生活中，居民是主体，他们通过各种方式参与社区的规划、建设和管理，形成了一种新型的社会组织形式。社区生活的基础设施和公共设施不断完善，社区所提供的设施已成为人们日常生活的重要一部分，包括住宅、道路、公园、学校、医院等，这些设施为居民提供了便利的生活条件。社区是一个精神层面上相知有素的族群，居民之间的社会关系网络化形成了一种新型的社会关系，这种关系通过各种方式进行维护和拓展，与周围环境和社区进行互动。在文化方面，过去的市井生活导向的是一种更为单一化的市井文化遗产，而当前的社区生活中的文化呈现出多元化趋势。生活化新场景要求两者的融合，在保留一座城市的市井历史文化和人文价值的同时，也能够让不同地区、不同民族、不同背景的居民在社区中相互交流、融合，形成丰富多彩的文化氛围。

香港中环街市作为一个存在了180年的老菜场,也正在寻找其自身的突破及改变。为了寻找新的方向,街市通过街市活化计划,旨在通过"亲、动、融"的主题设计,为街市注入活力。"亲"的主题旨在消除不同人群之间的隔阂,让全年龄段基础上的居民和游客都能更加亲近这个历史悠久的街市。为了实现这一目标,街市的设计师们将过去的集市老物件、改造过程中的步骤和进程,通过实物、模型或书籍的方式展示出来。这种博物馆的设计不仅让人们有机会近距离接触和了解中环街市的历史和文化,还为街市增添了一份独特的人文气息。在形式设计上,街市同样体现了"动"和"融"的主题。其本身的菜市场的属性使其成为强流动性的空间,让新来的人们都能在这里找到属于自己的一份温情。艺术家们以人性化的设计理念,将各种创意元素融入,让街市变得更加生动有趣。通过这样的设计理念和实施方式,中环街市不仅保持了其菜市场的传统功能,还成为一个集文化、历史、艺术和现代生活于一体的综合性场所。

### (二) 平淡且有规律的日常生活

日常生活是指大部分人目前所有的一种平淡且有规律的现代化生活状态,作为一种常态化行为,它涵盖了日常活动、习惯、行为以及与之相关的环境、社会互动等,通常是人们生活中不可或缺的主要部分,对个体和社会来说都至关重要。日常生活构建起人们的社会关系,习惯和惯例在一定程度上规定了人们的行为方式和生活方式。

人文环境新场景的日常生活与特定的环境空间紧密相连,场景常发生于家庭、社区、工作场所等地。考虑到居民日常习惯和偏好,营造出绿色、开放、舒适的环境,能够显著提高居民的生活质量和幸福感。设计师将日常活动空间作为创作的灵感来源,通过描绘日常生活场景、创造日常生活中的元素和符号，表达日常中的情感体验。让经年累月具有重复性和预测性的日常生活以新方式再现，由此引发观众对日常生活的思考，让人们重新审视平凡的生活，唤起人们对平凡的重视和赞美，发现其中的美好和深刻。

香港北角的"小街坊"创意社区空间，经过重新升级改造，完美地叙述了北角历史街区从过去到今天的变迁。这个富有创意的空间深深扎根于北角的土壤，专为北角而打造。它不仅仅是一个可供欣赏的艺术装置，更重要的是，它真正满足了社区对公共空间的需求，紧密地连接了整个社区。北角这个充满共同回忆的地方，同时也交织着各种不同的社群。在经历着城市空间和社会状况的急剧转变的同时，这里也保留着独特的社区温度。在改造的过程中，设计团队深入社区，对北角的历史进行了深入研究。他们发现，北角公众码头是北角为数不多的公共空间之一。无论是当地居民还是其他市民，都热衷于在这里进行各种活动，如钓鱼、锻炼、约会等，这里尤其受到老年人的喜爱。由于在这里经常有停留的动作，许多街坊都会带着自家的椅子来这里共享。设计团队从北角的各个家庭、店铺和机构收集了二手家具，经过重新设计和改造后，供市民们体验和使用。这些家具与传统的固定式长凳不同，它们可以根据每个人的喜好来移动和摆放，提供了更多的自主性和便利性。改造后的家具既保留了原有家具的色彩和历史痕迹，又增添了一份新的创意和活力。有的椅子是由学校的椅子改装而成，摇摇椅则是利用有机玻璃制成的"新衣"，而老式的麻将桌则是通过有机玻璃连接件安装在现有的长凳上的。这些设计不仅让街坊们能够一起回忆往事，同时也保留了每件家具本身的故事和记忆。为了使街坊们更深入地了解这些家具背后的故事，设计团队还为每件作品嵌入了二维码。通过扫描二维码，街坊们可以听到各种有趣的故事片段。最终的设计成果就像一个户外的城市客厅，汇聚了各种社区元素和再利用旧设施的创新做法。"小街坊"通过创意艺术作品，成功地连接了新旧居民，增强了居民对公共空间的认知，展现了北角独特的地域魅力。它不仅营造了强烈的社区归属感，还激发了居民的文化公民意识和自发的社区营造精神。

### （三）人行百态

人行百态来源于中国古代文学，见于《史记·留侯世家》中的"人行百里者半九十"，后来引申为形容人们的种种状态。用于形容人们在日常生活中所展现出的各种不同状态、情感和表现，它强调人类社会的多样性和复杂性，每个人都有着不同的生活经历、情感体验和行为表现，这些不同的状态和表现共同构成了丰富多彩的人类社会。

人文环境新场景的人行百态体现通过场景的设计和布局，创造出表现不同人们在不同场景下的情感、心境和姿态的公共空间，展现出人类社会的多样性和丰富性，让观众感受到人类生活的多彩和美妙。这种场景中的主要议题或是说特性是可变性以及包容性，强调让各种状态下的人们都能够在空间内舒适自由地使用。例如，在城市公园和广场这种开放式生活场景中，可以设置长椅、露天音乐舞台、图书馆等多种具有互动性的元素，吸引人们的停留和交流。同时，通过艺术装置、雕塑等方式，可以增加公共空间的文化内涵和视觉吸引力。

"青岛微巢"市民共享的城市家具是由微巢建筑设计事务所倡议的公益社区建造实践项目。在当下城市从增量发展向存量升级转变的背景下，此项目为市民打造了可共享的城市家具，总体目标是探索人行群体互动交融的多种方式。城市公共设施关注社会中人群的多样性问题，不仅考虑被服务者，还同时考虑服务者的使用场景。利用城市针灸方式激活片区共建共享平台,实现公众的城市更新共识。设计在最大限度利用现有优势条件的基础上,为不同人群提供了休憩场所,激发整个片区的活力。设计提出了分时段利用的设想,使用正方体作为母体,并设置两片维护门板,使建筑能够根据需要提供相对封闭私密的休憩空间或作为城市家具为市民提供社交场所。可变空间的内核采用原生木材,营造亲切温暖的氛围,而外壳界面采用幻彩铝板,创造出多彩变幻的视觉与环境体验。这种设计使人的活动与环境共同构成了最有活力的元素。休憩站和阅读书屋作为城市插件吸引公众参与,提升人们对社区的责任感,使城市充满生机和精神活力。

### (四)有温度的氛围

有温度的氛围是指由一个组织内部的成员共同创造出来的温馨和谐的情绪氛围,它体现在日常的交流、合作中,包括成员之间的互动方式、情感表达,在很大程度上影响着成员的情感状态、行为习惯以及彼此之间的关系。在人文环境新场景中,有温度的氛围影响着成员情绪的表达和处理方式,积极的氛围鼓励积极情绪的分享,同时也能够帮助处理负面情绪。此类氛围出现在各种空间上相对小的生活化场景中,通过描绘生活场景、成员之间的互动、情感表达等方式,表现出有温度的氛围的特点和情感。在空间布局上,相对狭小、密集的空间有利于实现聚集,可以提供支持和安全感,同时开放式的设计可以增强空间中的流动性,更能够形成互动,促进情感交流。而氛围的达成往往会通过如灯光和色彩等方式来实现,动态地参与着我们的每一天。在有温度的氛围中,每个成员都能够找到温暖和依靠。温馨氛围也涉及有关环境的价值观、信仰和文化传承。有温度的氛围有助于塑造场景的核心价值观和文化特色,传达场景氛围的情感状态,唤起对家庭情感的共鸣,让人们感受到温馨、亲切的氛围,同时也引发人们对场景关系的思考和体验。

三星堆博物馆新馆巧妙地运用了创新的结构体系和技术手段,为展览空间带来了灵活的布局和可持续的更新能力。该博物馆采用了大尺度的架空设计,为展品提供了开阔的展示空间,促进了游客之间的互动交流,增强了空间的流动性。在设计方面,博物馆尤其重视营造温馨且具有文化传承意义的氛围,凭借精心拣选的灯光色彩与材料,给游客塑造了一个饱含情感和故事的环境。博物馆的展陈设计巧妙地融入了现代情境,与三星堆文物的独特性相辅相成,让展品仿佛回到了它们最初的语境当中。鉴于三星堆文物尺寸较小而且断代分期不够明确,展览设计规避了过于规整和封闭的传统展厅形式,转而运用了局部曲线迂回的展览路径,这样的设计更有益于游客展开沉浸式的漫游体验,同时激发他们对于未知的探索欲望。此外,建筑与环境的融合也是博物馆设计的一大亮点。通过将场景再现式展厅和公共服务区巧妙地嵌入湿地公园之中,博物馆让室外的自然景观成为室内空间的一部分,进一步增强了游客的沉浸式体验。艺术设计为游客提供了与自然和谐共处的场所,使得博物馆成为生动的文化展示平台,让游客在欣赏文物的同时,也能感受到与自然和历史的紧密联系。

(五) 传统节日

传统节日是特定文化、宗教或历史背景下,代表着一定意义和价值的重要日期。传统节日是文化的传承发展的最直接体现,在社会中扮演着重要的角色,作为共同体验情感、凝聚集体认同感的方式,是人类文化传承和发展的重要标志之一。传统节日是一个社会、民族或宗教团体的文化符号,通过庆祝这些节日,人们弘扬着文化传统，凝聚了集体认同感，促进了社会的和谐与团结。这些节日承载了丰富的情感，在文化共同体中形成了一种深层次的情感纽带，是人类文明发展中不可或缺的一部分。

人文环境新场景为传统节日提供了一个共同的庆祝平台，展现了节日的氛围、庆祝活动和仪式等。通过庆祝传统节日，人们传承和弘扬着祖先留下的文化精髓。国内的传统节日包括如春节、端午节、中秋节等传统节日，这些节日伴随着假期，往往是人们放松休息的好时机，也是摆脱工作压力、享受时光的重要途径。这种传承不仅是形式上的，更是对价值观念、道德规范、艺术风格等方面的传承，从而保持文化的连续性。这些节日通常由特定的仪式、活动、庆祝方式等组成，反映了一个社会、民族或宗教团体的特有传统和价值观，表达了对特定事件或意义的情感共鸣，加深了对观念的理解和信仰实践的参与。传统节庆活动被设计成具有参与性和体验性的新场景，在各大节日时都会进行公共环境打造。比如，在公共广场或公园设置大型的 LED 屏幕，通过动态的影像和绚丽的灯光效果，展示与传统节日相关的动画、图案或短片。人们可以与这些装置进行互动，如通过扫描二维码参与互动游戏、拍照打卡等，从而让传统元素与现代科技完美结合。传统节庆被设计成具有参与性和体验性的新场景，使人们在现代生活中仍然能感受到传统节日的魅力和精神内涵，这是对传统文化的传承，更是一种创新和发展。

广东东莞南社明清古村落是一个成功的传统节日场所。每逢春节和中秋节，这里都会举办丰富多彩的庆祝活动，如祭祀仪式、文艺表演、传统手工艺品展示和制作等，吸引了成千上万的游客前来观赏和参与。南社村宛如一座庞大的古建筑博物院，当中诸多建筑均为明末清初的珍贵遗迹，留存了大量极具艺术价值的建筑构件，如石雕、砖雕、木雕、灰塑以及陶塑等。谢氏大宗祠、百岁翁祠、百岁坊、谢遇奇家庙、资政第等皆属于南社古建筑群里的杰出作品。南社古村落将宗祠作为核心，其中谢氏宗祠最为重要。这些祠堂和家庙多数采用二进四合院落这种广府建筑风格，同时受到潮汕、吴越以及西方建筑文化的浸染，成为珠江三角洲明清古村落的典型范例。每一座古建筑背后都有一段故事，漫步在古村落的小巷中，可以看到古朴的建筑风貌，可以听到许多生动的历史传说。南社村分为东、南、西、北四个区域，以西门塘为中心，塘两边则根据自然山势错落有致地分布着民居、祠堂、书院、店铺、家庙等建筑。这里展现了珠江三角洲农村聚落的独特风貌。广东省非物质文化遗产展示活动茶园游会就是在南社明清古村落举行的，作为分会场之一，南社明清古村落为游客呈现了许多精彩的传统舞蹈、杂技等非遗项目。此外，茶会雅集活动则以唐代《会茗图》为蓝本，通过实景搭景还原了唐代宫廷茶会的场景，让游客亲身体验唐代仕女们的优雅茶饮文化。东莞南社明清古村落是一个融合了传统文化与现代旅游的热门目的地。在这里，游客可以欣赏到珍贵的古建筑遗存、参与丰富的传统节日活动，感受到中国传统文化的独特魅力。同时，这里也是了解珠江三角洲农村聚落历史与文化的重要窗口。

## 四、基于多维思考的舞台场景

舞台场景是在戏剧、歌剧、舞蹈、音乐会等表演艺术中，通过布景和灯光的设计营造出的虚拟空间，是观众在观赏戏剧演出时首先映入眼帘的景象，是舞台上最直观的造型艺术。舞台布景不仅为演出提供了一个具有视觉吸引力和情感激发力的背景环境，还通过细节的处理、元素的加入等方式，传递出作品的主题思想和精神内涵。

人文环境新场景的舞台场景作为一门多专业、强艺术性和技术性的综合体，囊括了戏剧、设计、审美等多方面的因素。舞台场景针对不同类型的演出和作品特点，通过装饰构件、灯光等多种手段，打造出符合作品意境和场景需求的环境氛围和视觉效果。舞台场景中主要包括戏剧、设计、审美三个要素，演员负责舞台中的内容构成，由表演来传达故事和情感，打动观众。观众由舞台表演引起情感共鸣，使他们投入故事中。视觉比例巨大，为展现故事情节、完成戏剧冲突、刻画人物性格及反映人物心理而服务，对戏剧的成功演出至关重要。在过去的舞台场景中，表演背景多呈现为平面化的幕布式样，只有戏剧舞台附加以视觉效果，其他区域则与之脱离，割裂感较重。与此同时，这类舞台场景的核心主体是戏剧演员，互动也基本只限于演员与演员之间，其观感类似于在屏幕上观看视频，与在电影院看电影基本无异，是一种单方面的输出与接收的形式。随着个人电子设备的普及，此类舞台更是容易失去吸引力，成为较为小众的爱好。而如今的舞台新场景则更多的是一种从室内转移出来的外部景观空间，同时更强调观众的主体性，要求空间内的所有要素的核心都放置于观众体验上。其中新场景的背景由过去的平面二维转向空间三维，场景的变化由舞台上的幕间换景转变为观众的主动行进。演员则是在空间中随着观众的移动来完成演出，相比起过去，演员现在将表演重心更多地放在了与观众的互动上。观众是整场表演中的核心，新场景引入"剧本杀"架构，观众自身在场景中也能够扮演角色，参与角色化互动，由此实现与场景的互联，角色共通极大地增强了沉浸式体验感，探索出更多的乐趣。总的来说，舞台场景需要考虑到不同类型演出作品的特点和情节发展氛围，在新的空间和以观众为中心的表演形式上，使整个演出更具有艺术性和影响力。

## （一）戏曲表演场景化

戏曲是中国传统的一种艺术形式，以音乐和舞蹈为基础元素，加上唱念做打的表演形式，能够通过多样的表现方式来传递情感、故事和意义。戏曲演员在唱念做打的表演中需要掌握丰富的技巧，包括唱腔、念白、身段、打击等，这些技巧在艺术创作中发挥着重要的作用。戏曲具有多种类型，各地的戏曲都有自己的特色和风格，反映了不同地域的文化习惯，同时多以古代文学作品为脚本，承载了丰富的历史内涵、故事和价值观，有助于传承和弘扬中华文化，被视为中国传统文化的瑰宝之一。

人文环境新场景的戏曲被视为一个文化元素而被融入舞台布景的设计中，这不仅是对传统文化的传承，也是一种将古今意象相互融合的表达。戏曲舞台设计在传承的基础上进行创新，既保持了传统美学的内在精髓，又进行了现代化的手法表达，使得观众在欣赏戏曲时能够感受到历史文化的延续与创新带来的新颖感。具体的舞台布景的设计需要根据剧目的主题和情节发展因材施艺，戏曲因类型不同涉及情感上的喜怒哀乐等多个方面，因此需要根据具体情境合理布置元素。场景中以戏曲为主题的雕塑、壁画或装置艺术都是背景的呈现方式，这些艺术品的巧妙运用会为舞台增色，并能够深刻地传达戏曲文化的艺术内涵，达成某种以物言志、以景衬情的效果，帮助更好地渲染戏曲氛围。同时光线的运用同样关键，传统的戏曲表演空间中的布光十分均匀，几乎无死角，在特定情节时灯光亮度会有轻微的变化。新场景在使用灯光塑造戏剧人物时，会使用多种类型的灯光来将演员的神情、妆面、服装，甚至演员的表演动作最大限度地展现出来。凭借千变万化的色彩，达成远近虚实的转变，在视觉上实现重点凸显，让观众能够获得更为强烈的艺术享受。作为中国传统美学最为直接的场景化展现,戏曲舞台的舞台设计不可突破传统戏曲的美学体系,应当彰显"虚实相生、形神合一"的美学特质,运用抽象或者具象的造型方式,令观众领会作品中现实与虚幻、形式与精神紧密结合的内涵,感受到浓郁的文化氛围。①

昆曲《牡丹亭》是明代剧作家汤显祖的代表作之一,也是中国戏曲史上浪漫主义的杰作。② 该作品以文辞典丽著称,叙述了杜丽娘和柳梦梅生死相依、离合悲欢的爱情故事,满溢着追求个人幸福、呼吁个性解放、反对封建制度的浪漫主义理想。该故事凭借杜丽娘和柳梦梅至死不渝的爱情,抒发了追求个性解放、憧憬理想生活的朦胧意愿。舞台场景从剧本出发,为剧中人物行为提供背景支撑。《牡丹亭》的舞台布景帮助有效地营造出特定的情感氛围,为观众创造了一个如梦如幻、亦真亦幻的戏剧空间,使得观众能够更加深入地感受到剧中人物的情感变化和内心世界。布景注重写意而非写实,追求意境的营造而非真实场景的再现。简洁的线条、淡雅的色彩和象征性的元素可以巧妙地勾勒出剧中人物所处的环境和时代背景。这不仅能够营造出特定的情感氛围、推动剧情发展和塑造人物形象,还能够为观众提供一个充满艺术美感的视觉空间。《牡丹亭》的全剧情节人物穿梭于虚实空间之中反复转换,因物赋形,将戏剧舞台空间分为现实空间与梦境空间,舞台空间中类绘画中"留白"的使用,给人以无限的遐想空间,凸显时空的流动性。同时灵活的布景切换将花园、闺房、书房等不同场景巧妙地连接在一起,以此来暗示场景的更迭和时间的流逝,从而引导观众跟随剧情的发展,使得整个剧目在视觉上呈

---

① 徐上.从经典作品入手谈舞美设计的基础教学——以《牡丹亭》舞台设计教学为例[J].戏曲艺术,2020(1):113-119.
② 汤显祖.牡丹亭[M].徐朔方,杨笑梅,校注.北京:人民文学出版社,2005.

现出连贯而流畅的效果。

(二) 歌剧表演场景化

歌剧是一种结合了歌唱、音乐、舞台表演和戏剧元素，且极富创意和表现力的综合性艺术演出形式，将声乐、器乐以及舞台表演巧妙地融合在了一起。通常由交响乐队在幕后伴奏，演员以歌唱的方式表达角色的情感和剧情，通过音乐来传达情感、描绘场景和推动剧情发展，具有高度的艺术性和感染力。同时，歌剧的剧本通常富有戏剧性，通过精心构建的情节、角色关系和冲突来吸引观众。音乐在歌剧中作为表达情感的强大媒介，旋律和旋律之间的交互为作品注入了生命力，演员以歌唱的方式表达角色的情感，歌声成为情感的表达媒介。演员的舞台表演，包括动作、神态等，都是对角色性格和情感状态的生动演绎。高亢激昂的音调、悠扬的旋律都能够深刻地传递人物内心的感受，为观众创造出强烈的感官体验。歌剧追求音乐和戏剧的完美结合，不仅要求演员具备出色的歌唱技巧，还需要他们通过表演将歌曲融入剧情中，创造出既有高度艺术性又能引起共鸣的作品。

人文环境新场景的歌剧作为一种具有高度艺术性的表演形式，每种类型都展现着其独特的音乐特色和舞台风格。想要实现歌剧表演的场景化就需要让舞台设计注重感知效果，以更直观、沉浸式的方式展现故事情节和情感，为观众呈现更为生动和感性的艺术体验。观众对于歌剧的观赏就如同漫步在剧本之中，作为某个角色来观摩整部歌剧。歌剧作品通常发生在特定的背景下，反映了不同的历史、文化和艺术传统。巧妙的场景布置、装饰和细节呈现，可以为观众打造出符合作品历史和文化特点的新场景，再现特定时代的氛围和情感，展现音乐与戏剧的融合之美。因此在场景设计中要紧密结合歌剧音乐的氛围,根据不同的类型进行大致分类,使观众通过视觉感受到音乐所传达的情感——旋律节奏明快且情节轻松的意大利歌剧、喜剧歌剧以及歌剧布法罗,设计上的场景应采用灵活的开放式布景,利用自然光和风景元素,明亮、丰富的色彩和装饰可以增强轻松愉快的感觉,营造出让演员和观众都感到舒适的画面;而以其深刻的音乐和哲学性质而闻名的德国歌剧及叙事歌剧,具有大规模合唱和情节复杂的特点。其舞台场景应帮助配合宏伟的音乐结构和复杂的旋律,设置宽广而深邃的舞台,让视觉上的庞大感与音乐的宏伟旋律相辅相成。这样的场景设计使观众能更好地融入歌剧的故事中,为每个不同类型的歌剧创造了独特而恰当的视觉体验。歌剧的独特之处在于它是音乐演出,更是一场综合性的艺术盛宴。它巧妙地将多种艺术形式融为一体,既秉承着历史的传统艺术形式积淀,又在不断创新中焕发出新的生机。观众可以在欣赏美妙音乐的同时,感受到深刻的戏剧性。这种综合性让歌剧成为文艺爱好者和观众的宠儿,它会为观众带来一场集情感、音乐和戏剧性于一身的视听盛宴,创造出富有深度的演出。

《歌剧魅影》是一部将古典歌剧与现代音乐元素完美融合的百老汇经典音乐剧,作为音乐剧大师安德鲁·劳埃德·韦伯的杰作之一,该作品不仅展现了他对音乐的深厚造诣,更将观众带入了浪漫而神秘的故事世界。其中,玛利亚·比昂松(Maria Björnson)设计的舞台布景无疑为这部剧增添了浓厚的艺术氛围。而最令人难以忘怀的场景莫过于那座巨大的水晶吊灯。当魅影的主题音乐缓缓响起时,吊灯仿佛感应到了音乐的魔力,缓缓升起,璀璨夺目。而当剧情发展到魅影愤怒的时刻,被斩断的铁链使得水晶吊灯从观众席上空急速飞过,最终重重地砸在舞台上,这种视觉冲击力让人惊叹不已。另一处令人印象深刻的场景是剧中的唱段"剧院魅影"("The Phantom of the Opera")。在这一幕中,魅影与克里斯汀坐在小船上,穿越弥漫的烟雾,划向位于歌剧院地下暗湖中心的神秘密室。舞台上的烟雾效果和灯光配合得恰到好处,仿佛真的将观众带入了湖面的幻境之中。这种神秘梦幻的氛围使得这一幕成为该剧的经典场景之一,为观众带来了一场视觉与听觉的盛宴。

### (三)电影情节场景化

电影是一种通过运用影像、声音和故事情节来表达故事、情感、思想和观点的艺术形式,具有强大的文化影响力。电影首要的作用是娱乐,为观众提供放松身心的机会。在电影创作中,有几个要素对于呈现故事情节和创造情感效果至关重要——引人入胜的故事情节是电影成功的基石,情节的设置、发展和高潮决定了电影的叙事效果和观众的情感共鸣;导演手法决定了电影的整体风格,镜头语言、光影设计的创意可以表达出导演本人的独特视角,为电影的呈现注入别具一格的氛围;剪辑技术通过对画面的剪切和组合,决定了故事的节奏和张力,快速的画面转换可以创造紧张感,而缓慢的画面节奏则有助于表现宁静而深沉的氛围;同时就认知方面而言,优秀的电影往往能够引发思考,故事情节借助连续的画面进行传达将角色情感和主题串联起来,使电影作品在观众中留下深刻的印象。其中角色是电影中的灵魂,通过角色的塑造、演员的表演和导演的引导,角色的情感和内心世界能够真实地传达给观众,触动观众的情感,使他们对角色情感产生共鸣。电影的魅力正是来自这些要素的巧妙组合。它通过连续的画面吸引观众的注意力,每一个细节都为创造出一个独特、引人入胜的艺术品贡献力量,由此创造出独特的艺术体验。

人文环境新场景的电影作为一种跨领域的多媒体艺术形式,具有多重层次的作用。其多元的表达方式为新场景设计提供了丰富的灵感和可能性，使观众能够在城市环境中体验到不同寻常的情感和刺激。这不仅能够起到娱乐观众的作用，更可以引发思考，传达文化和价值观，展现社会现实。在形式层面，电影的新场景通过视听的双重感知影响着观众，通过生动的画面创造出一个独特的沉浸式艺术体验。在视觉上，其通过精心设计的画面，利用色彩、构图等元素吸引观众的注意力。某些电影情节需考虑更加真实的外部环境氛围，利用自然光线打造出类似现实主义风格的场景；而部分超现实电影则可利用虚拟现实，增强观众的代入感。在听觉体验上，其利用环境音响系统播放电影音轨中的声音，如经典对白、背景音乐等元素，创造出类似电影中的听觉感受，为情节和氛围的营造提供支持，帮助模拟电影中的体验。在内容层面上，舞台场景设计需要从电影的本身出发，通过对于影片中某些重要风俗、建筑等元素的重现，创造电影独有的艺术体验。同时通过其中引人入胜的情节来吸引观众，实现对于电影角色的代入，在现实生活中也能创造出类似电影般的情感和体验，让人们在城市环境中感受到不同寻常的刺激。

北京环球影城为观众打开了一个不可思议的幻想世界，影城内将多部大热的影片，如《哈利·波特》《变形金刚》《侏罗纪公园》《神偷奶爸》中的场景进行转换，通过不同电影主题区的角色化扮演式观赏，让游客真正"秒入戏"，沉浸式享受一场难忘的电影之旅。在此基础上，高科技加持的游乐项目则是让游客在感官之外体验精神上的愉悦和刺激，这进一步体现了北京环球度假区作为主题公园的娱乐价值。在全球范围内，环球影城光在技术上便有600多件专利设计。其中占比最多的是以增强游客互动体验为目的的、各类虚拟现实与增强现实技术、交互技术所创造的游戏系统设计。北京环球影城中各类具体游园设施的互动体验是绝对经得起考验的,比如鼎鼎有名的哈利·波特区魔法棒互动,游客通过购买园区中提供的魔法棒产品,与专区中所设立的一些特定场所进行"魔法互动",会出现用魔法棒打开窗口等逼真的魔法世界效果。这个交互设计便是基于电磁辐射原理与手势交互传感器的综合使用,来实现"魔法效果"的,为此,环球影城还申请了一个名为"追踪无源指挥棒和基于指挥棒路径启用效果的系统和方法"的设计专利。不仅如此,如果选择乘坐前往霍格沃茨的火车这一项目,通过佩戴专门的3D眼镜,可以全程观看到非常逼真且沉浸式的交互影像体验。同时在一些过山车项目中,也被融入了最新的VR以及AR技术,也就是我们前面所提过的虚拟现实与增强现实技术。游客可以在空中翻转,体验脱离离心力的同时,从视觉上更加逼真地感受到来自空中的刺激体验。

## 五、基于多维思考的展览场景

展览场景是用于展示展品的特定环境和空间,为展示的内容提供了一个合适的背景和平台,展览场景展示出不同种类的物品,会为观众带来视觉体验和文化启迪。因此在设计上不仅要考虑展品的特点和艺术价值,还需要考虑到观众的观看体验和沉浸感。

在新场景设计中,展览场景多出现在如展览馆、博物馆等文化性陈设场所或是商场、橱窗等消费场所。其中最重要的是要注重叙事性,"起承转合"的叙事结构便是当下叙事性趋势中一种常见的组织排列方式,它易于强调主题,展开悬念,并构建跌宕起伏的故事情节,增强空间内容的生动趣味性。[1] 展览场景可以在观赏者的思维意识

---

[1] 尚宇楠,谢震林.博物馆空间的叙事性设计手法运用研究[J].设计艺术研究,2021,11(5):48-51,56.

中构建出想象空间，传递认知意图。设计过程中应注重细节处理和艺术元素的融合，运用跨界思维，创新设计，增强展品的艺术性和文化价值。在过去，展览场景是室内陈设的代名词，单一、正式、庄严是其代表性特点，人群在场景中的活动多是拘谨的、无法放开的。而当下的新展览场景与以往的相反，新场景强调轻松、愉快和亲近的氛围，互动和交流，以及自身的情感表达。现在应通过场景和氛围的营造，根据不同的客户群体和喜好，提供丰富多彩的文化活动和演出的展览场景，设计出各种具有特色的装饰和服务。其中应注重促进交流，帮助社交活动的形成，使志同道合者相聚一堂，参与讨论，共同度过愉快的时光，分享对于展品的看法及观点、故事和情感。场景由室内转向室外，注重实现空间的多样化；在内容上，虚拟化、智能化的介入使观赏方式更为开放自由；就接受方式而言，由主动去看转为在场景中感受，受众人群更为丰富。设计师应从传统的场所中抽离出来，致力于将展览场景打造为具有社交属性的空间，从单向的文化传递转变为人与人相互产生想法上的联系与碰撞。

（一）艺术品展示

艺术品展示是将艺术家通过各种创作媒介和表现形式创作出来的具有审美、表现力和意义的作品展示给观众的过程，作为一种重要的文化传播方式，经常通过画廊、博物馆、展览等场所来呈现。艺术品作为在特定历史和文化背景下，表达艺术家思想观念且拥有独特审美价值的物品，为观众提供了参与式的文化体验机会。这种展示不仅是艺术品本身的物理陈列，更是一种对文化进行解读、传递和互动的过程。目的是为观众提供深度参与和沉浸式体验的机会，同时能够传达艺术家的创意、表达和思想，推动艺术的发展和传播。

人文环境新场景的艺术品展示则更多地通过某种公共艺术的方

式呈现,这在一定程度上缓解了时间与空间的限制,以更加平易近人的形态融入大众。在过去,画廊和博物馆中的艺术品展示整体氛围较为严肃,展示空间设计同质化严重,沉浸感差;观赏时受到空间界面的限制,通常只是单纯的浏览式参观。当下的艺术品展示新场景则呈现多样性,实现展示场景的户外转移,使观众可以近距离地欣赏到细致入微的画面。三维空间的展览场地使得立体作品能够展现出全貌,在不同角度感受立体之美。展示场所为艺术家提供了展示创意和实验性作品的空间,促进了艺术创新和跨界融合。艺术家的作品来自不同的历史时期或不同的画派,因此需要采取不同的布局方式,使观众能够更好地理解和欣赏其中的艺术内涵。通过展示的作品,艺术家的思想观念能够深刻地传达给观众,引发观众对社会、人生和自身的思考。艺术品展示是文化之间交流的桥梁,不同国家和地区的艺术作品在展览中相遇,促进了文化的交融。作为艺术形式的理想场所,艺术作品得以通过展示融入观众的生活,观众在与艺术品的互动中得到启迪、愉悦和思索。展示场所成为文化和艺术传承的载体,为社会提供了共享美的机会。

位于上海杨浦的"未来棱镜"是沉浸式的数字艺术展厅,它突破了传统沉浸式多媒体艺术空间的局限。与传统在封闭、黑暗环境中创造完全虚拟世界的展览不同,"未来棱镜"通过创新的建筑和数字技术,为观众提供一个既能与真实环境互动又能体验沉浸式数字艺术的空间。这种全新的艺术体验不受封闭空间的限制,为沉浸式艺术探索了一种新的交互性。这个展览厅的构思突破了传统的"暗箱剧场"概念,通过巧妙地融合空间布局与先进的成像技术,带来了一种新颖的、现实与虚拟交融的感官体验,展馆的曲线形玻璃外墙向外扩展,不仅是室内空间向外的扩展,也成为与外部街道无缝衔接的观景窗,这些玻璃表面涂覆了先进的全息膜,既确保了视线的通透性,又能够清晰地展示出投影的影像。观众在这些空间中穿行时,可以感受到数字光影与现实世界的交融,体验到空间纵深感的拓展。从外部观看,"未来棱镜"呈现出一种"移步换景"的光影效果,每个窗口界面都展示着不同的视觉故事,带来一种神秘而引人入胜的观感。展望数字艺术的未来应用,它不仅适用于各种跨媒介的展览和现场表演,而且会吸引更多艺术家和设计师投身于这个领域。空间与新兴艺术形式的结合会达到更加显著的"增强现实"的体验,让人们能够更加深刻地体验和感受新兴的艺术形式。

## (二)摄影展示

摄影展示是一种将摄影作品呈现给观众的方式,旨在呈现瞬间捕捉到的创作成果、艺术表达和视觉理念。摄影展示注意的是视觉效果的艺术性体现,展示摄像师创作的摄影作品,可以向观众传达他们的创意、情感和观点,传递摄像师本人的个人风格和艺术发展轨迹,搭建思想上的交流桥梁,从而引发人们对作品的思考和讨论。摄影展示也能够呈现特定的文化理念,如利用不同时期、地区的摄影作品,代表一定的历史和社会主题,可以帮助观众了解不同时期和地区的生活变迁,传递特定社群的文化价值观。

人文环境新场景的摄影展示需要设计师创造出一个具有深度体验的场景,引导人们融入艺术创作的世界,使整个展览成为一个富有感官冲击力的艺术之旅。观众欣赏摄影作品,更能够沉浸其中、感受摄影师的独特视角,形成特有的观赏体验,促进摄影艺术的交流、分享与欣赏。这样的摄影展示场景通常可以通过多种方式来实现,如排列上将摄影作品有机地组合在一起,能够营造出富有层次感的丰富观赏体验。不同类型的组合能够营造对比感受,如胶片和数字摄影作品的组合能够凸显技术的演变;而人物、风景、静物等摄影作品的组合则表达出不同摄影主题所带来的情感差异。相同类型的组合能够增强整体氛围,如将相似情感主题的摄影作品集中展示出来,营造出观众在情感共鸣中的体验。在空间上,动静结合、透视等手法可以增加观赏的趣味性,实现深度感官体验。动态展示技术使观众能够感受到摄影作品中的时空变化;透视手法能够将不同类型的作品融为一体,创造出视觉上的交织感,引导观众在展览中形成连贯的视觉流。此外,科技手段的应用也是展示摄影作品的重要途径,通过数字化虚拟现实技术,摄影作品以多样化形式呈现出来,增强了展品的参与感,在一定程度上可以起到为作品增色的效果。如在体验中提供设备扫码获取摄影作品解读的环节,能够帮助观众理解作品的创作背景以及初衷和灵感,为观众带来新的认知,使其仿佛身临其境,这样一来,他们便可以更好地欣赏作品了。这些展示方式在精神层面上拉近了观众与摄影家之间的距离,也为摄影艺术的发展提供了一个丰富而有趣的平台。艺术设计创造出一个有趣、有深度和交互性的富有情感的摄影展示场景,可以让观众更好地理解和欣赏摄影艺术,在作品中获得个人所需要的情绪感受。

越南 MIA 工作室 TDX 系列(黑一白一灰)是一项当代摄影展览项目,以"阳光之下"为主题。摄影师们深信,所有的摄影材料,特别是建筑摄影,都存在于我们生活的方方面面,宛如每天的阳光一样。这个系列通过自然光的照射,清晰地呈现了各种建筑形态和它们在时间发展中的变化。建筑照片展现出明晰的细节,捕捉到光影交错中建筑物的各种层次和纹理。摄影师通过对自然光的巧妙运用,营造出一种鲜活而生动的画面,使建筑物在阳光照耀下呈现出令人惊艳的美感。这个系列通过反射、漂浮感以及人这三大元素的有机结合,创造出建筑与环境之间的随机互动关系和出人意料的情感联系。反射效应使建筑表面呈现出变幻莫测的影像,而漂浮感则为建筑增添了一层超现实的氛围。摄影师巧妙地将人物融入建筑环境,通过观察人与建筑之间的关系,展示了一种独特的情感体验。整个TDX系列以黑、白、灰为主色调,这种简约而深沉的调子为作品赋予了一种独特的现代氛围。这不仅强调了建筑物的线条和形式,同时也凸显了光影在黑白灰的构成下所带来的强烈对比。

(三) 文物展示

文物展示是将历史文化遗产以及具有历史、文化和艺术价值的物品呈现给公众的一种类型,可以在博物馆、美术馆等场所组织的展览、陈列活动中实现。文物展示是让人们更好地了解、欣赏和学习这些文化遗产,通过展示来传递历史信息、文化传统和艺术魅力。物品上涵盖了各种类型的古代器物、艺术品、历史文献书籍以及自然文物,展示方式上通常包括详细的解说、标签及多媒体等,帮助观众以直观的方式了解文物的价值,由此为保护和传承文化遗产做出了贡献。

人文环境新场景的文物展示试图以更为直观的形式进一步解读文物内涵,进而真正地加深观者的兴趣,达到文化传播的实际作用。设计师需要根据文物的不同历史和文化的意义特点和价值,进行合理的布局和陈列。新场景在展览区的陈列中要有技巧地利用设计来加深对展品的感受,进而潜移默化地对观众产生影响。根据不同主题来布置展区,使每个展区都有独特的氛围和内涵,引导感兴趣的观众进行深入了解。同时通过观察参观人员的需求,对展区的布局和陈列做出及时的动态调整,让体验感达到最佳。其中最具有吸引力的便是展品呈现出的完整"故事链",这使展品之间的内在联系被发掘出来，形成引人入胜的叙事，激发观众的好奇心和兴趣。例如在古代文物展览中，以"时间轴"或"地理位置"为依据，将相同年代或地区的文物放置在同一个区域内进行空间组合，并进行一定的场景还原，重现其所处的历史背景，帮助观众更深刻地理解历史背景和发展脉络，感受文物的历史意义。同时出于文物自身的特殊属性，设计环境友好型展厅，利用虚拟现实技术，可以达到更加多样化的展示效果。如用声光电渲染整体氛围，以模拟历史场景，增加文物展示的吸引力和沉浸感；将文物展示场景由室内转到室外，利用数字化方式呈现文物的三维模型、历史图像等，使观众360度全方位地欣赏文物；引入互动式元素，利用虚拟实境增强技术使观众能够感受到文物的纹理而不会损伤文物，创造更真实的体验。通过这些策略，设计使文物展示更富有趣味性、参与性，具有情感共鸣和教育意义，让观众更好地融入文物的世界，实现文物展示的深化与传承，达到文化传播的实际效果。

"丹甲青文"中国汉字文物精华展全方位地展现了汉字的博大精深，设计丰富多彩的社教活动和衍生互动剧场，让观众在参与中深刻地体验、沉浸于汉字文化的魅力之中。该展览匠心独运地分为"灵符若拙""契文肇兴""意蕴流芳""天开化宇""妙趣启智"五大板块，以汉字的历史脉络为纽带，深入探寻了汉字的起源、演变、内在力量与深远意涵，同时呈现了汉字书写、艺术与应用之美。此外，"丹甲青文"更是走出博物馆的局限，以图文并茂的形式深入社区、商圈、学校乃至消防部队，根据不同群体的需求精准定制展览内容，创新展览应用场景，将文化的瑰宝送到千家万户，让最古老、最传统的文字在现代社会中焕发新生，引领观众亲身感受中国传统文化的精髓——仁义礼智信。展览期间，"奉博印记"系列集章活动、"丹青印记"火漆印快闪体验、"篆刻一方木印"非遗篆刻实践、"妙手匠心"字画修复课程以及"古韵新生"古籍修复体验等手作活动轮番上演,以"体验式"社教的形式帮助观众深刻感悟文博的无穷魅力。这些家门口的展览的活动内容丰富,服务力求完美,让观众在轻松愉快的氛围中将汉字文化带回家,让文化的传播更加生动有趣。同时,奉博还围绕"中山篆"和"鸟虫篆"等传统汉字形象,精心开发设计了"丹甲青文"主题文创产品,共计 7 种 15 款。在原有基础上,构建起完善的销售矩阵,引进 8 家相关博物馆的精品文创商品 150 余款,打造奉博文创商品集合店,各类文创产品深受粉丝喜爱,为汉字文化的传承注入了新的活力。

### (四)服装展示

服装展示是将服装的设计呈现给观众的一种方式,是凸显设计理念、创意构思和服装特点的重要环节。设计师和品牌常通过多样化的方式进行展示,包括时装秀、橱窗陈列以及展览等。时装秀是最直观、生动的展示方式,模特通过 T 台走秀展示设计师的作品,展现服装在真实环境中的穿着效果,配合音乐、灯光和舞台布景,呈现出全面的时尚氛围;橱窗陈列是将时尚融入城市生活的方式之一。通过橱窗精心的设计包装,能够更大程度上地为新款的服装吸引关注,并创造消费欲望;展览陈列则提供了更加静态的展示方式,实现了服装多样化的款式比较,方便消费者近距离欣赏细节,仔细品味设计的线条、面料和工艺。

人文环境新场景的服装展示在展览场景中是对服装在设计上进行更加深入、全面的阐释和呈现。服装自身的商品属性决定了在服装展示过程中,其消费属性在信息媒介时代下表现得更为突出,因此需要创造具有经济功能的环境,同时考虑到展品的特点和价值,更需要满足公众的情感需求和审美需求,也就是消费心理。新场景抓住了服装展示主题来构思痛点，布置结合服装自身的主题故事性，讲解背后的故事。通过文字、音频或视频等方式，融入品牌故事和设计师的背景，向观众传递服装背后的设计灵感、工艺故事，使服装背后的故事更具吸引力，增加观众观赏时的思考层次。从服装本身出发，每个服装展示场景布置都应强调服装的细节和特点，营造出特定的观感，影响观众对服装的印象。设计可以采用独特的陈列方式，如艺术装置、立体模型等，突出服装的独特设计和细节，呼应服装背后的故事，使服装展示更具创意和艺术性。从展示主题出发，通过颜色、形状、纹样等手段来营造代表性的主题，并且通过灯光等环节来营造浓郁氛围。通过特定主题的呈现，以服装系列的特点和设计灵感为基础，将展示划分为不同的主题，突出每个系列的独特之处；或是季节主题、文化主题等，使服装与特定背景融为一体，超越单一的商品属性，搭建心理上的情感联系，让消费者从过去的商品价值付费转向为当下的情绪价值付费。还可以加入交互式体验和虚拟现实技术，让观众自发参与到服装展示过程中，了解时装设计的过程，理解设计的灵感来源。创建数字化的时尚演示，整合数字技术进行定制化展示，提供如定制服装或配件这样的物品，使观众能够更深入地参与展示过程。通过虚拟试衣、AR试衣镜等方式，提供更直观、交互式的体验。新场景设计中的服装展示能够传递品牌文化和社会价值，实现更全面的沟通和交流。新场景的时尚展示更加全面、深度，可以提高展示的吸引力和记忆点，并可以成功地结合艺术、情感和商业的元素，使观众在其中获得更为丰富和深刻的时尚体验。

之禾ICICLE轻型大衣（made in air）快闪项目巧妙地展现了大衣的轻盈之美。在整个中庭高空，设计了一个引人注目的三层楼悬挂装置，创造了一种视觉上的轻盈感。外层采用了橱窗用剩的半透真丝材质,使整个装置呈现出半透明的迷人效果。在装置的中部,以高低错落的方式悬挂了数十件轻型大衣。这些大衣是不同的款式和设计,空中悬挂的形式为观众展示了它们的轻盈、飘逸之美。每一件大衣都仿佛在空中飘浮,使整个场景充满了令人陶醉的梦幻氛围。而在悬挂装置的底部呈现出一片金黄的麦子,仿佛是地上的丰收。这个地面的设计巧妙地与空中悬挂的大衣形成了对比和呼应。收获的金黄色与空中大衣的温暖色调相得益彰,营造出温馨而生机勃勃的场景。整个展览通过巧妙设计,将轻型大衣的轻盈特性和温暖的感受结合在一起,让观众在这个装置中欣赏到时尚大衣的设计之美,创造了一次充满艺术与生活交融的展览体验。

## 六、基于多维思考的音乐场景

音乐场景是以音乐为核心元素的特定环境或场所用来呈现、表演或欣赏音乐作品的空间。这些场景可以是音乐会厅、音乐节现场、音乐剧院等。音乐场景注重声学设计,大多是从音乐本身的特征及其意义出发进行设计的。借助莎拉·桑顿(Sarah Thornton)对于音乐场景的描述来说,音乐场景可以看作"各种人群和社会群体围绕着特定的音乐风格联合在一起",而音乐在其中充当的是一个文化资源的存在形式。[①] 国际唱片业协会(IFPI)所发布的全球音乐市场调研报告是调查范围最广的音乐类报告之一,我们可以从其标题中看出音乐的场景化方向——2019 年标题为"Music Listening 2019",而到了 2021 年则变为"Engaging with Music 2021",由"聆听音乐"转向了"参与音乐"。报告封面的 6 个人物画像也涵盖了广播、游戏、健身

---

① Thornton S. Club Cultures: Music, Media and Subcultural Capital[M]. Cambridge: Polity Press, 1995.

等典型场景，音乐场景多元化、参与式音乐消费正逐渐成为新的趋势。音乐场景作为在一定背景下的演出，当前也正经历着由传统演出向娱乐消费型演出的过渡。音乐消费也将更多地融入生活中，逐步提升音乐的传达效果，进而建立起大众对音乐审美的认知度和欣赏需求。

在新场景设计中，优秀的音乐场景设计能够打造出独特的风格和氛围，更能够让观众深刻地感受到音乐带来的情感震撼。当下音乐节、演唱会的爆满，反映出新的音乐场景由过去的私人化、小众亚文化圈转向了如今的分享型的大众主流娱乐，同时也印证了群众对于音乐的全方位感知和体验性取向。各项社交媒体的兴起更是带动了音乐的蓬勃发展，大众对于音乐的参与度明显提高。在此大众化的基础上，音乐场景成为大多数年轻人社交的场所，人们不再将音乐场景视为单纯的音乐的呈现，反而更寄托于其所带来的多维度的感官体验和文化交流。基于音乐类型和活动目的，为创造音乐场景中的沉浸式社交空间，相关的体验活动必不可少。如主题性音乐沙龙、音乐品鉴会、音乐节等，通过领域跨界的方式来实现音乐的视觉性转化，将在很大程度上拓展音乐场景的多元吸引力。与此同时，当下的音乐场景也正逐步向着 Ip 化方向发展，其中既有音乐场景本身作为Ip 出现的，也有联动式的 Ip 联名。这两种方式都在一定程度上以认知为联系，进而推动自发感知及体验，以实现为观众提供情绪价值。音乐场景讲究音乐表演、音乐制作或音乐欣赏的特别设计，规划布局同样要针对性地进行不同类型的舞台布景定制。具体来说在设计上，需要考虑到听觉氛围、模拟自然声音、乐器抽象等方面的因素，以在空间环境中打造出完美的视听体验。不同音乐所带给人的心境体验千差万别，音乐场景力图将音乐与人们根据音乐所联想出的脑海中的画面重合，达到将音乐与环境相互融合的效果，其包括舞台设置、灯光设计、声学考虑、座位安排和视觉效果。在室内或室外空间中进行的音乐表演或演奏活动将音乐与环境元素结合，引入艺术装置或视觉艺术元素等，创造出独特的音乐体验。在数字化体验方面，利用虚拟现实技术，为远程观众打造音乐场景。投影仪、触摸屏等互动性元素的引入，让观众可以参与到音乐的演绎中，在加深其对音乐的情感连接的同时，还能够促进人与人之间的互动和交流，将让人们在音乐中建立更为深厚的社交关系；除了真实环境的现实场景，音乐场景还能够利用线上社交媒体和在线平台，提供在线观看、评论和互动机会的虚拟化场景，让观众在线下活动之外也能分享音乐体验，拓展音乐场景的数字感受。由此形成了集实时状态追踪、心理活动感受抒发为一体的社交平台。既迎合了用户的生活惯性，又借助现代传播技术有效地为用户提供了优质的视听及情感沉浸的互动体验，达成了虚实场景的完美结合，音乐场景的有效搭配。总体而言，音乐新场景旨在通过声学、视觉、互动等多重手段，为观众提供更为丰富、沉浸式的音乐体验。艺术设计不仅关注音乐本身，更是将场景打造成了一个情感共鸣的空间，使得音乐成为一场全方位的感官盛宴。

（一）听觉氛围

听觉氛围是通过声音、音乐和声音效果等方式所营造的一种环境氛围。通过巧妙的音乐选择、自然声音的加入或声音效果的处理，可以创造出各种不同的听觉氛围，例如欢快、安静、神秘、激动等。

人文环境新场景的听觉氛围极大地影响着人们的情绪和感受，会增强场景的感知和体验。适当的音乐和声音效果可以营造情境，让人们更好地融入场景中，感受到更真实的音乐场景氛围的表现力和感染力，增强情境的代入感。音乐和声音会唤起人们的情感共鸣，增强对作品的情感体验。适当的音乐和声音效果可以帮助引导观众的注意力，用来传递某种信息，塑造情节的高潮或转折，帮助引导情节。不同类型的声音可以创造出不同的氛围，如恐怖氛围、浪漫氛围等，从而可以更好地表现作品的主题和情感。因此，为了营造出完美的听觉体验，设计师需要考虑场景中的声音、音色、音量、音频效果等各方面的细节。此外，针对不同的音乐类型和演出形式，应采取不同的音频效果，如混响、回声、音效等，增加音乐的层次感和磅礴感。在表演结束后，其听觉氛围依旧在观众心中产生持续震撼，促使其自发进行思考，挖掘音乐背后的文化、历史或情感内涵，使音乐场景不仅是一种感官享受，更是一场思想的盛宴。例如在演出场馆中，使用回声器、共鸣体等设备来模拟出大教堂、广场等场所的声音效果，为演奏预留出更大的空间和音响余韵。

山谷音乐厅又名"声音的教堂"，它坐落在河北承德金山岭的山谷之中，是一座半室外的音乐厅。这座音乐厅的设计旨在建立人与自然的深层联系，让人们在欣赏演出的同时，也能感受到自然的变化和声音。音乐厅的建筑设计巧妙地利用了声学原理，通过开洞引入自然光线和风景，这些开洞不仅为建筑带来光线和景观，同时也是精心设计的吸声元素，可以确保演出时音响效果的完美呈现。音乐厅里的开洞的大小和形状都经过了精确的声学计算，与音乐厅内部折叠的混凝土表面相互配合，共同创造出最佳的视听效果。无演出的时候，音乐厅成为静谧的空间，人们可以在这里静听鸟鸣虫唱，感受微风的轻抚，或是追踪阳光在空间中的移动，享受大自然带来的交响乐。建筑设计的创意汲取了邻近山脉中沉积岩的层次，通过有序的层叠和精确的切割手法，彰显了人工构造的逻辑之美，并非单纯地复制自然界岩石的外观。音乐厅的形态是对山谷地形的直接回应，其上大下小的倒锥形结构，既顺应了山谷的自然轮廓，又以最小的足迹轻柔地坐落于谷底，尽量减少对周围环境的影响。这座音乐厅是一个表演艺术的场所，更是一个让人们亲近自然、体验宁静的理想空间。

### （二）模拟自然声音

模拟自然声音是使用音频技术和音效合成，将自然环境中的动物声音如鸟鸣、虫鸣等，以及其他自然元素的声音如风声、雨声、雷声、流水声等，进行模拟并再现的一种技术。这一技术的运用能够实现针对特定的真实自然环境还原，如不同季节、不同地域的森林、海滩、山谷等，模拟各种自然声音，使其在场景中细致融合，创造出具有生态平衡感的声音背景。为达成高度真实感，需要运用先进的录音和音效合成技术，通过空间声音处理，保证模拟声音的高保真度和立体感的环绕声音效果，提升观众的听觉品质，增强沉浸感。

人文环境新场景的模拟自然声音不仅是场景设计中常用的技巧，更是一种情感共鸣的媒介，相比起音乐或人声，自然声音更能够为人提供更为丰富、深刻的感官体验，并带来某种回忆中的情感的联想。模拟自然声音的使用创造出更真实、更具代入感的环境，增强了场景在听觉感官上的真实性，深化了场景氛围。在场景设计中需要考虑时间因素时，模拟自然声音的运用能够帮助模拟日出、日落、白天、黑夜等时段的变化，选择并调整相应的自然声音，能够使声音贴切地匹配场景特性，让观众感觉仿佛身处于自然中。每种自然声音都有其独特的氛围，通过巧妙的组合和调整，与音乐相结合会产生更强烈的情感效果。如森林中的鸟鸣声可以营造出宁静与和谐的氛围，而海浪声可以营造出宽广和澎湃的氛围，雨声和雷声会加强戏剧性场景的紧张感。对这些模拟的自然声音的合理运用都能够有效提升听觉体验，同时能够帮助引导音乐情节，预示旋律的高潮或转折，从而抓住观众的注意力，使观众更加投入欣赏中，增强对音乐作品的感受和共鸣。如融入自然元素的声音与音乐相互交织，能够为场景注入音乐的灵魂，实现情感上的升华，营造出更为丰富、多元的音乐环境，使整个演出更具层次感，创造出更加丰富的音乐体验。不同桥段间隙可以利用自然声音进行场景转换，通过渐变的自然声音将观众从一个场景引导到另一个场景，使过渡更加自然。同时模拟自然声音有助于情感疏导，形成音乐疗愈效果，为观众创造一个平静、放松的环境，减轻人们的焦虑和疲劳。在综合运用以上设计原则的基础上，模拟自然声音能够创造出不同情境，让观众身临其境。这将成为场景设计的一项有力工具，为观众创造更加身临其境的、充满情感共鸣的体验，为音乐场景创造出更为生动的氛围。

"Soundscapes"项目属于微软开发的音频领域的一项研究项目，其致力于运用增强现实（AR）和空间音频技术来传递与个人位置以及兴趣点相关的信息。此项目自2017年便一直在进行开发，微软宣称从2023年1月3日开始，会把它当作开源软件在GitHub上向所有人提供。"Soundscape"的应用范围涵盖运动指导和适应性训练，微软将其形容为一座巨大的宝藏。此外，"Soundscapes"项目也指由王宁设计的专注于纽约住宅开发的研究项目，其特别关注哈德逊高地跨曼哈顿高速公路沿线和下方的基础设施。该项目将这些基础设施视为一组过时的城市岛屿，通过建筑元素对声音做出反应，将噪声转化为城市更新过程中的积极元素，这种方法不仅提升了听觉体验，还创造了一个新的城市声音记忆，将自然声音与城市环境相结合，提供了一种新的感官体验。在另一个案例中，"Soundscapes"项目是由group8asia设计的"城市公园声景"，其旨在成为匈牙利布达佩斯的一个重要的音乐中心和公共空间。该项目通过采用木材、黄铜和石头等能够传播和反射声音的特定材料,创造了一个能够产生衍射、反射和吸收声学现象的建筑,从而提供了一个沉浸式的声景体验场景。

### (三)乐器抽象

乐器抽象是将乐器的声音、形状、象征性意义等元素抽象和转化后进行重新诠释,创造出独特的艺术表现形式。乐器抽象超越了简单的再现,突破时间和空间的限制,使观众能够在静态的艺术品中感受到音乐的节奏和美感的流动与表达。这种手法常常运用在绘画、雕塑、装置艺术等艺术形式中,承载着情感和思绪。通过这些抽象手法,乐器的形象被重新演绎和呈现,提供了更加富有创意和深度的艺术体验。

人文环境新场景的乐器抽象是对音乐与艺术融合创意的表达之一,通过对乐器形状、颜色、材质的渲染和艺术化处理,使音乐在视觉上得到了新的延伸。模仿乐器的外表形制,可以达到一种声形相互映衬、画龙点睛的综合效果,并为音乐场景注入更深层次的情感,使音乐场景更加具有艺术性和观赏性。在形式的视觉表达上,乐器抽象运用视觉元素来表现音乐的情感和氛围。与此同时,每种乐器都承载着独特的文化符号和象征性隐喻意义,通过乐器抽象来强调这些意义,可以使观众在欣赏中更深层次地理解乐器所代表的文化背景,在乐器抽象的形式中融入多元文化元素,更能够突显乐器的全球性和跨文化的重要性,增强观众的文化体验。不同的乐器抽象可能呈现出不同倾向下的情绪,如欢快、抒情、激昂等,利用形状的重复、排列等方式能够强调音乐的节奏感,对乐器形状的艺术渲染和抽象变幻可以创造出视觉上引人注目的独特形象,使观众从乐器的外形中感知到音乐的特殊氛围;递进旋律代表不同的情感;利用乐器抽象的线条的排列可以传递音乐的节奏感,乐器的节奏感和动态特征可以被抽象为线条的运动演变。细长的线条可能暗示柔和的旋律,而粗短的线条则可能强调激昂的音乐元素;通过模拟乐器的材质的选择和演绎呈现,可以利用触感感知乐器外观性实质,例如木质感、金属感等,传达出音乐的动感,使观众在视觉上联想到音乐的质地,进而创造出听觉上的愉悦。在这样视觉加听觉感官的双重刺激下,乐器抽象在新场景设计中创造了一种更为综合、沉浸式的艺术体验,让音乐的美妙之处得以更加全面地展现出来,达到超越物质属性的形神合一,促使观众产生联觉体验的视听共振,相互影响进而引发联想,音乐带来的抽象感受得以逐步具象化渗透。由此,观众将更加深刻地理解音乐所要表达的情感和精神内涵。

奥尔良博物馆坐落于美国路易斯安那州新奥尔良市中心的心脏地带,整个建筑及室内设计都是通过乐器抽象的手法设计的,该馆专门用于展示该州丰富的音乐遗产。其独特之处在于以艺术化的空间呈现由 AI 生成的乐器图像,这些图像不仅栩栩如生,更是新奥尔良在音乐产业中卓越贡献的生动体现。运用高度先进的展览空间、音响剧院、研究区、商店和教室,博物馆为游客呈现了一个全方位的音乐与文化体验空间。博物馆的外壳设计独具匠心,其灵感来源于吉他,这一设计手法巧妙地让建筑与展品之间建立起一种独特的"交响"之美。而在屋顶露台和建筑外部的设计中,独特的纹理更是展现了这种乐器灵感的创意表达。博物馆的外壳本身就像一把巨大的吉他,这一设计不仅巧妙地传达了音乐的无尽魅力,同时为游客创造了一个多功能的户外露台。奥尔良博物馆以其卓越的设计和丰富的功能,为每一位到访的游客带来了一次难忘的音乐之旅。在这里,游客可以一览无余地欣赏到路易斯安那州对音乐产业做出的独特贡献。

无论游客走到博物馆的哪个角落,都能深刻感受到小提琴、吉他和铜管乐器的灵感。这些元素被巧妙地融入建筑的线条之中,呈现出一种优雅而富有诗意的空间美感。

## 七、基于多维思考的数字场景

数字场景是在数字技术的支持下,通过数字技术抽象、虚拟现实物化、数字方式传递信息和参数化运用,创造出更加多样化、互动性强的场景体验。通过视觉化抽象手段,数字场景下的信息将更加清晰明了,以动态的数字符号的方式来展示复杂的数据流、实时统计等,让场景在符号在不断演化中呈现出新的阶段。而数字场景最为吸睛的部分是利用虚拟现实技术创建场景,物理模拟现实世界中的场景,这是完全虚构的想象场景。目前在模拟现实场景中,运用最多的是进行仿真训练,如飞行驾驶模拟、医疗手术模拟等,为专业领域提供实践和培训环境,目的是更好地服务于现实;全虚构场景目前多用于娱乐和创意展示中,如虚拟森林、数字山脉等,为观众提供身临其境的沉浸式的奇妙体验。数字场景实现了实时的信息交互,观众通过数字设备或手势进行互动,例如通过手势控制来操作虚拟物体,改变场景中的元素,使得场景呈现出多样性和灵活性,增加观众的互动性和参与感。数字场景的引入通过数字化的手段,为观众带来了更为丰富的互动和沉浸式的体验,这种数字化的趋势也正引领着新时代的场景设计发展方向。

人文环境新场景的数字场景的发展为人们提供了全新的体验和创作方式,数字技术的运用开辟了多种的可能性,创造出更加鲜活、多彩且极具艺术性的虚拟效果。过去的数字场景大多是从单纯的视觉效果出发,以平面化、单一化的方式呈现,主要受限于技术水平和硬件设备的限制，很难实现更高层次的表现。同时，设计者的创新思维相对不足，唯形式的现象屡屡出现，数字化呈现往往没有与场地本身相结合，无法形成长久的持续吸引力。而如今的新数字场景在技术上有了长足的进步，更加注重创造全方位、多感官体验的数字环境，且以形式填充内涵，使场景更加耐人寻味。

从感知维度来看，数字场景的技术面临着不断更新和迭代，其复杂性融合带来了许多挑战，但都使数字场景的设计达到了覆盖面更广、交互性更强和视觉效果更加逼真的目标——增强现实互动的全息投影能够将虚拟元素的物体完全地呈现在现实场景中，实现了从2D到3D的跨越，使得观众单凭肉眼就可以360度无死角地欣赏，如博物馆中的AR导览等，提供了更加丰富立体的互动体验；利用实时渲染技术，数字场景动态地改变了场景的外观，帮助与场地内的情感氛围相协调；高分辨率的显示技术及纹理贴图等手段，则能够实现视觉效果的高保真，避免产生过度生硬感，可以达到以假乱真的效果。在实现了良好的技术支持的基础上，还应该紧密结合环境艺术的设计理念和技巧，以创造出更富有个性化和艺术性的数字场景体验。将数字艺术与传统艺术形式相结合，例如数字雕塑、数字绘画等，创造出融合现代科技与传统艺术的独特场景；将虚拟数字场景与现实场景自然融合，加入场景动态变化特性，能够根据不同的时间、季节或活动，呈现不同的场景效果，使得数字场景更富有生命力。

从认知维度来看，通过上述的数字化手段，数字场景在进行场景叙事时将更具有创意和表现力。在此基础上丰富场景内容，比如加入故事线，由此可以增添层次感，使得呈现更为综合、立体，让观众的意识被带入场景。打破传统叙事的限制，融合图像、声音、视频等多媒体元素，创造出更加离奇、奇幻或引人深思的场景。

从体验维度来看，新数字场景更注重用户体验优化，通过触摸屏、体感设备等技术，帮助观众置身于故事的情境之中，与情节产生关联。同时通过数字化手段实现跨时空的叙事，帮助观众不受物理空间的限制，在数字场景中穿越不同的时间和空间。引入智能感知技术，观众在数字场景中的动作、表情等数据被收集起来，进而可以实时调整场景效果。观众会更加融入其中，有机会改变故事发展方向，这使得场景成为一个情感共鸣的空间，变得更富互动性和参与感。数字场景的设计是技术的应用，更需要在技术的基础上发挥创意，融入艺术元素，使得数字场景更加灵活多变、富有表现力和观赏性。设计者应面对技术快速发展带来的挑战，不断创新，推动数字场景设计向更高水平迈进。

"只有河南·戏剧幻城"这座中国最大的戏剧聚落群，不仅仅是一座拥有21个剧场的戏剧"幻城"，更是一个融合了戏剧艺术与现代科技、传统与创新的独特文化地标。该项目诞生于对黄河文明的深入挖掘与研究，黄河作为中华文明的发源地之一，所孕育的丰富文化和历史为戏剧创作提供了无尽的灵感。只有"河南·戏剧幻城"以沉浸式戏剧艺术为手法，将古老的黄河文明与现代科技完美结合，让观众在欣赏戏剧的同时，也能感受到历史的厚重与文化的魅力。在这座"幻城"里，建筑作为物质的载体，更是一种戏剧艺术的呈现。独特的建筑风格和布局使得每一个剧场都成为一个独立的艺术空间。关于"土地、粮食、传承"的故事是戏剧"幻城"的灵魂，这既是对河南这片土地的深情告白，也是对中华文明的传承与弘扬。从物质空间的层面看，"只有河南·戏剧幻城"打破了传统的空间布局和区隔，使得时间和空间在这里融为一体。每一个剧场、每一个角落都仿佛是一个独立的世界，而观众则是这个世界的主角。观众在观看戏剧的同时,也能感受到空间与时间的变化,仿佛置身于一个梦幻的世界。此外,"只有河南·戏剧幻城"还运用了先进的科技手段,如虚拟现实、全息投影等,为观众带来更加沉浸式的观赏体验。这些技术手段的运用,不仅使得戏剧的呈现更加生动、真实,也使得观众能够更加深入地融入这个戏剧世界,感受到戏剧艺术的独特魅力。

## 八、基于多维思考的运动场景

运动场景是与体育运动相关的环境,包括体育场馆、健身房、户外运动等多类型的运动区域,其设计目标在于提升人们的健康水平并促进体育文化的传承发展。作为一个充满活力和动感的场所,它能够激发人们的热情和活力,促进身心健康。它需要考虑到场地面积、地形地貌、光照、通风等多方面的因素,以确保场地的适宜性和安全性,提升运动者在场景中的体验。运动场景在布局上需要充分考虑人群流向,对于器材摆放、出入口位置等进行合理设置,以创造一个高效的使用空间。在功能设置上,应当充分进行人性化考虑,布置各种类型的健身器械区域以及空置场地区域,用来满足不同人群的锻炼需求。健身器械区域应进行多样化设置,涵盖全年龄段,类型上应包括有氧器械、力量器械、柔韧性训练区等。空置场地区域需要具备灵活的多功能弹性,可以根据活动的性质和需求进行自由变化,为适应不同的锻炼方式而服务。应进行多元化场地设计,通过可移动设备的巧妙变更来布局,使同一场地可以进行迅速调整,适应不同运动项目,如篮球、羽毛球等,实现单一场地的多功能利用。

人文环境新场景的运动场景作为更面向大众健身、休闲体育等领域的环境,让人感受到运动的激情和快乐,能够释放压力、缓解情绪,让人心情愉悦。人群在场景中运动时,空间就会呈现出高度的流动性，在一定程度上自然地产生互动。过去旧的运动场景在布置上较为单一，往往只包含基本的运动设施，活动相对来说具有限制性，场景单调且缺乏吸引力。与此同时，社交空间往往是紧缩的，缺少适合休息或是互动的区域，场景中活动的人多为单独的个体，几乎不会产生联系。而新的运动场景则让人们摒弃了过去对于运动场景一成不变的印象，注重多样性和创新，使运动不再局限于传统的体育器材，而是融入了更多娱乐性和互动性的元素，鼓励人们参与到互动中并产生交流，具体体现在以下几个方面。首先，新的运动场景要求功能上的创新性，不仅包含传统的健身器材，还融入了例如智能运动设备和虚拟现实交互体验，增加了运动趣味性。运动场境内的元素通常是可变的，环境、场地、气氛和配套设施可能会根据时间、季节、天气等相关因素发生变化，这种变化性可以创造出不同的体验，使人们处于不同的时间和不同的环境氛围中。在场地与人的联动上，可以借助科技手段来实现动态效果并提升体验，如运用投影技术在场地上创造出动态的图案，为场地增加趣味性。用类似游戏的方式，如通过地面投影展示跳动的音符，引导人们锻炼。利用 LED 灯光设计，改变场地的色调和亮度，根据不同时间段或季节创造出不同的氛围，使运动体验更加富有变化。场景中可以使用运动传感器、VR 虚拟现实设备等智能技术，通过大屏幕或应用程序实时展示速度、心率等数据。这不仅能增加参与者的本地互动性，还能够提供个性化的运动反馈，帮助参与者更精准地监测个人活动状态。其次，新的运动场景注重空间设置上的人性化设计，这体现在对于人群包容的态度，过去的运动场景几乎未将个人部分纳入考量，导致场地完全呈现为开放式。新运动场景则创意性地进行创新场地布局，将场地划分为公共的团体锻炼区域以及一些个人的区域，为部分人群提供更个性化的空间锻炼体验，帮助实现更多人融入运动场景的愿景。在此之上就会有越来越多的人在场景中产生联系，进而形成社交，有效促进人际交往并增强社会凝聚力。在人与人的社交活动上，新运动场景会创造出更多的互动空间，以创造一个既能够促进运动的环境，又能够提供愉悦体验的场所。设置休闲社交区域，在运动场地周围设计休息区，提供茶水、休息设施等，创造一个在运动后进行放松的愉悦的社交空间，鼓励运动者在锻炼之余进行互动和交流。同时户外运动场所可以考虑自然友好型设计，充分考虑自然环境，保留并融入自然元素，创造通风良好、采光充足的环境。利用地形差异设计爬坡、下坡等区域，提供更具挑战性的户外多样性运动场地。运动新场景在设计上追求更广泛的社交性和互动性，可以通过创新设计和科技融合，为运动者提供更丰富的体验，创造出更有活力的环境。运动场景的设计不仅关注功能性，还要考虑人性化、社交性、文化性等多个方面，使其成为一个有益于身体健康、社会互动和文化传承的多功能场所。

在美国加利福尼亚洛杉矶的互动（Enteractive）公司楼体互动项目中，互动（Electroland）建筑事务所巧妙地运用数字化感应系统，将楼体的外立面与地面装置融为一体，创造出一个参数化控制体系的运动场景，这更是一个吸引大量人群参与的娱乐性互动装置。这个巨大的互动地毯式LED灯不仅能检测到访客的行动，而且能通过与地面方形格子的互动，展示出丰富多彩的交互式灯光图案。当人们踩踏地面时，建筑外立面对应的方形霓虹灯就会亮起，形成一个独特的视觉效果。这种交互方式让人们感受到建筑的智能化和科技感，为他们提供了一种全新的互动体验。同时，大楼的LED灯还与互动地毯上的光线模式相呼应，向周围的城市展示了一场独特的视觉盛宴。这种设计展现了环境智能与人类活动的完美结合，展现了互动建筑事务所对于电子游戏感知能力的深刻理解。互动公司楼体互动项目是科技、运动和娱乐完美结合的范例，为人们提供了一个全新的互动体验，这种互动方式将建筑、环境和人类活动紧密地联系在一起，展现了无限的可能性和创意。

综上所述，本章通过多维思考构建人文环境新场景，先将虚实的概念进行了解释，并在后续的新场景说明概括中进行了深入探讨。新场景的构建不仅仅是物理空间的设计，更是文化、技术、情感等多重要素的综合体现，塑造需要考虑人的感知、认知和实践体验，通过集群、辨识、渲染、入境、互联、涌现和自增长等层级构建路径，实现场景的丰富性和深度。这些要点相互依存、相互促进，共同构成了一个综合框架，用于引导和实现新场景的设计和发展。集群强调了人群因共同目标而聚集的社会动力；辨识关注于场景的可识别性和独特性；渲染会通过艺术手法营造出特有的氛围；入境是指人们在新场景中完全融入和沉浸的体验；互联强调了人与人、人与物之间的连接和交流；涌现是自发性和非线性的现象，为场景带来了创新和活力；自增长体现了场景的内生动力和持续发展的能力。

要特别强调的是感知、认知和实践体验这三个维度。感知维度涉及视觉、听觉、触觉、嗅觉等感官体验，通过这些感官系统，人们能够接收和处理外部信息，形成对环境的直观认识。认知维度关注人们如何理解和处理所感知到的信息，涉及知识、情感和文化等方面。实践体验维度关注人们的实践活动和体验方式，强调主观能动性在场景中的发挥。虚实映射作为一种重要的设计手法，将虚拟元素与现实世界相结合，创造出超越传统物理空间限制的新体验。这种映射不仅增强了场景的吸引力和沉浸感，还促进了观众与场景之间的情感共鸣和互动交流。新场景构建类型涵盖了自然场景、历史场景、生活化场景、舞台场景、展览场景、音乐场景、数字场景和运动场景等多个方面，每一种场景都有其独特的设计理念和目标，旨在通过创新的设计手法和科技手段，提升人们的体验质量，激发创造力和艺术精神。这是一个动态的、互动的过程，它不断地适应和反映着社会的变化和人们的需求，通过多维思考和跨学科的合作，艺术设计提升了空间的功能性和美学价值，促进了文化的传承和社会的和谐发展。未来的新场景设计将继续探索更多的创新可能性，为人们创造更加丰富、有趣和有意义的生活体验。

# 第五章
# 人文环境新场景的设计策略与方法

　　本章节论述了新场景的相关设计策略以及具体的构建方法。设计策略方面主要强调新场景为什么要这样去做，回答了如何在当下促进新场景跟进时代，满足现代人需求的相关问题，以及如何实现区别于过去旧场景，进行新场景差异化发展。具体来说，可以通过艺术介入场景的方式，分别发掘不同场景应有的特点，保证其经济的可持续性和社会发展潜力，以实现新场景的内核构建。就整体策略而言，在内容上涵盖了从自然生态到历史人文，在方式上涵盖了感知、认知及体验，阐述了各个方面考虑的重要性以及能够创造出的新价值。而构建方法则更多的是在说新场景怎么做的问题，列举了几大类具体的表达手法，解读不同方式给人带来的生理及心理上的感受。相比旧场景的单纯满足实用功能或是形式至上地忽视场地需求，新场景更多的是在构建上通过各种因素来影响人们的情感感知，通过多维度的思考方式来实施，进而实现第四章所提及的新场景特性打造以及构建层级的达成。

　　本章研究了如何具体构建新场景的实际方法论，呼应主题与独特性，达成对环境、意义的构建。并阐释了不同策略下的新场景独特的解决问题方式，以及这些策略给人所带来的多样化体验，这种成果在过程中进一步上升至价值,并反向惠及社会,在大众中产生积极的反馈。在此逻辑的推导下,通过这一系列逐步深化的研究,形成了完善的循环结构。

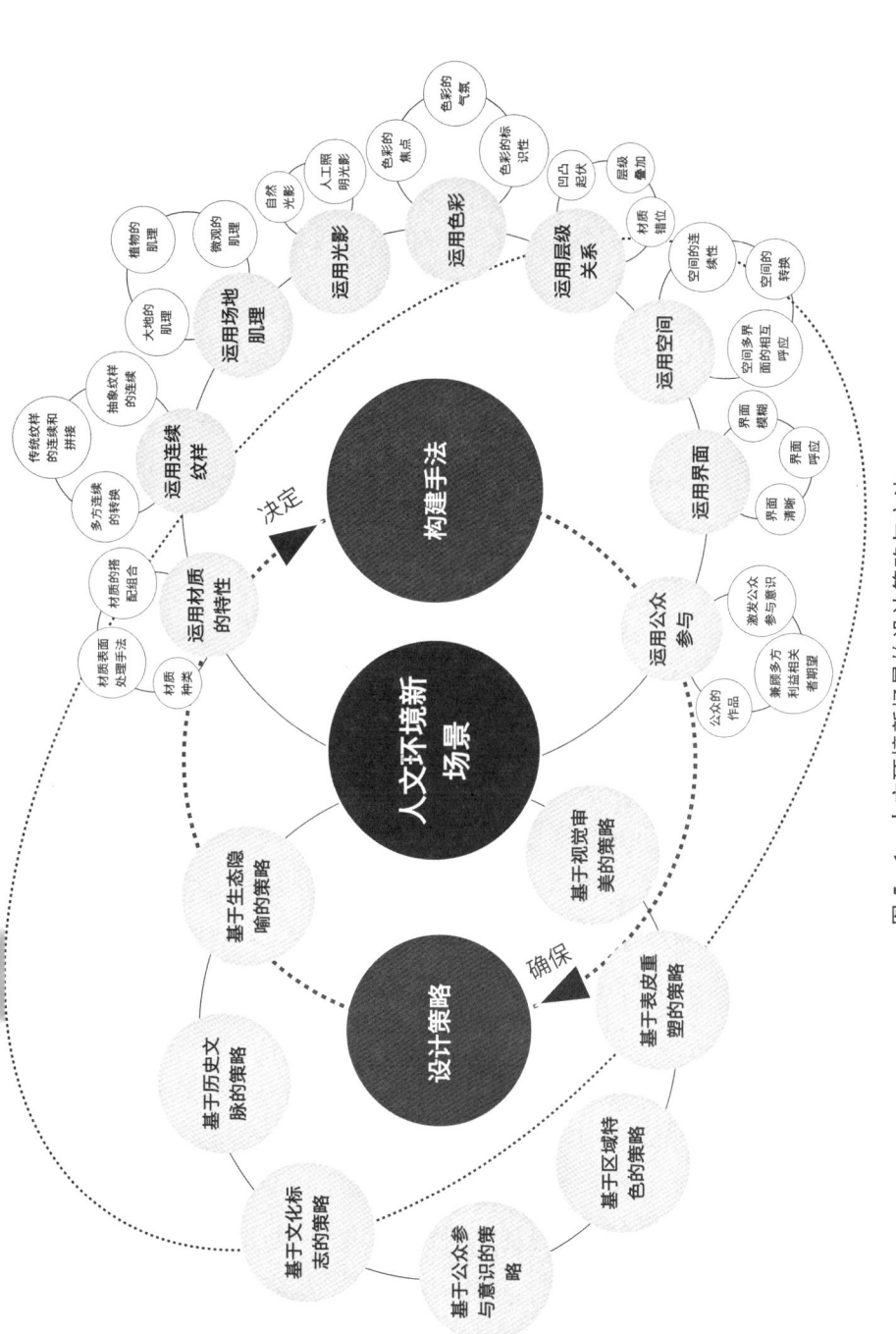

图 5-1 人文环境新场景的设计策略与方法

## 第一节　人文环境新场景的设计策略

人文环境新场景的设计策略从新场景的构建类型的描述出发，总结出生态隐喻、历史文脉、文化标志、公众参与意识、区域特色、表皮重塑以及视觉审美七大策略。生态隐喻策略是运用生态元素来实现场景中自然生命的和谐，增强人与自然的互动；历史文脉策略主张尊重和保护原有的历史文化遗产，通过挖掘和利用历史元素来实现当代新场景之下传统与现代的结合，弘扬传统文化并增强人们的文化认同感；文化标志策略是指地域特色的标志性设计，标志可以是具有象征意义的构筑物或景观，它们能够代表一个地区或民族的文化特色，增强人们的归属感；公众参与意识策略是充分考虑公众的需求和意愿，让公众参与新场景的设计，在设计过程中逐步实现场景认同感；区域特色策略旨在充分挖掘和利用本地区的资源，以体现地区的自然、历史和文化特色，形成独特的辨识度；表皮重塑策略是对建筑或景观的表皮进行创新设计，使其具有独特的视觉效果和功能特性。在新的材料、技术及工艺的加持下，表皮将成为新场景中的亮点，帮助吸引关注并提高使用性能和可持续性；视觉审美策略注重美学原则的运用，从视觉感官出发，通过如色彩搭配、空间布局、线条流畅等方面的设计，创造出具有美感的视觉效果。以上设计策略的引导，将有助于提高人们的生活质量，促进社会的可持续发展，创造出既符合现代需求又具有人文关怀的新场景。

## 一、基于生态隐喻的策略

生态隐喻是一种修辞手法,通过将生态学中的概念、过程或现象应用于其他领域,以便更好地理解和描述复杂的事物或现象。这种修辞手法常用于文学、艺术、社会科学等领域,用于比喻和象征性地表达特定的意义或信息。如通过观察自然生态中的分层现象,并根据生物群落的知识来研究企业的发展规律等。生态隐喻的策略关注城市生态,对自然环境、动植物进行高度抽象的概括,[①]是一种尊重自然保护环境的隐喻手法。生态学是一门研究生态系统内有机体与其环境相互关系的科学,隐喻的本质是通过一种事物来理解和体验另一种事物的过程。[②] 生态隐喻策略通过隐喻性的类比,将生态学的原理和知识映射到另外一个研究领域中,从而有可能给新的研究领域带来启示。

在人文环境新场景中,基于生态隐喻的策略关注生态发展,在这种策略的指导下,以及艺术设计多维思考方式的基础上,运用一系列技术手段和隐喻手法将自然环境抽象化,使城市建筑与自然环境相融合,利用环境中的能源,如阳光、风能、热能、水能等,以达到保护生态、低耗能的效果。阿诺德·伯林特(Arnold Berleant)在《环境美学》中提到"艺术与自然都包含一种无所不包的体验类型,这种体验需要涵盖性的理论来容纳它"。利用阳光、风能、热能、水利等技术,城市不断发展、扩张,为追求利益最大化,城市公共绿地逐渐减少,人们对大片林地的印象也渐渐模糊了,但人们的内心深处却是对自然

---

[①] 吴珏.地铁艺术风亭形态设计策略——以武汉地铁为例[J].装饰,2015(02):78.
[②] 王佳,黄乐平.网络视频广告中多模态隐喻认知研究——以农夫山泉鼠年广告为例[J].宿州教育学院学报,2020(03):117.

的向往和追求。城市发展的同时,环境应以映射的方式随之"生长"以达到平衡关系。运用抽象信息的视觉艺术表现是为公众结合自身理解而产生共鸣,共同关注人们的生存环境改变所存在的问题。[①] 利用自然材料、再生材料和绿色环保技术等手段,寓意着对自然保护和环境可持续的思考和关爱,使场景更加生态友好,创造出更加美好、健康、和谐的生态环境,并增强人们的环保意识。基于生态隐喻的策略关注人类与自然之间深刻而密切的联系,并呼吁对环境保护和可持续发展的关注。该策略不仅仅是为了美化环境,更是一种意识的唤醒,了解到环境保护和可持续发展的紧迫性,让人在场景中感受自然、了解自然并最终热爱和自发保护自然。

印度尼西亚雅加达的特贝特(Tebet)生态公园如今已成为城市绿色肺叶和生态恢复的典范,为我们提供了生态隐喻策略使用之下的愿景样本。在过去,这里原本是一个环境恶劣、交通不便且频繁遭受洪水泛滥的公共公园,但在经过为期15个月的改造后特贝特生态公园焕然一新,化身为当地最受欢迎的、充满生机与活力的公共活动胜地。改造的核心理念是尊重自然、恢复生态,设计团队通过保留和增植树木,强化了场地的绿化建设以及基础设施,不仅美化了环境,更为动植物提供了宝贵的栖息地。同时,针对该地区频发的洪水问题,设计团队对河流进行了再自然化处理,通过恢复河流的自然形态和流动特性,成功降低了暴发洪水的风险,保障了居民的生命财产安全。这一更新项目的完成为该地区创造了一个包容性的自然环境,为居民提供了在自然环境中休闲、放松的绝佳机会,从而对该地区产生了积极的社会影响。运用生态隐喻策略和科学的规划设计手段,完全可

---

① 吴珏.地铁艺术风亭形态设计策略——以武汉地铁为例[J].装饰,2015(02):79.

以将一个环境恶劣的公共空间转变为一个充满生机与活力的生态胜地。这样的转变是未来城市与自然和谐共生的愿景的具体展现,不仅提升了居民的生活质量,更为城市的可持续发展注入了新的动力。

## 二、基于历史文脉的策略

历史文脉可解释成历史的线索或者脉络,它表明了历史发生以及发展的背景和条件,是在特定空间发展起来的一种历史范畴,其向上延伸和向下伸展包含着极为广泛的内容,有关于各种元素之间的对话以及内在联系、局部和整体之间对话的内在联系的意思。历史文脉可以被理解为历史中各元素间的内在联系以及整体与局部之间的外部联系,对历史文脉的掌握是理解某一地方本质及其复杂性的重要前提。通俗来讲,历史文脉与人类文化是不可分割的两个概念,是人类所创造的诸多文化要素之间以及文化要素与环境之间的约定关系。如今在建筑、城市、景观等领域里,其概念已获得了诸多运用并形成成果,成为当下人居环境学科设计理论中的一个基础概念。历史文脉是人类社会在漫漫历史长河中的文化积淀,也是人类文明延续与发展的重要媒介之一。在设计中,可以基于历史文脉策略将地域文化作为核心,重点关注地方历史的传承和延续。为了保障历史文脉在主题空间中能够得到有效应用,需要对该地区的历史片段进行整合,确定该地区的整体风格和基调。[1] 可以将具有地域特色的历史建筑与主题空间融合,实现对遗产资源的开发与利用,引入故事性叙事逻辑,提升城市的整体文化内涵。[2] 通过追根溯源,挖掘地方历史文化内涵,突出地方特色传承,从文化的角度去推动地方景点和

---

[1] 沈红.历史文脉下主题空间设计研究[J].大观,2021(06):26.
[2] 沈红.历史文脉下主题空间设计研究[J].大观,2021(06):27.

产品特殊化的更新迭代,这有助于推动地方文化、旅游产业的发展水平,对当下我国城市化进程中失序的空间重构和历史肌理的延续有着积极的借鉴意义。

基于历史文脉策略的人文环境新场景强调了对于新场景,特别是对历史场景探究,必须以当地的文化脉络作为背景。正如柯林·罗(Colin Rowe)对城市历史和结构持开放态度和多元视角的"拼贴城市"理念:城市肌理既包含城市结构化的物质环境,又映射复杂而深刻的社会关系。[①] 但由于城市的自然条件、经济技术、社会文化习俗不尽相同,因此环境中总会有一些特有的符号和排列方式,在岁月的堆叠下便形成了这个城市特有的地域文化和建筑式样,也就造就了其独有的城市形象。而设计者在新场景创作时需要以当地肌理特色为基础,将地方元素融入环境艺术设计中,突出地域的独特性魅力,以获得市民认同。这种再现不只是结构美学范畴上的,从历史文脉的角度来说,景观不仅仅包含了物质层面的内容,景观是扎根于这个地域的生活文化的直接表现,是由蕴含并养育传统与文化的日常生活所表现和形成的。其核心是对场景中持久活力的呈现,既是当下的写照,也是连续性发展过程的体现,是要将历史和未来相互关联起来。同时,延续文脉的形式并非复古,而是要以历史结构为基础,结合新的功能需求,对新旧环境加以整合,创造出具有独特地域性辨识度的空间,从周边历史环境出发延续历史肌理、空间等,具体考察场所精神后,再对新场景赋予其一贯的场所精神内核。总的来说,基于历史文脉策略强调文脉的文化修补,引入新的功能、活动、意义,将建筑、文脉的整体历程引入新的阶段,在此策略下的新场景就需要寻

---

① 冯正功,吕彬,陈婷.基于历史文脉视角的城市秩序与公共空间重塑[J].当代建筑,2021(04):11.

找到内核，帮助实现场景的文化的新生式再现，帮助弘扬地方历史文化和艺术精神，提高游客对地方文化的认知度和理解度。

西安老钢厂设计创意产业园是一个以"设计创意"为主题的城市再生型产业园区，它依托于工业遗存，将曾经辉煌的老厂房进行了改造再生。西安老钢厂创意产业园是一处把历史和现代创意精妙融合的所在，经由精心规划，让工业遗产变身为文化创新的温床。在这里，历史文脉的理念被生动展现，既是对过往工业建筑的守护，也是对地域文化的传承与创新。在这个园区能够目睹历史文脉是怎样成为连接往昔与当下的桥梁的，借由对历史片段的整合，这里营造出一种独特的地域格调。设计师们以本地文化作为背景，把地方元素与现代设计理念相融合，打造出既有历史韵味又兼具现代气息的空间。老钢厂创意产业园的设计是对物质环境的重新塑造，更是对地域生活文化的深度呈现。它把历史与现代生活紧密衔接，呈现出一种持久的活力和连续的发展进程。将新旧环境加以整合，缔造出具备独特地域性的空间，既延续了历史纹理，又满足了现代功能的需要。凭借这种基于历史文脉的策略，老钢厂创意产业园不但弘扬了当地的历史文化，还提升了人们对地方文化的认知与理解。它是一个富有活力的文化场所，为城市化进程里的历史文化保护和创新提供了珍贵的经验。

## 三、基于文化标志的策略

文化标志是对区域标志性空间的拓展，根据周边主体标志性建筑物、强化标志性、象征性，加强公众对地域的认知度。[①]《牛津大辞

---

[①] 吴珏.地铁艺术风亭形态设计策略——以武汉地铁为例[J].装饰,2015(02): 79.

典》将文化标志定义为"被视为代表性象征物特别是某种文化或运动的代表性象征物的人或物";"被认为值得景仰和尊敬的人或机构"。文化标志包含着特殊的故事,具有体现身份的作用,被人们普遍视为某些重要思想的简略表达方式的一类范本式的象征物。基于文化标志的策略是通过利用与某个特定文化相关的符号和标志,来推销产品或服务的策略。这些符号和标志可以是某个地区的文化传统、风俗、节日中留存下来的物品或其他特殊符号,被普遍认为是社会所看重的一系列价值观或思想最显著的表达物或象征物。将这些符号和标志与产品或服务进行关联,使宣传更加吸引消费者的眼球,从而提高了消费者对产品或服务的认知和兴趣。

在人文环境新场景中,基于文化标志的策略通过设计美学效果,在特定地区的建筑和空间中融入当地的文化符号和象征,增强公众对该地区文化的认知和理解。在设计过程中,通常会考虑到周边主体标志性建筑物、地区的历史和文化,以及当地文化传统等因素,通过设计手法来体现文化符号和象征,实现对地域文化的强化与传承。这就要提到"触媒"的概念,"触媒"理论旨在探讨对个体元素和空间点的更新与改善,其改进目的在于提升整体城市空间体系的品质。这个概念源于韦恩·奥图(Wayne Atton)的《美国都市建筑:城市设计的触媒》一书,他认为城市中任何物质元素都可以成为一个"触媒"的点,元素点相互之间联系、组合,从而形成一个密切相关的城市网状空间系统。每一个"触媒"点的更新、改善与变化,都可能影响城市的整体空间的风格走向。利用标志性物象的"文化符号"可以创造价值,文化标志作为一个具有非凡价值的符号化系统,会帮助实现个人的价值倾向,负载着强烈的象征性。例如在某些展示场景中,消费者通常具有强调身份的渴望,人的社会身份由其文化所构成,文化标志通过将符号以隐喻的方式融入场景中，将微小元素构成一目了然的大场景结构，实现了场景体验的符号化叙事。这种围绕故事性主题特征的叙事空间将激发消费者的共鸣，达到入境效果，并实现由其内生文化连接起人与场景的互联。它有助于强调其特殊性抑或是普遍性——"自我必须在符号交流中形成，身份在符号活动中代替了自我"，形成真实的物质消费力刺激，达成某种身份认同的感知体验。基于文化标志的策略能够使区域形象更加鲜明，使新场景在有限的空间中就能够深刻地塑造地区的独特个性，使新场景成为"触媒"。扬·盖尔（Jan Gehl）在《公共空间·公共生活》中说到"人本身就是空间吸引人的要素之一，人在进行行为活动的同时，也在诱发其他人进入空间产生行为活动，人是公共空间活力的触媒，其对活力的影响与公共空间中的物质环境因素同样重要"，在改造中，活动的人群更加强了"触媒"的生成，人在场景中成为文化标志的传播者，通过一系列活动重塑了公共空间，进一步激发了公共空间的活力。[1]

长沙的"文和友"便是将湖南市井文化标志进行特定的生成，以异质性的商业体表现形式呈现出的市井文化记忆互动，在微观层面上形成了特定文化记忆。"民以食为天"是根植于中国人精神中的某种文化底色，"文和友"巧妙地将过去作为一种充满烟火气息的餐饮行为本身，以更加亲切的方式转变为文化，通过"餐饮+文创"的行业新模式为我们呈现出基于文化标志的沉浸式场景，其体现为用20世纪80年代某些符号化的场景来指代一类老城区街道文化艺术本身，所有活动都以这个指代符号为对象而展开。形式上做旧的楼房将整个老长沙市井社区呈现在了眼前，老长沙的城市韵味与烟火气息都

---

[1] 冯正功，吕彬，陈婷. 基于历史文脉视角的城市秩序与公共空间重塑[J]. 当代建筑，2021(04)：13.

已融入其中。这不仅勾起了老一辈的老城时光记忆，同时迎合并满足了年轻一辈对于城市真实面的复古情结的喜爱，产生的是令人眼前一亮的新意。同时，场景的打造不仅需要巧妙布局，还需有鲜明的人物角色。在"文和友"中，服务人员扮演了社区的重要角色，以朋友和邻居的身份引领顾客穿梭于这个场景中，形成一种充满人情味的情境。沿街可见不少长沙街头的经典小吃，这些小吃具有浓厚的街头氛围，并且种类繁多，让消费者仿佛置身于一条自然形成的美食街。对"文和友"而言，"将设计定义为一种被认可的文化"是其整体设计的核心思想，设计最终旨在创造一个接近理想状态的场所，通过艺术方式来记录城市记忆会使人们忘却时间并沉浸其中，由此实现从场景出发调动顾客的情感共鸣与体验消费。

## 四、基于公众参与意识的策略

公众参与意识泛指普通民众作为主体参与，并推动社会决策和活动实施的意识，是一种有计划连续的双向交换意见过程。这里所提的公众参与更多是基层治理层面的，推动决策过程的行动。它通过开发行动机构与公众之间的相互交流，使公民能参加决策并形成共赢局面。基于公众参与意识的策略是指政府、组织或企业在制定政策或实施项目时，特别考虑并重视公众的参与和意见，以达成更广泛的共识和更好的成果。这种策略的核心是建立一种开放、透明和信任的关系，使公众能够参与到政策制定和项目实施的方方面面，包括问题分析、决策制定、实施和监督等环节。这种策略认为公众不仅仅是政策的接受者，而且是积极参与者和决策的共同制定者。这有利于增强公众对决策的支持度，并加强政府和公众之间的沟通和合作，提高政策的可行性和可持续性。

在人文环境新场景中，基于公众参与意识的策略通常体现为将公众视为设计的"合作伙伴"，通过各种形式和手段积极引导公众参与和投入项目的设计和实施过程中，与公众建立更加密切与和谐的互动与交流，利用公众的参与作为开放的过程，强调每个人都有平等的机会和权利参与到决策过程中，这侧面反映了新场景的包容性特点。这种策略的核心在于将公众的反馈和意见作为设计的重要依据，更好地了解公众需求，发掘设计项目中的盲点和潜在问题，提供更加透明、开放的设计流程，满足公众对于环境艺术的期望。公众是设计的利益相关人群以及最终的使用者，他们的意见有助于优化项目的设计，提高项目的可持续性和实用性。现在普遍存在的公众参与中，"被动式"参与的行为较多，"主动式"的决策行为较少；同时居民有参与的积极性，但获取参与的渠道很少。而基于公众参与意识的策略将从新场景的要求出发，扩大宣传力度，通过各种方式鼓励公众投入参与，如开展开放式设计公示会、社区文化调查、公众意见收集会议、城市规划研讨会等，提供互动和交流的平台，有效地吸引公众的集群，将公众参与的过程变成一个充满趣味性的生活化新场景。基于公众参与意识的策略能够增加公众参与新场景设计中的范围及环节，使居民的利益与区域的发展紧密地结合起来，强化民众参与意识的培养和人民当家做主意愿的满足。通过与公众建立密切的互动和交流，实现设计目标以及公众期望的完美融合和协调，激发公众的创造性和想象力，增进公众对于设计项目的理解和认同感。

丹麦哥本哈根诺德维斯特（Nordvest）区中心的冶炼之丘（Smedetoften）住宅区曾是一片破旧的空地，如今却实现了现代化城市公共空间的巨大转变，这得益于公众参与的巧妙运用。设计师们精心规划了广场的布局，通过座位的巧妙设置，将空间划分为开放与私密两个区域。这种设计满足了不同人群的需求,使得每个人都能在广场上找到属于自己的独特位置。为了实现这一转变,设计团队在项目初期就积极邀请公众参与。他们通过公开会议、问卷调查等方式,广泛征集居民的意见和建议。这些反馈为设计团队提供了宝贵的参考,使得设计方案更加贴近居民的实际需求。在项目开发过程中,设计团队还进行了多次测试,以确保各项设施的功能性和舒适性,力求为居民打造一个完美的公共空间。公众参与的力量在冶炼之丘住宅区的改造中得到了充分体现。每个人都在设计中看到了自己的贡献,这种归属感使得这片公共空间更加具有吸引力。

## 五、基于区域特色的策略

区域特色是某个地区独特的文化、历史、自然、社会等方面的特点和特征,是地区的独特标志,集中体现了区域形成规模的产业和街道属性,是把人们潜意识中的形象以固化实体为载体进行体现,以标志性符号元素表现出来的概念。基于区域特色的策略主要可以分为两个方面进行阐述,分别是自然特色与人文特色。自然特色表现为当地有特点的自然景观,如海滨、山区、草原等,应建造能与自然融合的景观元素;人文特色则主要是地方的民俗风情和习惯,地区特有的社会活动会将地方传统节日的符号和元素纳入设计。

在人文环境新场景中,基于区域特色的策略体现为将区域内的一个或几个特点作为核心爆点,展开具体的设计和主题研发投入。这种策略的核心思想是充分挖掘和突显区域独有的自然或社会元素,将其作为设计的灵感来源和核心元素。在实际操作中,这种策略可能涉及对当地特有元素的深入研究和理解,包括但不限于地方传统、历史事件、自然景观、社会风貌等。相比于其他基于历史文化的策略侧重于过去事件和传承而言,区域特色则更注重于当前时刻和当地的特殊性。这种策略的目标是展现当地的自然和社会特征,强调的是地域的现实存在,使设计与当地氛围融为一体,更加接地气。自然特色可以使景观元素被重点突出,如引入当地的植被、地貌特点进行一定的模拟。社会相关方将当地居民的特色活动融入设计,创造出一个更具互动性和参与感的社交场景。人们在此所体会到的是与日常生活中截然不同的另一自然及社会中生长出来的场景,相比起文化具有一定的理解门槛,区域特色的在地性更有助于打破传统的文化边界,拉近人们与周围环境的关系。基于区域特色的策略旨在通过对地域特有性的深入挖掘,通过对当地元素的运用,使人们在其中感受到地方的独特魅力和生活气息,以更深入地融入地区环境。

加拿大的凯切森(Ketcheson)邻里公园从当地的自然及文化中获得设计灵感,将弗雷泽河三角洲当地的河流景观以及社区的文化和历史元素一并融入,形成了一座充满灵感的景观。设计团队以精湛的技艺和前瞻性的视角,将这些元素巧妙地融入公园的每一个角落。园内一系列四面环水的岛屿构成了花园,流水贯穿公园,穿过宁静的水池和蜿蜒的小溪,连接了不同的空间活动节点。这条蜿蜒的小溪不仅为公园增添了灵动之美,更在无形中连接了各个活动空间,旨在创造一个真正源自自然的生态空间,引导着游客和居民自发地探索每一处景观。设计灵感源于其区域特色,正是这种对自然和文化的尊重与融合,使凯切森邻里公园仿佛是原生于此的绿色空间。郁郁葱葱的植物与清澈的水景相互映衬,形成了一片宁静而充满生机的绿洲。无论是当地居民还是远道而来的游客,都能在这里找到一份宁静与愉悦,感受到大自然与文化的无穷魅力。

## 六、基于表皮重塑的策略

表皮重塑是指改变环境的外部表面,旨在通过改变外观和材质以达到重新定义、更新、改良或者增强其外观、功能或意义的目的。基于表皮重塑的策略力图以改变物体的外观、氛围或者可识别性的方式,来使其更适应当下的需求和审美趋势。主要从外部材质的更换、装饰元素的增加、形态的变化等方面进行设置。

在人文环境新场景中,基于表皮重塑的策略涉及建筑、景观、室内等各个方面,其中的视觉问题关系到设计的格局,是公众视觉思维的逻辑性表达。采用多种材料艺术化包裹后,或反映时代主流文化,或明确主题,或诠释城市精神。表皮作为建筑构造的重要组成部分,影响着建筑整体视觉效果与外界环境交流。勒·柯布西耶(Le Corbusier)曾提出"建筑是一些装配起来的体块在光线下的精准的、正确的和卓越的表演,建筑师的任务是将包裹在体块之外的表面生动起来"。表皮重塑即针对功能和空间变化,重塑表皮的外观,使其更好地适应新职能、新使命。针对原场景的生存状况及价值取向的差异,可采取两种不同方向的改造重塑手法。[①]具体分为整体更新和细部设计两种。首先,整体更新作为目前广泛而全面的改造方式,是从整体外形上对场景进行彻底的更新和改进,引入新的景观元素,更新表皮结构,以适应当代的社会需求和审美趋势,体现了表皮与建筑本体功能的适配性及表皮与其他环境要素的互动性。其次,细部设计针对的是本身不存在较大问题,但需要进行微小点缀的场景。此类会对细节进行精心处理,聚焦于场景中某些具体元素的精细打磨

---

[①] 董莉莉,王维,彭芸霓.旧工业建筑改造为众创空间的适宜性设计策略[J].工业建筑,2019(02):36.

和优化，在保留原有风貌的基础上提升场景的品质感，使其更加精致并富有层次。这两种手法可以相互结合，形成一个全面的表皮重塑改造策略。整体更新确保场景的整体性和现代性，而细部设计则为场景增添独特的个性和品质。综合两者考虑可以使原场景在保持传统特色的同时，更好地适应当代社会的发展和人们对于美好生活的追求。基于表皮重塑的策略倾向于表现概念的需求，与外部空间相接触的表皮界面的塑造正在逐渐成为一种图像化传达媒介的含义。所呈现的形象和构成形式，还有细部构件、装饰风格、色彩格调以及材料类别等元素，都使内涵信息得以显现。表皮形态拓展了建筑装饰范畴的外延，更为建筑增添了活力与灵性。

西班牙马德里当代艺术博物馆以及垂直花园的建造体现了表皮重塑所带来的形态与生态价值，新旧表皮的结合阐述了可持续发展理念。该博物馆原为一座建于1899年的拥有百年历史的电力站，它在保留原电力站建筑红砖外墙的前提下，利用铁锈色金属穿孔钢板，把外墙加高，将老建筑表皮形成的历史沉淀与新的锈蚀钢板肌理相融合，展现出对历史的敬重以及对细节的深入考量。广场北侧的墙面和建筑协同设计了一座垂直花园，给整个博物馆营造了时尚先锋的氛围。在改造进程中，设计者凭借对金属表皮质感、肌理和色彩的精妙整合，增添了建筑表皮的视觉感受。氧化的耐候钢板作为表皮原材料，其粗糙的质感和锈蚀的孔洞巧妙地演绎了建筑的历史变迁，同时打造了现代形象和空间形式。穿孔金属表皮在创造丰富视觉效果的同时，彰显了其生态属性，具备出色的遮阳性能，有效屏蔽了热辐射。表皮细节的处理旨在贯彻设计理念，实现更高效的能源利用，凸显建筑的质感和效果。垂直花园表皮不仅满足了生态环境需求，同时注重艺术审美。植物的栽植布局模拟了自然的生态环境，根据当地气候条件和植物的生长特性进行巧妙排列。多样的表皮形态使游客在近距离接触时能够感知不同植物的质感，沉浸于自然的美妙氛围之中。

## 七、基于视觉审美的策略

视觉审美是对于视觉元素和其组合的主观评价和感知，它涉及对美的理解、欣赏和判断，以及对形式、色彩、比例、平衡、对比、纹理等视觉要素的感知和组合。基于视觉审美的策略需要设计师运用视觉要素和设计原则，传递想要表达的信息和情感，创造出富有吸引力和感染力的视觉作品。其策略的主观方面包括美的感知、情感和意义以及文化和时代背景，左右着设计的大方向一并受到设计师个人偏好以及社会大环境的影响，同时它是最容易产生创新与独特性的；而其策略的客观方面包括各种视觉要素和效果，形式、色彩、线条、纹理等视觉要素的综合使用会在一定程度上影响人们对于同一场景美的感知和评价，而平衡、对比、重复、层次等设计原则的使用，则会在视觉上产生和谐或是对立的动感或引导视线的效果。

在人文环境新场景中，基于视觉审美的策略建立在对区域的整体分析上，视觉作为体验的最直接方式为视觉感官，充分考虑公众的价值取向和态度，致力于提升场景区域内的视觉品质。梅洛庞蒂（Merleau-Ponty）通过身体的综合感官提出了身体图式，他认为身体是感官与情境之间的转换载体，对于意义的呈现是身体中的各个感官通过身体图式的整合来显现的。知觉是感受美最直接的方式与方法，文艺理论家王朝闻说道："只有诉诸感觉的东西，才能引起强烈的感动。"审美是人与世界之间的感知关系，这种关系是形象的、带有主观情感的，并且是无功利的状态。随着现代发展，快节奏的生活使得人们希望能在短时间内获得信息，对于视觉审美的渴望愈发加深，并呈现出由外在视觉因素而生发兴趣的走向，多能够吸引特定审美爱好下的人群。而在普遍的视觉提升之下，需要更加注重通过艺术介入的形式设计来满足美，如提升表现形式的多样性，创造出更加开放和包容的设计语言。同时，思维认知在某种程度上也是基于感觉之上的，对于视觉的再次感知，应跟随时下新兴爱好意向，进行多视点、多角度的观察。场景视觉设计中蕴含着深刻的社会寓意，通过专业的知识和感性的体验来欣赏和理解空间的美学价值，可以引导人们思考当代社会的挑战和机遇。基于视觉审美的策略能够在感知上最大限度地形成刺激，从而促进情绪的调动，帮助场景更快实现人群的主动融入，而非被动迎合，在价值上更加强调多元互动性、社会性以及可持续性。

德国汉诺威感官公园（park der sinne）的设计在注重视觉效果下，充分考虑到与人的互动，旨在提升人们在现代生活中逐渐减弱的感官敏锐度，恢复对周围环境必要的感知能力，以及体验自然美好的能力。公园的设计汲取了中国五行相生相克理论，将"空气—水—火—土"四个自然元素作为核心设计理念。在精心设计的景观环境和植物中，打造了丰富的感官体验，充分考虑与人的互动。除了自然景观带来的感官享受，公园最引人注目的是互动性感官体验设计。各种感官互动装置有序分布，为游客提供了独特而有趣的感官体验。在视觉体验作品中，虫眼装置广受欢迎。其作品灵感源自昆虫的复眼结构，呈现出两只复眼的形式，由 120 个小平面组成。游客可以置身其中，透过这个装置观察外面的世界。小平面的布置使游客透过装置看外界时仿佛跟昆虫观察世界一样，由此可以去感知周围的环境。

## 第二节 人文环境新场景的构建手法

### 一、运用材质的特性

材质是指物体所具有的物理性质和触感特征,包括其组成成分、表面质地和外观特征。其中包括物理性质:硬度、柔软度、质地、弹性等;触感特征;外观特征:颜色、纹理、图案和光泽度等。材料在构建中不同的材料有不同的属性,包括质地、强度、可塑性以及维护需求等,这些属性直接影响到设计的可行性、持久性以及最终的视觉效果。

在构建人文环境新场景中,运用材质的特性,以其作为关键因素,对于人文环境新场景氛围的影响极大。首先,材质的特性能够直接影响人对场景的感知,帮助场景实现空间性质上的加强。不同的材质具有不同的视觉和触觉特性,如光滑与粗糙、柔软与坚硬、温暖与冰冷等。通过精心选择材质,引导观众在空间中产生特定的情感体验。例如在纪念性空间中,使用沉重、粗糙的石材营造出庄严肃穆的氛围,而在休闲娱乐空间中,则可能更倾向于选择轻盈、温暖的材质来营造轻松愉悦的环境。其次,材质的运用有助于塑造场景的文化特色,在不同的文化背景下,人们对于材质的偏好和运用方式往往有所不同。因此恰当地运用具有地域或文化特色的材质,能够强化场景的文化氛围,使观众也能感受到其中所蕴含的文化信息。此外,材质特性的创新性运用还能为新场景带来新鲜感和时代感。随着科技的进步,各种新材料不断地涌现。通过尝试新的材质组合、加工工艺或表面处理技术，可以创造出独特的视觉效果和触觉体验，使人文环境在保留传统文化精髓的同时，展现出时代的魅力。利用不同材质的特性，在空间布局、造型构成、色彩搭配等方面进行巧妙搭配，可以达到更加艺术化、细腻化、精神化的空间体验效果。

### (一) 材质种类

场景中的材质种类繁多，涵盖了自然和人造等类型的建筑材料，可以用于定义对象的表面属性和互动。不同材质在应用中都有其独特的特性和用途。常见的如金属、水泥纤维板、石材、陶砖、瓷砖、玻璃、塑料、涂料、木材等，其所带来的特性则从质感、颜色、硬度、反射率、吸音性、透明度、抗风化等多个方面呈现出来。

表 5-1 材质种类

| 类别 | 种类 | 概述 |
| --- | --- | --- |
| 金属 | 不锈钢 | 以其优良的耐腐蚀性、美观的外观和长寿命而著称，易清洁且现代感十足，常用于景观雕塑、栏杆、灯具等 |
|  | 铝合金 | 铝是一种轻便且耐腐蚀的金属，易于加工和成型。铝合金通过添加其他元素改善了纯铝的机械性能，使其在景观中具有更广泛的应用。铝合金常用于棚架、遮阳设施、围栏、装饰板等 |
|  | 铁艺 | 铁是一种坚固且易于锻造的金属，铁艺制品在景观中以其独特的造型和风格而著称。铁艺可以制作出各种复杂的图案和形状，常用于大门、围栏、装饰件等。但铁容易生锈，因此需要定期维护 |
|  | 耐候钢 | 耐候钢是一种特殊类型的钢，其表面有一层稳定的锈层，从而可以保护其内部材料免受进一步腐蚀。这种自然的锈色使得耐候钢在景观中具有独特的视觉效果，常用于构筑物、雕塑、地面铺装等 |

续　表

| 类别 | 种类 | 概　　述 |
| --- | --- | --- |
| 木材 | 防腐木 | 防腐木是经过特殊处理的木材,常见的防腐木有樟子松、南方松、芬兰木等。具有防腐、防虫、防霉等功效,能够长期保持木材的天然色泽和纹理,广泛用于室外景观如栈道、平台、栏杆等 |
| | 炭化木 | 炭化木是经过高温处理的木材,表面呈现出深褐色,具有防腐、防虫、抗开裂等特点。炭化木的处理过程不添加任何化学药剂,是一种环保型的木材,常用于室外家具、景观小品等 |
| | 菠萝格 | 菠萝格是一种优质的硬木,因其纹理美观、材质稳定、耐腐性强而广受欢迎。菠萝格的心材呈现为黄、橙褐色,具有深浅相互交错的条纹,边材和心材的区别显著,其结构粗大,质地坚硬,强度颇高,干缩程度小,耐腐性能优良,加工较为容易,刨面光滑平整,油漆和胶黏的性能良好。常用于室外木桥、木栏杆、木地板等 |
| | 木塑复合材料 | 塑木是一种新型的环保型木材,由木粉和塑料混合而成,具有木材的外观和触感,同时兼具塑料的耐水、耐腐蚀等特性。塑木可塑性强、颜色丰富、易于维护,是一种可持续发展的景观木材,常用于室外地板、栏杆、座椅等 |
| 石材 | 花岗岩 | 花岗岩是一种火成岩,质地坚硬、耐磨损、化学性质稳定。它的颗粒细腻且均匀,具有多种颜色和纹理选择。花岗岩常用于室外地面铺装、台阶、路缘石等,因其耐候性强,能够长期保持平整且不易受损 |
| | 大理石 | 大理石是一种变质岩,具有高雅的纹理和丰富的色彩。它的质感细腻,光泽度高,但相对较易受化学腐蚀和风化影响。大理石多用于室内或有保护的室外景观,如雕塑、栏杆、装饰墙面等 |
| | 砂岩 | 砂岩是一种沉积岩,由砂粒胶结而成。它的质地疏松多孔,表面粗糙,具有较好的吸音和防滑性能。砂岩的颜色和纹理丰富多样,常用于景观墙面、文化石、水景边界等,能赋予空间自然质朴的氛围 |
| | 板岩 | 板岩也是一种变质岩,具有片状结构和平整的劈理面。它的颜色多样,表面呈现出独特的纹理和质感。板岩常用于景观墙面、地面铺装、屋顶等,为空间带来一种古朴而现代的美感 |

续　表

| 类别 | 种类 | 概述 |
| --- | --- | --- |
| 石材 | 石灰石 | 石灰石是一种沉积岩，主要由方解石等矿物组成。它的质地较软，易于加工和雕刻，具有良好的可塑性和装饰性。石灰石常用于景观雕塑、假山、石桥等，可以营造出古典而优雅的氛围 |
| | 鹅卵石 | 鹅卵石是一种天然卵石，表面光滑圆润，色彩多样。它常用于景观铺地、小路、水景边缘等，为空间增添了一种自然野趣和活泼的气息 |
| 玻璃 | 普通玻璃 | 普通玻璃是最常用的玻璃材料之一，具有平整、光滑、透明的特点。它广泛应用于窗户、隔断、玻璃门等，为室内和室外空间提供了明亮的光线和视野 |
| | 彩色玻璃 | 彩色玻璃是通过在玻璃原料中加入金属氧化物着色剂或者通过离子交换着色等方法制成的。彩色玻璃色彩丰富多样，具有良好的装饰效果，常用于教堂、寺庙等宗教建筑以及园林景观小品中 |
| | 钢化玻璃 | 钢化玻璃是一种经过特殊处理的玻璃，具有较高的强度和安全性。在破碎时，钢化玻璃会碎成小块状，减小对人体的伤害。它常用于需要较高安全性的场所，如玻璃栈道、玻璃栏杆、玻璃天花板等 |
| | 夹胶玻璃 | 夹层玻璃是由两片或多片玻璃之间夹以 PVB（聚乙烯醇缩丁醛）等塑料薄膜，经过加热加压处理而成的复合玻璃制品。即使玻璃碎裂，碎片也会被粘在薄膜上，可以有效防止碎片飞溅伤人。夹层玻璃常用于需要较高安全性的场所，如玻璃幕墙、玻璃隔断、玻璃门窗等 |
| 塑料 | PVC 材料 | PVC 材料能够抵抗酸、碱、盐等多种化学物质的侵蚀，具有良好的耐腐性，因此非常适合在化工、环保等领域使用，能够在各种恶劣的户外环境下长时间使用而保持性能稳定。PVC 材料可以通过热加工、注塑等方法制成各种形状和尺寸的产品，因此在景观设计中具有很高的灵活性。相对于其他塑料材料较为环保，具有良好的可回收性和可再利用性 |

续 表

| 类别 | 种类 | 概 述 |
|---|---|---|
| 塑料 | 合成树脂 | 合成树脂的强度比一般塑料要高,甚至可以达到金属材料的强度水平,因此非常适合用于制作需要承受重压的景观元素。具有很好的耐酸碱、耐油等性能,同时重量比较轻,可以减轻整个景观结构的重量。不含有害物质,对环境无污染,是一种环保型材料 |

### (二) 材质表面处理手法

材质表面处理手法是采用各种方法来改变材质的外观变化或是实现附加某种性能,如耐久性的方法,这些表面处理手法的使用取决于材质的种类、用途以及所需的最终效果。通常来说,材质的表面处理手法可以分为以下几类——机械表面处理,包括喷砂、磨光、抛光等,主要用于提高表面的粗糙度和清洁度;化学表面处理,包括酸洗、磷化、钝化、阳极氧化、电镀等,通过化学反应改变表面的成分和结构,以达到防锈、防腐蚀、装饰等目的。以上这些材质表面处理手法的巧妙运用可以为单调的场景赋予更多的变化,营造出各具特色的景观效果,创造出富有层次和丰富变化的空间感。

表 5-2　材质表面处理手法

| 方式 | 工艺 | 处 理 手 法 |
|---|---|---|
| 机械表面处理 | 喷砂 | 被称为砂磨、喷砂清理等,它以压缩空气为动力,形成高速喷射束将喷料(如铜矿砂、石英砂、金刚砂、铁砂、海砂)高速喷射到需处理材质表面,为材质添加一层薄膜,产生近似磨砂的纹理质感效果。喷砂处理可以用于各种材料的表面处理,如金属、玻璃、陶瓷、塑料等 |

续　表

| 方式 | 工艺 | 处理手法 |
| --- | --- | --- |
| 机械表面处理 | 磨光（抛光） | 通过物理摩擦的方法，使用磨料对物体表面进行研磨，以去除材质表面的微小凹凸和瑕疵，产生平整的镜面效果并提高反射性光泽度。磨光的材质可以是金属、玻璃、陶瓷、石材等硬质材料，也可以是木材、塑料等软质材料，磨光后的表面具有更光滑、细腻的外观，可以提高材料的耐磨性、耐腐蚀性和装饰性等性能，常用于硬质材料的表面处理 |
| | 拉丝或拉槽 | 利用机械或化学方法在金属表面形成一系列纹理，加工处理后表面状态得到一定的深度和宽度的沟槽或是产生括发纹、缎纹、和纹、交叉纹、叠纹等直线、曲线的纹路，这不仅能够提升金属制品的外观质感，还可以很好地掩盖生产中的机械合模的缺陷，增加了其表面硬度和耐腐蚀性，延长了材质的使用寿命 |
| | 涂装 | 主要用于在物体表面形成一层具有保护、装饰或特殊功能性的涂层，包括油漆、涂料、珐琅等的涂装和保养。涂装的主要目的是保护物体不受外界环境的侵蚀，如防腐、防锈、防水等，同时也能起到美化产品外观、增加产品附加值的作用。涂装适用于金属、塑料、木材等，需要根据不同的基材、涂层要求和使用环境等因素，选择合适的涂料种类和涂装工艺，以确保涂层的质量和性能 |
| | 热处理 | 通过加热和冷却的方法改变材料的内部结构和表面性质，以达到提高硬度和耐磨性等目的。火烤通过高温将涂层固化，通过控制材质的加热和冷却过程，来改变其晶体结构和性能，增加耐久性和外观效果 |
| 化学表面处理 | 酸洗 | 使用强酸性溶液去除材质表面的氧化层和污垢，使其产生小的腐蚀痕迹，外观比哑光的处理面更为自然，通常用于石材表面处理 |
| | 电镀 | 电解作用使被镀基体金属充当阴极，导致镀液中预镀金属的阳离子在基体金属表面沉积下来，最终形成金属镀层覆盖在材质的表面。常见的有镀铬、镀镍、镀金等，能够帮助提高耐腐蚀性和外观美观度 |
| | 阳极氧化 | 对于铝及其合金等金属，可以通过阳极氧化处理在表面形成一层氧化膜，提高材料的硬度、耐磨性和耐腐蚀性 |

### (三）材质的搭配组合

材质的搭配组合是场景设计和装饰的重要考虑因素之一，合理的材质搭配会创造出丰富的视觉体验，通常进行搭配组合是用于形成对比或叠加的效果，提升整体空间的品质。产生对比效果的大致可以分为两类，首先在粗糙材质和精细材质的对比上，粗糙的材质如石头、木头、砖块等，通常具有自然、原始和坚实的感觉，可以为空间增添质朴和朴实的氛围；而精细的材质如玻璃、金属、镜面、光滑的瓷砖等，通常具有现代、高雅和光亮的感觉，常用于现代风格类可以增添光亮的氛围。将粗糙材质与精细材质相对比会产生戏剧性的效果。这种对比会吸引人们的注意力，创造出引人入胜的视觉冲突。其次在粗糙材质和镜面材质对比上，粗糙材质感知上反射光线的方式相对散乱，表面有纹理、颗粒和不规则的形状，不够平滑，但给人一种相对温暖的感受，适用于需要保持亲近的场景中。镜面材质则能够呈现出高强度的反射，更为清晰、光滑，但相对冰冷且疏离，适用于营造科技现代感的场景中。产生叠加效果的则在于精细材质和镜面材质、粗糙材质与粗糙材质之间的相互映衬上，精细材质和镜面材质如金属与玻璃的搭配组合，常见于简约现代化的场景中，如不锈钢、铝合金与透明玻璃搭配，可以实现轻质化、现代的感觉，金属与塑料的搭配可以创造平滑、时尚的效果，木材与石材搭配可以营造出自然、温馨的氛围。

北京红砖美术馆以其独特的建筑风格和材质运用而闻名，它位于北京市朝阳区崔各庄乡。该美术馆的建筑和园林设计以红色砖块作为基本元素，辅以青砖的使用，创造出一种质朴而又现代的空间感受。北京红砖美术馆以其巧妙的材质运用，展现了一种独特的艺术氛围和视觉享受。艺术设计通过粗糙与精细材质的巧妙搭配，创造出了一种质朴而又现代的空间感受。粗糙的材质,如石头、木头和砖块,以其自然和原始的质感,为美术馆带来了一种温暖和亲近的感觉。美术馆材质的使用是对传统工艺的尊重,增添了一种质朴的氛围。砖的纹理组合的搭配包括在不同序列排列下所形成的样式,红砖和清水混凝土之间的相互搭配会形成一种质朴的感觉,同时利用空间结构和砖材质之间的相互呼应关系来展现美术馆空间的独特韵味,并配合灯光效果在砖的纹理上形成别样的肌理效果。北京红砖美术馆通过材质的合理搭配,提升了空间的品质,创造出了一种独特的视觉体验。这里的每一个角落,都能感受到材质对比和叠加带来的美妙效果,让人们在艺术的海洋中体验到材质与光影交织的旅程。

图 5-2 北京红砖美术馆

## 二、运用连续纹样

连续纹样是指多个相似或相同的纹样连续排列,形成一种视觉上的延续性和统一性。连续纹样可以分为传统纹样和抽象纹样两类：传统纹样通常是基于一些经典的图形或图案，抽象纹样则是建立在几何图形和色彩组合上的，它们的纹理和造型十分独特，能够为空间带来独特的艺术感。运用连续纹样可以带来一种视觉上的连贯和流动感，创造出各种不同的视觉效果——如重复性的使用可以创造出统一感，使设计看起来更加协调和连贯；演变和变化通过拼接和连接不同的元素或部分，呈现出更多的节奏变化和丰富性；通过改变纹样的密度、间距或者形状形成动态感，让观者感受到流动和变化的视觉体验。

在构建人文环境新场景中，运用连续纹样可以优化场馆环境的色彩搭配、空间布局和视觉体验，根据不同需求，灵活运用连续纹样元素，通过流线型的抽象纹样来打破传统的几何限制，赋予抽象纹样更多的表现力和多样性，使整个空间看起来更加和谐、舒适。同时需要注意连续纹样的选择和搭配，以及连续纹样元素的数量和比例的协调，以达到更为流畅和动态的设计感，创造最佳的艺术效果。运用连续纹样可以创造出复杂且多变的设计，在平面上使用连续纹样可以创造出视觉上的延伸感，引导人们的视线和步伐；在立面的装饰中使用连续纹样可以增加空间的纹理质感。在不同区域应用不同的纹样，或者将多个纹样组合在一起，都能够在原有场景中起到丰富画面、帮助强调场景重点的作用。

### （一）多方连续的转换

多方连续的转换是通过将某种纹样以连续且多样化的方式应用于设计中，比如应用于墙面等位置来作为装饰元素使用，这是一种图案设计技巧。通过引入连续性的变化，改变图案元素的尺寸、比例或是重复元素之间的距离，将纹样元素旋转或以不同的方向排列，使其在视觉上呈现出多样性和丰富性。纹样的连续转换可以在视觉上产生深度,使得平面设计的纹样呈现出立体的效果。同时形成的规律的图案带来一种节奏感,有助于增强环境内的视觉动效。这些多方连续的转换手法使纹样设计呈现出更加丰富和复杂的效果,更加富有创意和个性,同时会为观者提供更丰富的感知体验。

表5-3  多方连续纹样的应用

| 类　别 | 应　用 |
| --- | --- |
| 城市街道艺术 | 在街道两旁的墙面上利用连续图案,通过变化图案的大小、颜色和方向,创造出一种视觉上的流动感,引导行人的视线,增加街道的活力 |
| 公园景观设计 | 在公园的步道或广场上,使用不同大小和形状的图案铺设地面,形成一种自然的路径引导,同时通过图案的变化来增加空间的趣味性 |
| 户外广告牌 | 将广告牌设计成连续图案,通过图案的旋转、倾斜和大小变化,吸引过往车辆和行人的注意,提高广告的可见度和吸引力 |
| 公共设施装饰 | 在公交站、长椅、垃圾箱等公共设施上应用连续图案,通过图案的创意变化,提升公共空间的美观度,同时传达特定的文化或信息 |
| 城市广场地面艺术 | 在广场的地面上设计连续的图案,通过线条和形状的变化,创造出一种视觉上的动态效果,为市民提供互动和休息的空间 |
| 户外装置艺术 | 利用多方连续图案设计户外装置艺术,如雕塑或互动装置,通过图案的层次叠加和透明度变化,创造出独特的艺术体验 |
| 城市照明设计 | 结合照明技术,将连续图案应用于户外照明设施,如路灯或装饰灯,通过光影的变化来增强图案的立体感和动态效果 |
| 户外活动空间 | 在户外活动空间,如露天剧场或运动场,使用连续图案的座椅设计,通过图案的多样性和节奏感为观众提供更加丰富的视觉体验 |

续 表

| 类 别 | 应 用 |
| --- | --- |
| 交通导向系统 | 在城市的交通导向系统中,如地铁站或公交站,使用连续图案作为导向标识,通过图案的方向变化和大小差异,提高导向的清晰度和美观性 |
| 生态绿道 | 在城市绿道或生态走廊中,通过连续图案的植被设计,不同形状和大小的植物配置,创造出一种自然的生态美感,同时引导人们进行生态保护的思考 |

表5-4 多方连续纹样的转换方式

| 多方连续的转换方式 | 实 践 方 法 |
| --- | --- |
| 大小比例变化 | 制造出层次,使整体视觉效果更加生动。通过增大特定纹样的比例,将其置于视觉的焦点,从而强调和突出其重要性。这种手法可以用于引导观者的视线,突出设计主题或特定元素。不同比例的纹样会产生层次感和深度感。较大的纹样通常会被视为前景元素,而较小的纹样则被视为背景元素。通过巧妙地安排不同比例的纹样,模拟出空间感和立体感 |
| 旋转和倾斜方向变化 | 通过旋转或倾斜纹样,赋予设计元素动感和活力。这种变化可以打破图案常规的水平和垂直排列,使设计不再单调,变得更加富有动感和有趣。当纹样以非常规的角度倾斜时,会给人一种不稳定或失衡的感觉。这种效果可以用于传达紧张、动态或不安定的氛围 |
| 形状转换 | 将原始的基本形通过拉伸或变形,形成更加复杂和独特的整体外观。纹样形状的转换变化有助于打破传统的设计框架,创造出新颖、独特的设计效果。不同的纹样形状传达不同的情感,通过转换纹样的形状,可以更加准确地表达主题 |
| 线条变化 | 改变线条的粗细、曲度或类型,使同一纹样也能够产生不同的视觉艺术感。形成一定的节奏和韵律感,交替变化的纹样则可以产生跳跃或波动的效果,这种节奏和韵律感为设计增添了动感和活力 |

续 表

| 多方连续的转换方式 | 实 践 方 法 |
|---|---|
| 层次叠加 | 将图案叠放在一起,通过微调每个图层的透明度、颜色或尺寸,使元素间有所融合,产生相互包容下复杂而有趣的效果,实现整体的和谐与统一。为设计增添更多细节和纹理,为观者提供更多可探索的视觉元素 |

## (二) 传统纹样的连续和拼接

传统纹样的连续和拼接是一种注重重复变化的设计手法,将传统的图案或纹样以不断重复和拼接的方式应用于不同的表面或材料上,使用过渡效果将一个纹样逐渐变化为另一个纹样,从而创造出具有视觉吸引力和连贯性的效果,这有助于提升整体设计的视觉吸引力。在形式上,在设计中引入渐变的纹理,将相同或相似的纹理的密度或方向加以调整变化,利用渐变效果产生视觉上的流动感来丰富空间层次。将不同的传统纹样元素交错排列,创造出新的图案结构,既能保留传统特征,又能展现出现代感。在纹样的内容表达上,通过引入反映特定历史时期的纹样历史元素,艺术设计会呼应过去的时光,形成一种故事叙述的效果,展示设计背后的文化故事和历史传承,为场景中注入一份深厚的历史情感。拼接组合不同文化的传统纹样,将其融合在一起,通过组合产生新的纹样,既能传达传统的历史感,又能展示文化的多样性,创造出独特而丰富的设计语言。传统纹样通常反映了特定文化或历史时期的特征,在艺术设计中巧妙地融入这些文化元素不仅赋予传统纹样新的生命,同时也使得设计更具有深度,让观者在欣赏的同时能够感受到丰富的文化内涵,增加设计的深度和情感联系。

### (三)抽象纹样的连续

抽象纹样的设计来源于对图案元素的简化与提炼,而非具象性的直接模仿。对几何图形的形式抽象变化以及创新组合使得纹样的呈现更加灵活多样,注重视觉感知上的美感和冲击力,以其独特的视觉语言和无限的创新性,为场景设计带来了新的活力和可能性。运用点、线、面的基本元素,通过不同的排列方式如对齐、交错、重复等,抽象纹样能够形成独特的视觉效果,无论是水平的延伸、垂直的排列还是对角的交错,甚至更复杂的组合方式,这种连续性都为设计赋予了一种秩序下的韵律感。当纹样以更加自由和不规则的无序排列方式摆放时,往往能创造出不拘泥于传统的独特且有趣的艺术效果,呈现出一种更加富有变化和创意的自然美感,给人以视觉上的惊喜。抽象纹样通常与多种材料同时出现并进行混搭,每种材料都会为纹样赋予独特的质感和表现力,创造出更加丰富的视觉效果和触觉感知。例如,将精细材质或粗糙材质上辅以同类型材质的纹样,如金属与玻璃结合、木材与石料混搭,能够加重材质本身的特性,使整体设计更具统一感;而辅以与本身材质相反类型的纹样,则会加重材质间的异质性,强烈的对比效果会让设计更加突出和醒目。

西班牙巴塞罗那的米拉之家(Casa Milà)也被称为"石头之家",是西班牙建筑师安东尼·高迪(Antonio Gandi)的杰作之一,位于巴塞罗那的格拉西亚大道上。这座建筑是现代主义建筑的代表作,建于1906年至1912年,以其独特的曲线形态和创新的建筑技术而闻名。高迪在米拉之家的设计中大量使用了抽象的曲线形态,这些曲线模仿了自然界的形态,如骨骼、树枝和波浪,形成了一种流动和有机的视觉效果。建筑的立面装饰采用了抽象的几何形状,如圆形、椭圆形和螺旋形,这些形状的连续排列形成了一种视觉上的节奏和韵律感。米拉之家的屋顶是其最著名的特征之一，高迪在这里运用了抽象的几何形状，如波浪形的曲线和凸起的柱状结构，这些形状的连续变化创造了一种动态的视觉效果。设计中巧妙地混搭了不同的材料，如石材、玻璃、铁和陶瓷，这些材料上的抽象纹样增强了材质本身的特性，同时也形成了强烈的视觉对比。米拉之家的窗户和阳台设计采用了抽象的几何图案，这些图案在不同时间的光照下会产生丰富的光影效果，增强了建筑的动态感。内部空间也充满了抽象的纹样，如楼梯、天花板和壁炉的设计，这些纹样的连续性为室内空间赋予了一种秩序感和艺术性。通过这些设计手法，米拉之家不仅成为现代主义建筑的典范，也展示了抽象纹样在建筑中的无限可能性。高迪的设计理念强调了自然、曲线和抽象形态的美学价值，这些元素的连续运用为米拉之家赋予了独特的个性和生命力。

## 三、运用场地肌理

肌理是物体或者材料表面或物体上的纹理、质地或手感，是由形状、结构、纹理和光影等因素共同组成的特征。肌理是自然界中存在的，也可以是人为创造的，可以通过结构和形状、纹理和模式等被视觉和触觉所感知。在设计中巧妙地运用各种不同的元素的肌理和质感纹理，可以创造出丰富的感知效果，有效增加视觉上的丰富度，并营造出各异的触感体验。

在构建人文环境新场景中，肌理是一种表达设计理念、强化风格和氛围的重要手段。肌理的运用是一种视觉上的享受，能够为场景增添细节和层次感，加强场景所需的风格及氛围，帮助场景营造出想要突出的轻重缓急，并在一定程度上改变材质的本身属性，创造出与众不同的效果。在加入对环境情感、文化和历史的深刻理解和表达后,肌理能够使得场景在其内涵上变得完整、丰富,并呈现出更具深度的人文魅力。肌理的使用就是模拟各种材质的外观和触感,例如石头、木材、金属等,使得虚拟的场景更具真实感,增强用户的沉浸感。不同肌理的表面对光的反射和吸收不同,精心设计的肌理可以创造出丰富的光影效果,使场景更显生动和立体。在设计中加入动态肌理,如波浪状或流动感的纹理,可以赋予场景一种动感,为人文环境注入更多生气和活力。肌理的独特性使其成为艺术装饰的重要元素,可以在平面、立面、顶面进行运用,利用肌理的变化和对比来引导观者的视线,强调场景中的重要元素,从而实现空间的合理布局和引导。肌理的运用能够传达情感和故事,选择特定的肌理能够巧妙地表达场景所追求的情感,以适应不同的氛围需求。粗糙的肌理带来朴实自然的感觉,而光滑的肌理则更适合现代、简约的风格。特定的肌理可以模拟历史的痕迹,为场景赋予时间的深度感,让人们感受到历史的厚重和故事的延续。肌理的选择可以反映当地的文化特色,将传统元素融入设计中,可以实现温暖、宁静的古老的情感表达,创造出富有历史感的场景。运用肌理进行创新设计,结合科技元素,可以打破传统设计的边界,创造出具有未来感的人文环境场景。运用岩石肌理可以表达建筑坚实、稳定的形象,运用树叶肌理可以表达建筑与自然相融合的意境,大地肌理的叠加使用会体现出层次感,微观肌理则可以展现秩序。运用不同的肌理元素构建新场景时,需要考虑肌理元素的数量和比例的协调,注意选择和组合,这将有助于增强场景内的层次质感。根据不同的需求和场景特点,在不同肌理元素的利用下,为新场景公共空间注入生命力和艺术感,并提高观众的审美体验。

(一)大地的肌理

大地的肌理通常是地表的地形、土质、河流等因素形成的肌理,是自然界中极为复杂而富有特色的元素。这些肌理不仅是地球自然形成的结果，也是设计、艺术和建筑领域中的灵感之源。其纹理有很强的随机性，但也因此具有特殊性。大地肌理首先体现在地表的地形上，包括山脉、平原、丘陵等地形，同时还有许多自然形成的纹路，例如干涸的河床、盐湖的结晶纹路等，这些都是时间和自然力量的雕刻结果，使大地表面在空间中呈现出复杂而独特的形态；还包括地球表面因地域而形成的土壤肌理，这由植被生长之下的生态系统更新交替形成，是其颗粒大小和组合形成的不同的纹理，包括黏土、沙土、土壤等；同时河流和水系的冲击性分布下的肌理也构成了大地肌理的一部分，由影响着地球的水文循环和生态系统而形成，多形成类似分支网络的复杂交错肌理。景观岩石的肌理是岩石表面的纹理和形态形成的地质肌理。肌理通过其表面的纹路来展现，由不同种类岩石的矿物成分、结构和风化等因素所决定，具有层状、块状、线状或斑点状的纹路。由其矿物成分所形成的岩石纹样，决定了每块岩石都有独特的图案，能够在岩壁上清晰地观察到均匀层状结构，这是种分层的肌理，有复杂的线条、花纹或呈斑点状。触摸岩石的表面可以感受到其独特的质感，各种独特表面肌理是在长时间的外部作用下形成的，如风化所形成的裂缝、孔洞，流水冲击形成的光滑、圆润质感。

　　大地肌理的特性在于其自然、原始的美感。这种美感源于大自然的鬼斧神工，大地由此呈现出千变万化的形态。艺术设计作品借鉴这些自然的纹理、色彩和形状，使其具有更加自然和真实的感觉。大地肌理的构建方式多样，会带来丰富的层次感。通过对大地肌理的模仿和创新，可以在作品中展现出大地的厚重、起伏、细腻和粗犷等不同特点。这种多样化的构建方式可以使作品具有更强烈的视觉冲击力和艺术表现力。大地肌理还能够唤起人们对大自然的共鸣，使作品具有更强的情感内涵。大地肌理的运用更能拉近人们与艺术作品之间的距离,使艺术成为人们生活中不可或缺的一部分。

武汉琴台美术馆坐落于风景秀丽的月湖北岸,是一个集艺术展览、作品收藏、公共教育和文旅服务于一体的多功能当代美术博物馆,以其独特的建筑形态和丰富的文化内涵,成为武汉市一张崭新的文化名片。武汉琴台美术馆便是将大地等高线等自然界的元素直接运用于建筑上,使建筑巧妙地变成了另一种形式的景观。其整体上在面向湖类似山低矮的一侧,有着平滑而缓和的过渡,直接与后方的绿化相连,在视觉上融为一体,看起来更为自然、舒适和具有层次感。而面向道路的另一侧则保留了立面造型,便于识别其依旧是建筑的属性。美术馆较为特殊的一点是在大地肌理的基础上,建筑的屋顶不再是传统意义上的单一的顶面,而是可以通过屋顶栈道供公众观赏。栈道的设置以及其大地景观的外形有效地将室内外空间串联起来,使建筑更具开放性,具有了更高的艺术价值。在感知上模糊了过

图 5-3 武汉琴台美术馆

去城市印象中建筑方盒子与景观分离的界限,并进一步在认知上消融了人们出于对艺术神秘的疏离感,在自然和社会层面上都拉近了群众与艺术的距离,达成了琴台美术馆自身自然与人文的和谐共处。

(二)植物的肌理

植物的肌理是一种自然界中令人赞叹的多样性呈现,包含了树叶、花瓣、果实等部位的纹理和形态,这些肌理是由植物细胞和组织的有序排列和分布而形成的。叶片的肌理通常是由叶脉的分布、叶缘的形状和表面的微结构所决定的,不同类型的叶片拥有独特的纹理,叶子呈掌状,叶脉呈放射状分布,而另一些可能是网状脉络。不同植物之间的表面纹理也有很大的区别,是光滑的、粗糙的、绒毛状的或多孔的。花朵的纹路和形态是植物繁殖结构的一部分,包括花瓣的质地、花蕊的形状和花盘的纹理。不同的花朵肌理展现了植物的独特繁殖策略。花朵的肌理通常具有一定的立体感,是由于花瓣的褶皱、脉络的分布、表面的绒毛等因素所形成的。植物的果实和种子表面也具有特殊的肌理,种子的外观和纹路通常是与其传播方式和环境适应有关的,一些种子表面具有黏附性的物质或刺状突起,这种肌理有助于增加种子与动物之间的接触面积和附着力;有些种子表面长有翅膀或羽毛状的附属物,这种机理增加了种子在风中的飘浮性和稳定性,提高了传播的成功率。植物的生长过程中形成的痕迹也是某种肌理,例如树木的年轮、叶片的裂痕等,展示了植物的历史生命周期。在新场景构建中,植物的肌理作为反映了植物的生长过程以及适应环境特性的产物,在形态上具有丰富的多样性,常常被用作赋予自然、有机的美感。植物肌理的运用分为使用植物制造肌理和模拟植物肌理两个方面。使用植物制造肌理通过合理配置植物,利用其枝条、叶片、花朵等自然形态,形成独特的肌理效果。例如在立面上，利用藤本植物的攀爬特性，形成具有纹理的垂直绿化墙面。除自然生长的形态外，还可以利用修剪、蟠扎等园艺手段控制植物的生长，创造出具有特定纹理、较为规整的植物景观。不同植物种类具有各自的生长习性和特点，利用各个种类如灌木和地被植物的组合，可以形成具有层次感和纹理变化的植物群落。要模拟植物肌理，可以通过拍照、素描或拓印等方式观察不同植物的肌理特征，并将其转化为设计元素，使景观元素呈现出与周围植物相融合的效果。利用新型材料或技术，模拟植物的自然纹理和质感。植物肌理的运用可以创造出丰富多彩、富有生命力的场景，实现更具生态的艺术效果。

  美国纽约高线公园通过精妙运用植物肌理，成功营造了一种独特的环境，实现了生命和能量在这个空间中的延续。尽管高线公园的硬质景观元素保持了一脉相承的设计风格，但植物景观方面却呈现出显著的多样性。一、二期几乎对原生植物景观进行了全面更新，而第三期则保留了大片原生自然植被。根据 2016 年末的统计数据，高线中现已生长着超过 400 种植物，其中 161 种是高线原生植物，而设计师选择应用的则有 263 种。高线公园善用植物的季相变化和同一季节内的动态变化，生动展示了植物从萌芽到绽放再到凋零的四季轮回自然之美。高线中的植被布局模仿动态的野生景观，通过植物的自由竞争、传播或消失，不断进行着微妙的变化。"植—筑"是高线公园植物景观设计的显著特色，其中"植"指的是植物，即软景，"筑"指的是铺装和小品，整体上通过巧妙的种植技术将植物与结构相结合。高线公园根据场地的功能和景观需求，将植物与硬质景观巧妙地结合，实现了从 1% 至 100% 的灵活比例变化。这不仅通过缝隙结构有效地避免了踩踏，保护了植物的生长，同时展现了丰富的

"犁田"式肌理变化,体现了人工与自然的趣味融合。除了"植—筑"理念,高线植物组团布局还采用了"矩阵"形式,呈现出优势种成丛的状态。另外,还应用了"帷幕和窗帘"理念,通过多种植物作为半透明结构填补植物花茎之间的空白空间。通过这种负空间的种植方式,虚实结合地营造出一种如帷幕般的效果。[①]

### (三) 微观的肌理

微观的肌理涵盖了物质分子、原子等微观层面的结构和肌理,在科学研究和工程应用中,对微观肌理的深入理解有助于开发出更先进、功能更强大的材料,这是材料科学、化学和物理学等领域的研究对象。这些微观肌理的研究不仅为理解物质的性质提供了深刻的洞察,同时也为新材料的设计和制备提供了重要的指导。这些微观结构的规律性和形状对物质的性质和行为产生了深远的影响。微观肌理揭示了材料在晶化过程中的形态变化,熔化后的金属、塑料或陶瓷通过凝固形成具有规律结晶的微观结构,多晶体材料具有多个晶粒,每个晶粒都有其独特的晶格结构。如冰晶体展示了水分子在冰结晶过程中的排列方式,结构决定了其独特的透明性和折射特性。而在新场景构建中,微观肌理的运用增强了景观的科学性和艺术性。作为较小的结构,微观肌理的自身规律性更强,纹理呈现出形制规整的特点。包括如水晶的晶格结构、有机物质的分子结构、冰晶体等,微观肌理中的晶体结构是一种典型的有序排列,其排列规则呈现出一定的对称性,如金属晶体、盐类晶体、矿物晶体等都是具有高度有序的晶格结构。此类微观肌理的使用多将其抽象化,转化为装饰图案或纹理,应用于景观小品、地面铺装、墙面装饰等。微观肌理的独特

---

① 尹吉光,刘晓明.纽约高线公园植物景观解析及启示[J].中国城市林业,2020(04):117-118.

形态和规律性排列为景观带来了新颖的视觉元素,鼓励人们在景观中寻找和发现隐藏的微观元素,增加探索的乐趣和互动性。微观肌理的特定的排列方式还会带来对称性美感,有效提升景观的审美层次。巧妙地与周围环境相结合会创造出既前卫又自然的景观效果。

海利(Hyllie)市区冰状体办公楼建筑外立面由双层玻璃材料构成,玻璃外层以冰裂纹的图案装饰。其设计灵感源自北极光和当地风俗,这种灵感的捕捉类似于微观肌理在材料科学中的重要性。正如冰晶体在水分子的排列中展现出规律性,办公楼的外立面设计也模仿了这种自然规律,通过冰裂纹图案的双层玻璃,创造出一种视觉上的晶体效果。玻璃上的图案具备遮蔽阳光的作用,这让玻璃立面能够避免阳光的直接照射。这和微观结构中晶体的特定排列方式所带来的物理特性相仿,例如金属晶体的导电性或者冰晶体的透明性。图案在各个楼层都存在密度方面的变化,并于内立面的透明度表面形成平缓的过渡。朝向立面的房间开窗高度能够使自然光渗入整个楼层。不锈钢框架在光洁的立面上产生破裂之感。双层玻璃材料的使用实现了光影与透明度的巧妙运用。这种设计类似于微观肌理中晶体结构对光的折射和反射特性,如冰晶体的透明性和折射特性,为建筑带来了动态的光影效果。

## 四、运用光影

光影是光线在物体表面产生的明暗变化和投射的阴影效果,是光线与物体相互作用的结果,对于视觉感知和空间感知起着重要作用。光影在艺术、摄影、电影和舞台设计等领域中运用较多,巧妙使用可以创造出独特的氛围和引人注目的戏剧性视觉效果。运用光影通常是指通过控制灯光的各项因素，创造出各种视觉效果的手法。如通过改变光源的位置、角度和强度，或者使用辅助灯光和投影等技术手段来实现场景所需要的空间形态。

在构建人文环境新场景中，运用光影作为重要的氛围渲染手法，有助于让场景呈现出艺术感，相同的布景也能在灯光影响下创造出不同的视觉和情感体验效果。光影能够赋予场景以生命，在静态的布景中，光影的流动和变化使得整个场景变得灵动起来。设计师需要根据场景的需求和观众的反馈来不断调整和优化光影的运用方案，确保其在营造出良好氛围的同时，为观众带来舒适愉悦的观赏体验。除了氛围渲染，光影在人文环境新场景中还作为一种独立的艺术形式而存在。在一些艺术展览或表演中，光影还被赋予了更多的自主性和创造性，成为表达思想和情感的重要媒介。光影的投射、变换和互动创造出极具视觉冲击力和感染力的作品，让观众在欣赏的过程中感受到艺术的魅力和力量。巧妙地控制光线元素的各项参数可以产生千差万别的艺术效果。综合利用不同类型的光影效果可以为新场景增添更多的情感、表现和创意灵感。

（一）自然光影

自然光影是自然光在环境中与物体相互作用而产生的明暗、阴影和颜色层次的现象，这种光影效果使物体的形态更为立体和生动。太阳光的周期变化会形成不同角度的光源，在特定时间点下会影响形成各异的光影。从自然光影本身来看，光线会随着太阳移动，具有瞬时性。这种动态性变化创造出富有生命力和变幻莫测的场景，可以从时间维度上对其进行划分。在一天之中随着不同时间的变化，日出和日落时太阳光线射入大气层的角度较大，阳光在这些时段较为柔和，会产生温暖的效果。低角度的阳光会在地面上产生较长的阴影，光影颜色由于天空的映射变得更加丰富，给予场景一种宁静且浪漫的感觉；而临近正午时的高角度的阳光最为强烈，给人以清晰、明亮之感，会在物体表面形成短暂而清晰的阴影。在一年之中，不同季节的变化也直接影响光影效果，冬季阳光较为低矮，会形成长时间的阴影；而夏季阳光较为直射，会形成短时间的强烈光影，在空间上将呈现不同的光影效果。而从外部条件的影响上来看，对自然光影产生影响的因素有很多，有环境条件影响，也有进行人工干预的。在颜色层次上，自然光影会受到天空以及地理位置环境的影响。天气的影响也不容忽视，云层的存在可以柔和阳光，产生均匀而柔和的光影效果，而晴天时的直射光线则会形成清晰而强烈的光影。树木和植物为自然光影形成了天然的遮罩效果，改变了光影的形状，在阳光下形成独特而有趣的投影，在地面上创造出丰富的纹理和图案。水面的反射作用则进一步增强了自然光影的变幻，太阳光投射在水面上会形成闪烁的光斑和波浪状的阴影，使得有水的自然场景更加丰富多彩。

阿联酋阿布扎比卢浮宫博物馆通过180米的庞大银色穹顶创造出了一种自然光影效果，当阳光透过穹顶时，如同移动的"光雨"般呈现出独特的景观。该卢浮宫旨在建立一个和谐的世界，将光影、反射与宁静融于一体，希望成为一个归属于国度和历史的象征，而非简单的直译或无趣的重复。其目标是从与众不同的相遇中激发不可抗拒的吸引力。博物馆的性质赋予了它独特的特性，然而它本身更像是一件立于海上的艺术品。坐落于人造群岛上的建筑吸引着游客前来探访，但最引人注目的是其穹顶上由8 000颗独特金属制作的星星，这些星星形成了复杂的几何图案。在伞状屋顶的庇护下，这个宁静而丰富的场所看上去光影如雨，一系列博物馆之间的对比创造了它们各自独特的魅力。该项目以阿拉伯建筑的主要元素——穹顶为基础，但却以现代的方式呈现，展现了与传统的鲜明差异。直径180米的双层穹顶平坦而具有完美的辐射几何形状，穿孔编织材料上形成随机的图案，创造出点缀着阳光的阴影。穹顶在阿布扎比的阳光下熠熠生辉。夜晚，受到保护的景观就如同繁星点点的苍穹下的一片光之绿洲。因此，阿布扎比卢浮宫不仅是城市漫步的目的地、海岸线上的花园、清凉的避风港，更是白昼和夜晚中的光之庇护。其美学价值与其作为最珍贵的艺术品圣殿的功能相辅相成，为人们带来了独特的美学体验。

（二）人工照明光影

人工照明光影是通过人工光源，如灯具、投影仪等设备产生的照明，用于在室内和室外环境中创造出各种独特的光影效果。不同类型的灯具选择和光源定位的方向都能够改变光影的投射角度和形状，通过控制光源的亮度、颜色和运动，可以实现动态的光影，这种效果常用于舞台表演、展示T台等场景。人工照明形成的光影不仅用于提供照明，还被巧妙地用来创造氛围、强调空间特点和引导视线。专业的照明设计会考虑空间的用途和氛围需求，选择合适的照明方案。在室外场景中，人工照明光影多用于夜间，由此可以实现有趣的光影效果。通过有针对性地照亮或遮蔽某些区域，强调空间中的特定物体的轮廓或细节，可以使其在整体场景中更为突出，营造出独特的夜景。使用特殊设计的投影仪、灯罩或滤光器，在墙壁、地面等表面上投影出有趣的图案、纹理，可以形成独特的光影效果。人工照明光影布置时需做到慎重考虑，提前预设灯光与设计的整体效果、情感表达与所要传达的主题是否协调。场景中的光影展现主要通过控制以下三个变量来实现——首先，灯光的色温即色彩温度，这是灯光发出的光线的色彩特性，用开尔文（K）数表示。低色温灯光让场景在视觉上更加舒适、温暖，而高色温灯光则增强场景的层次感，突出清新感。此外，灯光的强度也是控制光影效果的关键，通过强度的调整创造出不同的明暗层次，丰富场景立体感的同时，也可用作隐喻与象征。如强度较高的明亮灯光能够引导观众的目光，用于突出场景中的焦点元素，营造出活跃、轻快的氛围，象征希望和愉悦；而强度较低的柔和暗调灯光则多用于较为安静的私密性场合，营造温暖、宁静的氛围，象征神秘和沉思，适合冥想、休息的场所。灯光类型也是控制光影效果的重要因素，每种类型都有其独特的照明范围和照射效果。比较有特点的包括以下几种类型——提供均匀的光线分布的有洗墙灯和射灯，洗墙灯通常安装在墙壁或天花板上，用于照亮大型垂直表面，以突出墙面的纹理、颜色；射灯具有广角光线，用于照亮大面积的区域，创造整体照明效果。用于突出特定区域或对象的有筒灯，其具有聚光效果，能够创造强烈的光束，常用于展示某些场景中的特定元素。而装饰性灯具如吊灯等则起到由灯体本身作为突出物的效果，用于增添场景的艺术性氛围。

荷兰艺术家卡斯托·布尔斯（Castor Bours）以及沃特·威德肖温（Wouter Widdershoven）创作的"萤火虫场"（Firefly Field）是在2019年悉尼灯光节上展出的一件人造灯光装置。这个充满魅力的装置由500个飞行光点组成，展示了他们对产品和空间设计可能性的探索热情。这两位艺术家专注于研究简单运动和情绪影响对作品和展示环境的影响，设计通过500个柔软的LED棒在地面上进行发光、飞行和盘旋的动作，巧妙地模拟了萤火虫夜间飞行的轨迹。每一种闪烁模式都代表着一种独特的光学信号，为观众呈现出一场光与影的视觉盛宴。随风摇曳的LED棒在自然风光里翩跹起舞，观众能够近距离地接触这件灯光艺术作品，体会反射和折射与自然相融合的美妙。创作团队借由这一装置展现了一种在我们现实生活里逐渐消逝、逐渐被淡忘的自然景象，向观众揭示了人工产物趋向自然化的这一主题。整个作品通过独特的灯光舞动，让人仿佛置身于仙境，传递着对大自然之美的敬仰和渴望，引发人们对于自然与人工之间融合的深刻思考。

## 五、运用色彩

色彩指光的特定频率和波长所呈现出的视觉感知属性，是光线经物体反射、折射、透过等过程产生的人眼视觉感受。色彩还常被用作符号和象征，代表特定的含义和概念，具有情感和象征意义。运用色彩是一种重要的表达工具，对影响人们心理情绪的色相、饱和度、亮度等要素进行组合排列，冷暖色彩在视觉上能够直接传递出情感。冷色调常与冷静、沉静、清新相联系，显得更加清晰和锐利。而暖色调则常与温暖、热情、活力相关。不同色彩相互碰撞产生丰富的视觉效果，帮助创造情感体验，激发情感意图，对于视觉艺术、设计和美学有着深远的影响。

在构建人文环境新场景中，运用色彩可以创造出更富层次和情感共鸣的设计效果。色彩对人们对空间的感知有重要影响，可以增强场景的层次感和立体感。作为普遍意义的人类视觉上最能够感受到的一个部分，会为公共空间创造出不同的氛围和视觉冲击力。在场景中运用醒目的色彩，引导人们关注特定的区域或元素，可以起到导航的作用。在明度上，暗色调可能使空间显得更加温馨和亲密，而明亮的色彩可能使空间显得更加开阔和轻松。在冷暖对比上，冷色调通常会使物体看起来更远、更开阔，而暖色调则有时会让物体更接近、更突出。这种感知上的远近关系可影响人们对空间的感知。色彩的巧妙运用通过深浅不同的色调或在空间中引入亮度变化,使不同元素在视觉上产生前后关系,营造出更加有深度的感觉。根据场所的特性和设计目的,在商业和品牌环境中特定的色彩搭配通常与特定的品牌或企业识别相联系,成为场景的独特标识,使场景更加鲜明,富有个性和标识性。色彩的对比和平衡是设计中的重要考虑因素,适度的对比可以突出重点,而平衡的色彩搭配使整个场景看起来和谐而统一。利用色彩的互补、相似、相邻等关系,可以实现视觉上的和谐效果——互补色的对比使得色彩更为突出,相似色的搭配能够产生柔和互衬效果,相邻色的组合则创造出自然而流畅的过渡。色彩作为创造特定氛围的关键元素,还是一种强烈的情感媒介,从感官上联系心理层面,这会影响人们的情绪感知和体验。色彩在心理学上与情绪有着紧密的联系,不同的色彩可以唤起人们不同的情绪体验,在客观上通过对于冷暖色彩的运用带给人温度上的差异,在场景中运用冷暖色彩调整人们对环境温度的主观感知,在视觉上也会更直接地体现场景与人之间的情感传递,刺激人们产生某种情绪的表达。冷色调有时被用来缓解紧张和焦虑,营造出轻松宁静的氛围;而暖色调可能激发欢愉和兴奋,增加场景的活力。选择适当的冷暖色彩搭配,可以在场景中引发观众特定的情感反应。色彩作为一种强大的设计语言,在人文环境新场景中的合理运用可以让场景更具个性化、吸引力和标识性,创造出令人难忘的视觉体验。

### (一) 色彩的焦点

色彩的焦点会制造出视觉冲击的影响力,用于强调特定的元素或信息,产生强烈而引人注目的视觉效果。使用鲜艳的色彩,如对比色的组合在场景中引导观众的视线,使其自然而直观地关注到特定区域,有助于引导观众的观感流向,强调设计的重要信息或元素,使其能够瞬间在整体环境中脱颖而出。这多用于商业、展览等与品牌相联系的繁忙环境中,是用于增强标识设计辨识度的重要手段,可以加强品牌与特定色彩相联系的印象。醒目的色彩还常常被用来在公共空间中营造生动的氛围,为整体场景增添活跃和欢快的氛围,增添一种积极的视觉冲击力,使人们在观察和感知中获得愉悦和轻松。同时色彩的焦点还能够强调空间结构,在主要结构上进行色彩的使用,可以使其更加清晰和引人注目,增强场景内部的空间层次感,这有助于观众更全面地理解和感知场景的元素。通过巧妙运用鲜艳的色彩和对比色组合,在环境中创造出引人注目、富有层次感和活力的视觉焦点,可以使整体设计形成更加引人入胜的视觉效果。

坐落于成都市天府大道的"智慧之环"紧邻兴隆湖畔,展现出流畅的线条,与自然景观完美融合。其造型独特,以鲜艳的红色圆环为标志性建筑物,在形态和色彩上都在区域中独具特色。红色的塑胶跑道沿着屋顶曲面高低起伏,环绕着一个绿草如茵的公园,呈现出引人注目的美感。这一独特的红色环状物体实际上是一条屋顶步道,下面则是科技展馆和接待中心。在视觉上具有吸引力的基础上,设计师也充分考虑其功能,巧妙地利用空间。坐落于起伏的小坡上,如莫比乌斯环一般的"智慧之环"紧随地形变化,流线型的设计也与成都平原周边山脉的自然形态相呼应。整个屋顶步道长达698米,铺设了适合田径运动的塑胶跑道,提供了极佳的步行和跑步体验。俯瞰"智慧之环",红色环形屋顶与绿色草坪形成鲜明对比,营造出清新放松的舒适感。定制的铝板包围步道两侧,精心隐藏的LED灯、檐槽、扶手等功能元素,保留了美景,让行人感受到更纯粹的环境。"智慧之环"的设计灵感来源于成都的地势以及城市文化,其环状的造型和曲线的设计既与周边山脉的形态相呼应,又象征着万物互联、智慧没有尽头。最大的特点在于人们能够亲身去感受,在长达 698 米的红色环形跑道上漫步,领略"智慧之环"散发出来的魅力。

(二)色彩的气氛

色彩的统一气氛作用在新场景中是情感的强大表达工具,不同的颜色传递着丰富各异的情绪,切实影响观众的感知和情感体验。色彩通过选择特定的色调和相互搭配来影响整体设计的协调与平衡,精准地传达出设计场景所希望呈现的情感和氛围。暖色调通常用来传递热情、活力和温暖;冷色调则通常与平静、安稳的情绪相关。冷色调如蓝色、绿色通常被认为具有降温和平静的效果,而暖色调如红色、橙色则被视为能够增加温度和激发活力的色彩。色彩的选择模拟自然环境的不同时间段,为场景赋予了时间感知,影响人们的生理和心理状态,创造出与自然环境相符的感觉。冷暖色彩的运用模拟不同时间段的光线和氛围,柔和的红色、黄色调可以创造出日落时的温馨感,而清新的蓝绿色调可以营造出早晨的清晨感,有助于实现场景的时间感知。根据色彩的互补、相似、相邻等关系来达到视觉上的和谐效果,增强环境的层次感和立体感。

马来西亚的黑风洞以其彩虹般的阶梯而著称,每级台阶都散发着迷人的光彩,为游客呈现了一场视觉的盛宴。这不仅仅是一场视觉的享受,更是一次情感的触动。彩虹阶梯由 272 级台阶构成,在每隔 12 年的奉献仪式上,它们会被重新粉刷,展现出 11 种不同的色彩。这些色彩的转换让游客仿佛踏上了彩虹桥,步入了一个充满奇幻色彩的世界。黑风洞的色彩搭配艺术巧妙地融合了暖色与冷色,热情的红橙色与宁静的蓝绿色相互交织,为游客带来了丰富多彩的情感体验。这种色彩的运用不仅丰富了视觉的层次，更深入地触动了游客的内心，让每个人都能感受到色彩与自然和谐共融的美妙。黑风洞的设计者们还巧妙地模拟了自然光线的变化，日落时的红黄色彩带来温暖，而清晨的蓝绿色彩则带来清新。这样的设计增强了环境的立体感，让整个场景更加栩栩如生。在黑风洞，色彩的和谐搭配考虑了视觉的美感，色彩的互补和邻近原则让游客在攀登的过程中，不断发现色彩带来的新鲜和喜悦。这种对色彩的细致入微的运用，无疑让黑风洞成为充满魅力的旅游目的地，吸引着世界各地的游客前来探索和体验。

### （三）色彩的标识性

色彩的标识性作用是多方面的，不仅在视觉上起到引导和标识的作用，还与情感、认知、文化等因素相互交织，共同为设计带来更为丰富而深刻的内涵——在物质层面，色彩在设计中的标识性作用是多层次、多维度的，具有综合性。将特定颜色运用于空间分区和导引，引入不同色彩，可以创造出不同区域的辨识度，人们可以更好地理解和导航场景。鲜明的色彩多被用于地标标识上，用于强调地理方位和地标性公共设施或建筑物的重要性，这有助于提高可识别性，使其在场景中脱颖而出。在展示场景中，不同的颜色往往与不同品牌的标识性特征相关联，传达出不同的品牌价值特点，因此场景中经常看到以主题色彩来强化或是区分识别品牌，使观众在视觉上将特定色彩与品牌形象联系起来。在舞台场景中，选择适当的色彩搭配，色彩就能够渲染不同场景的氛围，增强表演艺术的故事性，在特定场景下产生更加深刻的视觉效果，起到辅助情节的作用；在精神层面上，人们对色彩的认知是较为主观的，并且在不同文化和经验背景下可能产生差异。由于个体的情感和认知会对色彩产生影响，考虑到相同的颜色可能会在不同人群中引发不同的情感体验,在选用颜色时需要尽量从大众的色彩认知出发,同时兼顾目标受众的情感和认知差异,以确保设计的色彩选择能够产生预期的效果。使用与特定文化背景相关的颜色,增强设计的文化内涵,某些特定的色彩可能在一个文化中具有积极的象征意义,而在另一个文化中有负面的含义。因此不同的人可能会因为各个因素而对同一颜色产生不同的情感和认知,在设计场景中考虑到目标受众的文化背景是至关重要的,使用特定文化背景下具有象征意义的颜色有助于与当地文化和社群建立联系,在适用于生活化场景、历史场景等社会文化性质强烈的场景中,应使场景更加贴近观众的价值观倾向。

德国慕尼黑安联球场(Allianz Arena)这一足球圣殿,由建筑师赫尔佐格(Herzog)与缪隆(Meuron)联手设计,是一座既现代又充满科技感的建筑杰作。球场的外墙表面采用了独特的透明菱形膜结构,这种创新材料不仅赋予了建筑轻盈而坚固的特性,更兼具防火、防水等多重实用功能。在阳光明媚的白天,安联球场的外墙仿佛被珍珠般的光泽所笼罩,熠熠生辉,与蓝天白云交相辉映,构成一幅动人的画卷。而到了夜晚,这座球场则展现出另一番梦幻般的景象。内部的灯光透过透明的菱形膜结构,将外墙染得五彩斑斓,如同一块巨大的宝石在夜空中熠熠生辉。令人称奇的是,这些灯光的变化并非随意或单调的排列组合,而是与球场内的赛事紧密相连。当不同的队伍在场上角逐时,外墙的灯光会随之变换成该队伍的主题色彩,为球迷们营造出一种身临其境的沉浸感。这种直观的色彩变化不仅让人们在远处便能一眼辨识出进球的队伍,更将赛事的激情与高潮以色彩的形式具象化地呈现出来,极大地推动了场馆内观众的热情不断升温。正是这一独具匠心的设计特色,使得安联球场成为世界各地球迷心中的圣地。无数球迷慕名而来，只为一睹这座现代科技与体育精神完美融合的建筑的风采，感受那由内而外散发出的热烈与激情。

## 六、运用层级关系

层级关系是事物或元素之间按照不同层次或等级组织和排列的方式，表示了事物之间的上下级关系和相对重要性，存在于各种领域和层面，包括组织结构、知识体系、社会阶层、系统设计等。运用层级关系需要共同构成一个完整的系统或组织，实现任务的分工和协调，提高工作效率和组织运转的效果，在组织管理、知识传递、决策制定等方面具有重要作用。在实际操作中，层级关系的灵活运用能够帮助平衡各方权力与责任，促进信息流动、合作与沟通，建立健康的工作氛围和团队关系，以实现良好的组织效果和工作成果。

在构建人文环境新场景中，可以运用层级关系，调整空间内部不同区域的高度差异、同位材质叠加或悬浮方式以及不同材质的脱开对接。考虑到空间结构和观众的需求，运用合适的手法为空间创造出充满层次感和视觉冲击力的设计效果。调整不同区域的高度差异可以创造出立面上的垂直层次感，高度的变化引导人们的视线，使空间看起来更加有层次和立体感，创造出视觉上的错落感。同位材质的叠加或悬浮方式的运用在空间中可以生成创意，同位材质的叠加创造出一种立体的效果，材质的叠加在光线照射下产生阴影和反射。悬浮方式的运用则能够打破传统的空间限制，创造出一种轻盈的漂浮感觉。一改往日空间的沉闷和单调，在高低差异下，空间更具动感和想象力，吸引观众的注意力。不同材质的脱开对接使场景中形成明显的分界线，脱开既强调了材质的差异，对接又在整体设计中形成有机的连接，有助于突出不同区域的独特性。在考虑层级关系时，关注人群的需求和体验，平衡不同功能区域之间的关系，可以满足人群在空间中的导航和互动需求。合理的层级设计应该是在形式与功能上都能够做到相互完美契合的，做到使空间更加生动，增强观众的感知体验。运用层级关系使场景形成更为独特的空间感，可以提供更深层次的感官体验。根据项目的需求和设计目标，巧妙地应用这些技巧，以确保层级关系的运用能够达到预期的设计效果，创造出令人印象深刻且更为丰富的新场景。

（一）凹凸起伏

凹凸起伏的设计手法在不同的场景中都有着广泛的应用，可以创造出丰富多样的空间层次感和视觉冲击力，为人们提供更为有趣和富有动态性的空间体验。调整空间内部不同区域的高度差异，可以创造层次感，地形变化、植物的高低错落、室内墙体的起伏不同都可以改变外观的轮廓，增加视觉动态性及观赏趣味，营造视觉冲击力和立体感。如公园或广场等户外自然场景中，调整景观的高度差异来打破平整的地势，包括小山丘、坡地、洼地的设计等，形成凹凸不平，创造出多样的地势变化。阳光投射在凹凸不平的地形或建筑表面上会形成有趣的光影效果，进一步增强视觉体验，使整个空间更加生动有趣。植物的高低错落和不同层次的布局可以营造出丰富的立体感，树木的高度、花卉的层次、植被的密度等绿色景观在立面上会形成层级。在含有建筑实体或设施的设计中，调整墙体的高度和形状，可以改变空间的外观轮廓差异，形成独特差异，使之更具立体感。凹凸起伏还能够帮助场景形成正负形，用来引导人群的视线和步行流线，方便人群自然地流动和探索场景，增加空间的实用感和导向性。

广东泰康拓荒牛纪念园不仅是一处缅怀先人的场所，更是一座充满设计巧思和艺术美感的现代纪念园。其展示了在复杂山体地形的挑战下，如何运用层级关系使地势高差成为整个场景的亮点。该设计旨在铭记那些在国家历史进程中努力拼搏的"拓荒牛"们，因此需要营造出类似纪念园的庄重肃穆感。该设计运用了折线梯田的元素，勾勒出整个墓园的轮廓，在视觉上形成了一种简洁而独特的美感。现代元素的运用也是本设计的一大亮点，如石材和锈板的组合，不仅在质感上形成鲜明的对比，更在色彩上营造出一种古朴而现代的美感。折线和折角的设计元素贯穿于整个纪念园的设计，无论是道路、挡土墙还是观景平台都可以看到这些元素的身影。它们不仅丰富了空间的层次感，更传达出一种坚毅和力量的主题，与"拓荒牛"的精神内核相契合。高差处理上依赖于阶梯和挡土墙，台地式的空间和广阔的组团空间相互融合，呈现出一种纯粹而有深度之感。巧妙设计的观景平台提供了多层次的空间体验和多角度的感官视线，使得整个场景更加开阔且引人入胜。

（二）层级叠加

层级叠加依靠同位材质叠加或悬浮方式来创造复杂而有趣的视觉效果。同位材质叠加是一种将相似或相同的材质叠加在一起的技巧，这种叠加传达出统一感和连续性，使整体设计看起来更加协调，形成一种视觉上的一致性。叠加相似的材质创造出具有层次感的纹理效果，形成整体效果，通过变化的材质厚度、透明度或颜色来进一步强调、突出每种材质的特性，材质的纹理、光泽和反射性质在叠加中得到更为显著的展现，使设计更加富有深度。悬浮方式是将材质悬挂在空中或放置在立面上，产生不同材质在空间上的拼贴错位效果，这种错落排列使设计在视觉上产生错觉，看起来更加神秘且具有艺术感,尤其是在适当的光照下,产生阴影和反射,形成一种朦胧、缥缈的效果。悬浮的材质营造出一种轻盈感,为空间带来更多的自由感和灵活性,多用于装置艺术、悬挂式装饰物之中,创造出独特的艺术品,由此引发观众的思考和想象。

深圳中学初中部的拆除扩建工程采用了复合叠加式共享校园的独创方法,成功扩大了学校的规模,优化了教学环境,为师生创造了一座特色鲜明、开放创新、生态友好的活力校园。整个项目面临用地紧张和容积率高的挑战。原有的保留建筑位于场地中心,对校园规划有较大的影响,同时运动场占据了一半的场地,导致建筑缺乏公共活动空间。此外,场地内存在 4 米的高差,地形复杂。为了解决这些问题,深圳中学初中部采纳了"多首层串联互动＋功能复合叠加＋知识阶梯"三大设计理念,创新地应对用地紧张和提升空间多样性的挑战。多首层串联互动项目充分借助现有的高差,对校园的地形和空间进行重新塑造,最大限度地拓展多层公共空间,营造出具有丰富层次的校园微环境。架空空间给予师生更多的半室外交流互动场地,而连廊构建起了运动区、新建综合楼、保留综合楼以及新建教学楼之间便捷的交通系统。功能复合叠加项目将主要的教学功能安排在场地的南侧,垂直叠加教学功能与教学辅助功能,化解了用地紧张的难题。教学楼和综合楼总体上呈独立状态,但通过架空层和架空平台相互关联,而图书馆、景观平台和连廊作为连接体系,将各功能模块串联起来。知识阶梯项目造就了共享中庭,成为整个校园的活力汇聚地。这个独特的"知识阶梯"拓展了各楼层学生能够到达的室外活动区域,丰富了课外活动和非正式学习的场所,解决了高容积率造成的活动区域紧张的问题。周边点缀的"悬浮盒子"提供了交往和休憩的空间,在增添中庭趣味的同时,与"知识阶梯"形成了精妙的视线互动,让观察者在"看"与"被看"之间感受丰富的交流。

### (三) 材质错位

材质错位通过不同材质的脱开对接,如砖石结合、木材拆分配合,将截然不同的表面或元素并置,从而凸显它们之间的鲜明差异。这种设计手法的核心目的在于创造一种强烈的对比和层次感,使得观众在身处这样的环境中时,能够更加直观地感受到不同材质间的独特魅力与区别。在材质错位的设计中,严格的对齐和接缝并不是追求的目标。相反,更加注重的是材质之间的错位和不规则排列。这种看似随意的排列方式,实际上却为空间带来了更为有趣的视觉效果,打破了平面感,增加了空间的深度。观众在欣赏场景时,往往会被这种不规则性所吸引,进而产生更强烈的探索欲望。这种视觉上的不规则性增加了空间的复杂性,提供了更多的互动机会。材质错位既是对材质的物理性组合,也是一种对材质质感、色彩、纹理乃至文化背景的深度挖掘和重新诠释。在感知这些错位的元素时,人们往往会更加留意每个细节,从而与空间产生更深的情感联系。观众在触摸这些材质时,感受到它们之间的温差、纹理差异以及由此产生的独特触感。

邯郸北环绿廊景观工程通过仿生转译,创造了一套与周边环境融合共生、展现材质错位感受的独特视觉特征,旨在促进市民在参观时融入互动游戏的乐趣。为了打造轻松、愉悦、有趣的文化展示氛围,设计团队首先确立了鲜明的文化主题,将邯郸作为成语之都、太极之乡。一系列"不插电"景观装置将文化元素融入可参与、可互动的游戏体验中。这些游戏的设计灵感来源于对成语深层次寓意的巧妙解读,力图在动态交互的过程中为游客创造深厚的文化体验。在项目的区位与规模设计上,特别注重打造"非地标性"的公共休闲空间，例如小型社区公园、休闲绿廊和口袋公园等。成语绿廊位于邯郸北环的西北角，原本是北环路和居民区之间的一片绿化带，项目的改造成功地将这一原先消极的场地转变成为供周边居民休闲娱乐的带状公共绿地。设计团队汲取灵感于现状的杨树林，低干扰的设计理念，实现了与环境的充分共生，最大限度地保护了场地的生态环境。架空的格栅状栈道既保证了透水性，又容许地被植物在格栅的空隙中自然生长，创造出人工构筑物与自然景观之间有趣的共生关系。结合仿生设计手法，设计团队模拟了自然肌理，创造了一系列模块化设计语言，材料和质感的变化形成了"凸显""半透明"和"消隐"三种视觉关系，使得建筑与周边环境和谐共生，为游客带来了视觉上的新奇和惊喜。该项目的完成将原先废弃的场地转变为市民们喜爱的休闲空间，满足了周边居民的日常活动需求，提供了有趣的文化感知机会。

## 七、运用空间

空间是物体存在、事物运动或事件发生的物理范围或场所，是物理的、心理的或概念上的，涵盖了各种尺度和层面，空间是人们生活和活动的基本背景，提供了存在、移动和互动的场所。通常所指的空间是三维的，包括长度、宽度和高度，三个维度为设计师提供了在空间中创造多样性和层次感的机会，通过合理运用这些维度，塑造出丰富的空间形态和体验。而有时特定的设计中还需考虑时间这一第四维度，例如在动态展览、演出或互动空间中，带有这种时间维度的思考使设计更具动感和变化性。

在构建人文环境新场景中，运用空间在感知层面达成场景所要表现的视觉效果，营造开放感或封闭感。这涉及空间维度的布局、功能和面向人群需求的考虑,几种类型的因素相互作用,共同影响着一个空间的整体体验。在布局中,空间利用各个元素形成流畅性或是断续性的空间,能够创建视觉焦点,用于引导场景中人们的视线转移,影响人们在空间中的流动感并保持空间的平衡。布局应考虑到确保各个区域有明确的用途,通常会关注人在空间中的流线和移动路径,良好的流线设计使空间更易于导航,提高用户体验。在功能上,当下同一空间可能需要适应不同的活动,多功能性越来越受到重视。合理且灵活的功能性布局有助于提高空间的实用性和效率,可以通过可移动等手段来实现,使其满足多种需求。功能性涵盖了许多方面的场景类型,比如居住、工作、休闲等,每种功能都有其特定的舒适度、安全性、便捷性需求。空间设计是多维度的,追求的是功能性和对人们感知和情感的影响。优秀的空间不仅能够满足日常生活的需要,还能引发人们的情感共鸣,这意味着在设计中,我们不仅要考虑一个静态的空间,还要考虑空间作为场域的时间动态性变化过程。优秀的空间设计应该能够引发人们在时间上的动态感知,通过空间内巧妙的设计元素和情境设置,如可变化的光影的叠加、色彩的影响等,空间给人的感受能够随着一天中时间的推移、季节的更替而形成相应的变化。这种时间上的动态性可以增强空间的深度和层次感体验,引发人们的某种情绪上的共鸣,让他们在空间中找到归属感。运用空间以提供舒适、有意义和具有功能性的环境体验为目标,是创造出成功的环境体验的关键,对空间的全面考虑为的是帮助创造出丰富多彩、层次分明的展示效果。

### (一)空间的连续性

空间的连续性是在设计中通过各种手法,使空间中的元素、形式和功能在视觉感知上产生一种连贯的统一性。通过巧妙的布局、材质选择和设计元素的合理运用来实现空间的连贯性，创造出一致的外观，形成流畅感。不同区域或场所中重复使用相似的设计元素有助于打破界限，在整个空间中创造出视觉上的一致性。如重复使用相似的形式，如弧形、直线或曲线等，需要选择并贯彻一致的设计风格，建立起一种空间内部形式的统一。如果场景涉及特定文化或主题，需确保在整个空间中持续使用相关的符号，在不同区域中持续延续这一主题，可以使整个空间形成有机的整体。在外部的叠加上，如使用相同或相似的图案、色彩和材质，可以增强场景的整体感，避免违和感。如果空间涉及室内外的过渡，在相接的立面设计上需要以敞开的大空间来进行，可以考虑使用大的落地透明窗户、门廊或其他方式来促进室内外空间的联系，使室内外空间的界限模糊。还需要保证内外空间在统一的基调上，基于对自然光的合理运用，创造出一种自然和谐的感觉。空间的连续性不仅创造出一种视觉上的和谐感，还使人们在空间中移动时感到更加舒适和流畅。空间中的流线设计和布局考虑到人们的行为和移动方式，使不同区域之间的过渡更加流畅，将不同功能的区域有机地连接在一起，提高空间的功能连贯性。

同济大学的志愿者团队选择在永安村选址建设了一个可激活山区村民生活的小型乡村公共建筑。屋面原形来自算法几何的演算，建筑为直纹曲面单坡屋面，有利于排除雨水，屋面材料为本地的青瓦，使用维护极为便利，也容易根据形态塑形施工，以像素化方式塑造形体，降低复杂曲面的施工难度。室外的景观台地与地面运用当地村舍的干砌片石工艺，褐色的片石取自下村河床中的砂岩。"石脚"与土坯墙体以及坡屋面的组合，展现了最具在地性特点的立面建构关系。诞生于自然又融入自然，与强大的自然微妙地对抗，同时又和它紧密相联。设计采用半围合院落的空间原型；场地的方形轮廓被确定为建筑的外边界；院落的内轮廓以四分之三圆弧为基础，通过拓扑衍生成一根自由曲线的檐口，恰好与外边界构成外方内圆的空间格局。设计者期望议事点在维持室内功能的同时，最大限度地开放公共空间，为此形成了"悬浮长廊"的设计策略以达成空间的连续性、水平性与延展性。屋面伴随入口高差降落的趋势探低，形成入口起点，一直延伸到议事间的山墙为止。

(二) 空间的转换

环境中空间的转换是通过设计元素的变化，使得一个空间经历明显的变化或转变，这种设计手法对空间进行的改造，创造出一个与过去相比全新的、更为丰富的空间，使人们在同一区域或场合中也能感受到不同的氛围和功能，在不同的时刻和情境中都能感受到空间的独特之处。在功能上，空间的转换要求保持空间分区的合理性，以确保空间既具备整体性又能满足不同活动的需求，使场景更具灵活性和适应性。这就涉及对原有空间的重新规划和设计，如将一个开放的空间划分为多个功能区域，或将一个多功能空间调整为更符合特定需求的整体性布局。空间的转换可以实现场景的多样化运用，给人以惊喜的对比感。为最大化实现这种可变性，场景内除必要的固定设施外，其余空间都应尽量不设置明确的分隔。引入可变形的元素以根据需要改变空间的用途，在设计中实现空间形状和结构的变动，如可拆卸的装配式景观、可移动的隔断等，来达成视觉上的新颖转换。

萨拉梅公馆(Salame Residence)位于一块极具挑战性的陡峭场地之上，景观设计师凭借小且精准的干预，塑造了一个安全的人间仙境，构建了完整且统一的幸福家园。360 度美妙绝伦的全景以及毫无遮挡的陡峭山峰让这项任务极具挑战，为保证项目舒适、安全并且可用，景观设计师运用了简单却有效的两个策略，形成了整体性的设计，最终实现了既定的目标。围绕庭院的水池不仅是一个安全的缓冲区，而且倒映出的无限美景使每个房间都能欣赏到。这个景观设计既适合沉思，也适合举行聚会，既动感又宁静。前后两个院落的风格各异，满足了业主不同的需求，为客户提供了多种可能性的选择。设计师与客户相互沟通，实现了建筑外部景观与自然环境的无缝连接，落实了客户对于美好愿景的期望。萨拉梅公馆的设计令人赏心悦目，展现了景观设计在复杂场地中的卓越技巧，为居住者创造了一个完美而宜居的家园。

（三）空间多界面的相互呼应

在构建人文环境新场景中，运用空间多界面的相互呼应讲究空间的连续性，需要平面、立面、顶面相互配合，共同实现空间效果。平面空间呼应通过调整平面元素的大小、布局、色彩等，创造出具有连续性和统一感或是强烈对比而富有冲击力的空间效果，表现为地面拼贴、展品的布局等。如展示空间中不同区域的平面上，地砖会随展示风格进行相应的变化，让观者在踏入时就明白自己到达了另一个展区。而相同元素或色彩的运用则代表同一区间，适用于强调普遍功能性的场所。立面空间呼应通过竖向的外观设计，不同立面之间存在一种协调、一致或互相补充的关系。如色彩和材质的一致性，地面和立面采用相同的木材或颜色，以实现材质和色彩的呼应；图案和纹理的重复，在不同的立面上重复使用相似的图案或纹理，是图案、壁纸的纹理或其他装饰性元素。这种呼应通过各种设计元素和技巧来实现，以创造出整体统一和视觉上的连贯性。顶面空间呼应的是顶部元素的设计，使之与平面和立面产生相应的联系。顶面作为人们在观察和体验环境时会忽视的部分，对于场景空间的整体效果起到了重要作用。顶面空间的高度在很大程度上反映了场景的性质，影响了人们对空间的感知：高顶面营造出宽敞开放的通透感，低矮的顶部则创造出更加亲切和温馨的氛围。而对于顶面空间的装饰，如对应的主题色彩、壁画和图案、天幕和帷幔以及灯光效果，则能够在平面和立面的基础上进一步烘托场景主题，丰富场景氛围，创造出更为统一和谐的视觉效果。

西安大华 1935 创意园是位于西安市的一个文化产业园区，它的前身是大华纺织厂，这个厂区有着悠久的历史和深厚的文化底蕴。随着时间的推移，这个老工业区经过改造和创新，转型成为集文化、艺术、创意办公和商业休闲于一体的综合性园区。西安大华 1935 创意园凭借其精妙的空间设计，把历史与现代元素相融合，塑造出一个饱含连续性与统一感的人文环境。在这个创意空间里，平面、立面以及顶面的设计彼此呼应，一同对空间的整体效果发挥作用。平面空间借助调整地面拼贴、展品布局等要素，引导游客在不同展区之间自然地转换，感受每个区域独有的展示风格。色彩和图案的一致性在视觉上衔接了空间，在强调功能性的同时，给予游客一种和谐的视觉感受。立面空间通过色彩与材质的协调，还有图案和纹理的重复运用，达成了视觉上的连贯性，使整个园区的外观设计展现出一种协调与一致性。顶面空间的设计则依靠高度和装饰来影响人们对空间的认知，高顶面带来开阔之感，而低顶面则营造出温馨的氛围。主题色彩、壁画、灯光等装饰元素进一步渲染了场景主题，丰富了场景氛围。西安大华 1935 创意园的空间设计巧妙地运用了色彩、材质和装饰，增进了空间的层次感和立体感，为游客提供了一个充满创意和灵感的体验场地。

图 5-4　西安大华 1935 创意园

## 八、运用界面

界面是不同元素之间的分界线或交界面,是两个或多个事物之间的接触点、连接点或交互点,它是物理上的接触面,也是信息或功能的交互界面。界面涉及可视化和感知的方面,作为两个事物之间的连接点,提供了交互和沟通的方式;作为信息传递的媒介,可传递和表达各种形式的信息。运用界面紧密关注用户的综合性需求和体验,注重用户在空间中的感知和互动,强调了界面帮助事物之间的连接、交互和信息传递,注重易用性、适应性和可视化呈现。良好的界面设计应满足场所的基本功能并能够提高用户对系统或产品的认知和理解,使用户可以更好地与之产生交流互动,提供更好的体验效果。

在构建人文环境新场景中,运用界面的设计涉及环境主体性的本质认知。界面是连接人与环境的关键元素,对于场景内人群的行动起着重要的影响作用。不同类型的空间需要的界面千差万别,界面设计应根据空间的性质和使用场景,以及用户群体的需求进行定制,以最大限度地提高空间的可用性和用户满意度,提供更加个性化、便捷和愉悦的体验。界面能够帮助形成视觉语言的统一性,提升场景整体的品质感和专业度。界面设计中各个设计元素之间具有一致性,以在整体上构建统一的视觉语言。空间在立面布局上创造出丰富的层次感,使场景能够有效地加强或减弱纵深感,不同场景可以实现空间功能上的要求。突出焦点有助于引导人群流动,提升空间的宜人性。引导人们的视线和流线形成独特的视觉印象,吸引用户的注意力,以达成需要的效果。以界面实现社交互动,就是吸引人们参与虚拟和现实的娱乐活动。媒体界面帮助实现交互式展示、数字导览,利用数字展示和互动提供数字化的信息,鼓励人们进行动态互动式体验,增加娱乐性。这适用于各类商业性质、教育与文化性质,或是博物馆、艺术馆等展览空间的场景中,能够进行音频导览和互动式学习,承载数字屏幕、触摸屏或虚拟现实技术,实时互动的体验可以展示出产品信息,让人们方便快捷地找到他们感兴趣的服务设施或活动场所,提升体验,满足数字时代的消费需求。运用界面作为一个较为复杂和微妙的构建方法,要求场景设计时注重整体性,使空间呈现出高层次的美感和实用性。在整体设计中,对于界面的巧妙运用要求兼顾美感和用户体验实用性的平衡,能满足功能需求,引发感性认同,注重空间的整体性、协调性和品质感以创造出富有深度吸引力的场景。

(一)界面模糊

界面模糊是一种通过使用模糊效果来减轻或隐藏界面元素之间的分界线,使不同元素之间模糊或不明显的设计手法,这种设计方法有助于创造出更加流畅、自然的场景空间效果，并呈现出更为柔和的整体外观。这种方式能够有效弱化对比，使不同区域的衔接更为无感，创造出优雅、舒适的购物体验。想要达成界面模糊，就要将立面及平面界面作为整体来考虑，追求功能与形式的统一，即场景的界面外观是为了视觉效果和功能相契合，有效地消除过多的分割线和刻意的区隔，强化延伸和开放的整体感觉，使空间在视觉上呈现出更加一体化的倾向，提高人群在空间中停留的时间。不同元素能够融为一体，控制界面上不同元素的比例，减弱或模糊元素之间的对比，使它们在视觉上更加和谐。保持统一的设计语言，避免在色彩、材质或风格任一类型上出现过于突出或不搭调的情况，呈现出更加统一、连贯的环境。要弱化界面之间的分界线，就要有巧妙的层次感设计，使得界面在相互关联、配合上变得不明显，界面之间的分隔感变得更加自然。前景和背景的巧妙搭配，需要避免过于拥挤或杂乱的布局，以保持整体空间的舒适感，这样一来才不会受到分隔元素的干扰。如相邻的界面中使用连续的图案或纹理，或是柔和的过渡来淡化边缘，都有助于使空间减少边界感，看起来更加和谐。这在某种程度上打破了人对于场景中边界的感知，促进人群的自由流动，吸引人们探索不同区域。界面模糊是一种强调整体性和自然流动感的设计手法。

　　玉门关位于中国甘肃省敦煌市，是古代丝绸之路上的重要关隘之一，也是中国历史上著名的军事要塞。由于其丰富的历史价值和文化意义，玉门关现已成为一个重要的旅游景点。甘肃玉门关游客服务中心是为了提供更好的旅游体验而建立的，甘肃玉门关游客服务中心为游客打造了一个和谐统一的空间体验。这种设计手法通过淡化元素之间的界限，创造出一个视觉上更加流畅和自然的环境。在游客服务中心，立面和平面的界限被巧妙地模糊了，由此使得空间的功能性与形式感完美地融合起来。通过减少刻意的分割线和区隔,空间的延伸感和开放性得到了加强,让游客在其中能够自由流动,享受探索的乐趣。设计中对色彩、材质和风格的统一考量避免了视觉上的突兀,使得各个元素能够自然地融为一体。连续的图案和纹理的使用,以及边缘的柔和过渡,进一步减少了空间的边界感,增强了整体的和谐性。玉门关游客服务中心的设计提升了游客的体验,体现了对历史文化的尊重和现代设计理念的融合。在这里,界面模糊是一种设计手法,促进人流自由流动、增强空间整体感的艺术表达。

图 5-5 甘肃玉门关游客服务中心

## (二) 界面呼应

界面呼应是指在设计中强调同一场景下界面之间的关联,以增加空间整体的连贯性、协调性和主题感。在各种类型的场景中,界面呼应都是必需的一种构建手法,但最明显运用此手法的是强调特定属性的生活化场景。以特定的元素呼应,不同元素如颜色、形状、材质等来达成呼应效果。就色彩方面的呼应而言，在界面上使用相同或相近的色调涂装，将使得整个空间形成强烈的整体性效果，使整个场景看起来更加统一；某一种颜色在界面上的点缀使用同样有效，将主题色延展到不同的区域界面信息面板中，会使整个空间呈现出协调一致的色彩感受。就形状方面的呼应而言，可以以统一的形状元素来实现，选择一种或一组相似的形状元素，用于贯穿整个场景界面。就质感方面的呼应而言，是使用相似的材质和纹理，重复运用强调特定的材质表达力，增强空间中某一特定质感的比重，使感知上被动地多次接受形成记忆。就以主题呼应而言，主题具有强烈的呼应性，会给人留下深刻的印象。此类设计多用于展览场景中，在主题元素上进行延展扩张来实现呼应，以反复强调的方式突出展会的主题特点，给观众留下深刻的印象。由此实现品牌形象的一体化，确保整个空间呈现出一致的风格。延展扩张地呼应信息传递，在不同的区域展示与扩张相关的信息，逐渐渗透融入空间，并以延展的方式进行传递，提高信息的吸引力和记忆度。

  武汉良友红坊文化艺术社区通过对各个元素主题的呼应，顺利达成了界面的和谐统一。该社区原本是20世纪60年代的老厂房，伴随城市化的推进，处于汉口三环线内的这个厂区逐渐被边缘化。杂草丛生、建筑破败、排水不通畅等问题困扰着这片原本的城市"棕地"。改造工程从园区的景观和核心建筑ADC艺术设计中心着手，旨在把它转变为文化创意企业的办公园区。原有的红砖厂房、坡屋顶红瓦屋面、内部的松木桁架，还有典型的20世纪80年代庭院设施、高耸的红砖烟囱、水塔等，都让人印象深刻。这些在20世纪70—80年代"单位大院"中日常存在的物件或构筑物，突然出现在现代化大都市的核心区域，却给人带来一种回到小时候生活的"亲切感"。

改造的创意来源于对厂房大院的这种距离感与亲切感的思考，并通过对场地的旧物利用、保留和改造，营造出相应的氛围。这不仅是单纯的修旧如旧或是整旧如新，更是将两者结合反复碰撞，帮助来到文化园区的人们感受到这种对比产生的距离，由此延续了厂区的文脉。首先，对原有建筑的保留是项目的一个亮点，比如红砖烟囱、水塔、老旧的木桁架以及瓦屋面，保留了部分具有年代感的元素，像蘑菇亭和白鳍豚雕塑。其次，以再造的形式对雕塑小品予以改造。蘑菇亭添加了霓虹灯管，白鳍豚雕塑重新放置在集装箱里，缺失的部分用树脂补充完整。原场地的红砖被重新组合成花坛、景墙和用于铺地，破损的机动车道经过重新铺砌红砖，形成了材质的保留和对比。整个园区变成了一个充满艺术品的状态，进一步加深了人们对空间的感知距离。距离感与亲切感共存，为老工业遗产的更新改造提供了更为合适的路径。

### （三）界面清晰

界面清晰是通过强化不同元素之间的分界线，在视觉上呈现出部分闭合状态，提高了场景的可读性、空间的实用性，实现了整体协调的主体性。在特定强调功能性的公共交通场景中，如高铁站、机场等，清晰的路径设计指引对于引导人群的流动至关重要，通过路径标识、箭头等方式，确保人们在空间中能够清晰地找到方向。强化分界线的使用帮助实现清晰的边界和区域，使得不同区域在视觉上有明确的界定，有助于人们快速理解和区分空间中的各个功能区域。界面脱离下的环境呈现出封闭和局部开放，封闭空间能够使人的视线在有限范围之内，对视觉进行有限界定的独立存在，此类空间可以设置如等待区域、服务台等，让人能够更快速地找到所在位置，提高空间内的使用效率；尽管存在局部封闭空间，但整体空间应保持一定的开放感，避免空间的压抑。界面的穿插与叠加让不同功能性元素之间明确分隔开来，并进行有序的交互。场景功能性及主题性在此之上被体现出来，增强了一致性与协调性，适用于需要强调区域界限的场景，减少了混乱和迷失的可能性。通过信息的穿插及叠加展示，人们在不同区域都能获取到所需信息，提高了场所的信息传达效率。

## 九、运用公众参与

公众参与（public participation）原意为"workshop"（"研讨会、工作室"），即在工作室或研讨会中共同参与方案的规划设计，是社会中广泛范围内的人群参与公共事务和决策过程的行为和实践，是一种民主参与的方式，强调公众的参与权利和责任，以实现社会共治的目标。运用公众的参与，强调的是公众在社会事务中的主体地位和权利，肯定的是公众作为主体以及其受益者的发言权。公众参与更好地反映了公众的需求和期望，增加了决策的合法性和可持续性，促进了社会共识的和谐发展。

在构建人文环境新场景中，运用公众的参与是主张设计的受众群体进入设计过程或者成为设计者，以便获取在设计方面的有价值的反馈和意见。其采取自下而上的方式，从个体层面上升至复杂的社会层面。公众在所处的社会环境中生活与成长，了解自己真实的需求。其作为设计群体参与整体规划的过程中就有关问题进行深入讨论，表达自己的意愿，体现自己的利益，避免设计陷入僵化、趋同的模式，促进了场景的合理与多样化发展。在实施公众参与时，开展规划设计的民意调查是一个不错的开端，规划管理部门与规划师紧密协作以推动公众参与此项工作是必要的保障。吸引公众参与行动，更多的是为城市公共服务贡献力量，对所在社区产生责任意识，进而激发整个片区的精神活力。运用公众参与让场景更加有活力和生命力，实现真正的共享空间以满足公众的切实需求，这更容易引发公众共鸣，提高公众对于环境和艺术的兴趣和理解，产生社会价值。

### （一）激发公众参与意识

激发公众参与意识是通过各种手段和策略，鼓励和促使公众积极参与社会文化、环境等方面的活动和事务。这涉及激发公众对社会事务的兴趣，促进其主动参与社会活动，形成对社区或公共事务发表观点的习惯。首先需要保证信息的透明化，包括建立开放式多样化沟通渠道，如官方社交媒体、网站、会议、公告牌等，提供的信息要使用通俗易懂的语言，确保公众能够及时了解社会事务的最新动态，让更多公众在初期能够无负担地了解发展过程进度；在以上条件布置好的前提下，进行社区参与性活动以及数字参与平台的搭建，吸引公众的注意力；举办参与型的项目，如社区文化节、义工活动等，以促进社区成员之间的互动和合作；组织座谈会、工作坊，为公众提供一个参与空间，提高公众对相关事务的认知水平，帮助公众提高参与社会事务的技能，就特定问题进行讨论、分享意见和建议，增强其参与的主动性；运用数字平台收集反馈的声音，开展在线投票和调查。由此，公众能够方便地表达自己的观点和意见，利用平台进行讨论和互动，通过评论、分享等方式扩大自身意见的影响力。在进一步的推动参与上，促进政府和组织的上层合作并设立奖励和认可机制，政府开展与本地相关的听证会时，邀请公众就项目提出建议，促使公众在决策过程中发表意见，共同推动社会责任；设立如参与奖、社会贡献证书等奖励机制，并定期宣传成功案例，展示参与的积极成果，以鼓励更多人参与社会活动。通过这些手段，激发公众对社会事务的兴趣，培养其参与社会活动的意愿，使社会更加民主、开放，增强社区凝聚力和公民责任感。

北京老城微花园系列是一次成功的公众参与式社区治理创新实践,可谓"微更新"的范例。在城市更新逐步进入精细化治理阶段的现在,城市小微空间在城市更新工作中扮演着至关重要的角色。北京老城区微花园通过居民、规划设计师、社会组织等多方参与进行设计方案和机制的协商。在微花园的共建完成后,进入了多方参与的共治和维护过程。[1] 小规模、渐进式的"微花园"作为城市绿色微更新的治理途径逐步得到实践印证。它经历了从社区到街区的系统性构建,[2]有效地塑造了生活美学,提升了城市环境品质,打造了富有人情味的公共空间。为了实现长期的运营和维护,需要根据具体情况制定相应的机制。"微花园"作为居民自发或社区组织自下而上推动的小而美的绿色空间,是城市绿色生态系统的重要组成部分,是老城区绿色微更新社会治理的重要内容,同时是居民生活情趣的所在和社区文化的一个符号。微花园的参与式设计共建是一种公众参与的绿色微更新,展现了老北京特有的胡同文化和生活,有助于老城区的整体保护,促进了邻里关系和社会治理。在老城胡同绿色空间的营造中,微花园成为切入点,以居民为主体,深入了解其需求,通过多元共建和共治的公众参与模式,促进社区环境的自我更新。这有助于在提升生活品质的同时激发社区活力,引导老城区城市更新进入良性的微生态循环。微花园通过重构景观空间、激活社区活力,实现公众参与和社区治理,能够有效地使城市微更新进入良

---

[1] 侯晓蕾,邹德涵.城市小微公共空间公众参与式微更新途径:以北京微花园为例[J].世界建筑,2023(4):54.
[2] 侯晓蕾,刘欣.生活美学再造:微花园绿色微更新设计探索[J].艺术市场,2023(3):54-55.

性微更新和微生态循环,对城市公共空间和绿色生态的补充与完善都具有重要意义。[1] 在当前存量城市更新阶段,我们期望微花园能够塑造更多具有人情味的城市公共空间,真正实现"处处都有微花园"的理念。景观的设计和建设过程的全程都有公众参与,这探索了老旧社区公共空间的参与式景观更新,实现了为生活而设计。

### (二) 兼顾多方利益相关者的期望

兼顾多方利益相关者的期望就是在决策和行动中考虑并平衡涉及的各方利益,以确保所有相关方都能够从决策中获益或至少不受到负面影响。这种方法有助于建立可持续的关系,提高合作效率,减少冲突,并促进长期共赢。在前期,需要进行利益相关者分析,分析各方系统性的利益相关者,明确哪些人或组织对于决策的结果具有直接或间接的利害关系。在此基础上确定理解各方期望,深入了解需求和担忧,以便能够更好地满足各方面利益。在中期,建立开放式沟通制度,搭建双向沟通渠道,做到及时分享有关决策过程和结果的信息。鼓励各方提出意见和建议,实现共同决策,确保各方在决策中能够准确了解情况,使参与决策过程更加民主。在此之上制定灵活、可调整的解决方案,减少可能的冲突,在权衡各方期望和需求时,确保不同利益相关者在整体上都能够获得一定的满足感。在后期,需要将社会责任和可持续发展纳入考量,将社会责任理念纳入组织或项目的核心价值观。还应确保决策不仅在当下发挥作用,将目光由短期转向长期利益关注,以更好地满足在今后较长时间中未来各方的期望需求和环境的可持续发展,提高决策的质量和可持续性。建立有效的监测和反馈机制,推动多方持续监测和关注决策实施后的

---

[1] 侯晓蕾. 从"社区微花园"到"街区微花园": 城市绿色微更新的社会治理途径探索[J]. 北京规划建设,2021(S1): 74—78.

效果，并通过共同努力及时进行调整和改进。通过综合运用上述方法，组织决策者可以更全面地考虑和回应各方的期望，促进合作、降低冲突，实现多方共赢的局面，这有助于建立持久的信任关系，推动社会、组织和项目的可持续发展。

美国市场街和佐治亚街公共空间更新经过了一系列达成共识的社区会议，使他们感受到自己的意见被真正地听取并采纳至设计过程当中了，这兼顾了多方利益相关者的期望。这一项目致力于改造田纳西州查塔努加市场街和佐治亚街的公共空间，将其打造成为一个以社区为中心、充满活力的新地标。历史悠久的帕顿大厦是市中心居住密度最高的住宅楼，长期为低收入和弱势群体提供负担得起的住房。然而，过去的不公平待遇和负面偏见在此地形成了错误的共识。为此，设计团队决定采取一种全新的方法，将社区参与置于核心位置，通过开放、包容和透明的设计流程来打破这些误解。开放式的讨论和合作让设计团队与帕顿大厦社区建立了互信互尊的关系。居民们的意见和建议被认真倾听并被融入项目中，确保了改造方案能够真实地反映他们的需求和期望。这种双向沟通不仅增强了社区的凝聚力，还为市中心环境的改善和社区的民主自治树立了典范。该项目团队以油漆为媒介，鼓励居民们通过随手绘制形状来构想帕顿大厦周边环境的未来面貌。这一创新方法激发了居民的创造力，将大厦本身提升为整体改造计划的焦点。经过公开征集，一个由设计工作室和社区合作伙伴组成的团队脱颖而出，负责领导整个设计过程并监督其实施。这一选择体现了试点项目对社区主导和服务于社区的设计理念的重视。在与当地艺术家的紧密合作中，景观团队将该项目视为促进多元群体建立真正伙伴关系、共同追求美好未来的契机。通过一系列的演练和讨论，团队确定了干预措施的实施顺序，并不断完善设计方案。最终方案提交给帕顿社区进行反馈和指导，确保在施工前得到居民的认可和支持。这一项目的成功实施改善了居民的生活质量，创造了一个更加安全、宜人的环境，让帕顿大厦的居民重新拥有了属于他们自己的公共空间。这一实践证明了社区参与和多方利益相关者合作在推动公共空间更新中的重要作用。

### （三）公众的作品

将社会大众纳入艺术设计的创作过程中，利用公众的参与所创造的新场景作为公众的作品，必定会被广泛接受，相比其他普通场景而言将获得更多的认同。引起共鸣的物件和事件以及新奇的装置艺术是运用公众参与的重要一环，建造这种微型"社会插件"，可以帮助公众更为广泛地进入新场景中——如历史场景中唤起历史文脉与记忆的故事符号、生活化场景中与市井生活相关的物品等，都使得场景更具归属感。新奇的装置艺术注重促进公众的集群，营造互动场景以促进公众自发互动，形成人与集体环境的社会活动轨迹；好用的设计才是真正符合人们意愿的设计，满足基础需要并关注公众对于新场景基础功能的要求，有利于新场景在公众内部的口碑传播；营造场景作为一种创造性的过程，承载着区域记忆，造就了社区的独特魅力。对视觉上的各要素，如颜色、形状、光线、纹理等进行布置和组织，来营造属于公众的特定体验，增加环境的可辨识性；主题性的场景气氛在营造基础上进一步渲染场景，试图点缀视觉之外的感官，如听觉、嗅觉等。在此之上对心理要素进行提炼，增加主题性故事元素，为场景内的公众赋予独特的身份和情感，让观众或用户沉浸其中。可以运用多种方式将公众纳入创作的过程中，让他们参与和共享艺术创作和环境改造的权利和机会，在设计中发挥自己的创意和想象力。

武汉地铁 3 号线市民之家站的艺术墙是一个富有创意的公共艺

术项目，它不仅通过公众的广泛参与，将艺术设计与市民的日常生活紧密相连，而且特别强调了儿童的想象力和创造力。这面艺术墙不仅是社区文化的一部分，更是一个展示孩子们对未来地铁生活畅想的窗口。艺术墙的设计巧妙地融合了与市民生活紧密相关的元素，特别是那100幅精心挑选的儿童画作，这些作品以"畅想2049年的地铁生活"为主题，展现了孩子们对科技、环境和人文的无限想象。这些画作不仅是艺术墙的重要组成部分，也是对孩子们的创意和梦想的肯定。在艺术墙的创作过程中，公众的参与尤为重要。通过公开征集儿童画作，该项目鼓励了家庭和孩子们对地铁建设的关注和思考，让他们成为城市发展的一部分。这种参与增强了乘客对地铁文化的归属感，激发了他们对城市未来的期待和憧憬。武汉地铁3号线艺术墙是一个展示公共艺术力量的典范，它通过艺术与设计的结合，为城市生活注入了新的活力。每当经过这面墙，乘客们不仅能感受到艺术的魅力，更能体会到孩子们对未来的憧憬和希望，以及社

图 5-6 武汉地铁 3 号线市民之家站的艺术墙

会对年轻一代梦想的支持和鼓励。这面艺术墙成为连接过去与未来、现实与梦想的桥梁,让每个经过的人都能感受到它独特的文化价值和深远意义。

综上所述,本章节深入讨论了人文环境新场景的设计策略与方法,旨在通过创新的设计手法满足现代人的需求,促进社会的可持续发展。从设计策略和构建手法两个维度出发,详细阐述如何通过艺术介入和多维思考,打造出既具现代感又富有人文关怀的新场景。

设计策略着重于新场景的核心构建,通过生态隐喻、历史文脉、文化标志、公共参与意识、区域特色、表皮重塑和视觉审美等策略,实现场景的内核构建。多维度的策略既关注美学和功能性,还强调了经济的可持续性和社会发展潜力。生态隐喻策略通过模仿自然生态系统的原理,将自然元素融入城市环境,增强了人与自然的互动,促进了环境的可持续性;基于历史文化的策略强调对历史文化遗产的尊重和保护,通过融合传统与现代元素,增强了地方的文化认同感和旅游吸引力;公众参与意识的提升和策略的运用,确保了设计方案更加贴近居民的实际需求,增强了社区的凝聚力和居民的归属感;基于区域特色的策略通过展现地区的自然和社会特征,强化了地域的现实存在,使设计与当地氛围融为一体。

构建方法关注于新场景的具体实施,通过材质特性的运营、连续纹样的设计、场地肌理的运用、光影效果的创造以及色彩的巧妙搭配,影响人们的情感感知,实现多维度的思考和实施。表皮重塑和视觉审美的运用是通过改变物体的外观和材质,提升建筑和空间的艺术性和视觉吸引力;材质特性在新场景构建中的运用起到关键作用,不同材质通过搭配增强了空间的层次感和文化氛围;连续纹样和场地肌理的运用为场景设计带来了丰富的视觉和触觉效果,增加了空间的艺术性和互动性；光影和色彩作为重要的设计元素，能够极大地影响人们的情感体验和空间感知，为场景增添情感、表现和创意灵感。空间设计的多维度考虑不仅是物理维度的布局，还包括时间维度的考虑，创造既实用又富有情感共鸣的环境。界面设计通过模糊、呼应或清晰的方式，强化了空间的连续性、整体性和主体性，提升了空间的美感和实用性。就公众参与而言，从激发公众意识、兼顾利益相关者的期望，到将公众作品纳入设计都是确保设计项目成功并得到广泛接受的关键。

人文环境新场景的设计需要综合考虑多种策略和手法，通过创新的设计思维和公众的广泛参与，实现环境的美化、文化的传承和空间的活化，最终创造出既符合现代需求又具有深厚人文内涵的新场景。

# 后　记

　　艺术设计是一种视觉艺术，是一种文化表达、一种社会语言、一种生活态度。通过本书的分析，我们认识到艺术设计能够跨越时间和空间的界限，连接过去与未来、传统与现代、自然与科技。它能够提升我们的生活品质，传递文化的深度，激发社会的活力，促进社会的进步。

　　本书深入探讨了艺术设计与人文环境之间的密切联系和相互作用。全书以五个章节为框架，系统地阐述了艺术设计在人文环境中的重要性和价值，以及如何通过多维思考来构建富有创意和内涵的新场景。

　　本书从艺术设计与人文环境的共融关系出发，逐步深入人文环境与艺术设计的价值，多维度思考人文环境的重要性，艺术设计策划对人文环境的塑造，以及多维思考在构建人文环境新场景中的应用。书中不仅提供了丰富的理论支撑，还通过具体的案例分析，展示了艺术设计如何与人文环境相融合，创造出具有美学价值和社会意义的空间。

　　全书的核心观点在于强调艺术设计与人文环境的共生共荣，以及艺术设计在提升环境品质、传递文化价值、塑造社会身份认同和促进社会进步中的关键作用。通过多维度的思考和创新设计，我们能够构建出既具有美学价值又能满足现代社会需求的新场景。

随着社会的发展和科技的进步，艺术设计与人文环境的关系将更加紧密。未来的研究将更加注重跨学科的融合，探索艺术设计在智能技术、可持续发展、社会创新等领域的应用。我们期待艺术设计能够与新兴科技相结合，创造出更多具有互动性和智能化特征的新场景，为人们提供更加丰富和个性化的体验。

艺术设计在促进社会包容性、文化多样性和环境可持续性方面的潜力也将得到进一步挖掘。未来的研究将更加关注艺术设计如何帮助解决社会问题，如何通过艺术设计来促进不同文化和群体之间的对话与理解。

我们呼吁每一位读者，无论是设计师、规划师、政策制定者还是普通公民，都能将书中的理念和方法应用到实际工作和生活中，共同推动艺术设计与人文环境的和谐发展。

我们鼓励读者保持好奇心和创新精神，不断探索艺术设计在不同领域的新可能性。同时，我们也期待读者能够积极参与艺术设计与人文环境的实践，通过自己的行动来影响和改善周围的环境，为创造更加美好的生活空间贡献自己的力量。

最后，我们希望通过这本书，能够激发读者对艺术设计和人文环境的深入思考，启发大家在实践中不断探索和创新，共同迎接一个充满艺术美感和人文关怀的未来。

# 参考文献

## 一、专著

[1] 罗伯特·亨利.艺术精神[M].万木春,译.北京:中国社会科学出版社,2019.

[2] 凯文·林奇.城市意象[M].2版.北京:华夏出版社,2011.

[3] 麦克哈格,伊恩·伦诺克斯.设计结合自然[M].天津:天津大学出版社,2006.

[4] F.大卫·马丁,李·A.雅各布斯.艺术和人文艺术导论[M].6版.上海:上海社会科学院出版社,2007.

[5] 段义孚.空间与地方[M].北京:中国人民大学出版社,2017.

[6] 理查德·瑞吉斯特.生态城市[M].北京:法律出版社,2010.

[7] 西奥多·阿多诺.美学理论[M].王柯平,译.上海:上海人民出版社,2020.

[8] 简·雅各布斯.美国大城市的死与生[M].金衡山,译.南京:译林出版社,2020:30.

[9] 罗伯特·文丘里.建筑的复杂性与矛盾性[M].周卜颐,译.南京:江苏凤凰科学技术出版社,2017:20.

[10] 伊恩·伦诺克斯·麦克哈格.设计结合自然[M].芮经纬,译.

天津：天津大学出版社，2006：4.

[11] Tuan Yi-fu. Space and Place[M]. Minnesota：University of Minnesota Press，1979：7.

[12] 余舜德.体物入微：物与身体感的研究[M].北京：清华大学出版社，2008：1—15.

[13] 恩格斯.反杜林论（欧根·杜林先生在科学中实行的变革）[M].北京：人民出版社，1995，1(5)：51—61.

[14] 约瑟夫·米勒·布罗克曼.平面设计中的网格系统[M].徐宸熹,张鹏宇,译.上海：上海人民美术出版社，2016.

[15] 曼德布罗特.分形：形状、机遇和维数[M].北京：世界图书出版公司，1990.

[16] 曼德布罗特.大自然的分形几何学[M].陈守吉,凌复华,译.上海：上海远东出版社，1998.

[17] 康德.判断力批判[M].邓晓芒,译.北京：人民出版社，2002.

[18] Bronfenbrenner. The Ecology of Human Development：An Experiment in Nature and Design[M]. Boston：Harvard University Press，1981.

[19] 贝尔.景观的视觉设计要素[M].王文彤,译.北京：中国建筑工业出版社，2004.

[20] 皮亚杰.发生认识论原理[M].王宪钿,译.北京：商务印书馆，1981.

[21] 诺伯特·舒尔茨.场所精神：迈向建筑现象学[M].施植明,译.武汉：华中科技大学出版社，2010.

[22] 彼得·伯格,托马斯·卢克曼.现实的社会建构[M].吴肃然,译.北京：北京大学出版社，2019.

[23] 哈维·弗格森. 现象学社会学[M]. 刘聪慧, 郭之天, 张琦, 译. 北京: 北京大学出版社, 2010.

[24] 罗纳德·伯特. 结构洞: 竞争的社会结构[M]. 任敏, 译. 上海: 格致出版社, 2008.

[25] 弗洛伊德. 梦的解析[M]. 孙名之, 译. 北京: 商务印书馆, 1996: 12.

[26] 凯文·林奇. 此地何时: 城市与变化的时代[M]. 赵祖华, 译. 北京: 北京时代华文书局, 2016.

[27] 亚里士多德. 物理学[M]. 张竹明, 译. 北京: 商务印书馆, 2006: 5—6.

[28] 丹尼尔·亚伦·西尔, 特里·尼科尔斯·克拉克. 场景: 空间品质如何塑造社会生活[M]. 方寸, 译. 北京: 社会科学文献出版社, 2019.

[29] Edward T. Hall. The Hidden Dimension[M]. New York: Anchor, 1988.

[30] 古斯塔夫·勒庞. 乌合之众: 大众心理研究[M]. 张波, 杨忠谷, 译. 武汉: 华中科技大学出版社, 2015.

[31] 李昕桐. 身体·情境·意蕴: 施密茨的新现象学情境理论[M]. 北京: 人民出版社, 2016.

[32] 保史·贝尔, 托马斯·格林, 杰弗瑞·费希尔. 环境心理学[M]. 北京: 中国人民大学出版社, 2009.

[33] 威廉·立德威尔, 克里蒂娜·霍顿, 吉尔·巴特勒. 设计的法则[M]. 李婵, 译. 沈阳: 辽宁科学技术出版社, 2010.

[34] 斯特里特, 托马斯. 网络效应[M]. 王星, 裴苒迪, 管泽旭, 卢南峰, 应武, 刘晨, 吴靖, 译. 上海: 华东师范大学出版社, 2020.

[35] 约翰·霍兰.涌现：从混沌到有序[M].陈禹,译.上海：上海科学技术出版社,2006.

[36] 程志良.自增长：让每个用户都成为增长的深度参与者和积极驱动者[M].北京：北京大学出版社,2022.

[37] 约翰·霍兰德.涌现：从混沌到有序[M].陈禹,方美琪,译.杭州：浙江教育出版社,2022.

[38] 格林伯格.艺术与文化[M].沈冰语,译.桂林：广西师范大学出版社,2009：5.

[39] Alfred Louis Kroeber, Clyde Kluckhorn. Culture：A Critical Review of Concepts and Definitions[M]. New York：Kraus Reprint Co.,1952.

[40] 汤显祖.牡丹亭[M].北京：人民文学出版社,2005.

[41] Thornton S. Club Cultures：Music, Media and Subcultural Capital[M]. Cambridge：Polity Press,1995.

## 二、论文和期刊

[1] 王强.基于多维度量化分析的济南城市公园景观评价研究[D].泰安：山东农业大学,2022.

[2] 张文君.集群视角下传统村落保护模式研究[D].北京：北京建筑大学,2023.

[3] 王艺.多维度视角下的广州地铁站域购物中心设计要素研究[D].广州：华南理工大学,2021.

[4] 傅伟聪.基于感官体验的福州国家森林公园环境质量多维度评价、构建及可视化呈现研究[D].福州：福建农林大学,2017.

[5] 曾晨.城市蔓延的多层次多维度测度和多策略多尺度空间回归

建模研究[D].武汉：武汉大学,2013.

[6] 张艺铃.基于社区营造的开放式老旧小区公共空间多维度更新策略研究[D].广州：广东工业大学,2022.

[7] 倪俣婷.遗址保护与乡村规划协同决策支持模型的构建与应用研究[D].西安：西北大学,2021.

[8] 喻菁.基于多源数据的城市空间结构多维度分析[D].武汉：武汉大学,2019.

[9] 郝庆丽.多维度城市夜间光环境数字观测与空间模型构建研究[D].大连：大连理工大学,2019.

[10] 张婷.商业空间室内设计多维度模型构建研究[D].成都：西南交通大学,2014.

[11] 李慧栋.多维度的城市居住社区规划理论探索[D].西安：西北大学,2007.

[12] 张晓宇.重而复之——从艺术表现方式谈作品中的重复[D].杭州：中国美术学院,2017.

[13] 王飞.基于音色分析与深度学习的乐器识别方法研究[D].无锡：江南大学,2024.

[14] 李东翼.CIS理论下的高校人文景观可意象性优化策略研究[D].大连：大连理工大学,2020.

[15] 王超.地域文化视角下的孟津瀍河景观设计[D].西安：西安建筑科技大学,2018.

[16] 田春霞.场所现象学视角下的度假酒店空间设计研究[D].成都：西南交通大学,2016.

[17] 蓝莉嘉.美育视角下小学校园空间设计研究[D].桂林：广西师范大学,2022.

[18] 李俐娟.三峡库区人居环境建设10年跟踪研究[D].重庆：重庆大学,2006.

[19] 郭克林.地方文化在城市精神塑造中的作用研究[D].昆明：云南财经大学,2013.

[20] 杨海波.寿县古城人文景观的保护与塑造研究[D].苏州：苏州大学,2010.

[21] 李嗣洋.平面设计的多维思考[D].北京：中央美术学院,2014.

[22] 郝梦琪.平面设计的多维性研究及思考[D].淮北：淮北师范大学,2016.

[23] 陈娴.多维视野下平面设计表现形式思考[D].福州：福建师范大学,2015.

[24] 张薇.一次设计前期与建筑设计的互动研究：以宁波保国寺地块为例[D].上海：同济大学,2019.

[25] 谢开勇,谢寒,金梅方.基于创新驱动的战略领导及其作为分析[J].西部经济管理论坛,2015(4)：92—97.

[26] 韩康康.浅谈如何开始概念设计：景观设计的前期准备[J].大观周刊,2011(37)：60—71.

[27] 徐强.策划阶段设计师沟通策略研究[J].华章,2013(16)：98.

[28] 王博.环境艺术设计中生态理念的有效融入[J].产业与科技论坛,2014,13(2)：149—150.

[29] 杨依婷.人文文化在环境艺术设计中的应用研究[J].设计,2019,32(4)：110—112.

[30] 于向华.文化景观中地域性传承与研究[J].美术观察,2018(3)：128—129.

[31] 朱晓敏.传统民间故事传说在城市景观设计中的应用[J].四川

旅游学院学报,2014(5):57—59.

[32] 李林.地域特色文化在城市视觉形象塑造中的应用研究[J].美与时代·城市,2017(8):78—79.

[33] 佚名.归零地(9·11世贸中心遗址)总体规划[J].城市环境设计,2014,80(2):150—159.

[34] 薛璇,李冠林.中国当代设计经济价值与文化价值的冲突[J].西北美术,2015(4):125—128.

[35] 陈汗青,廖启鹏.基于生态价值观的废弃矿区再生设计之路[J].南京艺术学院学报(美术与设计版),2014(2):129—131.

[36] 潘鲁生.传统文化资源的设计价值与转化路径[J].南京艺术学院学报(美术与设计版),2014(1):9—11.

[37] 张旸.设计问题、价值与文化[J].南京艺术学院学报(美术与设计版),2016(4):53—57.

[38] 刘萌.浅谈艺术设计的创作过程:感性思维和理性思维的辩证统一[J].美术教育研究,2011(3):58—59.

[39] 王瑾.设计思维中的理性直觉:设计艺术创造思维探析[J].大众文艺,2016(22):81.

[40] 王莉,邵晓峰.设计过程中"同理心"的运用及探索[J].家具与室内装饰,2017(4):24—25.

[41] 吴增义.联想设计思维探讨[J].装饰,2010(7):109—110.

[42] 陈鹏,黄荣怀.设计教育的路径及策略探析:创新人才培养的新视角[J].电化教育研究,2021,42(3):18—26.

[43] 魏洁.社会转型与设计教育变革:江南大学设计学院"121整合创新人才培养模式"探索[J].装饰,2016(7):131—133.

[44] 孙道银,王卿云.组织物理环境对员工创造力影响的研究现状

及展望:基于一个多维度理论框架[J].技术经济,2021,40(6):93—101.

[45] 王晓玲,陈艳,杨波.互联网时代组织结构的选择:扁平化与分权化:基于动态能力的分析视角[J].中国软科学,2020(Z1):41—49.

[46] 祝帅,张萌秋.国家战略与中国设计产业发展[J].工业工程设计,2019,1(1):16—27.

[47] 徐声贵,彭丁达.工程项目管理中设计管理的沟通与协调[J].中国建筑装饰装修,2022(16):123—125.

[48] 夏燕靖.艺术哲学的理论形态与研究范式[J].艺术百家,2023(2):27.

[49] 向兴鑫.武汉沙湖公园水环境治理研究[J].区域治理,2020.

[50] 陈芳,韩永刚.数字化背景下山东艺术设计教育的可持续发展研究[J].爱尚美术,2023(2):119—122.

[51] 王鑫.格式塔完形法则在标志设计中的应用分析[J].设计,2017(22):2.

[52] 刘明.美术鉴赏与鉴赏者个人特性之间的关系研究[J].山东农业工程学院学报,2019,36(11):4.

[53] 李羿.地景建筑的建筑空间设计方法研究[J].城市建筑,2023,20(2):84—87.

[54] 崔烁.失落与再造:城市空间活力的建构[J].学术探索,2019(9):6.

[55] 陈淑娟.城市公共空间设计导则初探[J].艺术科技,2016(7):3.

[56] 孙志建.悖论性、议题张力与中国城市公共空间治理创新谱系

[J].甘肃行政学院学报,2019(2):14.

[57] 吕承文.新冠肺炎疫情下国家审计的政治分析:基于"结构—行为—功能"的框架[J].云南行政学院学报,2020,22(5):6.

[58] 李涛.基于人性化设计理念的城市街旁绿地景观研究:以株洲市为例[D].长沙:中南林业科技大学,2024.

[59] 杨茜.农业可持续发展的四个维度分析[J].丝路视野,2017(27):2.

[60] 石筱轲.视觉传达设计中视觉思维模式的创新路径分析[J].艺术品鉴,2022(17):61—64.

[61] 孙玮琪.现代科学技术对艺术设计的影响及意义[J].西部皮革,2021(5).

[62] 温雯,戴俊骋.场景理论的范式转型及其中国实践[J].山东大学学报(哲学社会科学版),2021(1):44-53.

[63] 谭辰雯,孔惟洁,王霖.场景理论在中国城乡规划领域的应用及展望:基于CiteSpace的文献计量分析[J].城市建筑,2022(19):67-71.

[64] 吴军.城市社会学研究前沿:场景理论述评[J].社会学评论,2014,2(2):6.

[65] 李昊远,龚景兴.场景理论视域下城市阅读空间服务场景生成与策略研究[J].图书馆研究,2020,50(6):8.

[66] 邵娟.场景理论视域下实体书店的公共阅读空间建构[J].科技与出版,2019(8):5.

[67] 齐骥,亓冉.蜂鸣理论视角下的城市文化创新[J].理论月刊,2020(10):10.

[68] 颜克彤,邵将,刘珂.面向混合现实的人机界面设计研究[J].机

电产品开发与创新,2021(1):26-28.

[69] 王金益,郭湧,李长霖.公园无人化管理与智慧化运营实践:龙湖G—PARK能量公园[J].风景园林,2021,28(1):71-75.

[70] 徐上.从经典作品入手谈舞美设计的基础教学:以《牡丹亭》舞台设计教学为例[J].戏曲艺术,2020(1):7.

[71] 尚宇楠,谢震林.博物馆空间的叙事性设计手法运用研究[J].设计艺术研究,2021,11(5):48-51,56.

[72] 吴珏.地铁艺术风亭形态设计策略:以武汉地铁为例[J].装饰,2015(2):78-79.

[73] 王佳,黄乐平.网络视频广告中多模态隐喻认知研究:以农夫山泉鼠年广告为例[J].宿州教育学院学报,2020(3):117.

[74] 沈红.历史文脉下主题空间设计研究[J].大观,2021(6):26-27.

[75] 冯正功,吕彬,陈婷.基于历史文脉视角的城市秩序与公共空间重塑[J].当代建筑,2021(4):11-13.

[76] 董莉莉,王维,彭芸霓.旧工业建筑改造为众创空间的适宜性设计策略[J].工业建筑,2019(2):36.

[77] 尹吉光,刘晓明.纽约高线公园植物景观解析及启示[J].中国城市林业,2020(4):117—118.

[78] 侯晓蕾,邹德涵.城市小微公共空间公众参与式微更新途径:以北京微花园为例[J].世界建筑,2023(4):54.

[79] 侯晓蕾,刘欣.生活美学再造:微花园绿色微更新设计探索[J].艺术市场,2023(3):54-55.

[80] 侯晓蕾.从"社区微花园"到"街区微花园":城市绿色微更新的社会治理途径探索[J].北京规划建设,2021(S1):74-78.

[81] Eke I C, Norman A A, Shuib L, et al. A Survey of User Profiling: State-of-the-Art, Challenges, and Solutions. [J]. IEEE Access, 2019, 7144907 – 144924.

[82] Emma K Macdonald, Hugh N Wilson, and Umut Konus. Better Customer Insight-in Real Time[J]. Harvard Business Review, 2012(9).

# 图书在版编目(CIP)数据

艺术设计与人文环境：多维思考构建新场景 / 吴珏著. -- 上海：上海社会科学院出版社, 2025. -- ISBN 978-7-5520-4756-1

Ⅰ.TU-856

中国国家版本馆 CIP 数据核字第 202525AL31 号

## 艺术设计与人文环境：多维思考构建新场景

著　　者：吴　珏
责任编辑：霍　覃　朱嬿玥
封面设计：霍　覃　胡　琦
出版发行：上海社会科学院出版社
　　　　　上海顺昌路 622 号　邮编 200025
　　　　　电话总机 021-63315947　销售热线 021-53063735
　　　　　https://cbs.sass.org.cn　E-mail:sassp@sassp.cn
排　　版：南京展望文化发展有限公司
印　　刷：上海万卷印刷股份有限公司
开　　本：890 毫米×1240 毫米　1/32
印　　张：14.25
插　　页：1
字　　数：340 千
版　　次：2025 年 5 月第 1 版　2025 年 5 月第 1 次印刷

ISBN 978-7-5520-4756-1/TU·023　　　　　定价：88.00 元

版权所有　翻印必究